Energie aus Erdwärme

Martin Kaltschmitt · Ernst Huenges · Helmut Wolff
(Herausgeber)

Energie aus Erdwärme

Geologie, Technik und Energiewirtschaft

mit 77 Abbildungen und 45 Tabellen

Unter Mitwirkung von
Jörg Baumgärtner, Peer Hoth, Reinhard Jung, Martin Kayser,
Rainer Lux, Burkhard Sanner, Kuno Schallenberg, Traugott
Scheytt

Prof. Dr.-Ing. Martin Kaltschmitt, Institut für Energetik und Umwelt gGmbH, Torgauer Str. 116, 04347 Leipzig

Dr. Ernst Huenges, GeoForschungsZentrum (GFZ) Potsdam, Postfach 600751, 14407 Potsdam

Prof. Dr.-Ing. Helmut Wolff, Institut für Angewandte Geowissenschaften, Technische Universität Berlin, Straße des 17. Juni 135, I0623 Berlin

Dr. Jörg Baumgärtner, Socomine, Soultz-sous-Forêts
Dr. Peer Hoth, GeoForschungsZentrum (GFZ), Potsdam
Dr. Reinhard Jung, Bundesanstalt für Geowissenschaften und Rohstoffe (BGR), Hannover
Dr.-Ing. Martin Kayser, Institut für Energiewirtschaft und Rationelle Energieanwendung (IER), Universität Stuttgart
Dr.-Ing. Rainer Lux, Institut für Energiewirtschaft und Rationelle Energieanwendung (IER), Universität Stuttgart

Bibliografische Information der Deutschen Nationalbibliothek
Die Deutsche Nationalbibliothek verzeichnet diese Publikation in der Deutschen Nationalbibliografie; detaillierte bibliografische Daten sind im Internet über http://dnb.d-nb.de abrufbar.

Springer ist ein Unternehmen von Springer Science+Business Media
springer.de

1. Auflage Deutscher Verlag für Grundstoffindustrie 1999
unveränderter Nachdruck © Spektrum Akademischer Verlag Heidelberg 2009
Spektrum Akademischer Verlag ist ein Imprint von Springer

09 10 11 12 13 5 4 3 2 1

Planung und Lektorat: Dr. Christoph Iven
Umschlaggestaltung: Gerd Weitbrecht
Fotos/Zeichnungen von den Autoren, wenn nichts anderes angegeben ist
Druck und Bindung: Books on Demand GmbH, Norderstedt

Printed in Germany

ISBN 978-3-8274-1206-5

Vorwort

Ein wesentlicher Bestandteil einer nachhaltigen Energieversorgung ist der schonende Umgang mit den der Menschheit insgesamt zur Verfügung stehenden natürlichen Ressourcen. Hierzu kann die Nutzung regenerativer Energien (z. B. Solarstrahlung, Windenergie, Wasserkraft, Biomasse, Erdwärme) auch in Deutschland einen anerkannt hohen Beitrag leisten. Deshalb wird auch die Nutzung dieser umweltfreundlichen und klimaverträglichen Energien durch umfangreiche Maßnahmen der öffentlichen Hand unterstützt. Dadurch hat in den letzten Jahren ihr Beitrag zur Deckung der Energienachfrage in Deutschland merklich zugenommen. Parallel dazu ist es zu einer entsprechenden – teilweise beachtlichen – Weiterentwicklung der Konversionsanlagentechnik bei gleichzeitig reduzierten Kosten gekommen. Damit steigt aber auch der Bedarf an entsprechenden Fachbüchern, die dieser Entwicklung Rechnung tragen und die vorhandenen Technologien umfassend nach dem aktuellen Stand der Technik darstellen und – insbesondere vor dem Hintergrund der derzeitigen umwelt- und energiepolitischen Diskussionen – Kenngrößen zu deren energiewirtschaftlicher Bewertung bieten.

Vor diesem Hintergrund ist es das Ziel dieses Buches, für sämtliche Möglichkeiten einer Energiegewinnung aus Erdwärme die geologischen Grundlagen und die jeweiligen Nutzungstechniken darzustellen sowie Hilfen zur ökologischen und ökonomischen Einordnung ins Energiesystem von Deutschland zu geben. Dazu sind – neben aktuellen Forschungsergebnissen bezüglich der geologischen Grundlagen der Erdwärmeentstehung und -verfügbarkeit – Erfahrungen aus einer Vielzahl von Projekten der Nutzung der oberflächernahen Erdwärme, aus großangelegten Aktivitäten im Bereich „Bewertung der Nutzung hydrothermaler Ressourcen", aus aktuellen Forschungsarbeiten zur Weiterentwicklung der HotDryRock-Technologie sowie die Ergebnisse einer Vielzahl weiterer, insbesondere auch energiewirtschaftlicher Arbeiten auf diesem Gebiet eingeflossen. Damit wird ein umfassender und aktueller Überblick über alle Aspekte gegeben, die mit der Nutzung der Erdwärme in Deutschland, aber auch im angrenzenden europäischen Ausland, zusammenhängen.

Die Herausgeber möchten den Autoren, die zum Gelingen des vorliegenden Buches beigetragen haben, sehr herzlich danken. Ohne ihr hohes Engagement und ihre sehr weitgehende Kooperationsbereitschaft wäre diese Publikation in ihrer jetzigen Form nicht möglich gewesen. Auch ist insbesondere Christa Thänert, GeoForschungsZentrum Potsdam, für das Anfertigen der Zeichnungen im Geologieteil zu danken. Weiterhin möchten wir uns ganz besonders bedanken bei Manuela Wandel und Dr. Hans Adolf Ullner, beide GeoForschungsZentrum Potsdam, Dr. Christoph Iven, Deutscher Verlag für Grundstoffindustrie, Stuttgart, Dr. Dieter Haack, Düsseldorf sowie insbesondere Dipl.-Ing. Rainer Luxbei, Dipl.-Ing. Jürgen Neubarth und Dipl.-Ing. agr. Bettina Schneider, beide Institut für Energiewirtschaft und Rationelle Energieanwendung, Universität Stuttgart. Auch Dr. Matthias Bruhn, GeoForschungsZentrum Potsdam, sei sehr herzlich für den Kurzbeitrag zur internationalen Einordnung der Nutzung der hydrothermalen Erdwärme gedankt. Auch ist den vielen weiteren ungenannten Mitarbeitern unser aufrichtiger Dank auszusprechen; ohne ihre Unterstützung wäre die Realisierung dieses Buches nicht möglich gewesen. Nicht zuletzt gilt unser besonderer Dank auch den jeweiligen Institutionen (Institut für Energiewirtschaft und Rationelle Energieanwendung (IER), Universität Stuttgart; GeoForschungsZentrum (GFZ) Potsdam, Institut für Angewandte Geowissenschaften der Technischen Universität Berlin), ohne deren aktive Unterstützung dieses Buch nicht hätte realisiert werden können.

Stuttgart, Potsdam, Berlin; im Mai 1999

Martin Kaltschmitt
Ernst Huenges
Helmut Wolff

Inhaltsverzeichnis

Liste der Formelzeichen

$c_{p,TW}$	Wärmekapazität des Thermalwassers
g	Erdbeschleunigung
i	hydraulischer Gradient
k	Permeabilität, Wärmeübergangskoeffizient
k_f	Durchlässigkeitsbeiwert
l_{EWS}	Länge einer Erdwärmesonde
m_{TW}	Massenstrom des Thermalwassers
n_e	effektive Porosität
n_{EWS}	Anzahl Erdwärmesonden
q	Durchfluß
q_{kond}	konduktiver Anteil des Wärmestroms
v	Strömungsgeschwindigkeit über Querschnitt
v_a	Abstandsgeschwindigkeit
v_f	Filtergeschwindigkeit
F	Fläche
$P_{Antr.}$	Antriebsleistung
$P_{Ent.}$	Wärmepumpen-Verdampferleistung
P_{EWS}	spezifische Erdwärmesondenleistung
$P_{Hzg.}$	Wärmepumpen-Heizleistung
Q	Wärmeleistung
Q_G	geothermische Leistung
$Q_{Kond.}$	kondesatorseitige Wärmeleistung
$Q_{Verd.}$	verdampferseitige Wärmeleistung
β	Arbeitszahl
ε	Leistungszahl
η	Viskosität
λ	Wärmeleitfähigkeit
ρ	Dichte
ϑ_I	Injektionstemperatur des Thermalwassers
ϑ_P	Produktionstemperatur des Thermalwassers
ζ	Heizzahl
Δp	Druckunterschied
Δz	Schichtmächtigkeit
$\Delta\vartheta$	Temperaturdifferenz
$\Delta\vartheta_A$	Temperaturdifferenz am Wärmeübertrageraustritt
$\Delta\vartheta_E$	Temperaturdifferenz am Eintritt in den Wärmeübertrager
$\Delta\vartheta_M$	mittlere Temperaturdifferenz

1 Einleitung und Zielsetzung

Ziel der Ausführungen dieses Buches ist es, die Möglichkeiten und Grenzen der unterschiedlichen Techniken und Verfahren einer Nutzung der in der Erde gespeicherten Energie (d. h. Erdwärme oder Geothermie) primär unter den in Deutschland vorliegenden Randbedingungen darzustellen. Dabei werden sowohl die physikalischen und technischen Grundlagen diskutiert als auch Kenngrößen erarbeitet, die eine Einordnung dieser Optionen in das Energiesystem von Deutschland ermöglichen und damit letztlich eine Bewertung erlauben.

Vor dem Hintergrund dieses Gesamtzieles wird im folgenden zunächst das Energiesystem in Deutschland beschrieben, da dieses den Rahmen absteckt, in den eine Energiebereitstellung aus Erdwärme integriert werden muß. Anschließend wird dargestellt, wie sich die Möglichkeiten einer Nutzung der Erdwärme in sonstige Formen zur Nutzung des regenerativen Energieangebots einordnen.

Abschließend wird in diesem Kapitel auf den Aufbau bzw. die wesentlichen Inhalte des Buches eingegangen und erörtert, was die einzelnen folgenden Kapitel beinhalten und damit wo welche Informationen und Zusammenhänge zu finden sind.

1.1 Energiesystem von Deutschland

Unser gegenwärtig hoher Lebensstandard ist ohne einen entsprechenden Energieeinsatz nicht möglich. Dabei ist aber die Deckung dieser Energienachfrage mit einer ganzen Reihe von Umweltfolgen verbunden, die von der bezüglich potentieller Umwelteffekte sensibilisierten Gesellschaft an der Schwelle zum 21. Jahrhundert immer weniger toleriert werden. Deshalb war und ist dieses „Energieproblem" im Zusammenspiel mit dem ursächlich damit zusammenhängenden „Umweltproblem" eines der bestimmenden Themen in den energie- und umweltpolitischen Diskussionen in Deutschland. Daran dürfte sich auch in absehbarer Zukunft nichts ändern, wie sich u. a. an der Kontroverse um die möglichen Gefahren des anthropogenen Treibhauseffekts für Deutschland und die Welt zeigt. Eher ist mit steigendem Wissensstand und fortschreitendem Erkenntnisprozeß von einer zunehmenden Problematisierung der mit der Energienutzung im weitesten Sinne zusammenhängenden Effekte auf die natürliche Umwelt und den Menschen auszugehen. Auch ist zu erwarten, daß die Sensibilität gegenüber energiebedingten Umwelteffekten vor dem Hintergrund der immer mehr in das Bewußtsein der Bevölkerung tretenden Probleme (z. B. Ozonproblematik in Innenstädten, Endlagerungsproblematik ausgebrannter Kernbrennstoffe, Diskussion um Braunkohletagebaue, Akzeptanzproblematik der Windenergie) weiter zunehmen und auch die nächsten Jahre ein wesentliches Thema bei öffentlichen Diskussionen sein wird.

Deshalb wird im folgenden die Dimension des Energiesystems in Deutschland beschrieben; dazu wird zuerst der Primärenergieverbauch und anschließend der Endenergieverbrauch dargestellt. Auf dieser Grundlage werden ausgewählte Umwelteffekte dargestellt, die im wesentlichen aus dem zuvor diskutierten Einsatz an fossilen Energieträgern resultieren. Zuvor werden jedoch die wesentlichen Energiebegriffe definiert.

1.1.1 Energiebegriffe

Unter Energie wird nach Max Planck die Fähigkeit eines Systems verstanden, äußere Wirkungen hervorzubringen. Dabei kann zwischen mechanischer Energie (d. h. potentielle und kinetische Energie), thermischer, elektrischer und chemischer Energie, Kernenergie und Strahlungsenergie unterschieden werden. In der praktischen Energieanwendung äußert sich die Arbeitsfähigkeit in Form von Kraft, Wärme und Licht. Nur die Arbeitsfähigkeit der chemischen Energie sowie der Kern- und Strahlungsenergie ist erst durch Umwandlung dieser Energieformen in mechanische und/oder thermische Energie gegeben.

Unter einem Energieträger – und damit einem „Träger“ der oben definierten Energie – wird ein Stoff verstanden, aus dem direkt oder durch eine oder mehrere Umwandlungen End- bzw. Nutzenergie gewonnen werden kann. Energieträger werden daher nach dem Grad der Umwandlung unterteilt in Primär- und Sekundärenergieträger sowie Endenergieträger. Der jeweilige Energieinhalt dieser Energieträger ist die Primärenergie, die Sekundärenergie und die Endenergie. Diese einzelnen Begriffe sind wie folgt definiert (Abb. 1-1) /1-3/.

- Unter Primärenergieträgern werden Stoffe und unter der Primärenergie der Energieinhalt der Primärenergieträger und der „primären“ Energieströme verstanden, die noch keiner technischen Umwandlung unterworfen wurden. Aus Primärenergie (z. B. Windkraft, Solarstrahlung) oder -trägern (z. B. Steinkohle, Braunkohle, Erdöl, Biomasse) können direkt oder durch eine oder mehrere Umwandlungen Sekundärenergie oder -träger gewonnen werden.
- Sekundärenergieträger sind Energieträger und Sekundärenergie ist der Energieinhalt der Sekundärenergieträger oder der von Energieströmen, die direkt oder durch eine oder mehrere Umwandlungen in technischen Anlagen aus Primär- oder aus anderen Sekundärenergieträgern bzw. -energien hergestellt werden (z. B. Benzin, Heizöl, Rapsöl, elektrische Energie). Dabei fallen u. a. Umwandlungs- und Verteilungsverluste an. Sekundärenergieträger bzw. Sekundärenergien stehen Verbrauchern zur Umwandlung in andere Sekundär- oder Endenergieträger bzw. -energien zur Verfügung.
- Unter Endenergieträgern werden Energieträger und unter Endenergie der Energieinhalt der Endenergieträger bzw. der entsprechenden Energieströme verstanden, die der Endverbraucher bezieht (z. B. Heizöl im Öltank des Endverbrauchers, Holzhackschnitzel vor der Feuerungsanlage, Fernwärme an der Hausübergabestation). Sie resultieren aus Sekundär- oder ggf. Primärenergieträgern bzw. -energien, vermindert um die Umwandlungs- und Verteilungsverluste, den Eigenverbrauch und den nicht energetischen Verbrauch. Sie sind für die Umwandlung in Nutzenergie verfügbar.

- Mit Nutzenergie wird letztlich die Energie bezeichnet, die nach der letzten Umwandlung in den Geräten des Verbrauchers für die Befriedigung der jeweiligen Bedürfnisse (z. B. Raumtemperierung, Nahrungszubereitung, Information, Beförderung) zur Verfügung steht. Sie wird gewonnen aus Endenergieträgern bzw. der Endenergie, vermindert um die Verluste dieser letzten Umwandlung (z. B. Verluste infolge der Wärmeabgabe einer Glühlampe für die Erzeugung von Licht, Verluste in einer Hackschnitzelfeuerung bei der Bereitstellung von Wärme).

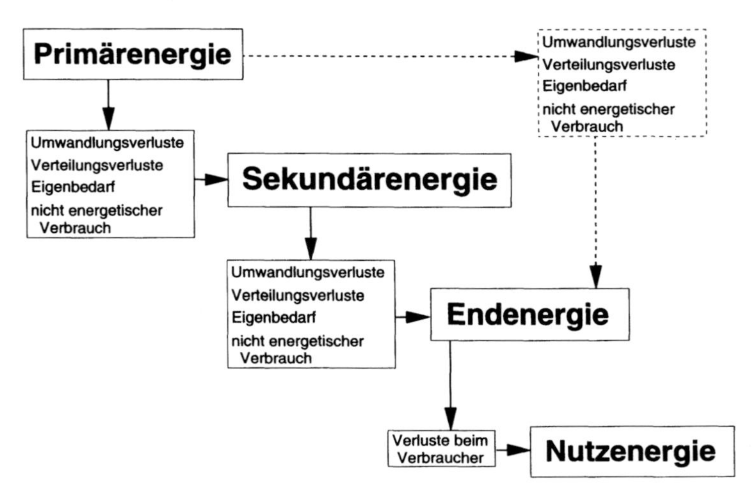

Abb. 1-1 Energiewandlungskette (nach /1-3/)

Die gesamte der Menschheit prinzipiell zur Verfügung stehende Energie wird als Energiebasis bezeichnet /1-4/. Sie setzt sich aus der Energie der (meist endlichen) Energievorräte und der (weitgehend regenerativen) Energiequellen zusammen.

Bei den Energievorräten wird unterschieden zwischen den fossilen und rezenten Vorräten.

- Fossile Energievorräte sind Vorräte, die in geologisch vergangenen Zeitaltern durch biologische und/oder geologische Prozesse gebildet wurden. Dabei wird unterschieden zwischen fossil biogenen Energievorräten, die biologischen Ursprungs sind, und fossil mineralischen Energievorräten (d. h. Vorräte mineralischen Ursprungs). Zu den ersteren zählen u. a. die Kohle-, Erdgas- und Erdöllagerstätten und zu den letzteren u. a. die Energieinhalte der Uranlagerstätten und die Vorräte an Kernfusionsausgangsstoffen.
- Rezente Vorräte sind Energievorräte, die in gegenwärtigen Zeiten z. B. durch biologische Prozesse gebildet werden. Hierzu gehören z. B. der Energieinhalt der Biomasse oder die potentielle Energie des Wassers eines natürlichen Stausees.

Energiequellen liefern im Unterschied dazu über einen sehr langen Zeitraum Energieströme; sie werden deshalb als – gemessen in menschlichen Dimensionen – „unerschöpflich" angesehen. Aber auch wenn diese Zeiträume sehr lang sein sollten, sind sie letztlich – in geologischen Zeiträumen gemessen – immer endlich. Dies liegt darin begründet, daß diese Energieflüsse durch natürlich und unbeeinflußbar ablaufende Prozesse aus einem (endlichen) fossil mineralischen Energievorrat kontinuierlich und technisch nicht steuerbar freigesetzt werden (u. a. die Strahlungsfelder der Sonne, die Gravitationsfelder von Erde, Mond und Sonne).

Bei den verfügbaren Energien bzw. Energieträgern kann zusätzlich unterschieden werden zwischen fossil biogener, fossil mineralischer und erneuerbarer Energie bzw. fossil biogenen, fossil mineralischen und erneuerbaren Energieträgern.

- Unter fossil biogenen Energieträgern werden im wesentlichen die Energieträger Kohle (Braun- und Steinkohlen) und flüssige bzw. gasförmige Kohlenwasserstoffe (u. a. Erdöl, Erdgas) verstanden. Weiter kann unterschieden werden zwischen fossil biogenen Primärenergieträgern (z. B. Braunkohle) und fossil biogenen Sekundärenergieträgern (z. B. Benzin, Diesel).
- Unter fossil mineralischen Energieträgern werden die Stoffe zusammengefaßt, aus denen durch eine Kernspaltung oder -verschmelzung Energie bereitgestellt werden kann (u. a. Uran, Thorium, Wasserstoff).
- Unter erneuerbaren Energien werden die Primärenergien verstanden, die – gemessen in menschlichen Dimensionen – als unerschöpflich angesehen werden. Sie werden laufend aus den Energiequellen Solarstrahlung, Erdwärme und Gezeitenenergie gespeist. Die von der Sonne eingestrahlte Energie ist für eine Vielzahl weiterer erneuerbarer Energien verantwortlich (u. a. Windenergie, Wasserkraft). Die im Abfall bzw. Müll enthaltene Energie ist nur dann als erneuerbar zu bezeichnen, wenn sie nicht fossil biogenen oder fossil mineralischen Ursprungs ist (z. B. organische Müllfraktion). Damit sind regenerativ im eigentlichen Sinne nur die natürlich vorkommenden erneuerbaren Primärenergien, nicht aber die daraus resultierenden Sekundär- oder Endenergien bzw. -träger. Beispielsweise ist der aus einer technischen Umwandlungsanlage gewonnene Strom aus erneuerbaren Energien nicht regenerativ; er ist nur so lange verfügbar, wie auch die technische Umwandlungsanlage betrieben werden kann. Trotzdem werden umgangssprachlich vielfach auch die aus erneuerbaren Energien gewonnenen Sekundär- und Endenergieträger als regenerativ bezeichnet.

1.1.2 Primärenergieverbrauch

Der Primärenergieverbrauch in Deutschland lag im Jahr 1997 bei rund 14,5 EJ. Diese insgesamt nachgefragte Primärenergie wurde zu 39,5 % mit Erdöl, zu 25,1 % mit Stein- und Braunkohlen, zu 20,6 % mit Erdgas, zu 12,8 % mit Kernenergie und zu 2,0 % mit sonstigen Energieträgern gedeckt (Abb. 1-2); unter letzteren sind u. a. auch regenerative Energien enthalten. Mit Ausnahme von Biomasse (im wesentlichen Holz) und Wasserkraft, die den überwiegenden Anteil zu diesen 2 % beitragen, leisten damit erneuerbare Energien derzeit keinen signifikanten Beitrag zur Deckung der Primärenergienachfrage in Deutschland /1-1/.

In den letzten Jahren und Jahrzehnten war der Primärenergieverbrauch im Energiesystem Deutschland erheblichen Veränderungen unterworfen. Lag er auf dem Gebiet der alten Bundesländer 1950 noch bei rund 3,97 EJ, stieg er 1960 auf 6,20 EJ und 1970 auf 9,87 EJ; im Verlauf dieser beiden Jahrzehnte bedeutete dies rund eine Verzweieinhalbfachung. Infolge der beiden Ölpreiskrisen 1973 und 1979/80 kam es dann jedoch zu einem deutlichen Rückgang dieser Zuwachsraten.

Mit knapp 14,5 EJ lag der Primärenergieverbrauch 1997 in Deutschland (d. h. alte und neue Bundesländer) etwa in der Größenordnung des vergleichbaren Wertes des Jahres 1973; damit war der Verbrauch an Primärenergie im Verlauf des letzten Vierteljahrhunderts relativ konstant und lag in Abhängigkeit u. a. der aktuellen konjunkturellen Gegebenheiten maximal bei rund 15,3 EJ/a (1987). Dabei ist aber auf der Gebietsfläche der alten Bundesländer der Primärenergieverbrauch von rund 11,1 EJ im Jahr 1973 beispielsweise auf etwas mehr als 12,0 EJ im Jahr 1995 angestiegen und in den neuen Bundesländern im gleichen Zeitraum von 3,17 auf 2,12 EJ zurückgegangen. Damit wurde der Anstieg des Energieverbrauchs in den alten Ländern durch den Minderverbrauch infolge der Umstrukturierungsprozesse aufgrund der Wiedervereinigung in den neuen Ländern weitgehend ausgeglichen.

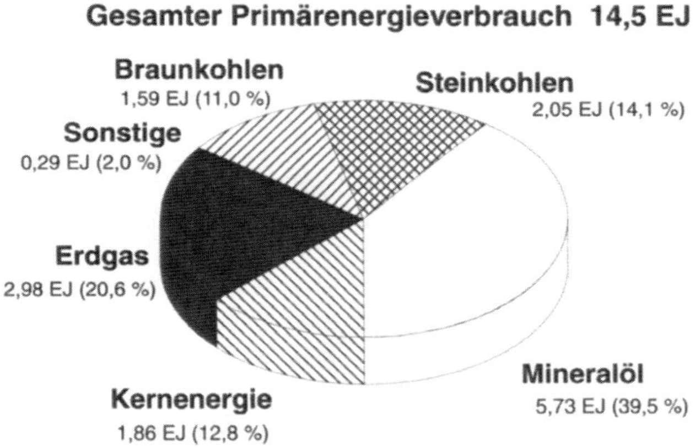

Abb. 1-2 Primärenergieverbrauch nach Energieträgern in Deutschland im Jahr 1997 (Daten nach /1-1/)

1.1.3 Endenergieverbrauch

Einem Primärenergieverbrauch in Deutschland im Jahr 1996 von knapp 14,8 EJ stand ein Endenergieverbrauch von rund 9,63 EJ gegenüber. Davon entfielen 6,0 % auf Stein- und Braunkohlen, 27,9 % auf Kraftstoffe, 1,4 bzw. 16,6 % auf schweres bzw. leichtes Heizöl, 26,2 % auf Brenngase, 16,6 % auf Strom und 5,3 % auf Fernwärme und sonstige Endenergieträger /1-1/. Unter letzteren werden u. a. Holz, das als erneuerbar anzusehen ist, Klärschlamm und Müll zusammengefaßt. Bezogen auf den gesamten Endenergieverbrauch nehmen regenerative Energien jedoch nur einen sehr geringen Anteil von deutlich weniger als einem Prozent ein.

Der Endenergieeinsatz im Energiesystem von Deutschland war - ähnlich dem Verbrauch an Primärenergie - im Verlauf der letzten vier Jahrzehnte erheblichen Veränderungen unterworfen. Abgesehen von verschiedenen konjunkturell bedingten Einbrüchen ist - vergleichbar dem Primärenergieeinsatz - der Verbrauch an Endenergie zwischen 1950 und 1973 weitgehend kontinuierlich angestiegen. Dabei hat sich in diesem Zeitraum der Energieträgermix weg von der Kohle als primär genutztem Endenergieträger hin zum Öl als dem Energieträger, der den größten Beitrag zur Deckung der Endenergienachfrage leistet, entwickelt. Aber auch nach der ersten Ölpreiskrise 1973 war der Energieträgermix weiteren Veränderungen unterworfen. Der Verbrauch an Kohle ist beispielsweise weiter zurück gegangen. Außerdem ist der Einsatz an schwerem und leichtem Heizöl rückläufig. Umgekehrt hat der Kraftstoffeinsatz deutlich zugenommen. Dies gilt auch für den Verbrauch an Erdgas. Daneben ist auch der Stromeinsatz zur Deckung der Endenergienachfrage angestiegen.

Das Endenergieaufkommen im Jahr 1996 wurde zu rund einem Viertel bis einem Drittel jeweils von der Industrie (24,9 %), dem Verkehr (27,0 %) und den Haushalten (30,5 %) nachgefragt (Abb. 1-3). Zusätzlich entfiel ein Anteil von etwas mehr als 17 % auf die Kleinverbraucher und etwa 0,3 % auf sonstige Verbraucher (im wesentlichen militärische Dienststellen) /1-1/.

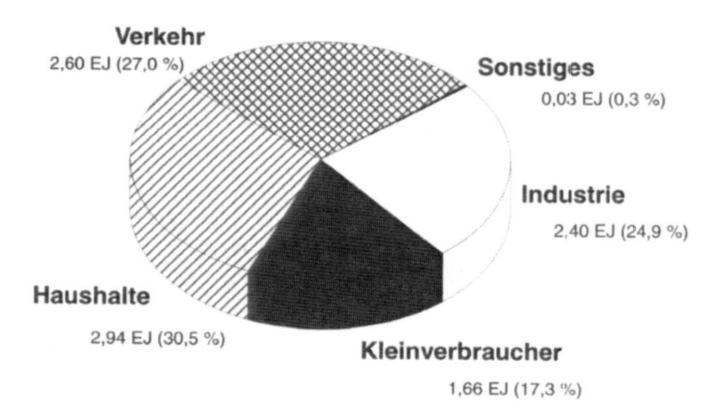

Abb. 1-3 Endenergieverbrauch nach Verbrauchsbereichen in Deutschland im Jahr 1996 (Daten nach /1-1/)

Dieser Verbrauch an Endenergie wird im wesentlichen für die Bereitstellung von mechanischer Energie, Raum- und Prozeßwärme sowie von Licht eingesetzt. Dabei dominiert insgesamt mit rund 25, 35,5 bzw. 36,4 % der Endenergieeinsatz für die Bereitstellung von Prozeßwärme, mechanischer Energie bzw. Raumwärme. Im wesentlichen erfolgt der Einsatz dieser Endenergieträger zur Nutzenergiebereitstellung in den folgenden Sektoren.

- Die insgesamt eingesetzte Prozeßwärme wird zu rund zwei Dritteln von der Industrie nachgefragt.
- Mechanische Energie kommt primär im Verkehrssektor und hier insbesondere für die Kraftbereitstellung in Personen- und Lastkraftwagen zum Einsatz.
- Die gesamte bereitgestellte Raumwärme wird zu rund zwei Dritteln von den Haushalten nachgefragt.

Die verbleibenden rund 1,8 bzw. 1,3 % dienen der Bereitstellung von Licht bzw. für Information und Kommunikation (Stand 1996 /1-2/).

1.1.4 Umwelteffekte

Infolge des skizzierten Energieumsatzes gelangt eine Vielzahl sehr unterschiedlicher Stoffe in die natürliche Umwelt. Hier kann zwischen den Freisetzungen durch die ordnungsgemäße energetische Nutzung (u. a. Verbrennungsprodukte wie z. B. Kohlenstoffdioxid oder Stickstoffoxide) oder durch einen unsachgemäßen Betrieb (u. a. organische Stoffe z. B. infolge von Tankerhavarien oder Pipelinelecks) unterschieden werden. Werden diese aufgrund von Unregelmäßigkeiten und damit im wesentlichen durch menschliches Versagen freigesetzten Stoffe, die im Grundsatz weitgehend vermeidbar wären, nicht betrachtet, wurden allein durch die ordnungsgemäße energetische Nutzung fossiler Energieträger in Deutschland im Jahr 1996 1,86 Mio. t an Stickstoffoxiden (NO_x), 1,85 Mio. t an Schwefeldioxid (SO_2) und 6,7 Mio. t an Kohlenstoffmonoxid (CO) freigesetzt. Zusätzlich wurden etwa 0,51 Mio. t Staub und 863 Mio. t Kohlenstoffdioxid (CO_2) emittiert /1-1/. Daneben kam es noch zu der Freisetzung einer Vielzahl weiterer Stoffe.

Auch diese im wesentlichen energiebedingten Stofffreisetzungen waren im Verlauf der letzten 20 Jahre erheblichen Veränderungen unterworfen. Dies liegt begründet zu geringen Teilen in dem sich leicht geänderten Energieverbrauch und zu größeren Anteilen in den verschärften Umweltschutzauflagen, die durch den Gesetzgeber insbesondere in den siebziger und achtziger Jahren eingeführt wurden. Die Stofffreisetzungen an Stickstoffoxiden (NO_x), Schwefeldioxid (SO_2) bzw. Kohlenstoffmonoxid (CO) lagen z. B. 1975 bei rund 3,0, 7,5 bzw. 15,6 Mio. t und damit um den Faktor 1,6, 4,0 bzw. 2,3 über den Werten von 1996 /1-1/.

Infolge beschlossener und zu erwartender Verschärfungen der gesetzlichen Vorgaben zur Luftreinhaltung bzw. zum Klimaschutz und des sich abzeichnenden Trends zum Einsatz umweltfreundlicherer Primärenergieträger (im wesentlichen ein verstärkter Erdgaseinsatz, ein Rückgang des Kohleverbrauchs und die ansatzweise erkennbare stärkere Nutzung erneuerbarer Energien) ist davon auszugehen, daß es auch zukünftig zu weiteren Reduktionen an luftgetragenen Stofffreisetzungen in Deutschland und Europa kommen wird. Damit dürften zukünftig zunehmend weniger Emissionen die Umwelt und damit auch den Menschen belasten.

1.2 Erdwärme als regenerative Energie

Erdwärme ist nicht die einzige Möglichkeit, Energie aus regenerativen Energiequellen bereitzustellen und damit einen Beitrag zur Deckung der gegebenen Energienachfrage zu leisten. Die Bereitstellung von End- bzw. Nutzenergie ist auch möglich auf der Basis der durch Planetengravitation und -bewegung hervorgerufenen Energieströme und insbesondere durch die direkte und indirekte Nutzung der von der Sonne eingestrahlten Energie.

Deshalb wird, um die Stellung der Energie der Erde unter den anderen Quellen des regenerativen Energieangebots aufzuzeigen, im folgenden die Erdwärme eingeordnet in die anderen erneuerbaren Energiequellen. Dazu wird zunächst die globale Energiebilanz dargestellt, aus der die wesentlichen Energieströme auf der Erde hervorgehen. Auch wird erläutert, wo die Erdwärme ihren Platz unter den vielfältigen technischen Möglichkeiten zur End- bzw. Nutzenergiebereitstellung aus diesen Quellen des regenerativen Energieangebots findet.

1.2.1 Energiebilanz der Erde

Die auf der Erde nutzbaren Energieströme entstammen drei grundsätzlich unterschiedlichen Primärquellen. Dies sind die Solarstrahlung, die Erdwärme und die Gezeitenenergie. Sie werden im folgenden näher diskutiert. Anschließend werden diese globalen Energieströme bilanziert und damit die jeweiligen Größenordnungen im Energiesystem der Erde aufgezeigt.

Sonne. Die Sonne stellt den Zentralkörper unseres Planetensystems dar; sie ist der der Erde nächstgelegene Stern. In der Kernregion der Sonne herrschen Temperaturen von ca. 15 Mio. K. Hier findet die Fusion von Wasserstoff zu Helium statt /1-5/. Dabei bilden rund 650 Mio. t/s Wasserstoff etwa 646 Mio. t/s Helium. Der dabei gegebene Massenverlust von ca. 4 Mio. t/s wird in Energie umgewandelt, die nach Einstein aus der Masse und dem Quadrat der Lichtgeschwindigkeit berechnet werden kann.

Diese in der Kernregion der Sonne freigesetzte Energie wird innerhalb der Sonne zunächst durch Strahlung bis zum etwa 0,7-fachen des Sonnenradius transportiert. Die Weiterleitung bis zur Sonnenoberfläche erfolgt durch Konvektion. Anschließend wird die Energie in den Weltraum abgegeben. Bei diesem die Sonne verlassenden Energiestrom unterscheidet man zwischen Materiestrahlung und elektromagnetischer Strahlung (vgl. /1-6/).

- Die Materiestrahlung besteht aus Protonen und Elektronen, die von der Sonne mit einer Geschwindigkeit von ca. 500 km/s abgegeben werden. Allerdings erreichen nur wenige dieser elektrisch geladenen Teilchen die Erdoberfläche, da das terrestrische Magnetfeld dieses verhindert. Dies ist für das Leben auf der Erde von besonderer Bedeutung, da diese Materiestrahlung organisches Leben in seiner jetzigen Form nicht erlauben würde.
- Die elektromagnetische Strahlung wird im wesentlichen von der Photosphäre der Sonne ausgesendet. Sie überdeckt den gesamten Frequenzbereich von der kurzwelligen bis zur langwelligen Strahlung und entspricht etwa der eines schwarzen Körpers. Die flächenspezifische Strahlungsleistung kann u. a. aus der Temperatur in der Photosphäre (ca. 5 785 K) und dem Emissionsgrad berechnet werden; sie beträgt rund $63{,}5 \cdot 10^6$ W/m^2.

Die flächenspezifische Strahlungsleistung der von der Sonnenoberfläche abgestrahlten Energie nimmt - werden keine Verluste berücksichtigt - mit dem Quadrat der Entfernung ab. Geht man vom Durchmesser der Sonne bis zur Photosphäre aus (ca. $1{,}39 \cdot 10^9$ m) und legt eine mittlere Entfernung zwischen der Sonne und der Erde von etwa $1{,}5 \cdot 10^{11}$ m zugrunde, errechnet sich am oberen Rand der Erdatmosphäre eine flächenspezifische Strahlungsleistung von ca. 1 370 W/m^2 (u. a. /1-6/). Dieser durch Messungen bestätigte Mittelwert wird als Solarkonstante bezeichnet.

Die am oberen Atmosphärenrand der Erde ankommende Sonnenstrahlung ist im Jahresverlauf durch saisonale Unterschiede gekennzeichnet. Ursache ist die den unterschiedlichen Abstand der beiden Himmelskörper im Verlauf eines Jahres bedingende Ellipsenbahn, auf der sich die Erde um die Sonne bewegt. Damit schwankt auch die am äußeren Atmosphärenrand ankommende Strahlung. Sie erreicht am Jahresanfang aufgrund der am 2. Januar vorliegenden kleinsten Entfernung zwischen Sonne und Erde (Perihel) mit knapp 1 420 W/m^2 ein Maximum und zur Jahresmitte (2. Juli) mit etwa 1 330 W/m^2 ein Minimum (Aphel).

Zusätzlich dazu wird die auf den äußeren Atmosphärenrand auftreffende Solarstrahlung bei ihrem Weg durch die Atmosphäre geschwächt. Deshalb erreicht im Jahresmittel nur ein Teil der insgesamt extraterrestrisch auf die Erde auftreffende Strahlung letztlich auch die Erdoberfläche, die wiederum einen weiteren Teil zurück in den Weltraum reflektiert.

Erdwärme. Der aus dem Erdinnern an die Erdoberfläche dringende Energiestrom speist sich aus drei verschiedenen Quellen.

- Eine Quelle ist die im Erdinnern gespeicherte Energie, die noch aus der während der Erdentstehung frei gewordenen Gravitationsenergie resultiert.
- Eine weitere Quelle stellt die Energie dar, die aus der ggf. von vor der Erdentstehung noch vorhandenen sogenannten Ursprungswärme stammt.
- Die dritte Quelle ist die Energie, die durch den Zerfall radioaktiver Isotope, die in der Erde (insbesondere in der äußeren Erdkruste) enthalten sind, freigesetzt wurde und wird. Diese Wärme ist aufgrund der meist schlechten Wärmeleitfähigkeit der Gesteine zum überwiegenden Teil nach wie vor in der Erde gespeichert.

Die Erde entstand vor ungefähr 4,5 Mrd. Jahren durch schrittweise Zusammenballung von Materie (Gesteinsbrocken, Gase, Staub) innerhalb eines vorhandenen Nebels. Verlief dieser Vorgang am Anfang noch kühl, änderte sich dies durch die immer stärker werdende mechanische Wucht der aufstürzenden Materiekörper. Dabei dürfte die Gravitationsenergie beim Aufprall der Massen fast vollständig in Wärme umgewandelt worden sein. Gegen Ende dieser Massenzusammenballung war der oberste Teil der daraus entstandenen Erde abgeschmolzen. Dies führte dazu, daß ein Großteil der freigesetzten Wärme wieder in den Weltraum abgestrahlt wurde. Trotz aller Unsicherheiten über die Massenansammlung und die Energieabstrahlung während dieser Phase betrug die in der Erde verbliebene Energie etwa zwischen 15 und $35 \cdot 10^{30}$ J /1-7/. Der kleinere Wert entspricht einer kalten bis warmen, der größere einer warmen bis heißen Ursprungserde.

Die Erde enthält radioaktive Elemente (u. a. Uran (U^{238}, U^{235}), Thorium (Th^{232}), Kalium (K^{40})); diese geben infolge radioaktiver Zerfallsprozesse über Zeiträume von Millionen von Jahren Energie ab. Durchschnittliche Massenanteile von Uran bzw. Thorium in Granit z. B. können etwa 4,7 bzw. 20 ppm und in Basalt 0,7 bzw. 2,7 ppm betragen. Mit der entsprechenden Halbwertszeit, einer freigesetzten Energie von ca. 5,5 MeV für ein Zerfallsereignis und etwa 6 (Thorium) bzw. 8 (Uran) Zerfällen bis zum Erreichen eines stabilen Zustandes ergibt sich eine Wärmeerzeugung von rund 1 J/(g a). Daraus ergibt sich beispielsweise in granitischen Gesteinen eine radiogene Wärmeproduktionsleistung von ca. 2,5 $\mu W/m^3$ und in basaltischen Gesteinen von etwa 0,5 $\mu W/m^3$.

Der Zerfall solcher natürlicher, langlebiger radioaktiver Isotope in der Erde produziert damit permanent Wärme; dies gilt insbesondere für die kontinentale Erdkruste, da die beteiligten Isotope in den oberflächennahen Erdschichten angereichert sind. Dadurch hat die Erde seit ihrer Entstehung rund $7 \cdot 10^{30}$ J radiogene

Wärme erhalten. Die potentiell noch bereitstellbare Wärme der noch vorhandenen radioaktiven Isotope beträgt etwa $12 \cdot 10^{30}$ J /1-7/. Diese Zahlen sind jedoch mit großen Unsicherheiten behaftet, da über die Verteilung der radioaktiven Isotope in der Erde bisher nur sehr wenig bekannt ist.

Bei einer Addition der heute noch vorhandenen Wärme aus der Erdentstehung bzw. der Ursprungswärme und der schon freigesetzten und infolge des weiteren Zerfalls radioaktiver Isotope noch freisetzbaren Wärme errechnet sich eine Gesamtwärme der Erde von gegenwärtig zwischen 12 und $24 \cdot 10^{30}$ J. Davon befinden sich in der äußersten Erdkruste bis rund 10 000 m Tiefe etwa 10^{26} J. Der daraus resultierende Wärmestrom zur Erdoberfläche liegt – bei einer durchschnittlichen Wärmeleitfähigkeit – in der Größenordnung von rund 65 mW/m^2.

Aufgrund dieser Wärmestromdichte ergibt sich eine Strahlungsleistung der Erde von ca. $33 \cdot 10^{12}$ W; damit liefert die Erde pro Jahr eine Energie von rund 1 000 EJ an die Atmosphäre. Demgegenüber liegt die Einstrahlung der Sonne auf die Erdoberfläche bei mehr als dem 20 000-fachen des terrestrischen Wärmestroms. Die von der Erde in den Weltraum abgegebene und von der Sonne aufgenommene Wärmestrahlung bestimmt das beobachtete Temperaturgleichgewicht von ca. 14 °C an der Erdoberfläche.

Damit wird die Temperatur auf der Erdoberfläche vom Wärmeeintrag durch die eingestrahlte Sonnenenergie dominiert; dies gilt aufgrund der Wärmespeicherfähigkeit der Erde auch für die obersten Meter des Erdreichs (Abb. 1-4). Deutlich wird dies u. a. daran, daß der Boden im Winter bis in Tiefen von mehreren Metern gefroren sein kann und im Sommer sich erheblich aufheizt (je nach geographischer Lage auf z. T. 50 °C und mehr). Dies hat seine Ursache ausschließlich in den jahreszeitlichen Unterschieden des solaren Strahlungsangebots und dem daraus resultierenden Temperaturniveau in den bodennahen Atmosphärenschichten. Aufgrund der meist schlechten Temperaturleitfähigkeit des Erdreichs beeinflußt die Sonneneinstrahlung den Temperaturgang innerhalb der Erde im Regelfall nur bis zu einer Tiefe von 10 bis 20 m (Jahresgang).

Im obersten Bereich der Erdkruste wird der Anteil am gesamten Erdwärmestrom, der aus der Erdwärme bzw. aus der eingestrahlten Sonnenenergie resultiert, durch eine Reihe sehr unterschiedlicher Effekte beeinflußt. Eine wesentliche Einflußgröße ist der Regen. Das daraus resultierende Oberflächen- und Grundwasser wird durch Sonnenenergie „aufgeheizt" und transportiert die solar eingestrahlte Energie in die oberflächennahen Erdschichten. Erwärmte Oberflächenwässer können deshalb lokal die Temperaturen in den oberflächennahen Bodenschichten bis rund 20 m, teilweise auch noch tiefer, beeinflussen.

Trotz dieser Effekte und damit unabhängig davon, aus welcher Quelle des regenerativen Energieangebots die im Erdreich vorhandene Wärme letztlich stammt, wird im Rahmen dieser Ausführungen unter dem Begriff „Erdwärme" die in der Erde gespeicherte Energie verstanden. Dies steht auch in Übereinstimmung mit der üblichen Vorgehensweise und den umgangssprachlichen Definitionen, da bei der Energiegewinnung mit Hilfe von Wärmepumpen mit horizontalen Erdkollektoren von der Nutzung der oberflächennahen Erdwärme gesprochen wird, obwohl es sich dabei zum überwiegenden Teil um eine indirekte Nutzung der Sonnenenergie handelt.

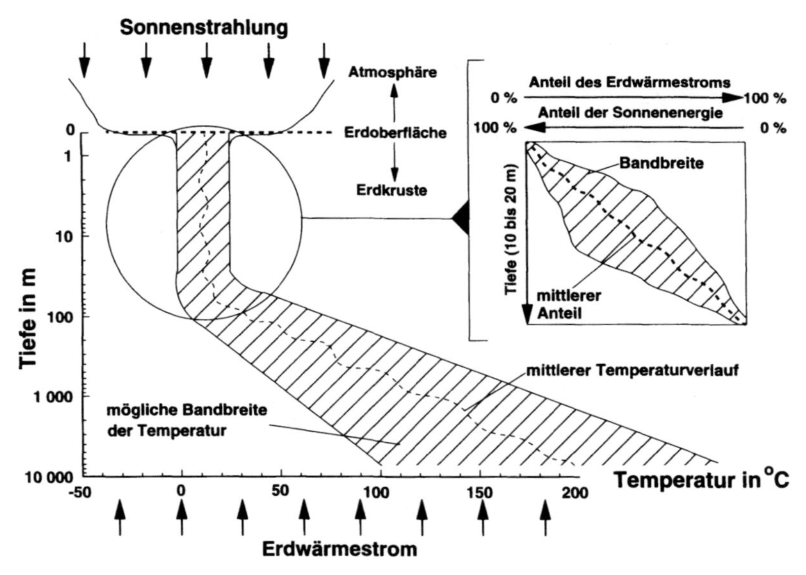

Abb. 1-4 Temperaturbilanz an der Erdoberfläche (nach /1-3/)

Planetengravitation und -bewegung. Erde und Mond kreisen um eine gemeinsame Rotationsachse. Sie liegt aufgrund der Massendisproportionalität zwischen den beiden Himmelskörpern innerhalb des Erdkörpers, jedoch außerhalb der Erdachse. Bei der Rotation von Erde und Mond um diese gemeinsame Achse bewegen sich alle Punkte dieser Himmelskörper auf Kreisbahnen. Auf der Rotationsachse ist dabei die Anziehungskraft durch den Mond genau so groß wie die Zentripetalkraft, die für die Kreisbewegung der Erde benötigt wird. Auf der dem Mond zugewandten Seite ist die Anziehungskraft größer; daher versucht alle Materie auf dieser Seite der Erde sich zum Mond hin zu bewegen. Auf der dem Mond abgewandten Seite ist die Massenanziehungskraft des Mondes demgegenüber kleiner als die Zentripetalkraft, die für die Bewegung der auf dieser Seite befindlichen Materie auf der Kreisbahn notwendig ist; hier versucht daher alle Materie auf der Erde, sich vom Mond weg zu bewegen. Dieser Effekt macht sich u. a. bei den beweglichen Wassermassen auf der Erdoberfläche in Form von Ebbe und Flut bemerkbar.

Der Erdkörper zieht sich unter der Wirkung dieser Kräfte etwas in die Länge. Die Einstellzeit dieser Deformation, die innerhalb von 24 Stunden ihre Richtung um eine volle Drehung ändert, ist aber zu groß, als daß es zu einer vollständigen Ausbildung der sich theoretisch einstellenden Verzerrung kommt. Das Wasser dagegen folgt dieser Deformation, allerdings mit einer geringen Verzögerung aufgrund der inneren Reibung der Wassermassen, der Reibung am Meeresboden, dem Anprall an die Kontinentalränder und dem Eindringen in Meeresengen und -buchten. Diese verzögernden Kräfte führen deshalb zu einer Phasenverschiebung zwischen dem Mondhöchststand und der Flut und damit auch zu einer Bremsung der Erdrotation.

Die Energiequelle, die auf der Erde die Gezeiten hervorruft, resultiert also im wesentlichen aus der Kombination der Planetenbewegungen und der Massenanziehung der Himmelskörper Erde und Mond untereinander.

Bilanz der Energieströme. Die Energie, die aus den drei primären Energiequellen Sonne, Erdwärme sowie Planetengravitation und -bewegung stammt, kommt auf der Erde in verschiedenen Erscheinungsformen (z. B. Wärme, Wind) vor bzw. ruft unterschiedliche Wirkungen hervor (z. B. Verdunstung, Wellen). Abb. 1-5 zeigt eine Systematik, die diese Erscheinungsformen bzw. Wirkungen den entsprechenden Energiequellen zuordnet. Dabei sind immer nur die wesentlichen Zusammenhänge dargestellt, da eine eindeutige Zuordnung oft nicht möglich ist. So resultiert beispielsweise die Windenergie aus der Atmosphärenbewegung, die durch die Sonneneinstrahlung bedingt und durch die Erdrotation beeinflußt wird. Auch setzt sich die Wärme des oberflächennahen Erdreichs sowohl aus Solarenergie als auch aus Erdwärme zusammen.

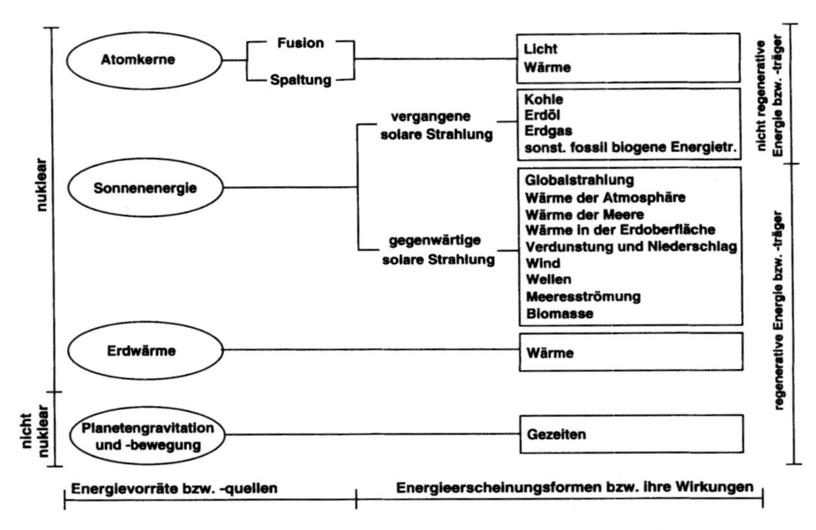

Abb. 1-5 Energiequellen, ihre Erscheinungsformen bzw. Wirkungen (nach /1-3/)

Nach Abb. 1-5 zählen zu den Primärenergiequellen neben den regenerativen Energieströmen aus Sonne, Erdwärme sowie Planetengravitation und -bewegung als nicht regenerative Energiequelle die Atomkerne, aus denen entweder über den Fusionsprozeß oder die Kernspaltung Wärme gewonnen werden kann. Der Energiestrom von der Sonne ist Ursache für eine Vielzahl von weiteren Energieerscheinungsformen bzw. Wirkungen. Aus der solaren Strahlung sind im Laufe der vergangenen Jahrmillionen u. a. die fossil biogenen Energieträger Kohle, Erdöl und Erdgas entstanden. Sie bilden zusammen mit der Energie aus den Atomkernen (d. h. den fossil mineralischen Energieträgern) die nicht regenerativen Energien bzw. Energieträger. Alle anderen sind erneuerbare Energien bzw. Energieträger. Ein Teil der gegenwärtig von der Sonne auf die Erde eingestrahlten Energie wird innerhalb der Atmosphäre umgewandelt und ist letztlich u. a. für Verdunstung und Niederschlag, Wind und Wellen verantwortlich. Die auf der Erde ankommende Globalstrahlung erwärmt die Meere und die Erdoberfläche. Daraus resultieren beispielsweise die Meeresströmungen und das Pflanzenwachstum. Neben diesen Erscheinungsformen zählen zu den regenerativen Energien auch die Erdwärme sowie die Gezeitenenergie, die auf die Planetengravitation und -bewegung zurückzuführen ist.

Da die Erde sich annähernd in einem energetischen Gleichgewichtszustand befindet, muß der zugeführten Energie ein entsprechend gleich großer Entzug gegenüberstehen. Diese Energiebilanz der Erde zeigt Abb. 1-6. Der mit Abstand größte Teil der pro Jahr auf der Erde umgesetzten Energie stammt demnach von der Sonne (über 99,9 %). Die Planetengravitation und -bewegung und die Erdwärme liefern zusätzlich nur etwa 0,022 %. Durch den weltweiten Primärenergieverbrauch aus der Nutzung fossil biogener und fossil mineralischer Energieträger kommen jährlich weitere rund 0,006 % bzw. ca. 356 EJ (1997) hinzu (vgl. /1-8, 1-9/).

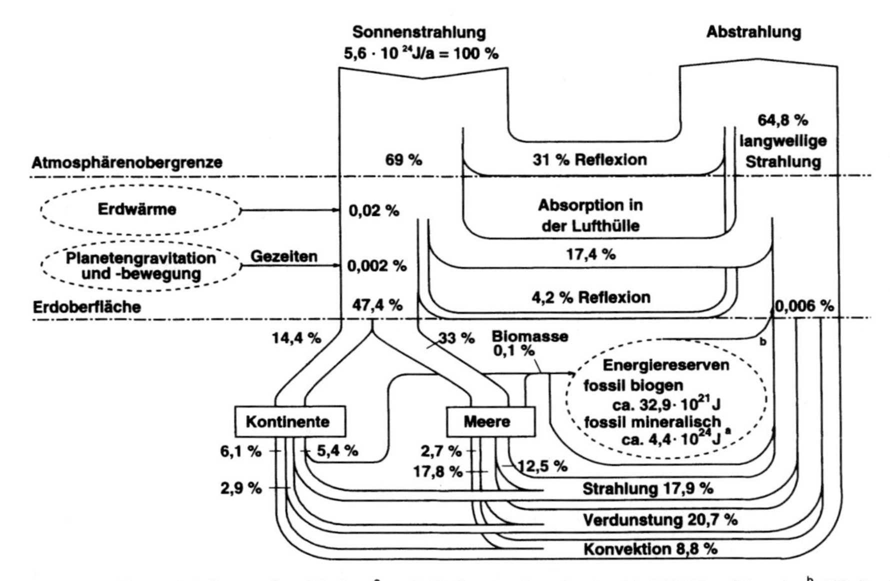

Abb. 1-6 Energiebilanz der Erde ([a] mit Brütertechnologie (1,5 TJ/kg Uran); [b] Weltprimärenergieverbrauch von rund 356 EJ im Jahr 1997 /1-10/; nach /1-8/)

Demnach strahlt die Sonne jährlich etwa $5{,}6 \cdot 10^{24}$ J auf die Erde. Davon werden etwa 31 % direkt am oberen Atmosphärenrand wieder zurück in den Weltraum reflektiert. Die verbleibenden 69 % dringen in die Atmosphäre ein. Ein größerer Teil davon erreicht die Erdoberfläche, während ein kleinerer Teil in der die Erde umgebenden Lufthülle absorbiert wird. Von der die Erdoberfläche erreichenden Strahlung wird zunächst ein kleiner Teil (im Mittel etwa 4,2 %) wieder direkt zurück in die Atmosphäre reflektiert. Der überwiegende Teil der die Erdoberfläche erreichenden Strahlung steht hier für Verdunstung, Konvektion und Abstrahlung zur Verfügung. Sie wird dazu in langwellige Wärmestrahlung gewandelt und als diese wieder in den Weltraum abgestrahlt. Ein geringer Teil wird über den Photosyntheseprozeß in organische Substanz umgewandelt.

Damit besteht näherungsweise ein Gleichgewichtszustand zwischen der zu- und abgeführten Energie auf der Erdoberfläche. Die zugeführte Energie ist dabei geringfügig größer, da ein Teil in Form organischer Masse gespeichert wird; wird diese organische Substanz nicht in absehbarer Zeit wieder verbrannt oder anderweitig umgewandelt, können daraus im Verlauf geologischer Zeiträume fossil biogene Energieträger entstehen; dies gilt z. B. für das im Meer gebildete Plankton, das teilweise auf den Meeresgrund absinkt. Andererseits kann mit der Nutzung der fossil biogenen und fossil mineralischen Energieträger mehr Energie freigesetzt werden, als letztlich aus den beschriebenen regenerativen Energieströmen der Erde zugeführt wird.

1.2.2 Nutzungsmöglichkeiten regenerativer Energien

Aus den drei regenerativen Quellen werden durch die verschiedenen natürlichen Umwandlungen innerhalb der Erdatmosphäre eine ganze Reihe sehr unterschiedlicher weiterer Energieströme hervorgerufen. So stellen beispielsweise die Windenergie und die Wasserkraft wie auch die Meeresströmungsenergie und die Biomasse im wesentlichen eine umgewandelte Form der Sonnenenergie dar (Abb. 1-7).

Mit entsprechend angepaßten Techniken können die einzelnen Energieströme für den Menschen durch die Umwandlung in End- bzw. Nutzenergie verfügbar gemacht werden. Dabei variieren sowohl die Nutzungstechniken als auch deren Entwicklungsstand und die zukünftig gegebenen Entwicklungsperspektiven erheblich. Auch sind nicht alle Möglichkeiten überall technisch sinnvoll einsetzbar. In Deutschland ist deshalb eine Nutzung regenerativer Energien derzeit nur aus den Quellen Erdwärme und Solarenergie sinnvoll - und hier nur auf der Basis einer sehr begrenzten Anzahl technischer Verfahren. Dazu zählen im wesentlichen die folgenden Optionen.

- Erdwärme
  Die in der Erde vorhandene Wärme kann zur Bereitstellung thermischer, mechanischer und/oder elektrischer Energie genutzt werden. Unter den in Deutschland vorliegenden Gegebenheiten ist dabei im wesentlichen eine Wärme- (u. U. mit Hilfe von Wärmepumpen) und eingeschränkter eine Strombereitstellung in Wärme-Kraft-Kopplung technisch möglich.
- Solarenergie
  Die von der Sonne auf die Erde eingestrahlte Energie kann zur Bereitstellung thermischer, chemischer, mechanischer und/oder elektrischer Energie genutzt werden. Hier sind eine Vielzahl direkter und indirekter Nutzungen möglich. Für Deutschland kommen aus gegenwärtiger Sicht im wesentlichen folgende Optionen in Betracht (vgl. /1-3/).
  - Direkte Solarenergienutzung mit Sonnenkollektoren zur Wärmebereitstellung.
  - Direkte Nutzung der Solarstrahlung mit photovoltaischen Systemen zur Stromerzeugung.
  - Indirekte Nutzung der Sonnenenergie über die aus dem globalen Wasserkreislauf mit Hilfe von Lauf- und Speicherwasserkraftwerken bereitstellbare elektrische Energie.
  - Indirekte Nutzung der von der Sonne eingestrahlten Energie über die aus der Atmosphärenbewegung mit Hilfe von Windkraftkonvertern gewinnbare Energie zur Strombereitstellung.
  - Indirekte Nutzung der Solarstrahlung über die aus der Biomasseproduktion mit Hilfe entsprechender Konversionsanlagen (z. B. Verbrennungsanlage, Vergärungsanlage) gewinnbare thermische, chemische, mechanische und/oder elektrische Energie.

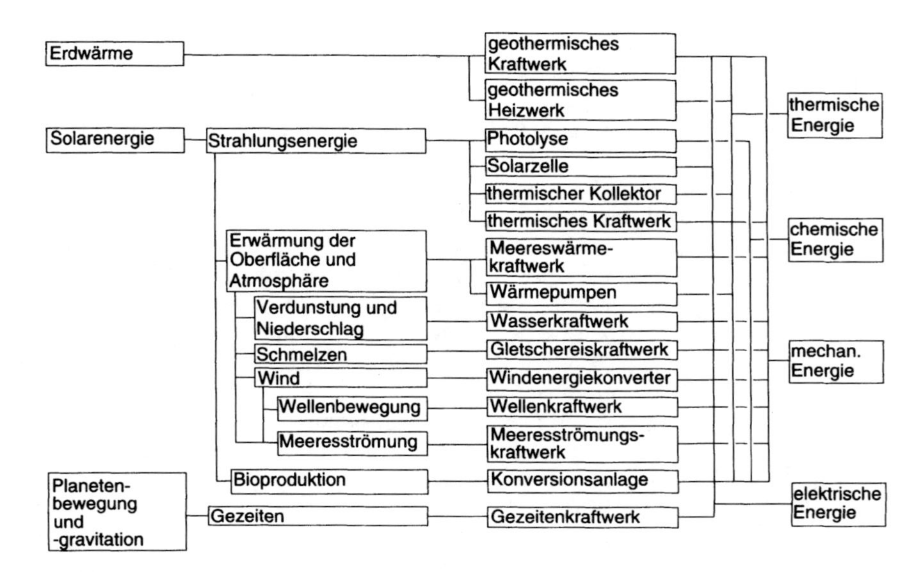

Abb. 1-7 Grundsätzliche Möglichkeiten zur Nutzung des regenerativen Energieangebots (nach /1-10/)

Von diesen in Deutschland gegebenen Möglichkeiten zur Nutzung des regenerativen Energieangebots werden bei den folgenden Ausführungen nur die Möglichkeiten einer Nutzung der Erdwärme näher diskutiert.

1.2.3 Erdwärme als Energiequelle

Geschichtlicher Rückblick (nach /1-11/). Sichtbare Manifestationen geothermischen Geschehens und damit der Energie des tieferen Untergrunds waren schon in biblischen Zeiten und in der Antike bekannt. Sie wurden teilweise mit dem Wesen und Handeln von Gottheiten in Beziehung gesetzt. Auch in der Bibel sind besonders vulkanische Ereignisse zur Unterstreichung göttlicher Allmacht zu finden; die Passagen aus Exodus (Exod 19, 16 bis 18, und 20, 18) können z. B. als eine der frühesten überlieferten Beschreibungen eines Vulkanausbruches angesehen werden.

Erste Hinweise auf den Gedanken einer Wärmequelle im Innern der Erde finden sich im Buch Hiob (28, 5). Auch Plato kann als Vertreter eines feurigen, glutflüssigen Erdinneren angesehen werden; dies wird beispielsweise an folgender Stelle im Phaidon deutlich: „ ... und daß es unversiegliche Ströme von unübersehbarer Größe unter der Erde gebe von warmen Wassern und kalten, und vieles Feuer und große Ströme von Feuer, viele auch von feuchtem Schlamm, teils reinerem, teils schmutzigerem, wie in Sizilien die vor dem Feuerstrome sich ergießenden Ströme von Schlamm und der Feuerstrom selbst ...“.

Im 4. Jhdt. n. Chr. gab der in Kleinasien lebende Bischof Patricius von Prusa eine Erklärung für das Vorhandensein warmer Quellen. Demnach „befindet sich aber auch ... unter der Erde Feuer und Wasser ...; das unterhalb nennt man jenes der Abgründe, und von diesem quillt einiges, wie durch Röhren nach oben ergossen zum Gebrauch des menschlichen Geschlechtes. Dieser Art sind die Thermen, von welchen einige, da sie dem Feuer entfernter liegen, durch die vorsichtige Anordnung Gottes gegen uns, kälter sind, während andere, die demselben näher liegen, heiß fließen. Daher gibt es an einigen Orten auch lauwarme Quellen, je nach dem wie weit sie vom Feuer entfernt sind."

Vom Ende des Imperium Romanum bis zur beginnenden Zeit der Reformation und Aufklärung war Naturbeobachtung kaum Gegenstand für gelehrte Studien. Neue naturwissenschaftliche Ansichten zum Wesen des Erdinneren wurden nicht geäußert. Nach der Kirchenlehre war das Erdinnere eine kochende Höllenglut und die Vulkane die Tore zur Hölle. Dieser Gedanke hielt sich bis in die Neuzeit; Seume (1803) schreibt von seiner Besteigung des Ätna „... und so stimmten wir dreimal ein mächtiges Freudengeschrei an, daß die Höhlen des furchtbaren Riesen wiederhallten und die Führer uns warnten, wir möchten durch unsere Ruchlosigkeit nicht die Teufel unten wecken. Sie nannten den Schlund 'la casa del diavolo' (das Haus des Teufels) und das Echo in den Klüften 'la sua risposta' (seine Antwort)". Auch heute noch heißen die Krater einiger zentralamerikanischer Vulkane „Boca del Infierno" (Mund der Hölle).

Nach ausgiebigen Studienreisen, vor allem zu den italienischen Vulkangebieten, definiert Kircher (1665) das Vorhandensein eines unterirdischen Feuers als Teil eines elementaren Feuers. Dies steht in Gegensatz zu den Aristotelikern, die das Feuer als leichtestes Element und daher von der Erde am weitesten entfernt ansehen. Er fordert eine Temperaturzunahme zur Tiefe hin und stützt sich dabei auf Angaben von Bergleuten. Als Grund für das Vorhandensein und die regionale Begrenzung der Vulkane nimmt er an, daß damit eine Kanalisation der Produkte des unterirdischen Feuers erreicht würde. Insgesamt macht er erstmals den Versuch, die vielfältigen geothermischen und vulkanischen Phänomene auf eine gemeinsame Ursache zurückzuführen; und zwar auf ein Zentralfeuer im Erdinneren.

Von den großen Physikern im 17. Jhdt. konstatiert zuerst Boyle (1680) eine Temperaturzunahme im Erdinneren. Aus Beobachtungen und Berechnungen zur Bewegung und Form der Planeten schließt Newton (1686), daß die Materie in der Erde überwiegend flüssig sein müsse: „Wäre die Materie flüssig, würde ihre Erhebung gegen den Aequator den Durchmesser dieses Kreises vergrößern, und ihr Sinken an den Polen die Axe verkleinern." Daß genau diese Formveränderung tatsächlich vorhanden ist, beweist Newton und kommt zu dem Schluß: „Der Durchmesser der Erde, welcher durch ihre Pole geht, wird sich daher zum Durchmesser des Aequators verhalten wie 229 : 230." Diese Beobachtung deckt sich mit den Vorstellungen von Descartes und Leibniz, die die Erde als einstmals durchweg flüssig und nun als feste Kruste mit flüssigem Kern ansahen.

Auch Buffon (1778) beschreibt in seiner Naturgeschichte die Erdwärme. Aus der Annahme eines überwiegend flüssigen Erdinneren und der geringen Wasserlöslichkeit der Gesteine schließt er, „il est nécessaire que cette fluidité ait été une liquéfaction causée par la feu" (es ist notwendig, daß dieses Flüssigsein eine Aufschmelzung ist, verursacht durch das Feuer). Daraus folgert er eine Zunahme der Temperatur in der Erde mit zunehmender Tiefe. Dies begründet er zunächst mit Temperaturbeobachtungen aus den Kellern des königlichen Observatoriums in Paris, nach denen die Temperatur im Jahresgang gleich bleibt. Dann zitiert er Messungen von de Gensanne in den Gruben von Giromagny bei Belfort. Daraus errechnet er einen Gradienten von etwa 3,1 °C pro 100 m und macht damit eine Angabe über die Zunahme der Temperatur mit der Tiefe.

Somit war schon im 18. Jhdt. der Schritt von der rein beobachtenden und qualitativ-phänomenologisch urteilenden hin zur messenden, quantifizierenden Untersuchungsweise getan. Die Methodik, die Newton anführt, hat den Weg zu einer rationalen, stets überprüfbaren Naturanschauung gewiesen. Eine Vielzahl von Messungen der Erdreichtemperaturen folgten, bis gegen Ende des 19. Jhdts. exakte Messungen in Tiefbohrungen erste genauere Bestimmungen des geothermischen Gradienten erlaubten. Außerdem begann nunmehr die Frage zu interessieren, welche Ursachen die Temperaturzunahme und das innere „Feuer" haben können.

Auf Alexander von Humboldt beispielsweise geht der Begriff der Isotherme zurück. Seine Temperaturmessungen des Untergrundes in Europa, Lateinamerika und Rußland zwischen 1791 und 1829 und die durch ihn angeregten Arbeiten in Preußen, Sachsen und Frankreich stellten eine Datengrundlage für weitere Interpretationen auf. Cordier (1827) faßt dann die bis dahin bekannten Temperaturmessungen zusammen und errechnet für den Standort des Pariser Observatoriums eine Temperaturzunahme von 1 K auf 28 m (3,6 °C pro 100 m); insgesamt kommt er auf Werte von 13 bis 57 m für 1 K Temperaturzunahme (7,7 bis 1,8 K pro 100 m). Außerdem erkennt er „... les différences entre les résultats recueillis dans le même lieu, ne tiennent pas seulement à l'imperfection des expériences, mais aussi à une certaine irrégularité dans la distribution de la chaleur souterraine d'un pays à un autre" (die Unterschiede zwischen den Ergebnissen, die gleichartig erzielt wurden, beruhen nicht nur auf mangelnder Erfahrung, sondern auch auf einer gewissen Unregelmäßigkeit der Verteilung der unterirdischen Wärme von einem Land zum anderen). Damit ist die Grundlage für die Bearbeitung der regionalen Verteilung des Erdwärmeflusses gegeben.

Die geologische Diskussion zu Beginn des 19. Jhdts. wird durch zwei Theorien bestimmt, durch die alle geologischen Erscheinungen auf jeweils eine Ursache zurückgeführt werden sollen. Neben dem „Plutonismus" (nach Hutton), nach dem die Erdwärme durch ein Zentralfeuer im Erdinneren erklärt wird, ist dies der „Neptunismus" (nach Werner), der das Erdinnere als kalt ansieht; Vulkane sind nach dieser Theorie das Resultat brennender Kohleflöze im Untergrund. Die geologischen Kräfte werden auf zwei Grundursachen zurückgeführt, das Feuer (bei den Plutonisten) und das Wasser (bei den Neptunisten).

Gleichzeitig wurden viele Temperaturmessungen an Quellen durchgeführt, um damit Hinweise auf die Gültigkeit einer der beiden Theorien zu erhalten. Aus Rußland berichtet beispielsweise Kupfer (1829) über Messungen des Grubenwassers in den Kupfergruben von Bogoslowsk im nordöstlichen Ural und fand bis in 112 m Tiefe einen Gradienten von im Mittel 3,3 K pro 100 m.

Noch 1834 schreibt Reich: „Im Allgemeinen hat sich allerdings bestätigt, dass mit zunehmender Tiefe auch die Temperatur steige; alleine weder ein constantes Verhältnis zwischen Temperaturzunahme und Tiefe, noch ein Gesetz, nach welchem erstere fortschreitet, ist ermittelt worden". Aus einer großen Anzahl von Messungen von Gestein und Luft in sächsischen Bergwerken ermittelt er Gradienten zwischen 0,6 und 6,9 °C pro 100 m.

Bischof (1837) setzt sich mit der Unzuverlässigkeit der Temperaturmessungen in Quellen und Bergwerken auseinander. Er versteht als erster, daß die gemessene Temperaturzunahme auch durch das „Wärmeleit-Vermögen der Gesteine beeinflußt wird", und daß deshalb unterschiedliche Gradienten auftreten können. Auch kommt er zu dem Schluß, daß durch die Temperaturzunahme der Schmelzpunkt der Gesteine in nicht zu großer Tiefe eindeutig überschritten wird und sich daraus vulkanische Phänomene ableiten lassen. Über die Frage, ob die Erde sich abkühle, kommt er auf die Wärmeverluste und fordert dann genaue Messungen in 2 bis 4 m Tiefe, mit denen festgestellt werden soll, ob sich die Abkühlung im Winter anders vollzieht als die Aufheizung im Sommer. Aus dem Vergleich der Mittelwerte des warmen und des kalten Halbjahres mit dem Jahresmittel wollte er schließen, daß bei im Mittel höheren Werten im Winterhalbjahr „außer der im Sommer von außen empfangenen Wärme noch ein Teil der inneren nach aussen abgegeben" worden sei.

In England begannen nun Versuche, aus vielen Temperaturmessungen im Boden eine mathematische Beziehung abzuleiten (insbesondere Everett und Thomson, der spätere Lord Kelvin), die sowohl die Abschwächung der Temperaturänderungen der Außenluft zur Tiefe hin als auch die Phasenverschiebung beinhalten sollten (Abb. 1-8). Demnach beträgt in erster Näherung nach Thomson (1860) die jährliche Variation der Temperatur in 8,1 m Tiefe noch 1/20 der Variation der Oberflächentemperatur, in 16,2 m Tiefe 1/400. Er gibt einen Gradienten von 2,8 K pro 100 m an „... but 1/50th is commonly accepted as a rough mean, or, in other words, it is assumed as a result of observation, that there is, on the whole, about 1 F of elevation of temperature per 50 British feet of descent" (... aber 1/50 ist allgemein akzeptiert als ein grober Mittelwert; oder, in anderen Worten, es wird als Ergebnis von Beobachtungen angenommen, daß es insgesamt einen Erhöhung der Temperatur um etwa 1 F je 50 Britischen Fuß Tiefe gibt).

Lebour (1882) kann bereits 57 Meßreihen anführen, aus denen er geothermische Gradienten von 1,1 bis 6,4 K pro 100 m errechnet. Dabei findet sich die stärkste Temperaturzunahme mit 5 K pro 100 m und mehr in Messungen aus Anzin (Nordfrankreich) und Cornwall, den schwächsten mit 2 K pro 100 m und weniger in Böhmen, Chile und Brasilien.

In den Jahren 1869 bis 1871 wurde in Sperenberg südlich von Berlin eine Tiefbohrung zur Prospektion auf Salz (Zechstein) niedergebracht. Sie erreichte eine Endteufe von 1 271 m und war damals die tiefste Bohrung der Welt und wurde erst mehr als 10 Jahre später durch eine Bohrung in Schladebach bei Dürrenberg (heute Bad Dürrenberg) mit 1 748 m Endteufe übertroffen. In beiden Bohrungen führte Dunker Temperaturmessungen durch. Die große Bohrteufe wurde dadurch ermöglicht, daß die gesamte Bohrstrecke im Steinsalz steht. Dieser Umstand führte auch dazu, daß eine sehr gleichmäßige Temperaturzunahme gemessen wurde, die unbeeinflußt war von unterschiedlichen Wärmeleitfähigkeiten verschiedener geologischer Schichten. Die Frage der möglichst exakten mathematischen Beschreibung der Wärmezunahme mit zunehmender Tiefe war der Kernpunkt der Diskussion um die Temperaturwerte aus dem Bohrloch. Während Dunker eine Parabel als beste Beschreibung angab, forderten Henrich und Hottenroth eher eine Gerade oder eine Funktion höherer Ordnung.

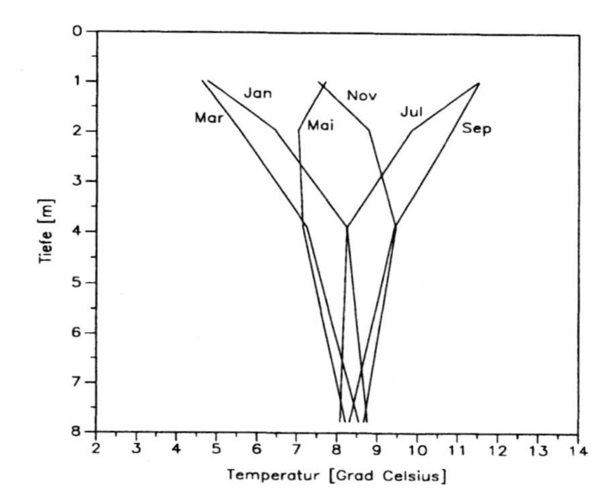

Abb. 1-8 Untergrundtemperaturen am Royal Edinburgh Observatory, Mittelwerte 1838 bis 1854 (nach Werten von Everett, 1860)

Mit den Messungen Dunkers und den darauffolgenden Auswertungen und Theorien hat die ältere Geschichte der Erdwärmeforschung ein Ende gefunden. Die Entdeckung der Radioaktivität und die Entwicklung der Methoden der modernen Geophysik haben das Verständnis von der Ursache der Erdwärme und einem „Zentralfeuer“ jedenfalls vollständig verändert und die heutige Geothermie begründet.

Neben dem Verstehen und der Erforschung der Geothermie hat auch deren Anwendung eine lange Geschichte. Einfache Formen der thermischen Nutzung des oberflächennahen Untergrundes sind schon seit Urzeiten bekannt und werden teilweise bis heute verwendet (z. B. tiefe Keller zur Aufbewahrung von Lebensmitteln, Stollen zur Lagerung von Eis aus dem Winter zur Verwendung im Sommer, eine in die Erde eingesenkte Hausbauweise in kalten und warmen Regionen). So schreibt z. B. Tacitus um das Jahr 98 n. Chr. „Sie pflegen auch unterirdische Gruben zu öffnen und diese mit viel Dung/Streu abzudecken, als Zuflucht im Winter und Aufbewahrungsort für Früchte, weil solche Orte auf diese Weise die strenge Kälte abmildern ...“. Dabei konnten zwei verschiedene Grundtypen, die Grubenhütten und die Vorratsgruben, unterschieden werden.

- Grubenhütten dienten zum Wohnen, zu Hausarbeiten und zum Weben.
- Vorratsgruben dienten als kleine Getreidesilos; sie waren bis zu 2 m eingetieft und hatten die Form eines Trichters oder Bienenkorbs.

Gruben zur Lebensmittelaufbewahrung sind genauso aus Ägypten oder von den Indianern im Süden der USA bekannt. Ein Baustil mit teilweise in die Erde eingesenkten Häusern hat sich auch lange im Norden (z. B. in Island) gehalten und wird von der modernen Architektur teilweise wieder aufgegriffen.

Hierbei wird von dem thermischen Speichervermögen des Erdreiches Gebrauch gemacht, das ein Abklingen der Temperaturschwankungen an der Erdoberfläche zur Tiefe hin bewirkt und in unseren Breiten zu einer weitgehend gleichbleibenden Temperatur von 8 bis 10 °C in einigen Metern Tiefe führt. Zuerst nachweislich erwähnt wurde dieser Effekt 1778 durch Buffon. Er schilderte die Beobachtung einer im Jahresgang gleichbleibenden Temperatur auf dem durch Lavoisier Ende des 17. Jhdts. aufgestellten Quecksilber-Thermometer in den Kellern des Pariser Observatoriums, die bis etwa 27 m unter das Straßenniveau reichen. Alexander von Humboldt geht 1799 näher auf die Messungen in Paris ein: „Die mittlere Wärme, welche die seit 1680 in diesen Kellern angestellten Beobachtungen geben, ist von 9,6 R". Dieser in Grad Reaumur angegebene Wert entspricht 12 °C, und er soll im Jahresverlauf noch um 0,024 °C geschwankt haben.

Bereits früh war der auch Nutzen durch Erdwärme erwärmter Wässer erkannt worden, wie es z. B. Patricius von Prusa verdeutlicht hat; daneben war aber auch eine energetische Nutzung schon in römischen Zeiten bekannt. In Fernost wurde Geothermie ebenfalls schon vor über 1 000 Jahren energetisch eingesetzt. Im um 700 n. Chr. gebauten Liubeiting (Pavillon der schwimmenden Becher) bei Fuquan in der chinesischen Provinz Hebei wird 60 °C warmes Wasser aus einer Quelle durch gewundene Kanäle in einer großen Steinplatte geleitet. Becher mit Reiswein werden auf das fließende Wasser gesetzt und heizen sich langsam auf Trinktemperatur auf (Abb. 1-9).

Abb. 1-9 Liubeiting (Pavillon der schwimmenden Becher) bei Fuquan in der chinesischen Provinz Hebei (vermutlich 7. Jhdt. n. Chr.; Tang-Dynastie) (nach /1-12/)

Mit der wissenschaftlichen Durchdringung des Phänomens Erdwärme am Ende des 19. Jhdts. ging dann auch die gezielte Nutzung geothermischer Energie zur Strom- und Wärmeproduktion einher. Zu Beginn unseres Jahrhunderts kam ein neuer Anstoß durch die erste geothermische Stromerzeugung, die Graf Ginori Conti 1904 in Larderello in der Toskana demonstrierte. In den zwanziger Jahren kam es beispielsweise in Deutschland zu einigen euphorischen Schriften, die in der Geothermie eine Lösung für alle Energieprobleme sahen (vgl. /1-13, 1-14, 1-15/).

In Island wurde erst in diesem Jahrhundert die Geothermienutzung wiederentdeckt, nachdem sie vorher lediglich einmal durch Snorri Sturluson (1178 bis 1241) für die Heizung seines Bades angewendet worden war und danach in der Vergessenheit verschwand. Noch 1861 konnte sich Carl Vogt bei einer Islandreise an einer heißen Quelle bei Reykjavik darüber wundern, daß „es noch Niemanden eingefallen ist, die Quelle mit dem Bache als Eigenthum zu erwerben und dort ein warmes Bad, einen Wintergarten oder nöthigenfalls auch ein Wohnhaus mit natürlicher Wasserheizung zu errichten". Heute jedoch werden etwa 85 % der Heizwärme in Island geothermisch gewonnen und geothermische Kraftwerke sind seit Jahren in Betrieb und werden stark ausgebaut (z. B. /1-16/).

Die Gewinnung geothermischer Energie auf tiefen trockenen Gesteinsschichten mit Hilfe der Hot-Dry-Rock-Technik wurde Anfang der siebziger Jahre im amerikanischen Los Alamos erstmals versucht, anfangs allerdings mit geringem Erfolg. Seither arbeiten verschiedene Gruppen in den USA, Japan und Europa an der Weiterentwicklung. Seit Anfang der neunziger Jahre können hier die im tiefen Untergrund geschaffenen Wärmetauscher mit immer größerer Genauigkeit beobachtet werden. In der europäischen Forschungsanlage Soultz-sous-Forêts im Elsaß wurde 1994 erstmals heißes geothermisches Wasser aus einer über 3 km tiefen Bohrung gewonnen. In den Folgejahren wurden verschiedene Zirkulationsversuche mit kontinuierlicher Erzeugung gespannten geothermischen Heißwassers bis ca. 140 °C erfolgreich durchgeführt.

Eine moderne technische Umsetzung der Nutzung oberflächennaher Erdwärme, die nicht mehr den genutzten Raum in den Untergrund verlegt, sondern umgekehrt die Energie an die Oberfläche holt, wird erst seit der Mitte des 20. Jhdts. betrieben. Diese Entwicklung begann mit erdgekoppelten Wärmepumpen im Jahr 1945 in den USA. In Indianapolis wurde das Haus von Robert C. Webber mit einer Wärmepumpe zum Heizen und Kühlen ausgerüstet. Sie verfügte über einen Kompressor mit 2,2 kW Leistungsaufnahme und nutzte bereits die Technik der Direktverdampfung. Als Wärmequelle wurden Kupferrohre in drei Kreisen mit zusammen 152 m Länge in bis zu 2 m tiefen Gräben verlegt. Die Wärmepumpe speiste erstmals am 1.10.1945 über ein Gebläse eine der damals schon in den USA verbreiteten Warmluftheizungen.

Bereits lange vor den nordamerikanischen Anlagen soll es in der Schweiz Überlegungen gegeben haben, das Erdreich als Wärmequelle heranzuziehen. 1912 wollte Zoelly, bekannt durch Turbinenentwicklungen, dieses Verfahren auch patentieren lassen. Zu einer praktischen Umsetzung kam es aber anscheinend nicht. Danach wurden erdgekoppelte Wärmepumpen um 1970 erstmals wieder in Europa beschrieben, als Grundwasserwärmepumpen oder mit horizontalen Erdwärmekollektoren. Erdwärmesonden werden in Mitteleuropa dagegen erst seit knapp 20 Jahren eingesetzt. Erste Anlagen in Deutschland sind aus dem Jahr 1980 dokumentiert.

Nutzungsmöglichkeiten. Erdwärme in der hier zugrunde liegenden Definition (d. h. die gesamte unterhalb der Erdoberfläche vorhandene Wärme unabhängig davon, aus welcher Quelle des regenerativen Energieangebots diese Wärmeenergie stammt) kann auf sehr unterschiedliche Weise mit sehr verschiedenartigen Techniken genutzt werden. Außer den Möglichkeiten einer Nutzung der Energie, die aus Vulkanen und/oder postvulkanischen Aktivitäten gewinnbar sind (z. B. Stromerzeugung aus Heißdampfquellen wie beispielsweise in Neuseeland), sind unter den in Deutschland gegebenen Bedingungen folgende Möglichkeiten einer Erdwärmenutzung von Bedeutung. Sie werden im Rahmen dieses Buches näher dargestellt und analysiert.

- Nutzung der oberflächennahen Erdwärme mit Hilfe von Wärmepumpen
  Die im oberflächennahen Erdreich vorhandene Wärme kann mit Hilfe von horizontal verlegten Erdkollektoren, von flachen Sonden oder mit Hilfe des

Grundwassers auf einem geringen Temperaturniveau technisch verfügbar werden. Da diese Wärme so weder für die Brauchwassererwärmung noch für Heizungszwecke nutzbar ist, muß sie auf ein höheres Temperaturniveau „gehoben" werden; dies wird i. allg. mit Hilfe einer Wärmepumpe realisiert.

- Nutzung hydrothermaler Erdwärmevorkommen mit Hilfe geothermischer Heizzentralen
In bestimmten Tiefen sind warm- oder heißwasserführende Aquifere vorhanden, denen über Tiefbohrungen das meist salzhaltige Wasser entzogen und an die Erdoberfläche gepumpt werden kann. Mit Hilfe von Wärmetauschern kann diesem warmen oder heißen Tiefenwasser hier die Wärme entzogen und anschließend in Nah- und/oder Fernwärmenetze eingespeist werden und damit zur Deckung der Raum- und Prozeßwärmenachfrage genutzt werden. Das abgekühlte Tiefenwasser wird im Regelfall anschließend wieder in den Aquifer verpreßt, aus dem es zuvor gefördert wurde.
- Nutzung der Wärme des tiefen Untergrunds mit Hilfe tiefer Sonden
Die im tiefen Untergrund gespeicherte Wärme kann mit Hilfe tiefer Bohrungen, durch die ein Wärmeträgermedium gepumpt wird, dem Tiefengestein entzogen werden. Die im Wärmeträgermedium enthaltene Erdwärme wird anschließend, ggf. nach der Transformation auf ein höheres Temperaturniveau mit Hilfe einer Wärmepumpe, zur Deckung der Nachfrage an Raumwärme und Warmwasser sowie u. U. auch Prozeßwärme eingesetzt.
- Nutzung der Wärme des tiefen Untergrunds mit Hilfe des Hot-Dry-Rock (HDR) Verfahrens
Die Wärme des tiefen, wenig wasserführenden bis weitgehend trockenen Untergrundes kann technisch gewinnbar gemacht werden, indem große Wärmetauscherflächen künstlich geschaffen werden, durch die dann Wasser gepumpt werden kann. Die damit dem Untergrund entziehbare Wärme kann über Tage zur Wärme- und/oder Strombereitstellung, ggf. auch in Wärme-Kraft-Kopplung, genutzt werden.

1.3 Aufbau und Vorgehen

Vor diesem Hintergrund wird im Rahmen der folgenden Ausführungen dieses Buches versucht, die technischen und systemtechnischen Bedingungen einer Nutzung der im Untergrund enthaltenen Energie darzustellen. Soweit möglich und sinnvoll, werden die verschiedenen betrachteten Möglichkeiten mit einer vergleichbaren Vorgehensweise dargestellt. Zuvor werden jedoch – zum besseren Verständnis der systemtechnischen Zusammenhänge – die spezifischen Eigenschaften des Untergrunds i. allg. und der Erdwärme im speziellen näher erläutert. Abschließend werden die energiewirtschaftliche Aspekte der verschiedenen Nutzungsmöglichkeiten diskutiert. Der Inhalt dieser unterschiedlichen Kapitel wird im folgenden kurz dargestellt.

1.3.1 Geologische Grundlagen

Ziel des zweiten Kapitels „Geologische Grundlagen“ ist eine Darstellung der geologischen und chemisch-physikalischen Grundlagen des Erdwärmeangebots. Dazu wird zunächst auf den Aufbau der Erde i. allg. und in den bohrtechnisch erschließbaren Tiefen im besonderen näher eingegangen. Im Anschluß wird detailliert die Wärmebilanz der Erde diskutiert. Dazu werden die verschiedenen Wärmequellen des tiefen Untergrunds aufgezeigt und die sich daraus ergebende Temperaturverteilung für Deutschland diskutiert. Für die Wärmebilanz an der Erdoberfläche werden die Abgrenzung zur Sonnenenergie und die sich ergebenden jahreszeitlichen Unterschiede und Abhängigkeiten detaillierter betrachtet. Abschließend wird auf die Vorkommen und die Lagerstättencharakteristik im flachen und tiefen Untergrund näher eingegangen.

1.3.2 Oberflächennahe Erdwärmenutzung

Ziel dieses dritten Kapitels „Oberflächennahe Erdwärmenutzung“ ist eine umfassende Darstellung der technischen Möglichkeiten einer Wärmebereitstellung aus dem oberflächennahen Erdreich. Dazu wird – nach einer Einführung – zunächst auf die Wärmequellenanlagen eingegangen. Dann wird die Wärmepumpe umfassend dargestellt, da sie das „Herzstück“ dieser Möglichkeit der Erdwärmenutzung darstellt. Anschließend werden das Gesamtsystem „Wärme aus dem oberflächennahen Erdreich“ diskutiert und einige Anlagenbeispiele dargestellt.

Für die technischen Möglichkeiten und Grenzen sind zunächst die physikalisch-technischen Zusammenhänge der Energiewandlung und die technischen bzw. systemtechnischen Randbedingungen bestimmend. Sie werden deshalb in der notwendigen Ausführlichkeit dargestellt und diskutiert. Soweit möglich, werden dazu u. a. die theoretisch bzw. technisch maximalen Wirkungs- bzw. Nutzungsgrade und die technische Verfügbarkeit angegeben. Auch werden weitere Kenngrößen - soweit möglich und sinnvoll - dargestellt und diskutiert.

Das Energieangebot des oberflächennahen Erdreichs kann mit Hilfe entsprechender Techniken bzw. Verfahren nutzbar gemacht werden. Die dazu im jeweiligen Einzelfall zum Einsatz kommenden Anlagen werden beschrieben; dabei wird der gegenwärtige Stand der Technik zugrunde gelegt und von den momentan vorliegenden Gegebenheiten ausgegangen (d. h. heutiger Stand der Technik). Die einzelnen Systemkomponenten der jeweiligen Nutzungstechnik werden dargestellt und anschließend wird ihr systemtechnisches Zusammenspiel erläutert sowie die jeweiligen Abhängigkeiten diskutiert. Außerdem werden jeweils weitere mit der entsprechenden Technik zusammenhängende Aspekte diskutiert.

Die zuvor diskutierten physikalischen Grundlagen und systemtechnischen Zusammenhänge, durch die eine Nutzung des Energieangebots des oberflächennahen Erdreichs erst möglich wird, werden hier zusammengeführt. Anhand einiger beispielhafter ausgeführter Anlagen, die als mehr oder weniger typisch bzw. charakteristisch angesehen werden können, wird dargestellt, wie derartige Systeme zur Bereitstellung von Wärme konfiguriert sein können. Dabei liegt der Schwerpunkt auf der Aufzeigung der systemtechnischen Zusammenhänge.

1.3.3 Nutzung der Energie des tiefen Untergrunds

Ziel des vierten Kapitels „Nutzung der Energie des tiefen Untergrunds“ ist eine umfassende Darstellung der technischen Möglichkeiten einer Wärmebereitstellung aus dem tiefen Untergrund. Diese im Vergleich zur oberflächennahen Erdwärme auf einem - im Regelfall - deutlich höheren Temperaturniveau anfallende Wärme kann mit einer Vielzahl sehr unterschiedlicher Techniken und Verfahren erschlossen werden. Hier wird im einzelnen detailliert auf die Möglichkeiten einer Nutzung hydrothermaler Erdwärme, einer Nutzung mit Hilfe tiefer Einzelsonden und einer Nutzung trockener Formationen mit dem sogenannten Hot-Dry-Rock (HDR) Verfahren eingegangen; dies sind die aus gegenwärtiger Sicht unter den in Deutschland vorliegenden Randbedingungen vielversprechendsten Möglichkeiten, die auch durch ein gewisses Marktpotential gekennzeichnet sind. Da für alle diese Techniken zunächst der Untergrund aufgeschlossen bzw. einer technischen Nutzbarmachung zugänglich gemacht werden muß, wird zuvor die dafür einzusetzende Bohrtechnik beschrieben.

Die verschiedenen Möglichkeiten zur Nutzung der Energie des tiefen Untergrunds werden entsprechend der Vorgehensweise bei der Darstellung der Techniken zur Nutzung der Energie des oberflächennahen Erdreichs diskutiert, damit ein gewisser Quervergleich ermöglicht wird. Folglich wird - jeweils für die einzelnen Optionen zur Erdwärmenutzung - im wesentlichen auf folgende Punkte eingegangen.

- Zunächst werden die physikalisch-technischen Zusammenhänge der Energiewandlung unter Berücksichtigung der gegebenen Randbedingungen dargestellt und diskutiert. Dies wird mit entsprechenden Kenngrößen (u. a. theoretisch bzw. technisch maximale Wirkungs- bzw. Nutzungsgrade, technische Verfügbarkeit) untermauert.
- Die verschiedenen Techniken bzw. Verfahren zur Nutzbarmachung der Energie des tiefen Untergrunds werden bezüglich ihrer technischen und systemtechnischen Eigenschaften und Zusammenhänge beschrieben. Dies wird wieder auf der Basis des gegenwärtigen Standes der Technik realisiert. Zusätzlich werden weitere mit der entsprechenden Technik bzw. dem entsprechenden Verfahren zusammenhängende Aspekte diskutiert.
- Die diskutierten Grundlagen und systemtechnischen Zusammenhänge werden abschließend anhand ausgeführter Anlagen zusammengeführt; exemplarische Systeme zur Bereitstellung von Wärme werden beschrieben. Der Schwerpunkt liegt auf der Darstellung der systemtechnischen Zusammenhänge.

1.3.4 Energiewirtschaftliche Analyse

Ziel des letzten Kapitels „Energiewirtschaftliche Analyse“ ist eine ökonomische und ökologische Einordnung der Möglichkeiten einer Energiebereitstellung aus Erdwärme in das Energiesystem von Deutschland. Außerdem werden ausgewählte mit einer Erdwärmenutzung verbundene Umwelteffekte analysiert und ebenfalls vor dem Hintergrund der Umweltauswirkungen anderer Möglichkeiten zur End- bzw. Nutzenergienachfragedeckung diskutiert.

Die technischen Potentiale sind eine wesentliche energiewirtschaftliche Kenngröße, die Aussagen über den maximalen Beitrag einer Energiebereitstellungstechnologie im Energiesystem erlaubt. Deshalb werden die technischen Energiepotentiale der verschiedenen untersuchten Möglichkeiten zur Energiebereitstellung aus Erdwärme erhoben und diskutiert sowie mit denen anderer regenerativer Energien verglichen. Außerdem wird auf die gegenwärtige Nutzung eingegangen.

Neben den Potentialen sind die Kosten die Bestimmungsgröße für die Möglichkeiten und Grenzen einer Technologie zur Energienachfragedeckung in Deutschland. Deshalb werden zusätzlich die Nutzenergiebereitstellungskosten der unterschiedlichen Möglichkeiten zur Nutzung der Erdwärme dargestellt und mit denen anderer Optionen zur Nutzung regenerativer und fossiler Energieträger verglichen. Dabei wird von den gegenwärtigen Gegebenheiten im Energiesystem ausgegangen.

Aufgrund der deutlich an Relevanz gewonnenen Diskussion um die tatsächlichen oder vermeintlichen Auswirkungen einer Deckung der Energienachfrage auf den Menschen und die Umwelt haben heute ökologische Kriterien bei der Bewertung der Möglichkeiten und Grenzen einer Option zur Nutzwärmebereitstellung einen hohen Stellenwert. Deshalb werden zusätzlich ausgewählte Umweltkenngrößen (z. B. Beitrag zum zusätzlichen anthropogenen Treibhauseffekt, Beitrag zur Versauerung von Böden und Gewässern) der Möglichkeiten zur Energiebereitstellung aus Erdwärme erhoben und mit denen anderer Optionen zur Energienachfragedekkung auf der Basis regenerativer und fossiler Energieträger verglichen.

2 Geologische Grundlagen

Die Möglichkeiten einer Nutzung der Erdwärme zur Deckung der Energienachfrage in verschiedenen Regionen der Erde werden wesentlich durch die spezifischen geologischen Bedingungen dieser Region bestimmt. Vor diesem Hintergrund ist es das Ziel der folgenden Ausführungen, die geologischen Grundlagen zusammenfassend darzustellen, die zum Verständnis der unterschiedlichen Technologien, mit denen dieses Energieangebot genutzt werden kann, notwendig sind. Dazu wird zunächst auf Aufbau, Struktur und Geodynamik der Erde eingegangen und anschließend aufbauend auf den Ausführungen in Kapitel 1 die Wärmebilanz der Erde diskutiert. Im Anschluß werden die in Deutschland technisch nutzbaren Erdwärmevorkommen vorgestellt.

2.1 Aufbau, Struktur und Geodynamik der Erde

Die Kenntnisse über die Struktur und die stoffliche Zusammensetzung des Erdkörpers sind in den letzten Jahrzehnten vor allem durch komplexe geologische und geophysikalische Untersuchungen sowohl im kontinentalen als auch ozeanischen Bereich sowie durch Satellitenbeobachtungen wesentlich erweitert worden. Ungeachtet der zahlreichen neuen Daten und Beobachtungen sind der Aufbau des Erdinnern und die stoffliche Zusammensetzung der Erde bisher nur in groben Zügen bekannt, so daß auch die gegenwärtigen Vorstellungen noch wesentliche hypothetische Züge tragen. Man geht heute von einem Schalenaufbau der Erde mit oberer und unterer Kruste, oberem und unterem Mantel sowie äußerem und innerem Erdkern aus.

2.1.1 Aufbau und Struktur

Während die unterschiedlich tiefen Erosionsanschnitte verschiedener geologischer Einheiten und Tiefbohrungen (z. B. Tiefbohrung auf der Halbinsel Kola/Rußland mit etwa 12,3 km Tiefe, Kontinentale Tiefbohrung Deutschlands in der Oberpfalz/Bayern mit 9,1 km Tiefe, Abb. 2-1) direkte Aussagen über den Gesteinsaufbau der Erdkruste ermöglichen, beruhen Kenntnisse und Schlußfolgerungen zum stofflichen Aufbau und zum physikalischen Verhalten des tieferen Erdinnern auf indirekten Informationen. Diese basieren in erster Linie auf geophysikalischen Untersuchungen, die eine tiefenbezogene Veränderung wichtiger physikalischer Parameter belegen. Dabei nutzen die geophysikalischen Erkundungsmethoden sowohl natürlich vorhandene Potential- bzw. Kraftfelder (wie z. B. Schwerkraft, Magnetfeld, thermisches Feld) als auch künstlich erzeugte Felder. In Bereichen mit tiefen Krustenanschnitten an der Erdoberfläche oder in tiefen Bohrungen (Abb. 2-1) bietet sich die Möglichkeit, die direkten mit den indirekten Beobachtungen zu verknüpfen und somit eine Art Kalibrierung der indirekten Methoden vorzunehmen.

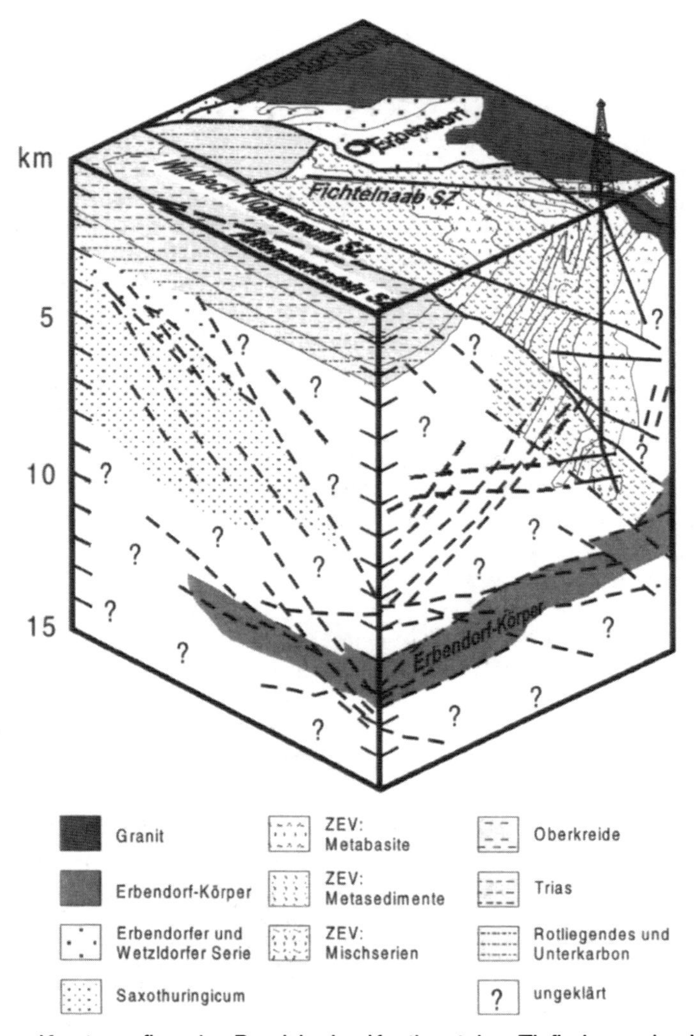

Abb. 2-1 Krustenaufbau im Bereich der Kontinentalen Tiefbohrung in der Oberpfalz (die Linien geben Strukturelemente wieder, die mit geophysikalischen Methoden identifiziert wurden; durch gleiche stoffliche Eigenschaften charakterisierte Einheiten (Gesteinsarten oder regional aushaltende Gesteinsserien) sind durch Signaturen markiert; (ZEV Zone Erbendorf Vohenstrauß; SZ Störungszone)

Aus der Gesamtmasse der Erde ($5{,}979 \cdot 10^{24}$ kg), die sich aus der von ihr auf andere Himmelskörper einwirkenden Gravitation bestimmen läßt, ergibt sich eine mittlere Erddichte von 5,52 g/cm^3. Da für Gesteine der Erdkruste Dichten zwischen

1,5 und 3,5 g/cm^3 (im Mittel 2,8 g/cm^3) typisch sind, müssen für das Erdinnere weit höhere Dichten charakteristisch sein. Informationen zur Dichteverteilung im Erdinnern liefern z. B. gravimetrische Verfahren, die auf der Bestimmung des Schwerefeldes der Erde beruhen. Um vergleichbare Werte zu erhalten, müssen diese Messungen auf eine geodätisch definierte Erdoberfläche bezogen werden. Die Analyse von Masseninhomogenitäten in der Erdkruste und im Bereich des oberen Erdmantels erfordert die Anwendung verschiedener Reduktionsverfahren, um letzten Endes regionale und tiefenbezogene Abweichungen von der Normalschwere zu analysieren.

Erkenntnisse über den Schalenaufbau der Erde gehen hauptsächlich auf die Analyse elastischer Wellen zurück. Durch Erdbeben oder künstliche Sprengungen werden Abfolgen von Schwingungen erzeugt. Diese pflanzen sich durch die Erde oder an ihrer Oberfläche in Form von wellenförmigen richtungsparallelen Kompressionen und richtungssenkrechten Scherbewegungen fort. Die bestimmbaren Geschwindigkeiten der Kompressionswellen (sogenannte P-Wellen) und Scherwellen (sogenannte S-Wellen) geben Hinweise auf die Struktur im Erdinnern. Änderungen der Fortpflanzungsgeschwindigkeiten dieser Wellen erfolgen vor allem an Grenzflächen zwischen Bereichen mit unterschiedlichen physikalischen Eigenschaften. Generell nehmen die Geschwindigkeiten mit steigender Tiefe bis zur Kern/Mantel-Grenze durch die größere Dichte der Gesteine zu. In bestimmten Tiefen treten dabei „sprungförmige" Veränderungen auf. Die Existenz dieser als Diskontinuitäten bezeichneten Geschwindigkeitsänderungen seismischer Wellen im Erdinnern führte zur Ableitung des Schalenbaus der Erde (Abb. 2-2, Tabelle 2-1). Neuere Untersuchungen zeigen immer deutlicher, daß diese Schalen nicht homogen aufgebaut sind und auch keine strenge Kugelgestalt haben, sondern erhebliche Ondulationen aufweisen.

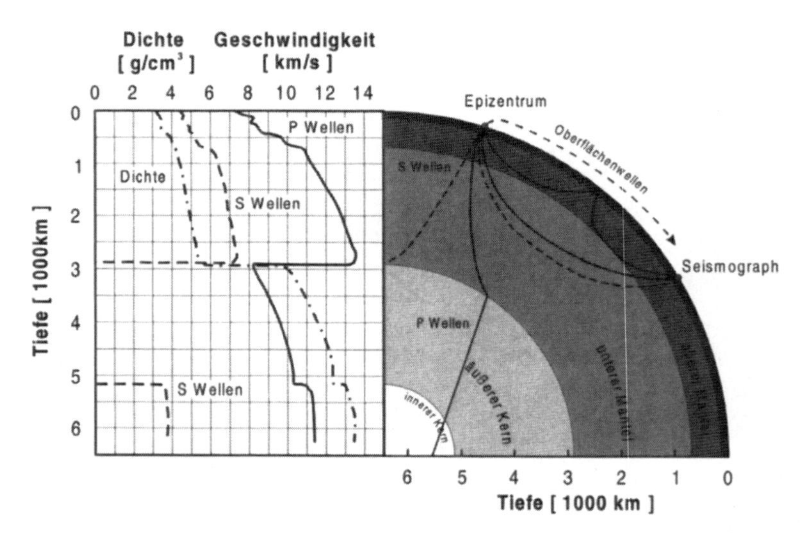

Abb. 2-2 Schalenaufbau der Erde, Ausbreitung seismischer Wellen und Veränderung petrophysikalischer Parameter (Kompressions- und Scherwellengeschwindigkeit, Dichte) im Erdinnern /2-1, 2-2/

Mittels der Kenntnis von Laufzeiten und Laufwegen ist die Tiefenlokation der Grenzflächen möglich, von denen Mohorovicic- und Conrad-Diskontinuität die wohl bekanntesten darstellen. Sie wurden zu Beginn dieses Jahrhunderts nachgewiesen und zu Ehren ihrer Entdecker bezeichnet. Die Conrad-Diskontinuität bildet die Grenzfläche zwischen oberer und unterer Erdkruste; an ihr steigen die Wellengeschwindigkeiten von 5 bis 6 km/s auf 6 bis 6,5 km/s an. Sie unterteilt die Erdkruste in eine obere, hauptsächlich von sauren (SiO_2-reichen) Gesteinen granitischer Zusammensetzung geprägte „Granitschicht“ und in eine untere „Basaltschicht“. Letztere ist durch basische (SiO_2-arme), gabbroide Gesteine charakterisiert. In Mitteleuropa liegt diese Grenzfläche etwa in Tiefen zwischen 12 und 15 km. Die Mohorovicic-Diskontinuität ist als Grenze zwischen Erdkruste und oberem Erdmantel definiert und gilt als weltweit erfaßbare petrophysikalische Kontrastfläche. Sie ist durch markante Kontraste in der Geschwindigkeit der seismischen Kompressionswellen (7,5 auf über 8 km/s) und der Dichte der Gesteine (2,9 auf 3,2 g/cm^3) charakterisiert. Während als mittlere Tiefenlage dieser Diskontinuität 30 bis 35 km Tiefe angegeben werden kann, erreicht sie unter den Ozeanen ihre geringsten (ca. 8 bis 15 km) und unter den Hochgebirgen ihre maximale Tiefen von über 50 km.

Der Erdmantel reicht in Tiefen bis zu etwa 2 900 km. Zusammen mit der Kruste bildet der oberste Bereich des Erdmantels die sogenannte Lithosphäre. Diese erstreckt sich bis in Tiefen von 100 bis 150 km. Aufgrund der hohen Viskosität reagiert die Lithosphäre überwiegend durch Bruchvorgänge auf zunehmende mechanische Spannungen.

Innerhalb des Mantels und an der Grenze zwischen Mantel und Kern finden sich weitere wichtige Diskontinuitäten und Zonen mit charakteristischen Veränderungen der Geschwindigkeiten seismischer Wellen. So ist aus dem Bereich des oberen Mantels eine Zone bekannt, in der nach dem generellen Anstieg der Geschwindigkeiten ein relativer Rückgang eintritt. Diese sogenannte „Langsamschicht“ (low velocity layer) liegt im Mittel zwischen 150 und 300 km Tiefe. Aufgrund zugleich vorliegender erhöhter elektrischer Leitfähigkeiten vermutet man eine teilweise Aufschmelzung der Materie in diesen Tiefenbereichen. Die sich an die Lithosphäre anschließende und bis ca. 670 km Tiefe reichende Astenosphäre ist im Vergleich zu ersterer durch eine deutlich verminderte Viskosität charakterisiert. Sie spielt für geodynamische Prozesse eine entscheidende Rolle, da in diesem Bereich aufgrund der erniedrigten Viskosität vermutlich thermische Konvektionsströmungen stattfinden.

Der untere Erdmantel ist bis zur Grenze mit dem Erdkern wieder durch einen relativ gleichmäßigen Anstieg der Geschwindigkeiten charakterisiert. Ein sehr intensiver Rückgang der Wellengeschwindigkeiten liegt an der Mantel/Kern-Grenze vor (Abb. 2-2, Tabelle 2-1). Im äußeren Erdkern sinkt die Geschwindigkeit der Kompressionswellen trotz zunehmender Dichte drastisch von etwa 13,7 bis auf 8,1 km/s ab (z. B. /2-3/), Scher- bzw. Transversalwellen pflanzen sich durch den äußeren Kern überhaupt nicht fort. Vor allem letzteres deutet darauf hin, daß sich der äußere Erdkern wie eine Flüssigkeit verhält und somit eine Zone in quasiflüssigem Zustand darstellt. Auf die drastische Reduktion folgt ein allmählicher Wiederanstieg der Geschwindigkeit bis auf etwa 10 km/s. Für die Grenze zum festen, inneren Kern wird wieder ein Geschwindigkeitssprung bis auf 11,2 km/s rekonstruiert. Im inneren Kern bleibt die Geschwindigkeit der Kompressionswellen aufgrund des durch die Abnahme der Schwerkraft nur noch langsam steigenden Druckes nahezu konstant.

Ableitungen zur stofflichen Zusammensetzung der Erdschalen basieren neben der Analyse seismischer Wellen z. B. auf der Untersuchung von Gesteinen der

Kruste und des oberen Mantels, die durch verschiedene magmatische (durch Schmelzaufstieg) und tektonische (durch Transport von ganzen Gesteinspaketen) Prozesse an die Erdoberfläche gelangt sind. Weitere wichtige Informationen stammen aus Hochdruck/Hochtemperatur-Versuchen mit Gesteinen und Mineralen und aus der Analyse von Meteoriten. Letztere bildeten die wesentlichen Grundlagen zur Ableitung der Nickel/Eisen-Zusammensetzung des Erdkerns (Abb. 2-2). Generell liegen aber nur für die obere Erdkruste gesicherte Vorstellungen über die chemische und mineralische Zusammensetzung der sie aufbauenden Gesteine vor. Diese obere Erdkruste besteht aus magmatischen (durch Erstarrung aus einer Schmelze entstandenen), metamorphen (durch Druck- und Temperaturbedingungen im Mineralbestand umgewandelten) und sedimentären (durch Ablagerung von Mineral- und Gesteinspartikeln entstandenen) Gesteinen und besitzt eine durchschnittliche granitische Zusammensetzung (ca. 70 % SiO_2, ca. 15 % Al_2O_3, ca. 8 % K_2O/Na_2O). Demgegenüber weist die untere Kruste Gesteine mit basaltischem Chemismus (ca. 50 % SiO_2, ca. 18 % Al_2O_3, ca. 17 % FeO/Fe_2O_3 / MgO, ca. 11 % CaO) auf. Die wichtigsten Minerale der unteren Kruste sind basische Feldspäte, Pyroxen, Hornblende, Granat und Olivin.

Hauptbestandteile des Erdmantels sind Olivin, Pyroxen, Granat und Spinell. Als entsprechende Typgesteine des oberen Mantels gelten Peridotit und Eklogit. Zur Erklärung der chemischen Zusammensetzung des Erdmantels und des Erdkerns sowie zu ihrem tiefenabhängigen stofflichen Aufbau gibt es zahlreiche verschiedene Modelle (z. B. /2-3/), die im allgemeinen von einem Kondensationsszenarium und einem Gravitationkollaps bei der Entstehung der Erde ausgehen. Als Ausgangspunkt wird eine den Steinmeteoriten vergleichbare Ursprungszusammensetzung (chondritische Zusammensetzung) angenommen. Die durch Kondensation bzw. Kollaps einsetzende große Energiefreisetzung führte zur Trennung des Ausgangsmaterials, indem leichte Elemente zur Erdkruste und in Richtung Erdoberfläche abwanderten und schwere Elemente im Erdkern konzentriert wurden. Die verschiedenen Mantelmodelle unterscheiden sich vor allem in den Annahmen zur stofflichen Homogenität des Mantels. Bei den Modellen, die von einer chemisch homogenen Zusammensetzung ausgehen, werden die seismischen Verhältnisse bzw. die Dichterelationen dadurch erklärt, daß in Abhängigkeit von Druck und Temperatur der gleiche chemische Elementbestand in unterschiedlichen Mineral- und Kristallausbildungen vorliegen kann. Eine zunehmende Dichte des Materials wird dabei ausschließlich durch den Übergang von Mineralkomponenten in ihre Hochdruckmodifikationen und somit durch eine größere Packungsdichte der Atome verursacht. Bei den Mantelmodellen mit inhomogener Zusammensetzung lassen sich solche mit Unterschieden zwischen unteren und oberen Erdmantel und andere mit noch stärkerer chemischer Trennung des Mantelaufbaus unterscheiden. Bedeutende geodynamische Konsequenzen dieser Modelle liegen in der Art und Weise der daraus resultierenden möglichen Konvektionen im Erdmantel.

Abgeleitete Modelle für den Erdkern stimmen darin überein, daß an der Kern-Mantel-Grenze in etwa 2 900 km Tiefe ein abrupter Wechsel der stofflichen Zusammensetzung existiert. Ein Großteil der Modelle geht von einem flüssigen äußeren Eisenkern aus, der etwa 10 % eines leichteren Elementes (z. B. Schwefel oder Sauerstoff) enthält. Der innere Erdkern ist fest und vermutlich neben Eisen durch einen Nickelanteil charakterisiert.

Tabelle 2-1 Schalenaufbau der Erde und physikalische Eigenschaften im Erdinnern

Erdschalen / Diskontinuitäten	Tiefenbereich km	Stoffliche Zusammensetzung/ Hauptgesteine	Zustand der Materie	Kompressions-wellengeschw. km/s	Dichte g/cm^3
Obere Erdkruste	0 – 15	Sedimente, Metamorphite, Granite	fest	< 3,0 – 6,0	< 2,5 – 2,8
Conrad-Diskontinuität					
Untere Erdkruste	15 – 40	Gabbro, Gneise, Eklogite	fest	6,5 – 7,5	2,8 – 3,0
Mohorovicic-Diskontinuität					
Oberer Erdmantel	40 – 670	Peridotit, ultrabasische Gesteine	fest	7,8 – 9,0	3,2 – 4,5
Unterer Erdmantel	670 – 2 800	Spinell, Pyroxene, Hochdruckoxide	fest	11,2 – 13,6	4,5 – 5,6
Wiechert-Gutenberg-Diskontinuität					
Äußerer Erdkern	2 800 – 5 200	metallisch (Fe, FeO)	flüssig	8,1 – 10,0	10,0 – 12,0
Innerer Erdkern	5 200 – 6 370	metallisch (Fe, [Ni])	fest	10,0 – 11,5	> 12,0

2.1.2 Geodynamik

Die heute in der Erde mit unterschiedlichen Geschwindigkeiten ablaufenden Prozesse zeugen davon, daß sich die Erde nicht im Gleichgewicht befindet und ihre Strukturbildung andauert. Dabei gilt die Frage nach den die Strukturbildung der Erdkruste bestimmenden Prozessen und deren Ursachen als eine der schwierigsten der Geowissenschaften. Die verschiedenen Modelle und Erklärungen, die versuchen, den tektonischen Zustand der Erde aus dem komplexen Wirken endogener und exogener Kräfte abzuleiten, werden als geotektonische Hypothesen bezeichnet. Dabei lassen sich grundsätzlich drei Gruppen unterscheiden. Neben den fixistischen Hypothesen, die von der Annahme der Permanenz der Ozeane und Kontinente ausgehen, gibt es die mobilistischen, die ein Driften von Großschollen voraussetzen. Als dritte Gruppe gelten solche, die sich keiner der beiden anderen Gruppen zuordnen lassen, wie z. B. die auf einer ständigen Vergrößerung der Erde beruhende Expansionstheorie. Noch bis weit in das 20. Jahrhundert hinein beherrschten fixistische Hypothesen das Denken, in denen im wesentlichen vertikale Primärbewegungen die Basis der tektonischen Veränderungen bilden. Im Gegensatz dazu basieren die mobilistischen Hypothesen auf Primärbewegungen horizontal-tangentialer Art, die eine Verschiebbarkeit von großen Platten über ihre Unterlage ermöglichen. Als wichtigste dieser Hypothesen gilt heute die Plattentektonik (z. B. /2-3, 2-4, 2-5/), die eine durch komplexe geologisch-geophysikalische Untersuchungen ermöglichte Weiterentwicklung der von Alfred Wegener 1912 begründeten Kontinentalverschiebungshypothese darstellt. Wichtige Meilensteine in der Entwicklung der Plattentektonik waren die Entdeckung einer Schicht niedriger Wellengeschwindigkeit unter der Lithosphäre durch Beno Gutenberg 1948 und neue Erkenntnisse zur Ozeanbodenspreizung an Mittelozeanischen Rücken (z. B. /2-6, 2-7, 2-8, 2-9/) sowie zur Verschluckung (Subduktion) von Meeresboden an Ozeanrändern.

Für die geodynamische Entwicklung der Erde besitzen die unterschiedlichen rheologischen Eigenschaften von Lithosphäre und Astenosphäre eine besondere Bedeutung. Diese Unterschiede stellen eine wesentliche Ursache dafür dar, daß die zwischen 70 und 125 km mächtigen, die Kruste und den oberen Erdmantel umfassenden Lithosphärenplatten auf der unterlagernden Asthenosphäre verschoben werden können. Antreibende Kräfte dieser Plattendrift liegen vermutlich in Konvektionsströmungen des Mantels. Die aus Abb. 2-3 ersichtlichen Plattengrenzen stellen die tektonisch und magmatisch/thermisch aktivsten Gebiete der Erde dar.

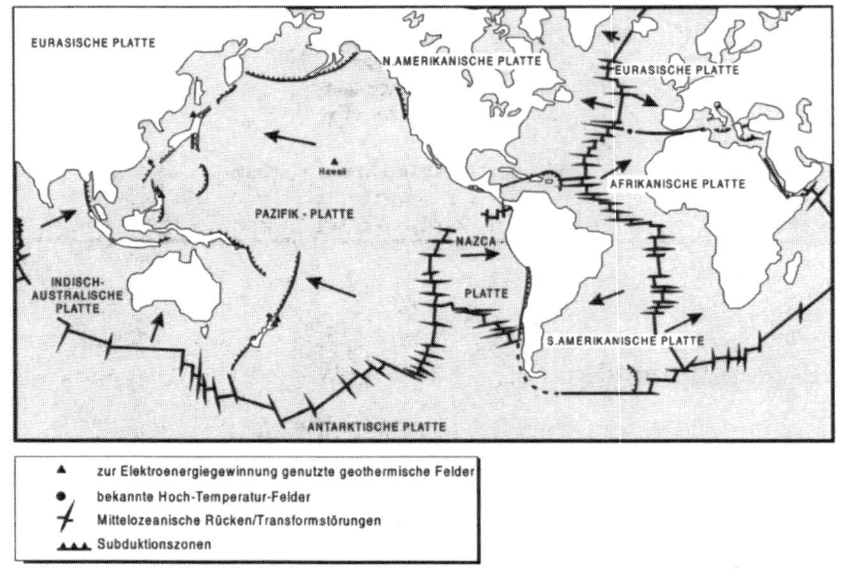

Abb. 2-3 Bedeutende Lithosphärenplatten der Erde und die sie begrenzenden Mittelozeanischen Rücken, Tiefseegräben und Transformstörungen (nach /2-1, 2-5/)

2.2 Wärmebilanz in der Erde

Vulkane, Fumarolen aber auch heiße Quellen sind obertägige Zeugnisse eines heißen Erdinneren. Direkte Messungen der Temperatur sind jedoch nur in Bohrlöchern, Bergwerken, heißen Quellen oder an Laven möglich. Zusammen mit Kenntnissen über die Wärmetransporteigenschaften der Gesteine können diese Temperaturmessungen nur Ausgangsdaten für die Rekonstruktion der Temperaturverhältnisse im tieferen Erdinnern darstellen. Entsprechende Abschätzungen beruhen deshalb auf Modellrechnungen nach physikalischen Gesetzen und plausiblen Randbedingungen. Ihre Plausibilität läßt sich zumindest teilweise anhand der Ergebnisse anderer geowissenschaftlicher Methoden und Disziplinen (z. B. Geochemie, Hochdruck-Hochtemperatur-Petrologie, Seismologie) beurteilen.

2.2.1 Temperaturen und Wärmequellen im Erdinnern

Rekonstruktionen des Temperaturfeldes (z. B. /2-2/) ergeben Temperaturen zwischen 3 500 und 4 000 °C für die Kern/Mantel-Grenze. Die Abschätzung der Temperaturen im Erdinnern ist allerdings im Vergleich zur Ableitung der seismischen Geschwindigkeiten, der Dichte und des Druckes im Erdinnern mit sehr großen Unsicherheiten behaftet.

Unter der Annahme einer mittleren spezifischen Wärme von 1 kJ/(kg K) und einer mittleren Dichte der Erde von etwa 5 500 kg/m^3 kann der Wärmeinhalt der Erde auf rund 12 bis $24 \cdot 10^{30}$ J geschätzt werden. Für die äußere Erdkruste bis zu Tiefen von 10 km beträgt der Wärmeinhalt noch ca. 10^{26} J /2-10/ (vgl. Kapitel 1.2.1).

Maßgebend für den an der Erdoberfläche meßbaren Wärmefluß ist die Summe der Wärmeenergie aus den folgenden zwei Hauptquellen:

- die besonders in der Kruste aufgrund des radioaktiven Zerfalls von Uran, Thorium und Kalium erzeugte Wärmeenergie und
- die Energiezufuhr aus dem oberen Erdmantel.

Die wärmeproduzierenden Isotope U^{238}, U^{235}, Th^{232} und K^{40} sind in der kontinentalen Kruste angereichert, so daß z. B. die für diesen Bereich typischen granitischen Gesteine eine durchschnittliche radiogene Wärmeproduktion von ca. 2,5 μW/m^3 aufweisen. Im Gegensatz dazu liegen die Werte für die basischen Gesteine der Unterkruste bei etwa 0,2 bis 0,5 μW/m^3. Aus diesen Verhältnissen wird im allgemeinen geschlußfolgert, daß in den kontinentalen Gebieten 50 bis 80 % des Wärmeflusses auf den radioaktiven Zerfall in der Kruste und nur 20 bis 50 % auf den Energiefluß aus dem oberen Mantel zurückzuführen sind. Anders verhält es sich mit der ozeanischen Erdkruste. Trotz der niedrigen Wärmeproduktion in den typischen basaltischen Gesteinen beträgt die Wärmestromdichte auch hier zwischen 60 und 65 mW/m^2, so daß hier die Wärmeabgabe aus dem oberen Erdmantel dominieren muß. Wärme, die über Konvektionsströme an den Grenzen der Lithosphärenplatten transportiert wird, kommt dabei eine besondere Rolle zu.

2.2.2 Temperatur-Tiefenverteilung in der oberen Erdkruste

Wie aus Bohrungsmessungen bekannt ist, nimmt die Temperatur gesetzmäßig mit der Tiefe zu. Das bedeutet, daß die Wärme von ihren inneren Quellen, je nach thermischer Isolation der äußeren Schichten der Erde, stetig aus dem Erdinnern zur Erdoberfläche geleitet wird. Ausnahmen von dieser Temperatur/Tiefen-Abhängigkeit treten z. B. bis in Tiefen von mehreren Metern auf, weil die Temperatur dort durch die Sonneneinstrahlung beeinflußt wird. Neben dem bis etwa nur 1,5 m tief reichenden Tageseinfluß kann deshalb mittels Temperaturmessungen eine Jahresperiode bis in Tiefen von etwa 30 m nachgewiesen werden. Störungen des Temperaturanstiegs in tieferen Bereichen können vor allem dann auftreten, wenn ein bedeutender Anteil der Wärme konvektiv transportiert wird, z. B. durch die Zirkulation von Fluiden.

Kenntnisse der regional stark unterschiedlichen Temperatur-Tiefenverteilung gehen vor allem auf Temperaturmessungen in Erdöl-, Erdgas-, Geothermie- oder anderen Erkundungs- bzw. tieferen Forschungsbohrungen zurück. Der Vergleich der auf der Kola-Halbinsel in 12,3 km Tiefe gemessenen Maximaltemperatur von ca. 230 °C mit der in der Oberpfalz bei 9,1 km Tiefe angetroffenen Temperatur von rund 280 °C belegt den Zusammenhang zwischen geologischen Verhältnissen und thermischen Bedingungen in der Erdkruste. Bei einer mittleren Oberflächentemperatur zwischen 5 und 10 °C zeigen beide Beispiele Temperaturgradienten von ca. 20 bzw. 30 K/km. Ein zumindestens für die ersten 5 km etwa doppelt so hoher Temperaturgradient wird in der Toskana beobachtet, so daß die Kruste dort schon in weniger als 5 km Tiefe 300 °C heiß ist. Ähnlich hohe Gradienten sind aus dem Oberrheintalgraben bekannt. Nach den vorliegenden Messungen nimmt die Temperatur allerdings dort nur bis in Tiefen von etwa 1,5 km so stark zu, um dann in größeren Tiefen weiter mit 30 K/km anzusteigen. Schon aus diesen wenigen Beispielen geht hervor, daß die Temperatur-Tiefenverteilung je nach Region aber auch je nach Tiefe aufgrund spezieller Wärmetransportprozesse sehr stark variieren kann (Abb. 2-4). Ein oft als Durchschnittsgröße für die kontinentale Kruste angegebener geothermischer Gradient von 30 K/km stellt deshalb nur einen sehr groben Richtwert und keinen exakten Mittelwert dar.

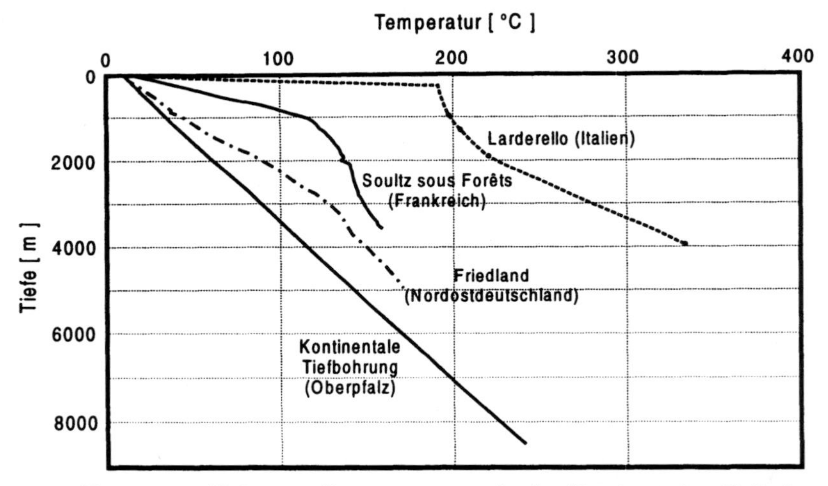

Abb. 2-4 Temperatur-Tiefenverteilung gemessen in der Kontinentalen Tiefbohrung in der Oberpfalz (GeoForschungsZentrum Potsdam 21.1.98), in Soultz-sous-Forêts am Rande des Oberrheintalgrabens /2-11/, in der Bohrung Friedland im Norddeutschen Becken /2-12/, sowie in der Toskana /2-13/

Um aus Temperaturmessungen in Bohrungen auf „wahre“ Gebirgstemperaturen (Gleichgewichtstemperaturen) schließen zu können, ist die Temperaturstörung durch den Bohrvorgang selbst zu berücksichtigen. Je nach Tiefe und technischer Realisierung der Bohrung kann diese Störung bis zu mehreren Graden betragen und der vollständige Angleichungsprozeß an die Gebirgstemperatur Jahre anhalten. Aus diesem Grund sind zur Bestimmung des Tiefenprofils der Gleichgewichtstemperatur Korrekturen der Meßdaten mittels spezieller Verfahren notwendig.

Die Zunahme der Temperatur mit zunehmender Tiefe, wie es z. B. durch Abb. 2-4 belegt wird, zeigt, daß durch die Erde stetig Wärme von innen nach außen transportiert wird. Energie aus tiefer Erdwärme wird demnach von unten nach oben regeneriert.

2.2.3 Wärmetransport in der oberen Erdkruste

In engem Zusammenhang zur geologisch-tektonischen Struktur der oberen Erdkruste steht der Wärmefluß bzw. Wärmestrom, der als die in der Zeiteinheit durch die Flächeneinheit strömende Wärmemenge definiert ist. Terrestrische Wärme wird sowohl über das feste Gestein (sogenannter konduktiver Anteil des Wärmestroms) als auch durch Transport in und mit Flüssigkeiten (konvektiver Anteil) geleitet. Die terrestrische Wärmestromdichte (d. h. der Wärmestrom je Fläche in dem Bereich der Schichtmächtigkeit) setzt sich aus diesen beiden Anteilen und der entlang des Tiefenbereichs summierten Wärmeproduktion zusammen. Der in der kontinentalen Kruste im allgemeinen dominierende konduktive Anteil der Wärmestromdichte ergibt sich aus dem Produkt von Temperaturgradient und Wärmeleitfähigkeit der Gesteine der Oberkruste nach Gleichung (2-1).

$$q_{kond} = -\lambda \cdot \frac{\Delta\vartheta}{\Delta z} \qquad (2\text{-}1)$$

mit q_{kond} konduktiver Anteil des Wärmestroms
λ Wärmeleitfähigkeit
Δz Schichtmächtigkeit
$\Delta\vartheta$ Temperaturunterschied

Messungen der Wärmeleitfähigkeit erfolgen entweder an Gesteinsproben oder direkt im Bohrloch (vgl. /2-14/). Die Wärmeleitfähigkeit der Oberkrustengesteine variiert dabei zwischen 0,5 und 7 W/(m K) (vgl. /2-15/). Diese relativ großen Spannbreiten der Werte haben ihre Ursachen vor allem in der Varianz der chemisch-mineralogischen Zusammensetzung und in texturellen Unterschieden (z. B. Regelungsgrad von Mineralkomponenten, Grad der Kornkontakte, Porosität) der Gesteine. Aus diesem Grund steht die Wärmeleitfähigkeit eines Gesteins in sehr enger Beziehung zu dessen geologischer Geschichte. Tabelle 2-2 zeigt die Werte bzw. Wertebereiche für die Wärmeleitfähigkeit eines Gesteins unter normalen Druck- und Temperaturbedingungen. Diese Abschätzungen können keine direkten Messungen ersetzen und dienen damit nur zur Schaffung eines ersten Überblicks über die Wärmetransporteigenschaften von Gesteinen.

Während für den konduktiven Wärmetransport die Wärmeleitfähigkeit die bestimmende Eigenschaft ist, besitzt die Durchlässigkeit der Gesteine, die sogenannte Permeabilität, für den konvektiven Leitungsmechanismus eine besondere Bedeutung. Der Wärmetransport über die in den Gesteinen enthaltenen Flüssigkeiten hängt von ihrer Strömungsgeschwindigkeit ab. Die Geschwindigkeit von Flüssigkeiten im Gestein läßt sich nach Darcy entsprechend Gleichung (2-2) berechnen.

$$v = -\frac{k}{\eta} \cdot \frac{\Delta p}{\Delta z} \qquad (2\text{-}2)$$

mit v Strömungsgeschwindigkeit über Querschnitt
k Permeabilität
η Viskosität
Δz Schichtmächtigkeit

Δp Druckunterschied

Tabelle 2-2 Wärmeleitfähigkeit von Gesteinen auf Basis einer statistischen Untersuchung von Literaturdaten mit Mittelwert, Median und Standardabweichung (nach /2-14/)

	Anzahl der Proben	Mittel-wert	Median-wert	Standard-abweichung
			in W/(m K)	
Chemische Sedimente (Kalkstein, Kohle, Dolomit, Hämatit, Feuerstein, Anhydrit, Steinsalz, Sylvinit)	1 311	2,6	2,2	1,3
Klast. Sedimente – niedrige Porosität (Tonsteine, karbonatische Tonsteine, Mergel- und Tonmergelsteine, Kalk- sowie Quarzsandsteine, Konglomerate und Tuffite)	1 802	2,4	2,2	0,6
Klast. Sedimente – hohe Porosität (Ozean- und Seebodensedimente)	983	1,2	1,0	0,4
Vulk. Gesteine – hohe Porosität (Lava, Tuff, Tuffbrekzie, Basalte)	92	1,9	1,8	0,4
Vulk. Gesteine – niedrige Porosität (Rhyolit, Liparit, Trachodolerit, Andesit, Basalt)	234	2,9	3,2	0,7
Plut. Gesteine – hoher Feldspatgehalt (> 60 %) (Syenit, Granosyenit und Anorthosit)	303	2,6	2,4	0,4
Plut. Gesteine – niedriger Feldspatgehalt (Granit, Diorit, Gabbro, ultramafische Gesteine)	1 339	3,0	2,9	0,6
Metamorphe Gesteine (Gneis, Marmor, Serpentinit, Peridotit, Hornfels, Eklogit, Phyllit, Amphibolit, Mylonit, Metadiorit)	1 480	2,9	2,9	0,6
quarzreiche metamorphe Gesteine (Quarzit)	90	5,8	5,6	0,4

Als Beispiel für den Einfluß der Strömungsgeschwindigkeit sei eine Situation am Rand eines 1 000 m beregneten Berges angenommen, von dem über eine Strekke von 1 km eine wasserleitende Schicht mit einer typischen Permeabilität von 10^{-12} m^2 zu einer Quelle an der Erdoberfläche des Tals führt. Die resultierende Geschwindigkeit beträgt in dem Beispiel ca. 1 mm/a. Bei Geschwindigkeiten dieser Größenordnung sind meßbare Einflüsse auf das Temperaturfeld zu erwarten /2-15/.

Flüssigkeiten werden in natürlichen Systemen innerhalb hydraulisch miteinander verbundener Untergrundbereiche durch hydraulische Gradienten (z. B. durch einen topographischen Höhenunterschied oder durch Dichteunterschiede) angetrieben. Daher erfordert die Beschreibung des durch Flüssigkeiten bedingten Wärmetransportprozesses die Kenntnis der Permeabilität der Gesteine und die Kenntnis der die Flüssigkeiten bewegenden Kräfte. Beide generell nur lokal bekannten Größen müssen bestimmte Mindestwerte erreichen, um einen wesentlichen konvektiven Wärmetransport zu ermöglichen. Aus diesem Grund kann in Untergrundbereichen mit dominierenden horizontalen Strukturen und ohne genügende hydraulische Antriebskräfte sowie in gering durchlässigen Gesteinspaketen der Wärmetransport durch transportierte Flüssigkeiten unbedeutend sein. Abb. 2-5 zeigt anhand des dargestellten Temperaturverlaufs in der Bohrung GPK1 in Soultz-sous-Forêts ein Beispiel eines durch Fluidströmung beeinflußten Temperaturfeldes. Die im Vergleich zur Umgebung niedrigere Temperatur in ca. 2 000 m Tiefe ist auf eine Zone erhöhter Permeabilität und auf die hydraulische Verbindung zu Fluidsystemen am Rande des Oberrheingrabens und den durch die Höhenunterschiede bedingten hydraulischen Gradienten zurückzuführen.

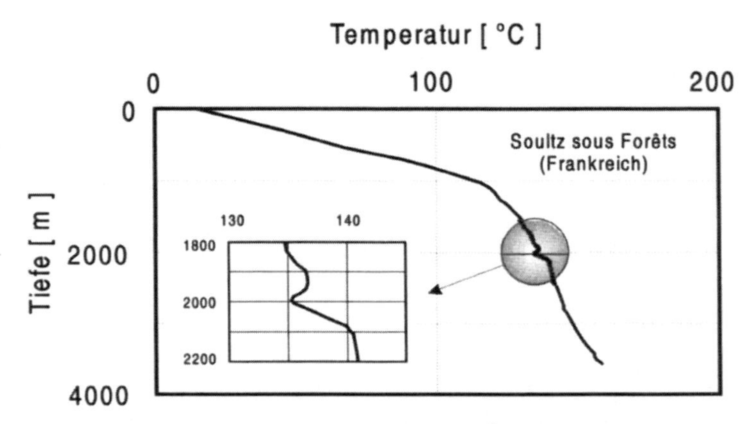

Abb. 2-5 Temperaturprofil der Bohrung GPK1 Soultz-sous-Forêts (Frankreich) mit hervorgehobenem Ausschnitt des durch Fluidströmung gestörten Temperaturverlaufs

Bei Kenntnis des Temperaturgradienten und der Wärmeleitfähigkeit entlang eines fluidströmungsfreien Tiefenprofils ist es möglich, den terrestischen Wärmestrom nach Gleichung (2-1) zu bestimmen. Als Beispiel sei die Situation in der Kontinentalen Tiefbohrung der Bundesrepublik Deutschland angeführt. Man kann für das erbohrte Profil von einer mittleren Wärmeleitfähigkeit von 3 W/(m K) ausgehen. Damit ergibt sich mit dem Temperaturgradienten der Bohrung von 28 K/km eine für die kontinentale Oberkruste durchaus typische mittlere Wärmestromdichte von zirka 80 mW/m^2.

Abweichungen der Wärmeleitfähigkeiten der verschiedenen Schichten entlang eines vertikalen Profils können stärkere Schwankungen des Temperaturgradienten verursachen. Bei einem konstanten Produkt aus Gradient und Wärmeleitfähigkeit lassen sich vertikale Unterschiede der Temperaturgradienten dementsprechend erklären (vgl. Abb. 2-6). Darüber hinaus gehende Unterschiede können z. B. durch laterale Variationen in der Wärmeleitfähigkeit verursacht sein (d. h. höhere oder niedrigere Werte in der direkten Umgebung der Bohrung). Weitere Gründe für charakteristische Signaturen im Temperaturprofil liegen in den bereits diskutierten Flüssigkeitsbewegungen sowie in der inhomogenen Verteilung von lokalen Wärmequellen und –senken.

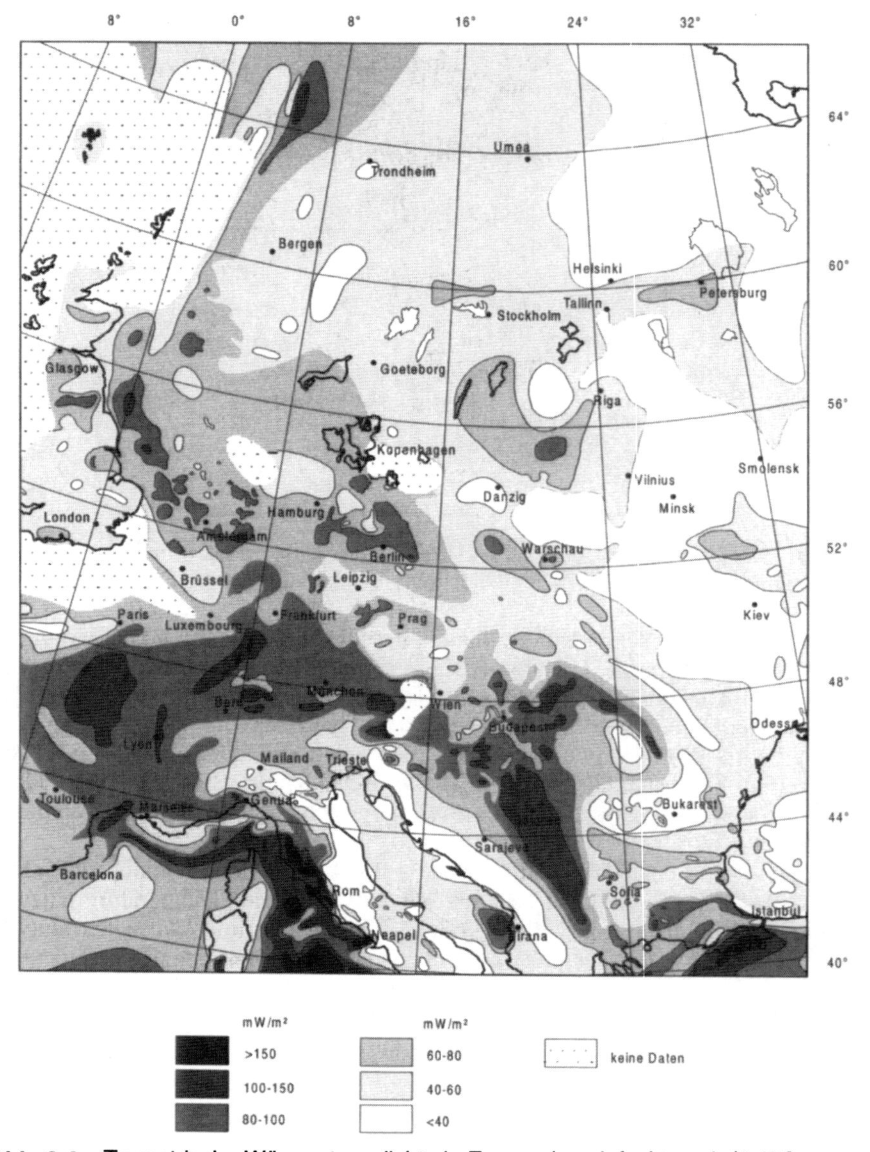

Abb. 2-6 Terrestrische Wärmestromdichte in Europa (vereinfacht nach /2-17/)

Sowohl von den Kontinenten als auch von den Ozeanbereichen existieren mehrere tausend Wärmeflußbestimmungen, wobei der Wärmefluß entweder nach dem SI- System in mW/m^2 oder in älteren Arbeiten noch in HFU-Einheiten (Heat Flow Unit, 1 HFU = 41,868 mW/m^2) angegeben wird. Dieser oberflächennah bestimmte terrestrische Wärmefluß ist ein integrales Maß für den thermischen und thermodynamischen Zustand des obersten Erdinneren bis zu einer Tiefe von einigen 100 km. Während der globale Mittelwert bei etwa 63 mW/m^2 liegt, sind besonders hohe Werte für vulkanisch aktive Gebiete (etwa 90 bis 800 mW/m^2) und ozeanische Riftzonen (etwa 100 bis 150 mW/m^2) sowie mit 25 bis 50 mW/m^2 deutlich geringere Werte für alte Kontinentalgebiete (z. B. präkambrische Schilde) charakteristisch (Abb. 2-6).

Aus diesen Unterschieden wird deutlich, daß die Variationen im heutigen Wärmefluß auf Unterschiede in der tektonisch-magmatischen Aktivität und dem Bildungsalter der geologischen Einheiten zwischen den Regionen der Erde zurückzuführen sind.

Ein interessantes Phänomen, welches z. B. in den durch Gletscher der letzten Eiszeit (vor ca. 10 000 Jahren) beeinflußten Gebieten Europas beobachtet worden ist, sind niedrigere Wärmestromdichtewerte in Oberflächennähe als in größeren Tiefen /2-18/. In diesen Regionen muß also in der Tiefe eine Wärmesenke wirken bzw. gewirkt haben, die den terrestrischen Wärmestrom aufnimmt bzw. zeitweise aufgenommen hat. Wenn auch bisher nicht mit letzter Sicherheit ausgeschlossen werden kann, daß derartige Verhältnisse nicht auf den Einfluß abkühlender meteorischer Wässer zurückgehen, wird heute vermutet, daß hier das Temperaturfeld immer noch durch die damalige Vereisung gestört ist. Man spricht von einem „Paläoklimaindiz", da das Gebirge wegen seiner hohen thermisch kapazitiven Eigenschaft ein „Erinnerungsvermögen" an das frühere Ereignis besitzt, obwohl diese drastische Abkühlung weit zurück liegt. Eine Temperaturreduzierung von mehreren Kelvin kann in mehreren Bohrungen in der Oberpfalz bis in Tiefen von 1 200 m nachgewiesen werden, die auf eine frühere Vereisung zurückgeführt wird /2-18/.

2.2.4 Wärmebilanz an der Erdoberfläche

Die Temperaturen auf der Erdoberfläche und in den obersten Metern der Erdkruste werden fast ausschließlich durch den Energieaustausch zwischen Sonne, Boden und Atmosphäre gesteuert. Die Wärme, die dem Erdboden durch Strahlung zugeführt wird und die im Jahres- und Tagesablauf stark schwankt, wandert langsam in die Tiefe (vgl. Kapitel 1.2.2). Der geothermische Wärmefluß hat in diesen Schichten nur einen vernachlässigbaren Einfluß. Die regionale Verteilung der Temperaturen in den obersten Metern des Erdreichs bzw. im oberflächennahen Grundwasser innerhalb Deutschlands orientiert sich dabei im wesentlichen an den jeweiligen mittleren Umgebungstemperaturen und an der Exposition, die je nach Standort unterschiedlich sein kann.

Im obersten Bereich der Erdkruste werden die Anteile am gesamten Erdwärmestrom, die aus der Erdwärme bzw. aus der eingestrahlten Sonnenenergie resultieren, durch verschiedene Effekte beeinflußt. Das Niederschlagswasser wird, genauso wie der Boden, von der Umgebungstemperatur beeinflußt. Ein Teil des Niederschlagswassers versickert in den Untergrund. Dabei stellt dieser Transport von Wärme einen konvektiven Wärmetransport dar, bei welchem die Wärmebewegung durch einen Wärmeträgerstoff, in diesem Fall Wasser, erfolgt. Wasser hat die unterschiedlichsten Temperaturen, wenn es als Sickerwasser in die Erdoberfläche eindringt. Je schneller das Grundwasser erreicht wird und je mehr Wasser eindringt, desto weniger wird der Wärmezustand des eindringenden Wassers verändert und desto mehr kann es erwärmend oder abkühlend auf das Grundwasser wirken. Dies ist vor allem der Fall bei sehr durchlässigen Deckschichten und Grundwasserleitern, besonders bei geklüfteten und verkarsteten Gesteinen. Anders liegen die Verhältnisse, wenn die Aufenthaltszeit im Untergrund vor Erreichen des Grundwassers lang ist. In diesem Fall kann die Temperatur des Wassers weitgehend an die der umgebenden Gesteine angeglichen werden /2-19/. Dringt das Wasser in Lockergesteine (z. B. Sande) ein, ist die Kontaktfläche sehr groß und damit der Wärmeaustausch sehr begünstigt. Die jahreszeitliche Wirkung der Sonnenstrahlung kann als Temperaturvariation bis zu einer Tiefe von zehn bis zwanzig Meter beobachtet werden (Abb. 2-7).

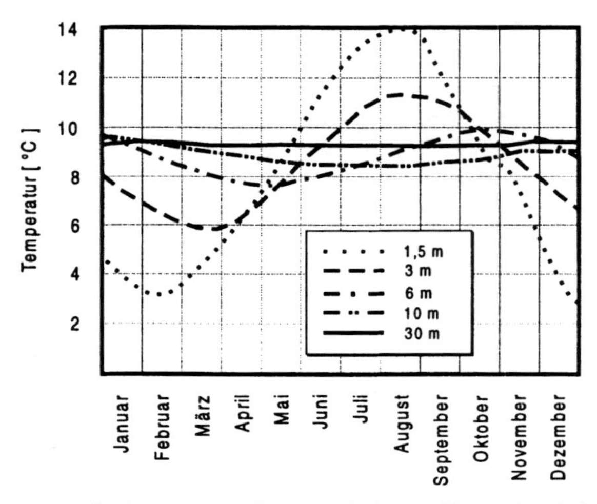

Abb. 2-7 Jahresgang der Temperatur in verschiedenen Tiefen (nach /2-20/)

Der Tiefenbereich, in dem keine Jahresschwankung der Temperatur mehr auftritt, wird neutrale Zone genannt. Nach DIN 4 049 ist dies derjenige Bereich unterhalb der Erdoberfläche, in dem der Jahresgang der Temperatur um nicht mehr als 0,1 K schwankt. Das Abklingen der Temperaturschwankungen mit der Tiefe hängt wesentlich vom Wärmeleitvermögen der Gesteine und der Grundwasserströmung ab und kann in Tiefen zwischen 15 und 39 m liegen /2-19/. Unterhalb der neutralen Zone wird die Temperatur durch den geothermischen Wärmefluß bestimmt. Die Temperatur im Bereich der neutralen Zone entspricht angenähert der mittleren langjährigen Jahrestemperatur an der Erdoberfläche der entsprechenden Region. In Deutschland liegt die Temperatur in dieser neutralen Zone im allgemeinen zwischen 8 und 13 °C.

2.3 Technisch nutzbare Erdwärmevorkommen

Verglichen mit dem Energiefluß von außerhalb der Erde, der überwiegend auf die Sonnenstrahlung zurückgeht und etwa $1{,}35 \cdot 10^6$ mW/m^2 beträgt, stellt der mittlere terrestrische Wärmefluß von etwa 63 mW/m^2 nur einen sehr geringen Energiefluß dar. Dieser große Unterschied läßt sich durch die einfachen Beobachtungen verdeutlichen, die jeder macht, der sich zu ebener Erde sonnt. Was hierbei wahrgenommen wird, sind die Unterschiede in der Leistung bzw. dem Wärmefluß zwischen den beiden Energieströmen. Der sehr schwache Energiestrom aus der Erde ist auf die gute Wärmeisolierung der Erde zurückzuführen.

Obwohl gewaltige Energiemengen im Innern der Erde existieren, ist diese Erdwärme nicht überall nutzbar. So ermöglicht der mittlere natürliche Wärmestrom direkt an der Erdoberfläche keine wirtschaftliche Nutzbarkeit. Andererseits demonstrieren warme und heiße Wässer sowie Dampfvorkommen in Tiefen zwischen z. T. nur wenigen hundert bis zu mehreren tausend Metern ein entsprechend nutzbares Wärme- und damit Energiepotential. Besonders günstige Voraussetzungen hinsichtlich des Energiestroms existieren in den Regionen der oben angeführten Plattengrenzen, da hier sehr hohe Temperaturen schon in geringen Tiefen auftreten (Abb. 2-8).

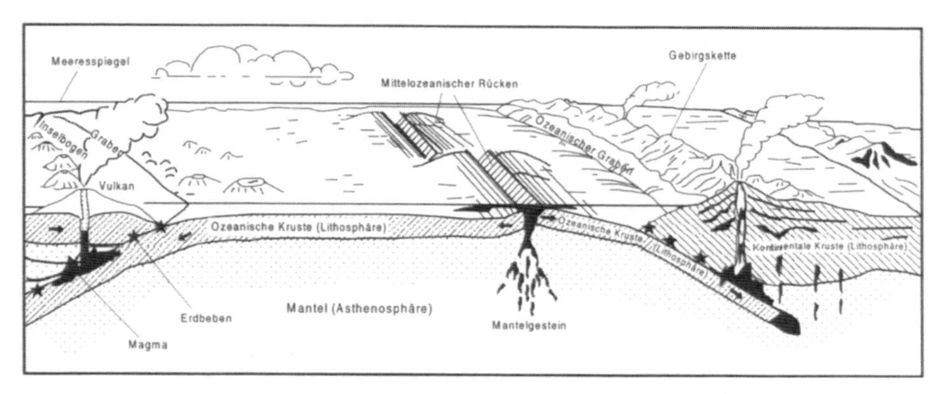

Abb. 2-8 Darstellung der dynamischen Erde mit möglichen Erdwärmevorkommen

In einigen Regionen wiederum fehlen trotz hoher Temperaturen im Untergrund die entsprechenden Transportmittel (z. B. Wasser) bzw. die Transportwege (z. B. Klüfte), um die Wärme aus den Gesteinen der Tiefe zu gewinnen. Generell werden im wesentlichen die im folgenden diskutierten geothermischen Energievorkommen unterschieden.

2.3.1 Wärmevorkommen in den obersten Erdschichten

Diese Energievorkommen erstrecken sich auf die obersten hundert Meter unter der Erdoberfläche mit Temperaturen, die meist 20 °C nicht übersteigen. Dieses Wärmepotential wird bis in eine Tiefe von rund 15 bis maximal 40 m im wesentlichen durch die solare Einstrahlung, durch die Wärmeleitung im Boden und durch zirkulierende solar „aufgeheizte" Grundwässer (konvektiver Wärmetransport) beeinflußt.

Hydrogeologische Grundlagen. Das Wasser im Untergrund wird unterteilt in Sickerwasser und Grundwasser. Als Sickerwasser wird das Wasser in der wasserungesättigten Zone bezeichnet. Diese Zone wird nach oben durch die Erdoberfläche und nach unten durch die Grundwasserzone begrenzt. Zu der wasserungesättigten Zone gehören der Boden im engeren Sinne und die darunterliegenden Schichten bis zur Grundwasseroberfläche. In der ungesättigten Zone existiert neben Gestein und Wasser auch Luft (Grundluft) als weitere Phase.

Darunter liegt die Zone, deren Hohlräume zusammenhängend mit Wasser ausgefüllt sind. Diese Grundwasserzone (wassergesättigte Zone) reicht nach unten bis in die Bereiche hinein, in denen praktisch keine zusammenhängenden Kluft- und Porensysteme mehr existieren. Eine Untergrenze für diese Grundwasserzone ist schwer zu definieren (zur Begriffsdefinition siehe DIN 4 049).

Nur ein kleiner Teil der wassergesättigten Zone ist so durchlässig, daß er nennenswerte Mengen an Grundwasser speichern und weiterleiten kann. Die wasserführenden Gesteine werden Grundwasserleiter genannt, wobei je nach Gestein zwischen Poren-, Karst- und Kluftgrundwasserleitern zu unterscheiden ist (Abb. 2-9). In Porengrundwasserleitern zirkuliert das Wasser in Poren, in Kluftgrundwasserleitern auf Trennfugen und in Karstgrundwasserleitern in zusammenhängenden Hohlräumen, die durch Lösungvorgänge entstanden sind.

Abb. 2-9 Verschiedene Typen von Grundwasserleitern

Grundwasser wird durch seine chemische Zusammensetzung (Grundwasserbeschaffenheit) und durch die Strömung, der es unterliegt, charakterisiert. Die Grundwasserbeschaffenheit resultiert aus einer Vielzahl von chemischen und mikrobiologischen Prozessen (u. a. Eintrag, Lösung, Fällung, Sorption). Bei der Nutzung von Erdwärme kann eine für diesen Zweck ungünstige Grundwasserbeschaffenheit große Probleme z. B. durch Korrosion von Anlagenteilen oder Ausfällungen im System bereiten.

Zum Verständnis der Grundwasserströmung werden Kenntnisse zur Fließgeschwindigkeit, zur Fließrichtung sowie zur Lage und Größe der Grundwasserneubildungs- und -entlastungsgebiete benötigt. Für die Grundwasserströmung muß ein Hohlraumanteil (Porosität, Kluftvolumen) vorhanden sein, der untereinander verbunden ist (effektive Porosität). Die Porosität kann dabei in besonderen Ausnahmefällen Werte bis fast 90 % annehmen; die effektive Porosität liegt allerdings meist nur zwischen 0 und 30 %. Grundwasser bewegt sich von Lagen höherer Energie zu Lagen niedriger Energie, wodurch potentielle in kinetische Energie umgewandelt wird. Bei laminarem Fluß besteht über die Darcy-Gleichung eine lineare Beziehung zwischen der Fließgeschwindigkeit und dem Energieverlust. Der Proportionalitätsfaktor wird Durchlässigkeitsbeiwert (k_f-Wert) genannt; er ist sowohl vom Fluid als auch vom Gestein abhängig. Demgegenüber ist die Permeabilität eine Größe, die eine Konstante des porösen Mediums darstellt. Durchlässigkeitsbeiwert und Permeabilität sind direkt miteinander verknüpft (Gleichung (2-3)).

$$q = -k_f \cdot i \cdot F \tag{2-3}$$

mit q Durchfluß
k_f Durchlässigkeitsbeiwert
i hydraulischer Gradient
F durchflossene Fläche

Der Durchlässigkeitsbeiwert ist nach Gleichung (2-4) definiert als Verhältnis zwischen der Dichte und der Erdbeschleunigung einerseits und der dynamischen Viskosität und der Permeabiltät andererseits.

$$k_f = -\frac{\rho}{\eta} \cdot \frac{g}{k} \qquad (2\text{-}4)$$

mit ρ Dichte der Flüssigkeit
η dynamische Viskosität der Flüssigkeit
g Erdbeschleunigung
k Permeabilität

Bei der Fließgeschwindigkeit des Grundwassers wird zwischen der Filtergeschwindigkeit und der Abstandsgeschwindigkeit unterschieden. Die Filtergeschwindigkeit ergibt sich aus dem Verhältnis der Wassermenge zu dem durchflossenen Querschnitt und ist im eigentlichen Sinne keine Geschwindigkeit (Gleichung (2-5)).

$$v_f = \frac{q}{F} \qquad (2\text{-}5)$$

mit v_f Filtergeschwindigkeit
q Durchfluß
F durchflossene Fläche

Bei der Abstandsgeschwindigkeit wird die Filtergeschwindigkeit durch die effektive Porosität dividiert, da nur ein Teil des Grundwasserleiters durchflossen werden kann (Gleichung (2-6)). Damit ist die Abstandsgeschwindigkeit die eigentliche Geschwindigkeit des strömenden Grundwassers.

$$v_a = \frac{v_f}{n_e} \qquad (2\text{-}6)$$

mit v_a Abstandsgeschwindigkeit
v_f Filtergeschwindigkeit
n_e effektive Porosität

Wird der Grundwasserleiter von schlecht durchlässigen (Grundwasserhemmer) oder sogar undurchlässigen Schichten (Grundwassernichtleiter) abgedeckt, so kann das Grundwasser nicht so hoch ansteigen, wie es seinem hydrostatischen Druck entspricht. Unter diesen Verhältnissen liegt ein gespanntes Grundwasser vor. Liegt aber die Grundwasseroberfläche innerhalb des Grundwasserleiters, dann spricht man von freiem Grundwasser.

Bei räumlicher Betrachtung der Grundwasserströmung kann zwischen Grundwasserneubildungsgebieten und Entlastungsgebieten unterschieden werden (Abb. 2-10). Häufig dienen morphologisch höher gelegene Regionen als Neubildungsgebiet und die Vorfluter (Flüsse) als Entlastungsgebiete, wobei diese Vorfluter dann vom Grundwasser gespeist werden. Solche regionalen Fließsysteme können vergleichsweise groß sein (z. B. der Grundwasserleiter des Malm im süddeutschen Molassebecken mit der Schwäbischen und Fränkischen Alb als überwiegendem Neubildungsgebiet und Hochrhein bzw. Donau jeweils als Entlastungsgebiet; Abb. 2-11).

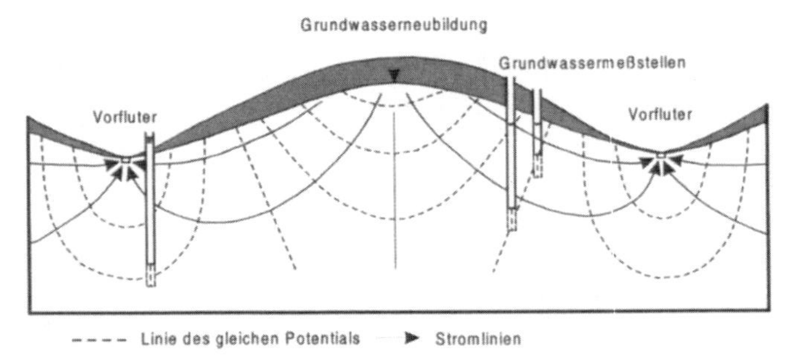

Abb. 2-10 Linien gleichen Potentials unter einem Gebiet mit Grundwasserneubildung

Bedeutung des Grundwassers bei der geothermischen Nutzung. Bei der Nutzung oberflächennaher Erdwärme wird mit erdgekoppelten Wärmepumpen dem Untergrund z. B. über Erdwärmekollektoren, Erdwärmesonden oder Grundwasserbrunnen Energie entzogen /2-22/. Der Untergrund kann dabei sowohl als Quelle von Wärme (z. B. Heizung im Winter) als auch von Kälte (Kühlung im Sommer) genutzt werden.

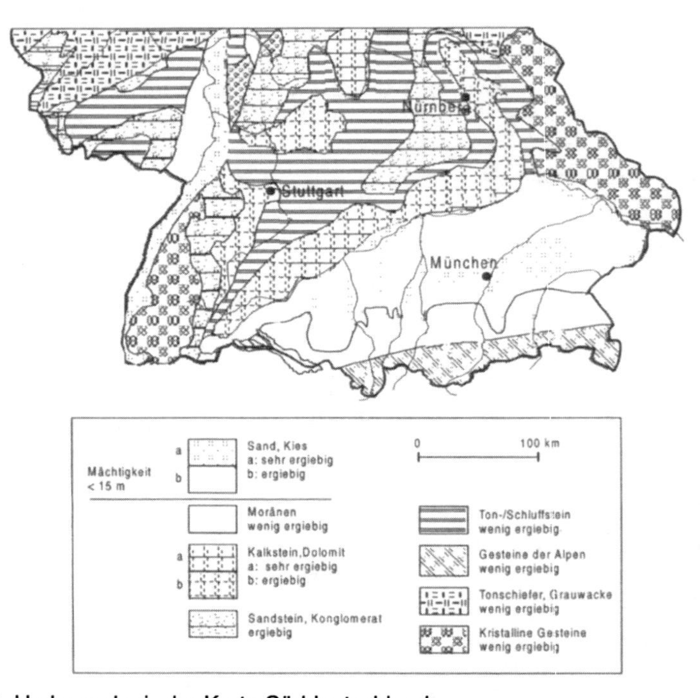

Abb. 2-11 Hydrogeologische Karte Süddeutschlands

Aufgrund der schlechten Wärmeleitfähigkeit von trockenen Gesteinen ist die entziehbare Wärmeleistung in der wasserungesättigten Zone deutlich vermindert. Wichtig ist, daß das fließende Grundwasser Wärme mitführt und somit überall im Untergrund relativ schnell Wärmeumsatz bewirkt, obwohl aufgrund der geringen Wärmeleitfähigkeit hier nur viel langsamere Vorgänge ablaufen würden. Die Abstandsgeschwindigkeit kann sehr stark variieren, typisch sind Werte bis 1,0 m/d in Grundwasserleitern des Lockergesteins (z. B. Norddeutsches Tiefland) und bis mehrere 10 m/d in Kluft- und Karstgrundwasserleitern. Aufgrund der hohen spezifischen Wärmekapazität des Wassers spielt neben der Abstandsgeschwindigkeit die Gesamtwassermenge, zu berechnen über den Durchlässigkeitsbeiwert, die entscheidende Rolle für die entziehbare Wärmemenge.

Stagnierendes Grundwasser (Abstandsgeschwindigkeit annähernd 0) hat praktisch keinen Einfluß auf den Wärmeentzug. Fließendes Grundwasser hingegen bewirkt, daß bei geeigneter Wahl des Standorts ein Wärmetransport in Richtung der Entnahmestelle erfolgen kann und die entziehbare Wärmemenge vergrößert wird.

Außerdem eignet sich der Untergrund sehr gut als Wärme- und Kältespeicher. Allerdings sind hierfür genaue Kenntnisse der lokalen hydrogeologischen Situation notwendig. Dazu zählen die Mächtigkeit, räumliche Ausbreitung und hydraulische Eigenschaften des oder der Grundwasserleiter, um die notwendige Speicherkapazität zu gewährleisten. Zudem ist die Grundwasserströmung von Bedeutung, damit mit dem fließenden Grundwasser nicht auch die gespeicherte Wärme bzw. Kälte abtransportiert wird.

Hydrogeologische Aspekte der geothermischen Nutzung. Durch die Wärmeentnahme entsteht im Untergrund, je nach Entzugsleistung und -dauer, ein mehr oder weniger stark ausgeprägter thermischer Entzugstrichter. Dies ist vergleichbar mit dem Absenkungstrichter um einen Förderbrunnen bei der Grundwasserentnahme. Der Temperatur-Absenktrichter erzeugt einen horizontalen Temperaturgradienten und somit einen lateralen Wärmefluß /2-22/. Ein solche Verminderung der Temperatur kann bei entsprechender Grundwasserbeschaffenheit dazu führen, daß Minerale ausgefällt werden und die effektive Porosität dadurch vermindert wird. Damit würde auf Dauer auch die Wärmeentzugsleistung vermindert. Allerdings sind solche Ausfällungen bei Temperaturänderungen von wenigen Kelvin meist vernachlässigbar.

Bei geschlossenen Systemen zur oberflächennahen Wärmenutzung sind neben der Temperaturänderung keine weiteren wesentlichen Probleme zu erwarten. Bei offenen Systemen (Grundwasserbrunnen) können dagegen eine Vielzahl von chemischen Prozessen stattfinden, die einen langfristigen Betrieb erschweren oder gar unmöglich machen. Die Grundwasserbeschaffenheit kann durch den eigentlichen Wärmeentzug, durch Entweichen von im Grundwasser gelösten Gasen und durch Zutritt von Luftsauerstoff erheblichen Veränderungen unterworfen sein. Das kann u. a. zu Ausfällungen und Korrosion im Leitungsnetz, im Brunnen und im Grundwasserleiter führen. Die Folgen können eine verminderte Förderungsrate aus dem Brunnen, ein erhöhter Injektionsdruck durch verminderte Durchlässigkeit des Grundwasserleiters und ein Verstopfen der Leitungen sein.

Problematisch kann nicht nur die Entnahme von Wasser, sondern auch das Einleiten von z. B. heißem Wasser zur Speicherung von Wärme sein. Bei hohen Temperaturen (über 50 °C) muß mindestens mit Karbonatausfällungen gerechnet werden. Um dem zu begegnen, können beispielsweise Ca/Na-Ionentauscher eingesetzt werden. Allerdings können die dabei frei werdenden Natriumionen beim Einbau in Tonminerale diese anschwellen lassen und damit die Durchlässigkeit des Grundwasserleiters ebenfalls herabsetzen.

Schließlich besteht, zumindest bei offenen Systemen, eine mögliche Konkurrenz zwischen der Wassernutzung zu Trinkwasserzwecken und der geothermischen Nutzung.

Oberflächennahe Wärmeanomalien. Bei oberflächennahen Wärmeanomalien können zwei mögliche Entstehungsarten unterschieden werden. Zum einen kann eine solche Anomalie auf eine laterale Änderung der konduktiven, terrestrischen Wärmestromdichte zurückgeführt werden. Zum anderen kann auch ein normaler konduktiver Wärmestrom durch einen konvektiven Wärmetransport in einem Grundwasserleiter überprägt sein.

Thermische Anomalien im Zusammenhang mit regionalen Strömungssystemen können eine flächenhafte Ausdehnung von 10 bis 100 km erreichen /2-23/. Unter bestimmten hydraulischen Bedingungen (z. B. einer Grundwasserentlastungszone im Vorflutbereich oder beim Aufstieg von Thermalwasser entlang einer Störungszone mit bevorzugten Wasserwegsamkeiten) beschränken sich solche anomalen Temperaturfelder auf wesentlich kleinere Areale.

Wird die oberflächennahe Wärmeanomalie durch warmes, aus der Tiefe aufsteigendes Grundwasser erzeugt, ist zu bedenken, daß das Fließverhalten des Grundwassers über die Viskosität des Wassers und deren Temperaturabhängigkeit gesteuert wird. Mit steigender Temperatur fällt die Viskosität des Wassers, und der Durchlässigkeitsbeiwert (k_f-Wert) nimmt unabhängig von den Gesteinseigenschaften mit der Tiefe zu /2-24/. In einem 60 °C warmen Grundwasserleiter ist der Durchlässigkeitsbeiwert bereits dreimal so hoch wie in einem oberflächennahen, ca. 10 °C warmen Grundwasserleiter /2-25/.

Neben der Viskositätsänderung spielt die unterschiedliche Dichte von Wasser für einen Aufstieg von Tiefengrundwasser eine wichtige Rolle. Im Vergleich zu oberflächennahem Grundwasser (Dichte bei 10 °C etwa 0,999 g/cm^3) hat ein Tiefengrundwasser mit einer Temperatur von 40 °C eine Dichte von ca. 0,992 g/cm^3. Über diesen Dichteunterschied und die erhöhte Mobilität des Grundwassers tritt unter entsprechend günstigen hydraulischen Bedingungen ein zur Oberfläche gerichteter konvektiver Wärmetransport auf.

Große Wärmemengen können darüber hinaus durch Massenbewegungen in der Erdkruste bewegt werden, so z. B. bei aus der Tiefe aufsteigenden Flüssigkeiten und Gasen mit einer örtlichen Erwärmung des Untergrundes.

2.3.2 Vorkommen im tiefen Untergrund

Bei den geothermalen Energievorkommen des tieferen Untergrundes lassen sich folgende Typen unterscheiden:

- Hydrothermale Niederdrucklagerstätten
  Bei diesen Lagerstätten wird zwischen Warm- (d. h. Temperaturen bis 100 °C) und Heißwasservorkommen (d. h. Temperaturen über 100 °C), Naßdampf- sowie durch Temperaturen von 150 bis 250 °C charakterisierte Heiß- oder Trockendampfvorkommen unterschieden. Im wesentlichen wird die im Wasser bzw. im Dampf (beide befinden sich in den Porenräumen des Gesteins) gespeicherte Wärme genutzt. Derartige Lagerstätten sind - bei den entsprechenden Temperaturen - durch das Vorhandensein einer stark wasser- bzw. dampfführenden Gesteinsschicht gekennzeichnet. In Deutschland existieren in Tiefen bis zu rund 3 000 m derartige Lagerstätten mit Temperaturen von 60 bis 120 °C. Einige dieser hydrothermalen Energievorkommen werden auch in Deutschland bereits heute intensiv genutzt. Sehr hohe Temperaturen (150 bis 250 °C) des Tiefenbe-

reichs bis 3 000 m treten nur in Gebieten mit besonderen tektonischen Bedingungen auf, wie z. B. in den Bruchzonen der Erdkruste, in denen heiße Gesteinsmassen aus dem tiefen Untergrund aufgestiegen sind.

- Hydrothermale Hochdrucklagerstätten
  Derartige Lagerstätten enthalten Heißwasser, das - vermischt mit Gas (oft z. B. Methan) - vorgespannt ist (wie z. B. im Süden der USA im Bereich der Golfküste von Texas und Louisiana). Sie entstehen, wenn geschlossene poröse Gesteinspakete durch tektonische Bewegungen rasch in die Tiefe versenkt werden und dabei die Porenwässer und Gasinhalte den in der Tiefe herrschenden Druck- und Temperaturverhältnissen ausgesetzt werden.
- Heiße, trockene Gesteine
  Wirklich trockene Gesteinsschichten sind in den heute bohrtechnisch erreichbaren Tiefen der Erdkruste bis zu ca. 10 km eine Ausnahme. Daher werden bereits solche Formationen als „trocken" bezeichnet, die nicht über genügend natürlich vorhandenes Wasser verfügen, um eine Nutzung über einen längeren Zeitraum (mehrere Jahre) zuzulassen. Damit wird unter dem Begriff „heiße, trockene Gesteine" ein weites Spektrum von Gesteinsschichten mit unterschiedlichen Durchlässigkeiten und Wasseranteilen zusammengefaßt. Derartige Vorkommen enthalten aber das bei weitem größte Potential geothermischer Energie, das derzeit technisch zugänglich ist. Daher gibt es seit Anfang der siebziger Jahre weltweit intensive Forschungsaktivitäten, die sich mit der Entwicklung von technischen Verfahren zur Nutzung der in diesen Gesteinen gespeicherten Wärme befassen.
- Magmavorkommen
  In der Nähe von tektonisch aktiven Zonen (Abb. 2.8) findet man geschmolzene Gesteine (sogenannte Magmen) mit Temperaturen über 700 °C, die oft geringere Dichten als ihre noch festen Umgebungsgesteine aufweisen. Diese Teilschmelzen sind z. B. in Regionen mit jungem aktivem Vulkanismus wegen ihrer geringeren Dichte von größeren Tiefen aufgestiegen und bilden Magmavorkommen in 3 bis 10 km Tiefe. Die um Magmenkörper meist vorhandenen Fluidsysteme mit ihren hohen Temperaturen können zur Bereitstellung von hochwertiger Wärmeenergie genutzt werden. Der Aufschluß derartiger Systeme stellt jedoch noch eine technologische Herausforderung dar.

Die potentielle Nutzung aller dieser geothermischen Energievorkommen hängt vom Energiegehalt und damit von der Temperatur ab. Da die Wärme oft mit hohen thermischen Leistungen und unabhängig von der Tages- und Jahreszeit sowie der Witterung zur Verfügung steht, können derartige Vorkommen umweltfreundlich und bei günstigen Bedingungen vergleichsweise einfach und wirtschaftlich genutzt werden. Oberhalb von 150 bis 170 °C können geothermische Wärmevorkommen zur Stromerzeugung genutzt werden; dies wird heute an dafür geeigneten Standorten bereits realisiert (u. a. Italien, Neuseeland). Dafür müssen jedoch entsprechende geologische Voraussetzungen vorliegen, wie sie in Deutschland kaum gegeben sind.

Auch bei Temperaturen unterhalb von 150 °C bieten sich eine Vielzahl von Nutzungsmöglichkeiten für die geothermische Wärme und die entsprechenden Fluide /2-26/. Typische Beispiele sind u. a.

- Heizzentralen zur Bereitstellung von Nah- und Fernwärme für Haushalte (d. h. Heizung und Brauchwasser), Kleinverbraucher (u. a. Gewächshausbeheizung, Erwärmung von Fischbecken),
- Bereitstellung von Wärme für die Industrie (u. a. Holztrocknung, Tauchbeckenbeheizung),
- erdgekoppelte Wärmepumpen u. a. zur Beheizung von Ein- und Mehrfamilienhäusern oder zur industriellen Kühlung und
- stoffliche Nutzung von Thermalwässern u. a. als Bade- und Heilwasser.

Geologische Voraussetzungen. In Deutschland stehen für die Erdwärmenutzung aus hydrothermalen Lagerstätten nur Thermalwässer mit niedriger Enthalpie zur Verfügung. Voraussetzungen für ihre wirtschaftlich effiziente Nutzung sind deshalb entsprechende Thermalwasservorräte und technisch realisierbare hohe Volumenströme (50 bis 100 $m^3/(h\ MPa)$ je Sonde). Sie ist daher vor allem an die folgenden speziellen geologischen Voraussetzungen und Speichereigenschaften gebunden:

- das Vorhandensein einer ergiebigen wasserführenden Gesteinsschicht (Nutzhorizont),
- eine ausreichende vertikale und laterale Verbreitung dieser Gesteinsschicht (Nutzreservoir) zur Gewährleistung einer langfristigen Nutzung,
- ein wirtschaftlich interessantes Temperaturniveau im Nutzreservoir und
- die grundsätzliche Eignung des Tiefenwassers für den technologischen Prozeß der Wärmegewinnung (Material- und Systemverträglichkeit im Thermalwasserkreislauf).

Geeignete Nutzhorizonte. Zwei grundsätzlich verschiedene Gesteinstypen, die sich in ihren strukturellen Eigenschaften, in der zeitlichen Anlage des Speicherraums und in der regionalen Verbreitung unterscheiden, sind als potentielle Nutzhorizonte in Deutschland von Interesse:

- primär poröse und mit Schichtwasser gefüllte Gesteine (Porenspeicher; z. B. mesozoische Sandsteine des Norddeutschen Beckens) und
- sekundär geklüftete und/oder kavernöse Gesteine (Kluft/Karstspeicher; z. B. Malmkarbonate des Nordalpinen Molassebeckens).

Porenspeicher. Porenspeicher zeichnen sich durch beträchtliche intergranulare Porenräume aus. Bei ausreichend großer hydraulischer Permeabilität können die in ihnen gespeicherten Porenfluide gefördert werden. Porenspeicher sind in großen Teilen Deutschlands im Rahmen der Kohlenwasserstoffprospektion, der Untergrundspeicherung und in Oberflächennähe für die Grundwassererschließung untersucht worden. Bei den für die geothermische Nutzung in Deutschland in Frage kommenden Porenspeichern handelt es sich überwiegend um Sandsteine. Bei ihrer Charakterisierung unterscheidet man primäre Eigenschaften (z. B. Größe und Form des Reservoirs, Sedimentstrukturen, Textur und Mineralzusammensetzung) von den daraus resultierenden und somit sekundären Eigenschaften (z. B. Porosität, Permeabilität, Dichte und Fluidsättigung) (Abb. 2-12).

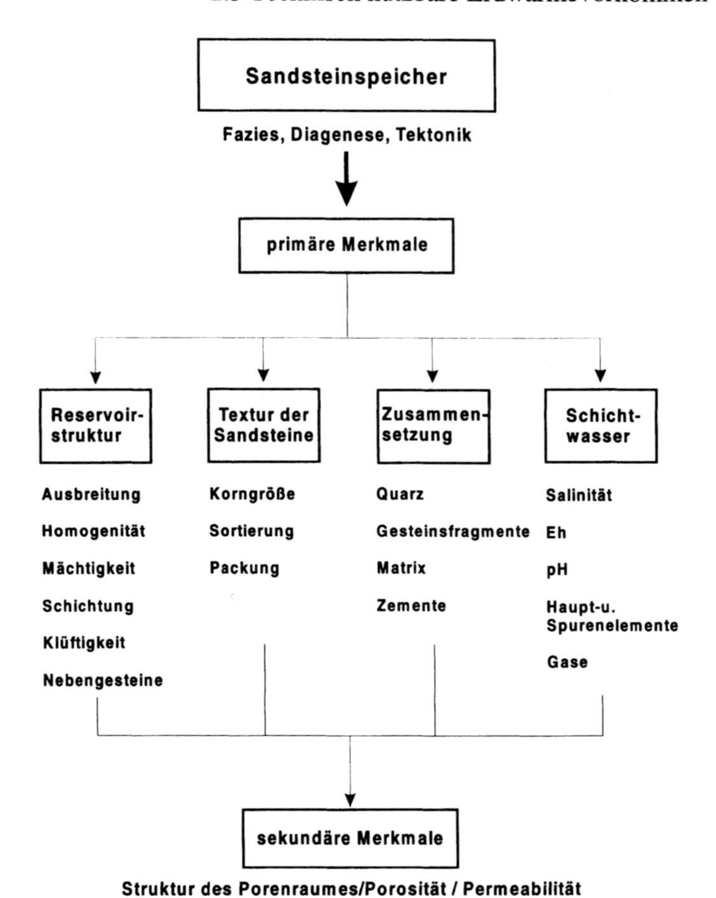

Abb. 2-12 Primäre und sekundäre Eigenschaften von Sandsteinen

Die Anlage der Porenräume der Sandsteine ist durch das Ablagerungsmilieu und die Art des Sedimentmaterials beeinflußt. Größe, Form, Sortierung und Pakkung der Sedimentkörner bestimmen hauptsächlich Anteil, Dimensionierung und Struktur des nach der Ablagerung vorliegenden Porenraumes. Bei der späteren Versenkung wird der Porenraum durch diagenetische Prozesse modifiziert. Kompaktion, Zementation, Drucklösung sowie Reaktionen infolge von Fluid/Gestein-Wechselwirkungen führen zu einer vom Druck und der Temperatur abhängigen Reduktion des primären Porenvolumens.

Von der im Gestein vorliegenden Gesamtporosität ist der hydraulisch verbundene Anteil überkapillarer Poren (effektive Porosität entspricht der Nutzporosität) von entscheidender Bedeutung. Er wird an Gesteinsproben laborativ bestimmt oder aus bohrlochgeophysikalischen Messungen abgeleitet. Gut sortierte und bindemittelarme Quarzsandsteine mittlerer Korngröße mit geringer diagenetischer Überprägung erreichen Nutzporositäten von 20 bis 30 % /2-27, 2-28, 2-29/.

Der wichtigste Transportparameter der Speicher ist die Permeabilität, ein Maß für die Durchströmbarkeit des Gesteinskörpers (vgl. Gleichung (2-4)). Sie ist direkt von der Struktur des Porenraumes (z. B. Porengröße, Porenradienverteilung) abhängig. Sehr gute hydrogeothermale Reservoire besitzen hohe Permeabilitäten von

$0{,}5 \cdot 10^{-12}$ m^2 (ca. 500 mD) und darüber. Diese werden begleitet von hohen Großporenanteilen, großen Porenradienmedianwerten und einer sehr guten Porenradiensortierung. Hochporöse, gut permeable Porenspeicher zeichnen sich durch eine gute Sortierung und geringe Feinstanteile (Korngröße unter 0,063 mm) aus. Mikroskopische Untersuchungen an Dünnschliffen und anderen Spezialpräparaten liefern neben ergänzenden Aussagen zur Korngestalt, Rundung, Oberflächenbeschaffenheit und Orientierung der detritischen Körner vor allem Informationen zum Mineralbestand, zur Materialherkunft und zur diagenetischen Überprägung der Sandsteine (Abb. 2-13).

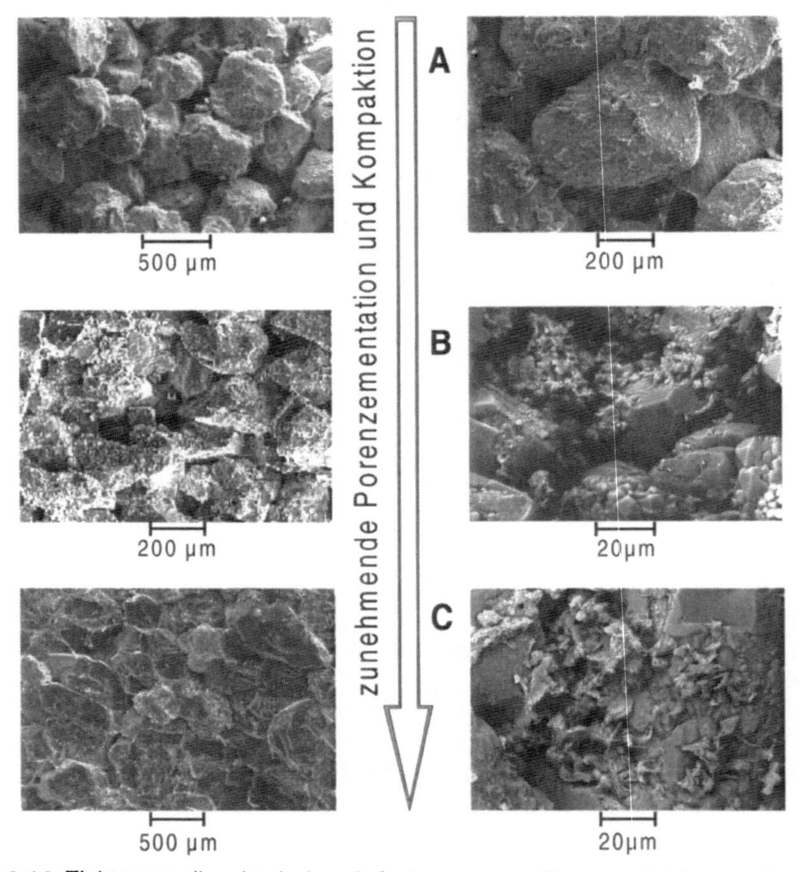

Abb. 2-14 Elektronenmikroskopische Aufnahmen von Quarzsandsteinen mit unterschiedlich stark diagenetisch veränderter Porenraumstruktur (A: Gering diagenetisch veränderter Sandstein, Porosität 30 %, Permeabilität $1{,}2 \cdot 10^{-12}$ m^2 (aus Schichten des Keupers von Nordbrandenburg, Teufe ca. 1 600 m); B: Stärker diagenetisch überprägter Sandstein, Quarzzementation und Kompaktion haben eine deutliche Reduktion der primären Porosität verursacht (an Kristallflächen deutlich erkennbare Kornüberwachsungen), Porosität 20,5 % , Permeabilität $0{,}76 \cdot 10^{-12}$ m^2 (aus Schichten des Keupers von Süd-West-Mecklenburg, Teufe ca. 2 200 m); C: Sandstein mit fast vollständiger Füllung des Porenraumes (Quarzzement und Schichtsilikate), Porosität ca. 5 %, Permeabilität $0{,}02 \cdot 10^{-12}$ m^2 (aus Schichten des Kambriums in West-Litauen, Teufe ca. 2 100 m))

Generell gilt, daß diagenetisch nur gering überprägte, matrixarme Sandsteine (z. B. reine, gering verfestigte Quarzsandsteine) die geeignetsten hydrogeothermalen Speicher sind. Bisher in Norddeutschland genutzte Sandsteine bestehen bis zu 95 % aus Quarz. Als weitere Bestandteile sind mit wechselnden Gehalten Kalifeldspäte (2 bis 10 %), Plagioklase (1 bis 5 %) und Schichtsilikate vorhanden. Die Anteile karbonatischer und sulfatischer Zemente (Siderit, Dolomit, Kalzit, Anhydrit) liegen ebenfalls überwiegend unter 5 %. Obwohl steigende Zementgehalte im allgemeinen die Reservoireigenschaften verschlechtern, können z. B. geringe Anteile von Quarzzement diese auch positiv beeinflussen, indem sie die Standfestigkeit des Speichers erhöhen.

Ein nicht zu unterschätzender Faktor für die Bewertung der Eigenschaften eines Porenspeichers ist sein Schichtgefüge. In Sandsteinen treten sehr unterschiedliche Schichtungstypen auf (Horizontal-, Schräg-, Linsen- oder Flaserschichtung), die Auswirkungen auf die Speichereigenschaften besitzen, ohne daß ihre Einflüsse mit hinreichender Sicherheit quantifiziert werden können. In jedem Fall ist zu beachten, daß die Transporteigenschaften in geschichteten Sandsteinen deutliche Richtungsabhängigkeit (Anisotropie) aufweisen. Insbesondere die Permeabilität senkrecht zur Schichtung ist erheblich reduziert. Nur in richtungslos körnigen, ungeschichteten Sandsteinen ist die Anisotropie meist vernachlässigbar.

Neben diesen Merkmalen ist die Nettomächtigkeit der Nutzhorizonte von entscheidender Bedeutung. Nettomächtigkeit ist derjenige Anteil eines Nutzhorizontes, der die geforderten Reservoireigenschaften aufweist und daher in Abhängigkeit von der konkreten technologischen Situation in der Bohrung (Installation) tatsächlich hydrodynamisch genutzt werden kann. Siltig-tonige Zwischenmittel oder Bereiche starker Porenzementation tragen somit nicht dazu bei. Die Nettomächtigkeit wird anhand der petrographisch-petrophysikalischen Analysen und der Testergebnisse (Zuflußprofilierung) bestimmt. Sie ist einerseits insbesondere unter dem Aspekt der erforderlichen Volumenströme ein entscheidendes Kriterium und andererseits auch in fördertechnischer Hinsicht von großer Bedeutung.

Die hohen Volumenströme und die Gewährleistung einer langfristigen stabilen Förderung und Reinjektion erfordern neben einer ausreichenden lateralen Verbreitung des Nutzhorizontes vor allem bestimmte Mindestwerte für Porosität, Permeabilität und Nettomächtigkeit. Somit ergeben sich erhebliche Anforderungen an einen für die hydrothermale Geothermie nutzbaren Porenspeicher: Benötigt werden ausreichend mächtige, hochporöse und sehr gut permeable matrixarme Sandsteine. Eindeutige Grenzwerte lassen sich jedoch nur für konkrete standortspezifische Bedingungen ableiten. Aus den Erfahrungen bisher realisierter Projekte existieren für Sandsteine jedoch Orientierungswerte /2-30/ für die Nutzporosität von 20 %, die Permeabilität von $0{,}5 \cdot 10^{-12}$ m^2 und die Mächtigkeit von 20 m.

Kluft- und Karstspeicher. Kluft- und Karstspeicher sind in der Regel Speichergesteine, die primär eine geringe Porosität aufwiesen und in denen erst sekundär gebildete Hohlräume (Klüfte, Lösungshohlräume u. a.) Voraussetzungen zur Führung größerer Thermalwassermengen geschaffen haben (vgl. Abb. 2-9). Die Genese der Klüfte und der sekundären Hohlräume ist eng mit tektonischen Prozessen und Lösungsvorgängen (Verkarstung, Subrosion) verbunden. Bei der Bewertung von Kluftspeichern stehen die Erfassung und Charakterisierung des Hohlraumreservoirs durch geeignete geohydraulische Untersuchungsmethoden im Vordergrund.

Heiße trockene Gesteine. Trocken, das haben alle tiefen und übertiefen Forschungsbohrungen der letzten Jahre gezeigt, sind selbst die kristallinen Gesteine des tiefen Untergrundes nicht. Auch in größeren Tiefen findet man Fluide und offene Fließwege in Form von Klüften und Störungen (z. B. /2-31/). Allerdings treffen viele dieser Bohrungen nur Horizonte an, in denen primär nur unzureichende Produktionsraten für eine geothermische Nutzung realisiert werden können. Solche Horizonte bleiben jedoch dann von Interesse, wenn es gelingt, durch Stimulation eine Vielzahl weiterer Wärmeaustauschflächen untertage zu erzeugen. Für diesen Spezialfall müssen folgende Voraussetzungen erfüllt sein:

- ein wirtschaftlich interessantes Temperaturniveau im Zielbereich,
- die Eignung des Horizontes für die Erzeugung von nutzbaren Wärmetauscherflächen durch Stimulation,
- eine ausreichende vertikale und laterale Verbreitung dieser Gesteinsschicht zur Gewährleistung einer langfristigen Nutzung und
- die grundsätzliche Eignung des Tiefenbereichs für den technologischen Prozeß der Wärmegewinnung (Material- und Systemverträglichkeit im Thermalwasserkreislauf).

Regionale Verbreitung. Für die Energiegewinnung aus Porenspeichern sind in Deutschland die Regionen außerhalb des Alpen-Tektogens sowie außerhalb der rumpfartigen Aufragungen des metamorphen Grundgebirges (z. B. die deutschen Mittelgebirge wie Erzgebirge, Rheinisches Schiefergebirge, Harz, Schwarzwald) und des entsprechenden Übergangsstockwerkes von Interesse (Abb. 2-14). Da Sandsteine zumeist Abtragungsprodukte früher angelegter Hebungs- und Erosionsgebiete darstellen, die in den angrenzenden Senkungsräumen (Becken, Gräben) sedimentiert wurden, sind sie in diesen Gebieten oft weit verbreitet. Allerdings unterscheiden sich die Sedimentbecken in Größe, Bau, Entwicklungsgeschichte, Mächtigkeit und Zusammensetzung der Sedimentdecke und somit auch hinsichtlich der nutzbaren hydrogeothermalen Speicher beträchtlich.

Als Kluft- und Karstspeicher sind für die geothermische Nutzung in Deutschland vor allem Karbonatgesteine von Bedeutung /2-32/. Ein noch durch weitere Untersuchungen zu belegendes Potential stellen auch primär stärker diagenetisch veränderte und sekundär geklüftete Sandsteinspeicher (klüftig-poröse Speicher) dar, die z. B. in den tieferen Abschnitten von einigen der in Abb. 2-14 angegebenen Sedimentbecken auftreten. Für die Gebiete ohne mächtige Sedimentgesteinsbedeckung kommen für eine geothermische Nutzung nur heiße trockene Gesteinsschichten beim Vorliegen entsprechender Bedingungen in Frage. Da unter wirtschaftlichen und technischen Gesichtspunkten Porenspeicher in Deutschland das derzeitig größte technische Nutzungspotential besitzen, werden die entsprechenden Regionen mit diesen Speichergesteinen im folgenden kurz vorgestellt.

Norddeutsches Becken. Das Norddeutsche Becken bildet den Zentralabschnitt eines großen Senkungsraumes, der sich im Nordteil der Westeuropäischen Tafel zwischen der südwestlichen Randzone des Osteuropäischen Kratons und dem variszisch-alpidischen Mobilgürtel in Ost-West- bzw. West-Nord-West – Ost-Süd-Ost – Richtung erstreckt. Es wird im Norden durch das Ringkøbing–Fünen–Hoch und die Osteuropäische Tafel begrenzt. Die südliche Grenze verläuft nördlich der Rheinischen Masse sowie nördlich der Flechtinger und der Lausitzer-Scholle. Nach Osten und Nordwesten existieren keine scharfen Grenzen, sondern Verbindungen zur Polnischen und zur Nordsee-Senke.

Abb. 2-13 Sedimentbecken mit Bedeutung für die hydrothermale Erdwärmenutzung in Deutschland

Das z. T. bis zu mehr als 5 000 m mächtige Deckgebirge über dem Permokarbon umfaßt die gesamte Abfolge des Zechsteins bis zur Kreide, känozoische Sedimente sind ebenfalls geschlossen verbreitet. Geothermisch nutzbare Speichergesteine sind im Norddeutschen Becken bis in Tiefen von etwa 2 500 bis 3 000 m anzutreffen (Abb. 2-15 und 2-16).

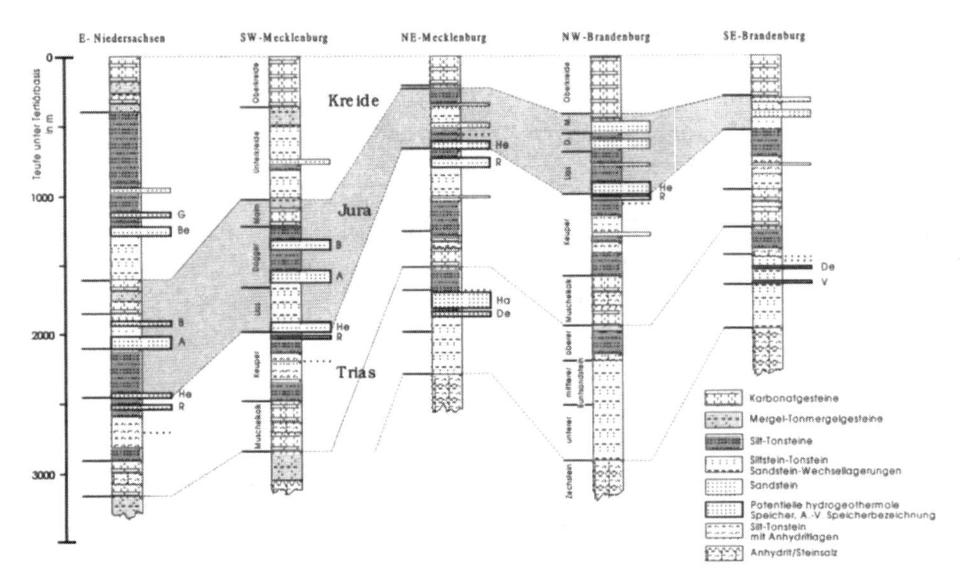

Abb. 2-14 Lage der Speicherhorizonte im Norddeutschen Becken (nach /2-35/) (Be Bentheimer Sandstein, G Gildehäuser Sandstein, B Sandstein des Bathon-Bajoc, A Sandstein des Aalen, He Sandstein des Hettang, R Rhät-Sandsteine, Ha Hardegsen-Sandstein, De Detfurth-Sandstein, V Volpriehausen-Sandstein)

Hochporöse Sandsteine treten im Buntsandstein (vorrangig basale Sandsteine der Detfurth und Volpriehausen-Folge) auf und sind vor allem im jüngeren Mesozoikum (Keuper - Unterkreide) weit verbreitet. Während im Buntsandstein mächtige Sandsteine der nördlichen und südlichen Randfazies (Nord-Ost-Mecklenburg-Vorpommern, Südbrandenburg) erbohrt worden sind, ist das Auftreten der Sandsteine des jüngeren Mesozoikums an die zentralen Beckenbereiche gebunden. Bedingt durch eine sukzessive Abnahme der Sandsteinanteile von Ost nach West im Oberen Keuper und Unteren Jura sind einige der in Abb. 2-16 dargestellten Sandstein-Nutzhorizonte nur bis zum östlichen Niedersachsen verbreitet. Im Westen des Norddeutschen Beckens wird daher bisher nur den Sandsteinen der Unterkreide (Bentheimer- und Valendis-Sandstein) und der rinnenartigen Deltafazies der Mittelrät-Sandsteine größere Bedeutung für eine Thermalwassernutzung beigemessen /2-33, 2-34/. Die Nutzungsmöglichkeiten der Sandsteine mit mächtiger fazieller Sonderentwicklung im Buntsandstein des zentralen Beckenbereichs von Nordwestdeutschland sind noch zu untersuchen /2-34/.

In großen Teilen des Norddeutschen Beckens sind mit der Existenz der entsprechenden Speichergesteine somit die Grundvoraussetzungen für eine hydrothermale Erdwärmenutzung gegeben.

Süddeutsche Senke. Als Süddeutsche Senke wird ein Senkungsraum über dem variszischen Sockel der Süddeutschen Großscholle bezeichnet, der im Westen und Nordwesten von Schwarzwald, Odenwald und Spessart, im Nordosten und Osten von der Sächsisch–Thüringischen Scholle und dem Böhmischen Massiv und im Süden durch das Nordalpine Molassebecken begrenzt ist. Die Sedimentmächtigkeiten sind wesentlich geringer als im Norddeutschen Becken. Sie erreichen im Bereich von Teilsenken mit z. T. mehr als 1 500 m mächtigen Sedimenten des Rotliegenden bis Jura maximale Werte.

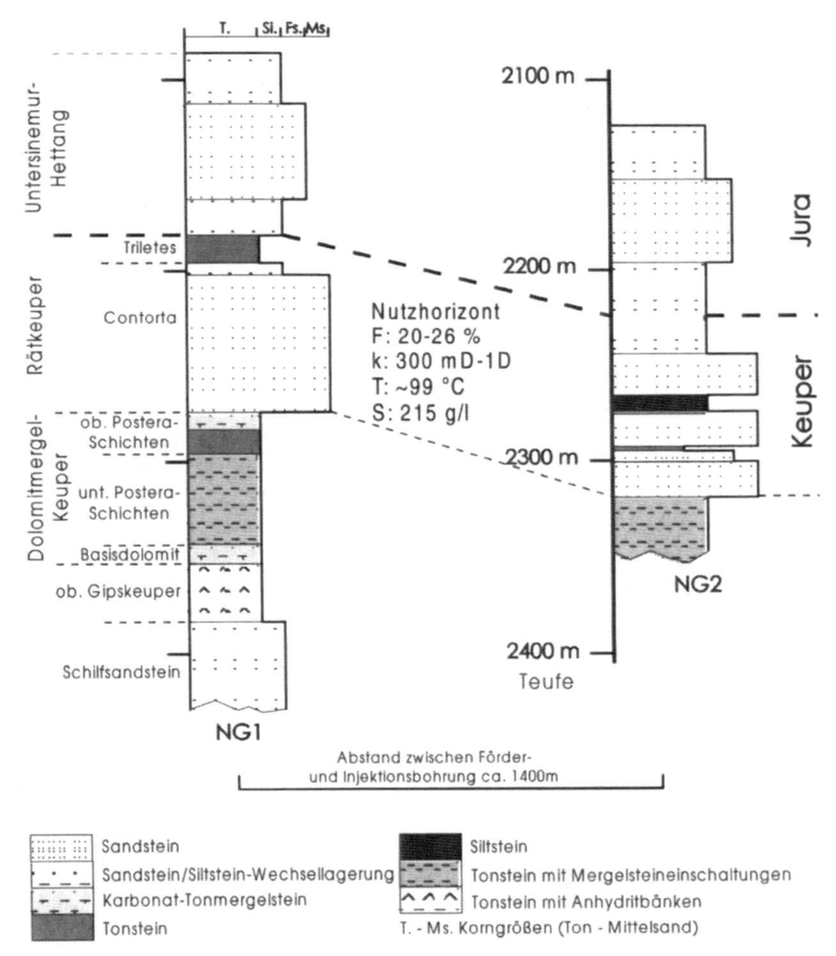

Abb. 2-15 Speicherhorizonte am Standort der geothermischen Heizzentrale Neustadt-Glewe (Südwest-Mecklenburg) mit Charakterisierung des Nutzhorizonts (F Porosität, k Permeabilität, T Temperatur, S Salinität)

Während gering mächtige Zechsteinsedimente nur im Nordwesten der Senke auftreten, sind Trias- und Jura-Ablagerungen weit verbreitet. Tiefgreifende Abtragungs- und Verwitterungsprozesse im Zeitraum Kreide-Känozoikum führten zur Ausbildung der typischen Schichtstufenlandschaft und zur Verkarstung der Karbonatgesteine des Oberjura. Die Ablagerung von Sedimenten der Kreide und des Känozoikums blieb auf den Ost-Teil der Senke beschränkt, wo sie heute auch nur noch reliktisch erhalten sind.

Sandsteine mit unterschiedlicher regionaler Verbreitung treten im Buntsandstein, im Keuper und im Dogger auf. Neben den häufig nur geringen Mächtigkeiten werden nur mäßige Speichereigenschaften erreicht. Die geringen Lagerungsteufen bedingen außerdem ein niedriges Temperaturniveau. Im Bereich der Süddeutschen Senke werden die Nutzungsmöglichkeiten poröser Sandsteine deshalb auf Einzelfälle beschränkt bleiben. Dies gilt wegen der Temperaturverhältnisse auch für die Nutzung der verkarsteten Karbonatgesteine.

Oberrheingraben. Der Oberrheingraben erstreckt sich als eine seit dem Eozän besonders aktive junge tektonische Senkungszone vom Südrand des Taunus bis in die Region des Schweizer Jura. Er wird durch variszische Grundgebirgsrümpfe und deren permisch-mesozoische Randbedeckungen begrenzt und gliedert sich in einen tief eingesenkten Zentralteil und die westlichen bzw. östlichen Grabenrandbereiche. Bedingt durch günstige thermische Verhältnisse, die durch einen abgeleiteten mittleren geothermischen Gradienten von 60 °C/km /2-36/ charakterisiert sind, ist der Oberrheingraben für die Erdwärmenutzung von besonderem Interesse.

Im Mesozoikum des Oberrheingrabens treten Sandsteine vor allem im Buntsandstein, Keuper und im Dogger auf. In einigen Regionen sind ausreichend mächtige und poröse Nutzhorizonte nachgewiesen worden, so z. B. im Buntsandstein in der Umgebung von Straßburg /2-37/. Allerdings liegen auch hier die Permeabilitäten zumeist unter den für hydrogeothermische Nutzhorizonte geforderten; diese werden oft nur bei einer stärkeren Klüftigkeit der Sandsteine erreicht. Wegen der großen Lagerungsteufen, der möglichen intensiven tektonischen Beanspruchung und der resultierenden erhöhten diagenetischen Überprägung ist es für viele Regionen derzeit zumindest unsicher, ob die speichergeologischen Eigenschaften der Sandsteinhorizonte den Mindestanforderungen an hydrothermale Nutzhorizonte genügen. Eine Perspektive für eine zukünftige Nutzung bieten vor allem klüftig-poröse Sandsteine. Auch bei den ebenfalls als Nutzhorizonte in Betracht zu ziehenden mesozoischen Karbonatgesteinen sind aufgrund der Permeabilität zumeist nur stärker geklüftete Reservoire von Bedeutung.

In die tertiäre Grabenfüllung sind mehrere, z. T. limnische bis fluviatile Sandsteine eingeschaltet. Geringe Mächtigkeiten und starke fazielle Wechsel schränken eine Thermalwassernutzung trotz teilweise hoher Permeabilitäten und positiven thermischen Potentials stark ein.

Molassebecken. Die Sedimentfüllung des nördlichen Molassebeckens der Alpen besteht aus jungpaläozoischen, mesozoischen und tertiären Anteilen. Zwischen dem West- und dem Ostteil des Molassebeckens bestehen Unterschiede in den geothermischen Nutzungsmöglichkeiten. Diese beruhen vor allem auf der unterschiedlichen regionalen Verbreitung der Reservoirhorizonte und untergeordnet auch auf Unterschieden der Temperatur-Tiefen-Verhältnisse. Für die geothermische Nutzung sind die Sandsteine des Tertiärs sowie teilweise auch der Kreide und besonders die im oberen Jura gebildeten mächtigen Karbonatfolgen von Bedeutung. Untersuchungen der z. T. verkarsteten und geklüfteten Karbonate belegen die Nutzbarkeit dieser Kluftspeicher /2-32/. Die stellenweise artesisch austretenden Tiefenwässer dieses bis in Teufenbereiche von etwa 2 000 m abtauchenden Speichergesteins stellen beträchtliche Potentiale dar.

Temperatur und Chemismus der Tiefenwässer. Für die Charakterisierung der Temperaturverteilung im tieferen Untergrund Deutschlands kann sowohl auf Temperaturverlaufsmessungen in Tiefbohrungen als auch auf Messungen von Maximaltemperaturen und Temperaturbestimmungen während der Testarbeiten in diesen Bohrungen zurückgegriffen werden. Für Deutschland existieren verschiedene Zusammenfassungen dieser Daten mit mehreren tausend Meßpunkten, die zumeist in Kartenform als Temperaturisolinien für Tiefenniveaus dargestellt sind /2-17, 2-33/. Damit lassen sich die thermischen Verhältnisse im Untergrund Deutschlands für die einzelnen geologischen Regionen bis in eine Tiefe von 2 000 m relativ gut abschätzen; mit zunehmender Tiefe nehmen die Unsicherheiten aufgrund der geringeren Datendichte jedoch deutlich zu.

In einem Tiefenniveau von 1 000 m liegen die Temperaturen zwischen 30 °C im äußersten Nordosten an der Grenze zur Osteuropäischen Tafel und ca. 80 °C in Teilen des Oberrheingrabens /2-17/, wobei die Temperaturen der Beckenbereiche generell gegenüber den Grundgebirgseinheiten erhöht sind. So werden im Norddeutschen Becken und im Nordalpinen Molassebecken in 1 000 m Tiefe maximale Temperaturen von etwa 60 °C erreicht, während in den Grundgebirgsregionen, mit Ausnahme von lokalen Anomalien, Temperaturen zwischen 30 und 40 °C vorliegen. In 2 000 m Tiefe sind im Oberrheingraben maximale Temperaturen um 140 °C angetroffen worden /2-36/, zentrale Bereiche des Norddeutschen Beckens weisen in diesem Tiefenbereich Temperaturen zwischen 80 und 100 °C auf, und im Molassebecken werden Temperaturen bis 90 °C erreicht. Temperatur-Anomalien in den Beckenstrukturen sind vor allem durch Salinarstrukturen, störungsgebundenen konvektiven Wärmetransport und teilweise auch durch erhöhte radioaktive Wärmeproduktion der Kruste verursacht. Für die hydrogeothermale Erdwärmenutzung in Deutschland ergibt sich aus den Temperaturgegebenheiten, daß mit Ausnahme des Oberrheingrabens im allgemeinen Bohrtiefen von mehr als 1 000 m erforderlich sind, um ein wirtschaftlich interessantes Temperaturniveau zu erreichen.

Die in den Beckenregionen anzutreffenden Tiefenwässer umfassen ein breites Spektrum, welches von Süßwässern bis hin zu konzentrierten und hoch konzentrierten Salzlösungen (Ionengehalt über 280 g/l) reicht. Zusätzlich treten in den Thermalwässern meist geringe Anteile an gelösten Gasen auf. Dabei handelt es sich überwiegend um Stickstoff, Methan, Kohlenstoffdioxid und um Spuren von höheren Kohlenwasserstoffen und Edelgasen.

Obwohl zwischen einzelnen Becken und sogar Beckenregionen deutliche Unterschiede in der Tiefenwasserchemie auftreten, ist eine generelle Gliederung auf der Basis des dominierenden Anions in „Thermalwasserstockwerke" möglich, wobei zwischen Hydrogenkarbonat-, Sulfat- und Chloridwässern unterschieden wird /2-38, 2-39/. Parallel zur Abnahme der Anteile an Hydrogenkarbonat und Sulfat und der Zunahme des Chlorids nehmen auch der pH-Wert und das Redoxpotential der Wässer ab. Hinsichtlich ihrer grundsätzlichen Eignung für den technologischen Prozeß der Wärmegewinnung müssen die salinaren Thermalwässer besonders beachtet werden.

In Abb. 2-17 sind die teufenbezogenen Variationen der Salinitäten von Tiefenwässern des Norddeutschen Beckens dargestellt /2-38/. Charakteristisch ist, daß einige der Wässer aus mesozoischen Reservoiren eine nahezu kontinuierliche Zunahme der Salinität mit der Tiefe zeigen. Wässer, die stärker von der Auflösung von Salzgesteinen im Untergrund beeinflußt wurden oder einer stärkeren Eindampfung vor der Speicherung in den Reservoirgesteinen unterlagen (B in Abb. 2-17), zeigen diesen Trend nicht.

Bei den bisher geothermisch genutzten Wässern in Norddeutschland handelt es sich um reduzierende Na/(Ca-Mg)/Cl–Wässer mit pH-Werten zwischen 4,5 und 7.

Besondere technologische Bedeutung besitzt das in diesen Wässern in Konzentrationen zwischen 10 und 60 mg/l auftretende gelöste Eisen /2-40/.

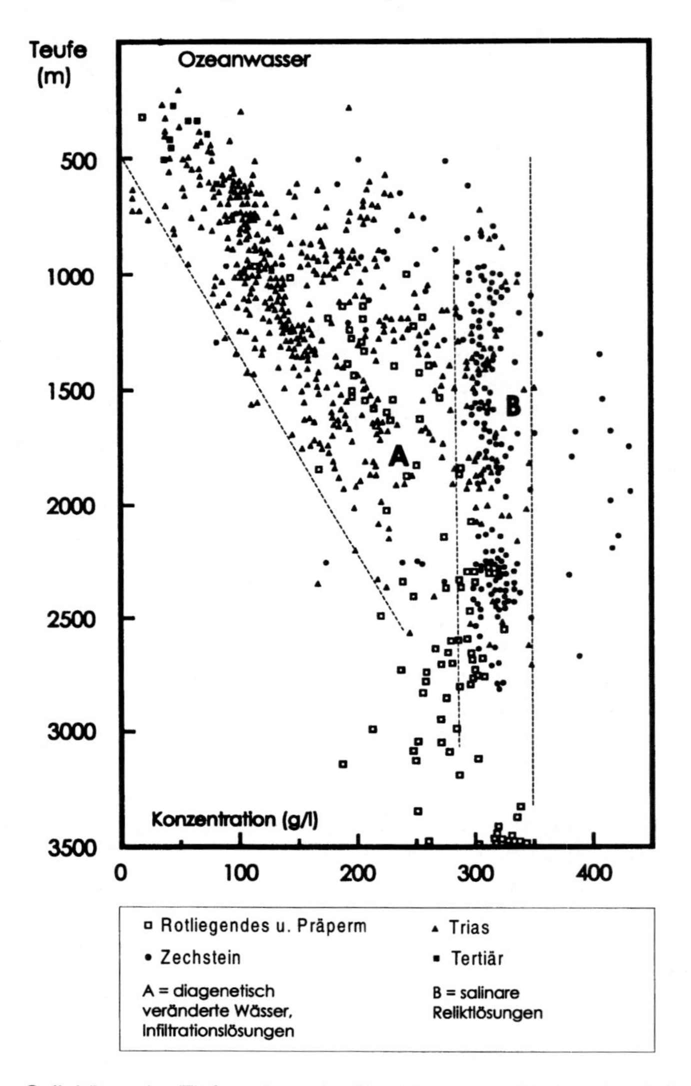

Abb. 2-16 Salinitäten der Tiefenwässer im Norddeutschen Becken (nach /2-38/, ergänzt mit Daten aus /2-34/ und Thermalwasseranalysen von Geothermie Neubrandenburg GmbH und dem GFZ Potsdam)

Möglichkeiten einer energetischen Nutzung. Deutschland verfügt über Voraussetzungen zur wärmetechnischen Nutzung hydrothermaler Wässer vor allem im Nordalpinen Molassebecken, im Oberrheingraben, im Norddeutschen Becken und lokal stärker begrenzt auch in anderen Regionen. Sowohl Porenspeicher als auch klüftig-poröse Speicher bzw. reine Kluftspeicher stellen entsprechende Nutzhorizonte dar. Die Realisierung dieser Nutzung erfordert zuerst gesicherte Vorhersagen zur Existenz und Verbreitung der Nutzhorizonte sowie technische Konzepte zu ihrer Erschließung und eine spätere komplexe Charakterisierung und Analyse der erbohrten Speicher. Die Charakterisierung bildet eine wesentliche Grundvoraussetzung für einen erfolgreichen technischen Speicheraufschluß und hat somit direkten Einfluß auf die technische Realisierung und Auslegung des Thermalwasserkreislaufs /2-40/.

Die Sicherheiten der Vorhersagen zur Existenz entsprechender Nutzhorizonte sind regional unterschiedlich. Während regional gesehen das geologische und bohrtechnische Risiko bei den Porenspeichern - wie z. B. bei den mesozoischen Sandsteinen im Norddeutschen Becken - als relativ gering eingeschätzt werden kann, ist es bei den reinen Kluftspeichern zumeist deutlich größer. Neue Bohraufschlüsse und entsprechende begleitende geowissenschaftliche Untersuchungen sowie die Übertragung von Erfahrungen aus der HDR-Technologie /2-41/ werden den Kenntnisstand jedoch weiter verbessern und das oben genannte Risiko somit weiter minimieren.

3 Oberflächennahe Erdwärmenutzung

Unter dem Begriff „Geothermische Energie" oder „Erdwärme" wird die in Form von Wärme gespeicherte Energie unterhalb der Oberfläche der festen Erde verstanden (VDI 4 640 /3-1/); dies gilt unabhängig davon, wo die im Erdreich enthaltene Energie letztlich herkommt (d. h. aus der eingestrahlten Sonnenenergie und/oder aus der im tiefen Untergrund gespeicherten Energie). Damit beginnt die Nutzung geothermischer Energie i. allg. und die der oberflächennahen Erdwärme im besonderen vereinbarungsgemäß an der Erdoberfläche (vgl. Kapitel 1).

Die Abgrenzung zwischen der Nutzung oberflächennaher Erdwärme und geothermischer Energie aus tieferen Schichten ist damit willkürlich und geht ursprünglich auf eine administrative Festlegung in der Schweiz zurück. Demnach wurden Anlagen zur Nutzung der (tiefen) Erdwärme in mehr als 400 m Tiefe durch die Übernahme des Bohrrisikos gefördert /3-2/; da es lange Zeit keine Anlagen mit Tiefen zwischen rund 200 und ca. 500 m gab, wurde deshalb hier eine Abgrenzung gesehen. Der Wert von 400 m als Untergrenze der Nutzung der oberflächennahen Erdwärme ist inzwischen auch in andere Richtlinien eingegangen (z. B. VDI-Richtlinie 4 640 /3-1/, Förderrichtlinien des Bundesministeriums für Wirtschaft /3-3/). Jedoch ist die Angabe einer derart exakten Grenze für den Übergang zwischen der oberflächennahen Erdwärmenutzung und der Nutzung der Energie des tiefen Untergrunds problematisch, da mit der zunehmenden technischen Entwicklung Erdwärmesonden in immer tiefere Bereiche vorstoßen und damit die Grenze zwischen der Nutzung der oberflächennahen und der tiefen Geothermie immer fließender wird.

Die im oberflächennahen Erdreich und damit definitionsgemäß bis in etwa 400 m Tiefe gespeicherte Energie kann durch eine Vielzahl unterschiedlicher Techniken, Verfahren und Konzepte nutzbar gemacht werden; allen ist gemeinsam, daß die dem Erdreich entzogene Energie auf einem geringen Temperaturniveau (meist unter 20 °C) anfällt. Damit diese Wärme technisch sinnvoll nutzbar ist, wird deshalb im Regelfall eine nachgeschaltete Einrichtung zur Temperaturerhöhung benötigt; dabei handelt es sich meist um eine sogenannte Wärmepumpe. Alternativ dazu kann das Temperaturniveau im Untergrund durch das Einspeichern von Wärme (z. B. aus Sonnenenergie über Solarkollektoren, Abwärme aus Industrieprozessen) angehoben werden; diese Möglichkeit hat jedoch bisher kaum Bedeutung erlangt. Für die Nutzbarmachung der Energie des oberflächennahen Erdreichs ist damit aber immer zusätzliche, von außen zugeführte Energie erforderlich (z. B. elektrischer Strom aus dem Netz der öffentlichen Versorgung).

Folglich besteht ein System zur Nutz- bzw. Endenergiebereitstellung durch eine Nutzung der oberflächennahen Erdwärme meistens aus den beiden Systemelementen

- Wärmequellenanlage, mit der der Entzug der Energie aus dem oberflächennahen Erdreich ermöglicht wird, und

- Wärmepumpe oder eine andere technische Anlage, die zur Erhöhung des Temperaturniveaus benötigt wird.

Die technischen Grundlagen und deren Umsetzung, die diesen beiden Systemelementen zugrunde liegen, werden im folgenden ausführlich dargestellt. Dazu wird zunächst auf die verschiedenen Varianten eingegangen, nach denen Wärmequellenanlagen konzipiert und gebaut werden können (Kapitel 3.1). Anschließend wird die Wärmepumpe sowohl bezüglich ihrer physikalisch-technischen Grundlagen als auch hinsichtlich ihrer systemtechnischen Umsetzung dargestellt (Kapitel 3.2). Anschließend wird diskutiert, wie solche Gesamtsysteme zur Energiebereitstellung aus oberflächennaher Erdwärme konzipiert sein können (d. h. Kombinationen aus Wärmequellenanlagen und Wärmepumpen; Kapitel 3.3). Schließlich werden ausgeführte Anlagenbeispiele diskutiert (Kapitel 3.4); dabei liegt der Schwerpunkt bei der Darstellung der technischen und systemtechnischen Zusammenhänge.

3.1 Wärmequellenanlagen

Anlagen zur Nutz- bzw. Endenergiebereitstellung aus oberflächennaher Erdwärme bestehen – außer aus dem Wärmeverteilsystem im Gebäude, das für nahezu alle gängigen Energieversorgungssysteme vergleichbar ist und im weiteren nicht betrachtet wird – aus den Hauptkomponenten Wärmequellenanlage und Wärmepumpe /3-4/. Im folgenden wird ausschließlich auf die Wärmequellenanlage eingegangen und damit auf die eigentliche Ankopplung eines derartigen Energieversorgungssystems an das Erdreich zum Zwecke des Wärmeentzugs; es werden die wesentlichen Bauarten bzw. Nutzungsmöglichkeiten diskutiert, die bisher Bedeutung erlangt haben bzw. erlangen könnten.

Durch Wärmequellenanlagen zur Nutzung des oberflächennahen Erdreichs wird grundsätzlich die Wärme genutzt, die im Gestein und in dessen Porenfüllung (meist Grundwasser; Luft hat sehr schlechte thermische Eigenschaften) gespeichert ist. Unterschiedlich ist vor allem die Art und Weise, wie diese Wärme aus dem Untergrund entnommen bzw. dorthin eingeleitet wird. Hier lassen sich zwei grundlegende Varianten unterscheiden (Tabelle 3-1).

- Geschlossene Systeme
  Ein oder mehrere Wärmeübertrager werden - horizontal oder vertikal - im Erdreich installiert und von einem Wärmeträgermedium in einem geschlossenen Kreislauf durchströmt. Als Wärmeträger kommt Wasser (meist mit Frostschutzmittel) oder auch das Wärmepumpen-Arbeitsmittel selbst in Frage. Dadurch wird dem Untergrund (d. h. der Gesteinsmatrix und der Porenfüllung) Wärme entzogen (bzw. zugeführt). Die Wärmeübertragung zwischen dem Wärmeträgermedium und dem Untergrund findet durch Wärmeleitung statt; das Wärmeträgermedium steht nicht in direktem Kontakt mit der Gesteinsmatrix und der Porenfüllung. Damit sind solche Systeme theoretisch fast überall einsetzbar. Sie werden in Kapitel 3.1.1 näher beschrieben.

Tabelle 3-1 Varianten der Erschließung der Energie des flachen Untergrunds

	Tiefe	Wärmeträger	Bemerkungen
Geschlossene Systeme			
Erdwärmekollektoren (horizontal)	1,2 - 2,0 m	Sole[a]	Klimaeinfluß, große Fläche
Direktverdampfung (horizontal)	1,2 - 2,0 m	Wärmepumpen-Arbeitsmittel	Material Kupfer, ggf. beschichtet, hohe Arbeitsmittelmenge
Erdwärmesonden			
gerammt (vertikal oder schräg)	5 - 30 m	Sole[a]	Material Stahl, ggf. Kunststoff, nur in Lockergestein
gebohrt (vertikal)	25 - 150 m	Sole[a], ggf. Wasser	Material HDPE[b] oder beschichtetes Metall, ideal in Festgestein
Wärmeübertrager-pfähle („Energiepfähle"; horizontal oder vertikal)	5 - 30 m	Wasser, ggf. Sole[a]	Statische Funktion hat Vorrang, möglichst keine Frosttemperaturen
Offene Systeme			
Grundwasserbrunnen (Doublette)	4 - 400 m	Wasser	min. 2 Brunnen (Förder- & Schluck-brunnen), Unterwasserpumpe
Grundwasserbrunnen (Einzelbrunnen)	4 - 400 m	Wasser	Meist nicht zulässig, Abwasser
Sonstige Systeme			
Koaxialbrunnen (vertikal)	120 - 250 m	Wasser	Hohe Bohrkosten, nicht überlastbar
Gruben-/Tunnelwasser		Wasser	Möglichkeiten lokal begrenzt
Luftvorheizung/ -kühlung (horizontal)	1,2 – 2,0 m	Luft	Rohre im Erdreich, durch welche Luft gesaugt wird

Die Tiefenangaben beziehen sich auf typische Mittelwerte; [a] Wasser-Frostschutz-Gemisch (früher Salze, heute eher Alkohole oder Glykole); [b] High Density Polyethylen

- Offene Systeme
  Bei der Grundwassernutzung wird das Grundwasser über Brunnen direkt aus grundwasserführenden Schichten (Aquiferen) abgepumpt. Das Grundwasser dient somit selbst als Wärmeträgermedium. Es wird anschließend abgekühlt (oder erwärmt) meist über einen Schluckbrunnen wieder in die gleiche grundwasserführende Schicht zurückgeleitet. Grundsätzlich ist – zumindest bei Aquiferen mit guter Grundwasserneubildung – technisch auch eine Einleitung in Oberflächengewässer möglich. Im Untergrund findet eine Wärmeübertragung zwischen dem Grundwasser und der Gesteinsmatrix statt. Da der Wärmeträger Grundwasser nicht in einem definierten Kreislauf bewegt wird und außerdem direkten Kontakt zur grundwasserführenden Schicht hat, wird hier von offenen Systemen gesprochen (Tabelle 3-1); sie werden in Kapitel 3.1.2 ausführlich dargestellt. Voraussetzung für solche Systeme ist das Vorhandensein geeigneter grundwasserführender Schichten im Untergrund.
- Sonstige Systeme
  Zusätzlich gibt es einige weitere Methoden, die nicht exakt in die bisherige Einteilung einpassen; sie sind in Kapitel 3.1.3 beschrieben. Dazu gehören Anlagen, die nicht vollständig vom Grundwasser abgeschlossen sind (z. B. Koa-

xialbrunnen), Systeme, die Wasser aus künstlichen Hohlräumen unter Tage nutzen, und das System der Luftvorheizung, bei dem das Wärmeträgermedium gegenüber dem Untergrund zwar abgeschottet ist, jedoch nicht zirkuliert, da immer neue Luft angesaugt wird.

3.1.1 Geschlossene Systeme

Bei den eingesetzten Erdreichwärmeübertragern für geschlossene Systeme wird zwischen horizontal und vertikal verlegten Wärmeübertragern unterschieden. Außerdem kommen Sonderformen vor, die nicht eindeutig diesen beiden Typen zuordenbar sind und grundsätzlich primär nicht zur Energiegewinnung errichtet werden (d. h. Doppelnutzung); dabei handelt es sich in der Regel um erdberührte Betonbauteile.

Horizontal verlegte Erdreichwärmeübertrager. Zwei in Europa gebräuchliche Verlegemuster horizontaler Wärmeübertrager für geschlossene Systeme (auch als Erdwärmekollektor bezeichnet) in Form von Rohrregistern zeigt Abb. 3-1. Die aus Metall oder Kunststoff bestehenden Rohre werden in einer Tiefe zwischen 1,0 und 1,5 m in das Erdreich eingebracht, wobei der Abstand der einzelnen Rohre etwa 0,5 bis 1,0 m betragen soll. Um Beschädigungen der Rohrleitungen zu vermeiden, werden diese in eine Sandschicht eingebettet.

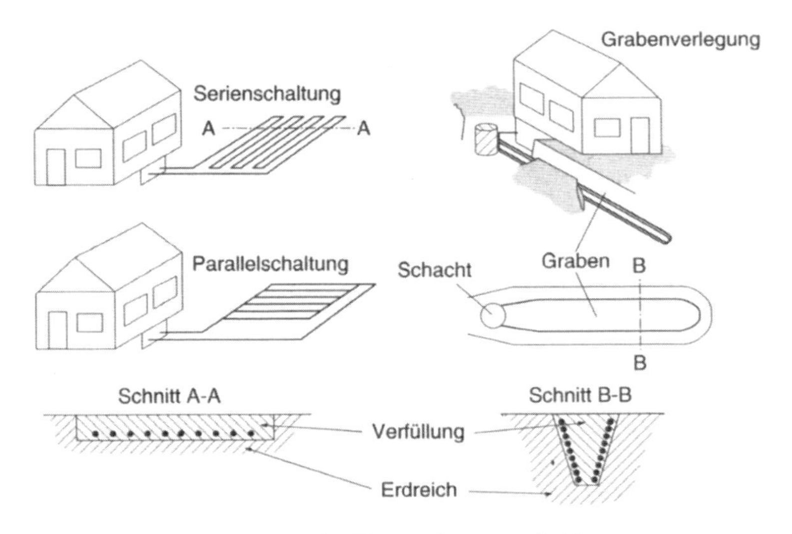

Abb. 3-1 Verlegemuster horizontaler Wärmeübertrager /3-5/

Die genutzte Erdfläche sollte etwa das 1,5 bis 2,0-fache der zu beheizenden Fläche betragen, um auch bei längeren Kälteperioden dem Erdreich noch genügend Wärme entziehen zu können; bei Häusern mit Niedrigenergiehausstandard kann sie auch darunter liegen. Je nach Bodenbeschaffenheit schwanken die entzogenen Wärmeleistungen zwischen 10 und 35 W/m^2 (Tabelle 3-2); damit lassen sich aus einem Quadratmeter Erdreich während der Heizperiode etwa 360 MJ Wärme gewinnen.

Tabelle 3-2 Entzogene Wärmeleistungen aus dem Erdreich /3-5/

Bodenart	Entzogene Wärmeleistung
Trockener sandiger Boden	10 – 15 W/m^2
Feuchter sandiger Boden	15 – 20 W/m^2
Trockener lehmiger Boden	20 – 25 W/m^2
Feuchter lehmiger Boden	25 – 30 W/m^2
Wassergesättigter Sand/Kies	30 – 40 W/m^2

Eine deutliche Verringerung des Flächenbedarfs kann durch das ebenfalls in Abb. 3-1 dargestellte Verlegemuster eines Grabenkollektors erreicht werden. Bei diesem Konzept werden die Wärmeübertragerrohre an den Seitenwänden eines ca. 2,5 m tiefen und 3,0 m breiten Grabens verlegt. Die erforderliche Grabenlänge hängt von der Bodenbeschaffenheit und der Heizleistung der Wärmepumpe ab. Als Richtwert kann eine spezifische Grabenlänge von 2 m pro kW Heizleistung angesehen werden /3-6/.

Andere Versuche zur Verringerung des Flächenbedarfs sind in Beton eingegossene Kupferplatten (Heat-Shunt-Kollektor /3-7/) oder eine spiralförmige Rohrverlegung. Hier sind im wesentlichen zwei Bauarten von Spiralkollektoren möglich, die vor allem in Nordamerika eingesetzt werden.

- Beim Slinky- oder Künettenkollektor /3-8/ wird eine handelsübliche Rolle Kunststoffrohr auf den Boden eines breiten Grabens gelegt und seitlich (senkrecht zur Wickelachse) so auseinandergezogen, daß die Windungen sich jeweils überlappen. Anschließend wird der Graben wieder verfüllt. Ein solcher Kollektor kann auch senkrecht gestellt in einen schmalen, schlitzförmigen Graben eingelassen werden.
- Beim Svec-Kollektor /3-9/ wird ein Kunststoffrohr bereits bei der Herstellung auf eine Walze aufgewickelt. Beim Einbau in einen vorbereiteten Graben kann das Rohr dann wie eine Schraubenfeder (parallel zur Wickelachse) auseinandergezogen und fixiert werden; anschließend wird der Graben wieder verfüllt. Bei solchen Kollektoren kann es jedoch grundsätzlich Probleme mit der Entlüftung geben.

Bei all diesen kompakteren Erdwärmekollektoren besteht die Gefahr, daß im ausschließlichen Heizbetrieb die notwendige Wärmeregeneration im Sommer nicht gegeben ist, da die Umgrenzungsfläche zum umgebenden Erdreich und zur Erdoberfläche relativ klein ist im Verhältnis zum erschlossenen Volumen. Eine derartige Konfiguration eignet sich daher eher zur Energiespeicherung; dementsprechend sind kompakte Erdwärmekollektoren auch besonders für Anlagen zum Heizen und Kühlen sinnvoll. Für Wärmepumpen, die ausschließlich zu Heizzwecken betrieben werden, eignen sich dagegen flächige Erdwärmekollektoren besser.

Für den Wärmeentzug aus dem Erdreich und den Wärmetransport von der Wärmequelle zur Wärmepumpe existieren zwei Möglichkeiten.

- Wärmeentzug und -transport kann mittels eines Zwischenkreislaufs durch ein Wärmeträgermedium („Sole“) erfolgen, das im Wärmeübertrager aus dem Erdreich Wärme aufnimmt und an den Wärmepumpenverdampfer abgibt. In Deutschland hat sich eine Mischung von Monoethylenglykol (teilweise auch Monopropylenglykol) durchgesetzt, die bei 25 % Glykol bis ca. -14 °C und bei 33 % bis etwa -21 °C frostsicher ist. Für den Erdreichwärmeübertrager werden in diesem Fall Schläuche aus Polyethylen (gelegentlich auch Polypropylen oder Polybuthylen) mit Außendurchmessern von bis zu 40 mm eingesetzt. Diese Materialien weisen eine ausreichende Alters- und Korrosionsbeständigkeit auf und sind bei den auftretenden Temperaturen elastisch und chemisch stabil. Die Verbindung der einzelnen Rohrleitungen erfolgt durch Verschweißen oder durch Verschrauben.

- Wärmeentzug und -transport kann auch über die sogenannte „Direktverdampfung„ realisiert werden. In den Rohren des Erdreichwärmeübertragers zirkuliert direkt das Arbeitsmittel der Wärmepumpe; es verdampft dort und entzieht dadurch dem Erdreich Wärme. Der Verdampfer der Wärmepumpe befindet sich damit im Erdreich. Es werden Kupferrohre verwendet, die mit einer Kunststoffhülle vor Korrosion geschützt werden. Der Vorteil der Direktverdampfung liegt in dem geringeren apparativen Aufwand und einer höheren erreichbaren Jahresarbeitszahl der Wärmepumpe. Allerdings bedarf es einer kältetechnisch genau angepaßten Anlagenausführung. Weiterhin sind die Füllmengen des Arbeitsmittels wesentlich höher als bei Anlagen mit Zwischenkreislauf.

Vertikal verlegte Erdreichwärmeübertrager. Vertikale Erdreichwärmeübertrager für geschlossene Systeme (sogenannte Erdwärmesonden) weisen gegenüber den horizontalen Wärmeübertragern einen wesentlich geringeren Flächenbedarf auf und werden deshalb bevorzugt bei beengten Platzverhältnissen eingesetzt.

Erdwärmesonden werden in vertikale, bis über 100 m tiefe Bohrungen eingebracht; ihre grundsätzlichen Anordnungsvarianten zeigt Abb. 3-2. Dabei muß ein guter Wärmeübergang zwischen Erdreich und Sonde gewährleistet werden; dies kann beispielsweise durch das Verpressen mit einer Bentonit-Zement-Suspension realisiert werden /3-1/.

Durch gerammte Stahlsonden und durch Bohrungen mit kleinem Gerät (bis etwa 30 m Tiefe) läßt sich eine Anordnung nach Abb. 3-2, rechts, realisieren /3-4/. Dabei wird das Ramm- bzw. Bohrgerät an einem Punkt drehbar aufgebaut und kann ohne weiteres Umsetzen die Erdwärmesonden einbringen. Bei Lockergestein ist dieses Verfahren eine sehr kostengünstige Variante. Grundsätzlich sind beim Rammen nur Metall-Koaxialsonden verwendbar; falls kein rostfreier Stahl eingesetzt wird, muß ein kathodischer Korrosionsschutz vorgesehen werden. In Schweden und in den Niederlanden wurden Verfahren entwickelt, auch U-förmige Schlaufen aus Kunststoffrohren mit Hilfsvorrichtungen direkt in einen weichen Untergrund einzudrücken /3-10, 3-11/.

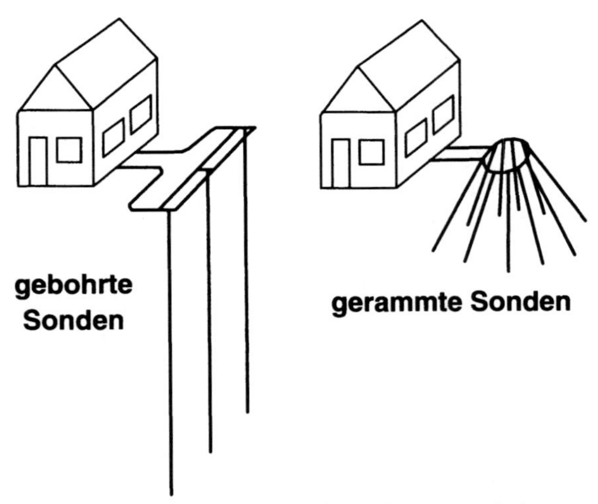

Abb. 3-2 Anordnungsvarianten von vertikal verlegten gebohrten und gerammten Erdreichwärmeübertragern (nach /3-4/)

Der Aufbau der gebräuchlichsten Erdwärmesonden ist in Abb. 3-3 im Querschnitt dargestellt. Einfach- oder Doppel-U-Sonden bestehen aus zwei bzw. vier Rohren, die an ihrem unteren Ende so verbunden sind, daß das Wärmeträgermedium in einem Rohr nach unten und im anderen nach oben strömen kann. Bei der koaxialen Grundform findet der Wärmeentzug aus dem Erdreich nur auf einer Fließstrecke (je nach System aufwärts oder abwärts) statt.

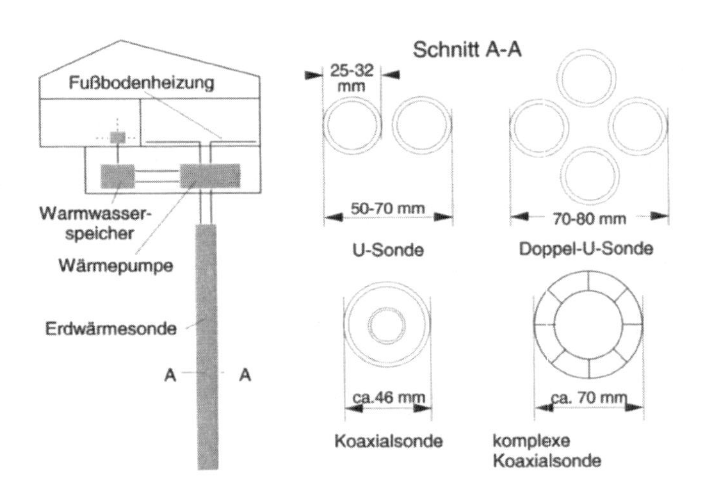

Abb. 3-3 Ausführungsvarianten von gebräuchlichen Erdwärmesonden /3-5/

Als Material für die Erdwärmesonden wird meistens High-Density-Polyethylen (HDPE) eingesetzt (z. B. PE 80 oder PE 100 nach DIN 8 074 bzw. DIN 8 075); typische Rohrdimensionierungen sind hier 25 x 2,3 mm bei einer Baulänge der Sonde von 60 m und 32 x 2,9 mm bei 100 m. Bei Koaxial-Erdwärmesonden können grundsätzlich auch kunststoffbeschichtete Edelstahl- oder Kupferrohre zum Einsatz kommen; aufgrund der hohen damit verbundenen Kosten hat sich dies bisher jedoch nicht durchgesetzt. Generell muß durch eine geeignete Materialauswahl die Gefahr einer Leckage in Folge von Undichtigkeiten durch Korrosion der Erdwärmesonde so gering wie möglich gehalten werden.

Auch bei Erdwärmesonden besteht die Gefahr, daß durch Unterdimensionierung und einem entsprechend zu großen Wärmeentzug das Erdreich zu stark abkühlt. Daraus resultieren tiefere Temperaturen des Wärmeträgermediums und damit eine Reduzierung der Effizienz der Wärmepumpe. Anders als bei den in 1,0 bis 1,5 m Tiefe verlegten horizontalen Wärmeübertragern können sich dann im Sommer die tieferen Schichten ggf. nicht mehr vollständig regenerieren; dann müßte eine künstliche Aufwärmung vorgesehen werden (z. B. durch Sonnenkollektoren oder aus industrieller Abwärme).

Tabelle 3-3 zeigt für kleinere Anlagen Richtwerte des möglichen Wärmeentzugs für unterschiedliche Bodenarten. Um auch langfristig den Gleichgewichtszustand zu halten, darf - bei einer ausschließlichen Regeneration durch von der Erdoberfläche eindringende Sonnenenergie und von der Tiefe nachströmende Erdwärme je nach den jeweiligen Untergrundeigenschaften - eine jährlich entzogene Wärmemenge zwischen 180 und 650 MJ/(m a) nicht überschritten werden /3-12/.

Für kleinere Anlagen, die den in Tabelle 3-3 genannten Bedingungen entsprechen, kann die mögliche Entzugsleistung nach VDI 4 640 /3-1/ nach Gleichung (3-1) berechnet werden (vgl. auch Kapitel 3.3.2).

$$P_{EWS} = (13 \cdot \lambda) + 10 \qquad (3\text{-}1)$$

mit P_{EWS} spezifische Erdwärmesondenleistung
λ Wärmeleitfähigkeit des Gesteins

Das Bohrverfahren zum Abteufen der Erdwärmesonden richtet sich nach dem zu erwartenden Schichtenaufbau und den vorhandenen Platzverhältnissen (vgl. /3-13/).

Im Lockergestein können die Bohrungen mit einer Hohlbohrschnecke niedergebracht werden. Hier wird das Bohrgut mit Hilfe von Wendeln aus dem Bohrloch nach übertage transportiert und/oder verdrängt.

Beim ebenfalls im Lockergestein einsetzbaren Spülbohrverfahren wird mittels der Spülung das Bohrgut kontinuierlich durch den Ringraum aus dem Bohrlochtiefsten ausgetragen. Außerdem wird durch die in das Bohrloch gepumpte Spülung die Bohrlochwand standfest und kalibergerecht gehalten, die Bohrwerkzeuge gekühlt und geschmiert sowie die Grundwasserleiter durch den bei einem Überdruck im Bohrloch gegenüber dem umgebenden Erdreich entstehenden Filterkuchen gegen die Bohrung abgedichtet. Als Spülung wird im Regelfall Wasser eingesetzt, dem ggf. bestimmten Stoffe zugesetzt werden (z. B. Bentonite; vgl. auch DVGW-Regelwerke: W 115 Bohrarbeiten zur Wassererschließung; W 116 Verwendung von Spülungszusätzen in Bohrspülungen bei der Erschließung von Grundwasser); dies gewährleistet, daß die Spülung die beschriebenen Eigenschaften und Aufgaben besser erfüllen kann.

Im Festgestein hat sich die Imlochhammerbohrung weitgehend durchgesetzt. Als Spülung dient Luft, durch die nicht nur der Bohrhammer angetrieben wird, sondern auch das Bohrklein mit Aufstiegsgeschwindigkeiten von 15 bis 20 m/s nach übertage transportiert wird. Je nach Imlochhammer sind Luftdrücke von mehr als 10 bar und Luftmengen von über 10 m^3/min erforderlich /3-13/. Der Luft kann - falls erforderlich - auch ein Schäumungsmittel zum besseren Bohrkleinaustrag und zur Vermeidung von Nachfall beigemischt werden. In Schweden wurde ein mit Wasser betriebener Imlochhammer entwickelt, mit dem die Bohrgeschwindigkeit im Festgestein nochmals erhöht und die Förderung des Bohrguts vereinfacht wird /3-14/.

Tabelle 3-3 Spezifische Entzugsleistungen für Erdwärmesonden in kleineren Anlagen (in Anlehnung an VDI 4 640 Blatt 2 /3-1/)

Allgemeine Richtwerte	
Schlechter Untergrund (trockene Lockergesteine)	ca. 20 W/m
Festgesteins-Untergrund, wassergesättigte Lockergesteine	ca. 50 W/m
Festgestein mit hoher Wärmeleitfähigkeit	ca. 70 W/m
Einzelne Gesteine[a]	
Kies, Sand, trocken	< 20 W/m
Kies, Sand, wasserführend	55 - 65 W/m
Ton, Lehm, feucht	30 - 40 W/m
Kalkstein (massiv)	45 - 60 W/m
Sandstein	55 - 65 W/m
Saure Magmatite (z. B. Granit)	55 - 70 W/m
Basische Magmatite (z. B. Basalt)	35 - 55 W/m
Gneis	60 - 70 W/m
Kies und Sand (starker Grundwasserfluß)	80 - 100 W/m

Voraussetzung für die Anwendung der Tabelle:
- max. 1 800 Jahresbetriebsstunden
- nur Wärmeentzug (Heizung einschl. Warmwasser)
- Länge der einzelnen Erdwärmesonden zwischen 40 und 100 m
- kleinster Abstand zwischen zwei Erdwärmesonden
  - mindestens 5 m bei Erdwärmesondenlängen 40 bis 50 m
  - mindestens 6 m bei Erdwärmesondenlängen > 50 bis 100 m
- Als Erdwärmesonden kommen Doppel-U-Sonden mit Durchmessern der Einzelrohre von 25 oder 32 mm oder Koaxialsonden mit mindestens 60 mm Durchmesser zum Einsatz.

Ausnahmen (müssen gezielt begründet werden):
- Bei einer größeren Anzahl von Einzelanlagen an einem Standort muß die mögliche Erdwärmesonden-Entzugsleistung um 10 bis 20 % reduziert werden.
- Bei wesentlich geringeren projektierten Betriebsstunden (< 1 000 h/a) kann die Erdwärmesondenlänge um bis zu 10 % verringert werden.

[a] Werte können durch die Gesteinsausbildung wie Klüftung, Schieferung, Verwitterung erheblich schwanken.

Die Erdwärmesonden werden in die Bohrungen meist per Hand durch Abbremsen bzw. durch Nachschieben eingebracht. Anschließend wird - falls nötig - das Bohrloch wieder verfüllt, um einen guten Wärmeübergang zwischen dem Erdreich und der Sonde zu gewährleisten; hierzu kann eine Bentonit-Zement-Suspension zum Einsatz kommen.

Erdberührte Betonbauteile (Energiepfähle, Schlitzwände). Eine weitere Variante vertikaler Erdreichwärmeübertrager sind Wärmeübertragerpfähle, sogenannte „Energiepfähle“ /3-15, 3-16/. Dabei handelt es sich um Gründungspfähle, wie sie bei schlechten Untergrundverhältnissen für die Bauwerksgründung eingesetzt werden. Diese Pfähle werden mit Wärmeübertragerrohren ausgestattet und erlauben an Standorten, wo eine Pfahlgründung sowieso erforderlich ist, mit geringen Mehrkosten die Installation von Erdreichwärmeübertragern. Dabei darf jedoch die statische Funktion der Pfähle nicht durch die thermische Nutzung gefährdet werden.

Energiepfähle sind im Prinzip mit allen bekannten geotechnischen Pfahlbaumethoden zu kombinieren /3-17/. Verwendet wurden bislang

- Ortbetonpfähle (Bohrpfähle) und
- Fertigpfähle (Rammpfähle) aus Stahlbeton mit Vollquerschnitt und als Hohlpfähle sowie aus Stahl.

Jeder dieser Pfahltypen hat spezifische Vor- und Nachteile bei der Nutzung als Energiepfahl. Ortbetonpfähle bieten eine große Flexibilität, sind aber aus technisch-ökonomischen Gründen erst ab einem Mindestdurchmesser von etwa 600 mm sinnvoll und bedürfen eines nicht unerheblichen Aufwandes und einer großen Sorgfalt bei der Herstellung auf der Baustelle. Rammpfähle sind in einer Fabrik einfach herzustellen; es ist jedoch ein ausreichender Schutz für die Rohranschlüsse während des Rammvorganges notwendig, und nur die vorgefertigte Pfahllänge kann mit Wärmeübertragerrohren belegt werden. Hohlpfähle, bei denen Wärmeübertragerrohre nachträglich in den Hohlraum im Pfahl eingebracht werden können, erlauben dagegen die Nutzung der gesamten Pfahllänge, schränken jedoch den verfügbaren Durchmesser für die Rohre ein. In Tokyo (Japan) wurde ein für Gründungen verwendeter Stahlrohr-Pfahl mit 600 mm Durchmesser, 14 mm Wandstärke und 22,5 m Länge als Wärmeübertrager getestet /3-18/. Der ganze Pfahl ist hohl und mit Wasser gefüllt, das oben abgepumpt und nach Passieren des Wärmepumpenverdampfers durch ein Innenrohr erneut zum Boden des Pfahls geleitet wird.

Neben Gründungspfählen können noch andere Betonbauteile in der Erde als Wärmeübertrager benutzt werden (z. B. Baugrubenumschließungen aus Schlitzwänden oder Pfahlwänden). Hierbei ist von Vorteil, daß diese Einbauten nach Fertigstellung des Gebäudes in der Regel nicht mehr statisch benötigt werden; beispielsweise sind beim Kunsthaus Bregenz die Schlitzwände im Erdreich mit einer Betonkernkühlung im Gebäude verbunden /3-19/. Auch Stützwände, Kellerwände oder Fundamentplatten können als Wärmeübertrager genutzt werden. Dabei ist jedoch, ebenso wie bei Sammelleitungen von Energiepfahlanlagen unter der Bodenplatte, eine gute Isolierung zum Innenraum hin notwendig, damit die Wärme tatsächlich aus dem Untergrund entzogen wird und nicht z. B. der Keller kalt und feucht wird.

Ein wesentlicher Vorteil von Energiepfählen und erdberührten Betonbauteilen gegenüber anderen Methoden der Erdreichankopplung ist die Tatsache, daß ein großer Teil der Kosten für die thermische Erschließung des Untergrundes bereits durch die erforderliche Bauwerksgründung mit abgedeckt ist. Damit sind nur vergleichsweise geringe zusätzliche Aufwendungen erforderlich.

Bereits 1980 wurde auf die Möglichkeit des Einsatzes von Gründungspfählen als Wärmeübertrager unter dem Aspekt der Speicherung thermischer Sonnenenergie hingewiesen /3-20/; zur Rückgewinnung der Wärme aus dem Erdreich sollte ggf. auch eine Wärmepumpe zum Einsatz kommen. Im Jahr 1985 ist die erste realisierte Anlage mit thermischer Nutzung der Pfahlgründung für ein Einfamilienhaus von 177 m^2 in Hohenems in Vorarlberg dokumentiert worden /3-21/. 1988 wurde die Schwelle von 1 000 m^2 beheizter Fläche überschritten (vgl. /3-22, 3-23/). Größere Projekte mit Energiepfählen sind z. B. das Festspielhaus Bregenz und der Main Tower in Frankfurt am Main.

3.1.2 Offene Systeme

Bei offenen Systemen für die oberflächennahe Erdwärmenutzung handelt es sich um Grundwasserbrunnen. Sie werden im folgenden diskutiert.

Grundwasser ist infolge seines relativ konstanten Temperaturniveaus von 8 bis 12 °C sehr gut als Wärmequelle für Wärmepumpen geeignet. Einschränkungen bestehen hier durch die Verfügbarkeit der Wärmequelle, da sich ausreichend ergiebige Grundwasserleiter (Aquifere) mit geeigneter Wasserqualität in nicht zu großer Tiefe nicht in allen Regionen Deutschlands finden. Weitere Eingrenzungen können sich durch regionale wasserrechtliche Bestimmungen ergeben, so daß die Wärmequelle Grundwasser (offene Systeme) im Vergleich zur Wärmequelle Erdreich (geschlossene Systeme) insgesamt eine deutlich geringere räumliche Verfügbarkeit aufweist.

Die Wärmequellenanlage zur Grundwassernutzung besteht aus einem Förderbrunnen, aus dem das Grundwasser entnommen wird, und einem Schluckbrunnen, durch den das abgekühlte Wasser wieder den grundwasserführenden Schichten zugeführt wird (Doublette). Entnahme- und Schluckbrunnen müssen ausreichend weit voneinander entfernt niedergebracht werden, um einen thermisch-hydraulischen Kurzschluß zu vermeiden. Der Entnahmebrunnen sollte sich außerdem nicht in der Kältefahne des Schluckbrunnens befinden, da sonst die Effizienz der Wärmepumpenanlage sinkt.

Die Brunnenleistung muß eine Dauerentnahme für den Nenndurchfluß der angeschlossenen Wärmepumpe gewährleisten; dies entspricht etwa 0,2 bis 0,3 m^3/h für jedes Kilowatt Verdampferleistung /3-1/. Die Ergiebigkeit eines Brunnens hängt von den örtlichen geologischen Gegebenheiten ab und kann durch Pumpversuche nachgewiesen werden. Bei einer Grundwasserwärmepumpe sollte die Temperaturveränderung des in den bzw. die Schluckbrunnen zurückgeleiteten Grundwassers ± 6 K nicht überschreiten /3-1/.

In Abb. 3-4 ist die typische Ausführung einer Wärmepumpenanlage zur Grundwassernutzung dargestellt. Übliche Brunnentiefen sind 4 bis 10 m /3-24, 3-25/, die bei größeren Anlagen aber auch deutlich tiefer liegen können (der Übergang zur hydrothermalen Erdwärmenutzung ist hier fließend; vgl. Kapitel 4). Die oberhalb der Kiesschüttung eingebrachte Tonsperre verhindert den Zutritt von Luft und Sickerwasser. Die Kiesschüttung zwischen Brunnenbohrung und Filterrohr sollte dabei eine Stärke von 50 bis 70 mm aufweisen. Das Saugrohr bzw. der Einlauf der Unterwasserpumpe im Entnahmebrunnen und das Fallrohr im Schluckbrunnen müssen in jedem Betriebszustand immer unterhalb der Wasseroberfläche enden.

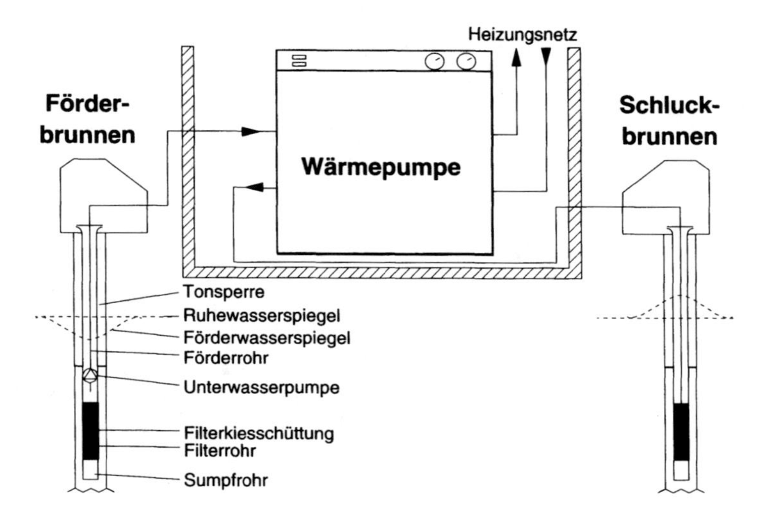

Abb. 3-4 Prinzipschema einer Grundwasser-Wärmepumpenanlage /3-5/

Vor der Brunnenauslegung sollte durch hydrogeologische Voruntersuchungen Klarheit geschaffen werden über

- die chemische Zusammensetzung des Grundwassers,
- die wasserführenden und wasserundurchlässigen Schichten sowie die Grundwasserspiegelhöhe und
- die Durchlässigkeit der wasserführenden Schichten.

Hierzu muß meist eine Probebohrung durchgeführt werden, die ggf. später als Brunnen genutzt werden kann. Ein besonderes Problem ist die Verockerung der Schluckbrunnen; sie tritt besonders bei sauerstofffreien Grundwässern mit niedrigem Redox-Potential auf. Ein solches Grundwasser darf nicht mit der Umgebungsluft in Kontakt kommen. Das gesamte System muß deshalb geschlossen sein und permanent unter Überdruck stehen; andernfalls ist eine Wasseraufbereitung durch Enteisenung und Entmanganung notwendig. Zur Beurteilung der Verockerungsgefahr ist es notwendig, das Wasser auf Eisen und Mangan zu analysieren und pH-Wert und Redox-Potential festzustellen. Kalkausfällungen spielen dagegen bei Temperaturänderungen von maximal ± 6 K keine Rolle /3-1/.

Auch bei der Verlegung grundwasserführender Leitungen müssen bestimmte Grundregeln beachtet werden. Nach VDI 4 640 /3-1/ müssen grundwasserführende Leitungen außerhalb von Gebäuden in ausreichender, frostsicherer Tiefe verlegt bzw. isoliert werden, damit

- das Grundwasser auf dem Weg vom Förderbrunnen zur Wärmepumpe möglichst wenig abkühlt, um eine ausreichende Wärmequellentemperatur sicherzustellen, und damit
- das in der Wärmepumpe abgekühlte Grundwasser auf dem Weg zum Schluckbrunnen nicht weiter abgekühlt wird, da es sonst zum Gefrieren im Rohr oder im Schluckbrunnen kommen kann.

Das Grundwasser sollte im gesamten Kreislauf nicht mit Luft in Kontakt kommen.

Unter bestimmten Bedingungen sind Grundwasserwärmepumpen möglich, die ausschließlich aus einem oder mehreren Förderbrunnen bestehen; derartige Konzepte schließen mögliche Probleme mit Schluckbrunnen dann natürlich aus. Technische Voraussetzung ist, daß der Aquifer über eine ausreichende Grundwasserneubildung verfügt, und daß das geförderte Wasser in geeigneter Weise abgeführt oder versickert werden kann. In Deutschland werden derartige Anlagen jedoch in der Regel nicht genehmigt.

Beispielsweise verfügt eine sehr große Grundwasser-Wärmepumpenanlage in einem Hotel- und Bürokomplex in Louisville (Kentucky, USA) mit insgesamt über 10 MW Heiz- und Kühlleistung über ein solches System ohne Schluckbrunnen /3-26/. Hier werden aus vier Brunnen von je 40 m Tiefe bis zu 635 m^3/h Grundwasser mit 14,5 °C gefördert und in einem Tank von knapp 570 m^3 gespeichert. Aus diesem Tank holen sich ca. 1 200 einzelne Wärmepumpen über zwei Ringleitungen Wasser und führen es abgekühlt oder erwärmt wieder zurück. Das überschüssige Wasser aus dem Tank fließt in den Ohio River.

3.1.3 Sonstige Systeme

Unter sonstigen Systemen wird hier eine Nutzung des Grundwassers mit Koaxialbrunnen, eine Nutzung von Gruben- und/oder Tunnelwasser und eine Luftvorheizung bzw. –kühlung im oberflächennahen Erdreich verstanden. Die verschiedenen Möglichkeiten werden im folgenden dargestellt.

Koaxialbrunnen. Koaxialbrunnen („Standing Column Wells") /3-27/ nehmen eine Zwischenstellung zwischen Erdwärmesonden und Grundwasserbrunnen ein. In eine Bohrung wird ein Steigrohr eingebaut, das am unteren Ende einen Filter aufweist und von einer Kiespackung umgeben ist. Zum Gestein hin kann die Kiespackung mit einem Plastik-Liner abgegrenzt sein. Im Steigrohr wird mit einer Unterwasser-Tauchpumpe - vergleichbar wie in einem Grundwasserbrunnen - Wasser abgepumpt, in einer Wärmepumpe abgekühlt (oder erwärmt), und über die Kiespackung im Ringraum wieder versickert. Während des Absinkens nimmt das Wasser wieder Wärme aus dem umgebenden Untergrund auf oder gibt Wärme an diesen ab.

Wegen der fehlenden Abtrennung zum natürlichen Untergrund (auch ein Plastik-Liner ist kein sicherer Abschluß) kann bei Koaxialbrunnen kein Frostschutzmittel eingesetzt werden. Die Wärmepumpe muß deshalb - wie bei einer Grundwassernutzung - so gefahren werden, daß es nicht zum Gefrieren kommen kann; dazu wird meist eine maximale Jahresbetriebsstundenzahl festgelegt. Außerdem haben sich bei Koaxialbrunnen ein langer Sickerweg, große Wassermengen im Bohrlochringraum und eine erhöhte Temperatur an der Bohrlochsohle als sinnvoll erwiesen. Deshalb sind Koaxialbrunnen in der Regel über 100 bis 250 m tief.

Gemessene spezifische Entzugsleistungen von Koaxialbrunnen liegen im Normalbetrieb bei 36 bis 44 W/m und im kurzfristigen Vollastbetrieb bei rund 90 W/m /3-28/; sie liegen damit in einer ähnlichen Größenordnung wie die der Erdwärmesonden. Die Wärmequellentemperaturen sind aber im Schnitt etwas höher als bei Erdwärmesonden; dies ermöglicht eine bessere Leistungszahl der Wärmepumpe /3-28/.

Gruben- und Tunnelwasser. Künstliche Hohlräume im Untergrund (Abb. 3-5) können als Grundwassersammler oder -reservoir dienen. Dabei handelt es sich im wesentlichen um Bergwerke (stillgelegt oder noch in Betrieb) oder Tunnel, bei denen die Hohlräume jedoch primär nicht für eine thermische Nutzung geschaffen wurden; eine spezielle Schaffung von Hohlräumen scheidet meist aufgrund der hohen Kosten aus (Ausnahme: thermische Untergrundspeicher). Bei Gruben und Tunneln wird der Bereich der oberflächennahen Geothermie bereits teilweise verlassen; beispielsweise würde bei einer thermischen Nutzung das Wasser eines Kohlebergwerks im östlichen Ruhrgebiet aus Tiefen deutlich unter 1 000 m und bei einem Alpentunnel im Tunnelinneren ggf. von mehr als 2 000 m Tiefe kommen.

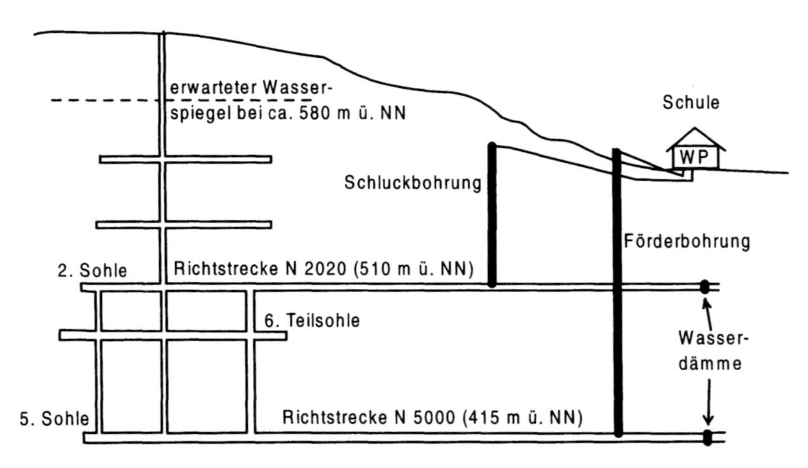

Abb. 3-5 Grubenwassernutzung aus der Zinngrube Ehrenfriedersdorf /3-29/

Wasser aus Bergwerken kann z. B. über Bohrungen von über Tage aus dem Grubenbau gewonnen werden /3-29/. Bestimmend für die Art und Weise der Wärmeentnahme ist vor allem die Tiefenlage des Wasserspiegels in der Grube, die ggf. zu großen Förderhöhen mit entsprechend hohem Energieaufwand für den Betrieb der Pumpen führen kann. In der Regel muß das Wasser nach der Abkühlung über eine weitere Bohrung wieder in das Grubengebäude zurück geleitet werden; zwischen Entnahme- und Einleitbohrung sollte sich dabei ein möglichst langer Fließweg befinden (z. B. Bohrungen in verschiedene Sohlen, Abb. 3-5). In einem Museumsbergwerk in Sachsen gibt es eine erste Anlage, bei der sich ein Wärmeübertrager unter Tage in einer Strecke befindet und die Wärme über einen geschlossenen Kreislauf zur Erdoberfläche transportiert wird /3-30/. Bei Bergwerken in Mittelgebirgen, die durch Stollen aus Tälern aufgefahren werden, kann auch das natürlich ausfließende Wasser dieser Stollen als Wärmequelle genutzt werden. Im Osten Kanadas wurde unter Nutzung aufgelassener Kohlegruben als Wärmequelle und -senke sogar ein ganzes Industriegebiet erschlossen /3-31/.

Wasser aus großen Tunnelbauwerken fließt meist entsprechend dem Gefälle zu den Portalen und kann dort als Wärmequelle benutzt werden. Bei einigen Alpentunneln hat dieses Wasser Temperaturen erheblich über der Jahresmitteltemperatur. Für die geplanten Eisenbahn-Basistunnel an Gotthard und Lötschberg wurde beispielsweise ein Potential von mehreren 10 MW berechnet /3-32/. Auch existiert

z. B. eine Anlage am Westportal des Furkatunnels, wo das ständig mit 16 °C austretende Wasser mit einer Rohrleitung zu Häusern in der Gemeinde Oberwald geführt wird und dort einzelne Wärmepumpenanlagen versorgt /3-33/.

Luftvorheizung/-kühlung. Anwendungen einer Luftvorwärmung im Untergrund gab es (ohne Wärmepumpe) bereits in den achtziger Jahren in der Landwirtschaft, wo die Zuluft für Schweineställe durch Rohre im Erdreich angesaugt wurde und so die Temperaturspitzen in Winter und Sommer gebrochen wurden; diese Arbeiten wurden jüngst wieder aufgenommen /3-34/. Als Weiterentwicklung wurden – zur Verlängerung der Betriebszeit von Wärmepumpen mit der Wärmequelle Luft im Winter – einige Anlagen in Betrieb genommen, bei denen Luft durch Rohre im Erdreich geführt, dort vorgewärmt und dann dem Wärmepumpenverdampfer zugeführt wurde /3-35, 3-36/ (Tabelle 3-4). Bei derartigen Wämequellen wird von „Betonkollektoren“ und „Luftbrunnen“ /3-37/ gesprochen oder von „Luft-Erdregistern“ /3-38/. Da Luft jedoch eine sehr geringe Wärmekapazität hat, müssen vergleichsweise große Luftmengen bewegt werden. In jüngster Zeit hat die Vorwärmung bzw. Vorkühlung der Zuluft in Rohren im Erdreich (ohne Wärmepumpe) in Zusammenhang mit der Lüftung von Gebäuden in Niedrigenergiehaus- und Passivhausstandard neue Bedeutung gewonnen (z. B. /3-39/).

Tabelle 3-4 Bauweisen und Konfigurationen von Rohren zur Luftvorwärmung im Erdreich (nach /3-37/)

Bauweisen

- Betonrohre (können Feuchtigkeit aufnehmen),
  PVC-Rohre (geringer Druckabfall)
- Rohre frei im Erdreich,
  Rohre nach oben gedämmt oder
  Rohre unter der Fundamentplatte
- Einzelrohre oder Rohrregister

Betriebsweisen

- Frischluft wird immer über die Rohre geführt
- Frischluft wird nur dann über die Rohre geführt, wenn Austrittstemperatur über der Außentemperatur liegt
- Frischluft wird immer dann über die Rohre geführt, wenn Austrittstemperatur unter der Außentemperatur liegt, für Verdampfer jedoch immer Wärmequelle mit höherer Temperatur

3.2 Wärmepumpen

In den oberflächennahen Erdschichten wird die Temperatur maßgeblich durch die solare Einstrahlung und Abstrahlung, den geothermischen Wärmefluß, Niederschläge, fließendes Grundwasser und Wärmeleitung im Gestein beeinflußt (vgl. Kapitel 1 bzw. insbesondere Kapitel 2). Aufgrund der Temperatur oberflächennaher Erdschichten, die in Tiefen von einigen Zentimetern in etwa der jeweiligen Außentemperatur und in 10 bis 20 m Tiefe etwa der Jahresmitteltemperatur entspricht und erst danach gemäß dem geothermischen Gradienten ansteigt, ist eine direkte Wärmenutzung meist nicht möglich. Diese durch geeignete Wärmeübertrager den oberflächennahen Schichten entzogene Wärme (vgl. Kapitel 3.1) muß daher mittels einer Wärmepumpe auf ein für die Wärmenutzung geeignetes Temperaturniveau angehoben werden. Deshalb wird im folgenden auf die Wärmepumpe näher eingegangen. Zunächst wird das Prinzip der Wärmepumpe dargestellt. Anschließend wird auf die Kenngrößen eingegangen, die den Betrieb der Wärmepumpe kennzeichnen. Dann werden alle Aspekte, die mit der technischen Umsetzung zusammenhängen, näher diskutiert.

3.2.1 Prinzip

Die Wärmepumpe ist ein „Gerät, welches bei einer bestimmten Temperatur Wärme aufnimmt (kalte Seite) und diese nach Zufuhr von Antriebsenergie bei einem höheren Temperaturniveau wieder abgibt (warme Seite)“ /3-40/. Das thermodynamische Grundprinzip besteht darin, daß sie einer Wärmequelle thermische Energie auf einem niedrigen Temperaturniveau entzieht. Die aufgenommene Wärmeenergie einschließlich der – in Wärme umgewandelten – eingesetzten Antriebsenergie wird in Form von thermischer Energie auf einem höheren Temperaturniveau zur Nutzung bereitgestellt.

Die notwendige Antriebsenergie kann je nach Funktionsprinzip der Wärmepumpe in Form von Wärme oder mechanischer Energie zugeführt werden. Entsprechend wird hinsichtlich des daraus resultierenden Antriebsprinzips zwischen Kompressions- und Sorptionswärmepumpen unterschieden. Sorptionswärmepumpen werden zusätzlich unterschieden in Absorptions- und Resorptionsanlagen; letztere haben jedoch für die hier betrachteten Anwendungsfälle kaum Bedeutung erlangt. Die jeweiligen grundsätzlichen Funktionsprinzipien werden – mit Ausnahme der Resoptionsanlagen – im folgenden näher dargestellt.

Kompressionswärmepumpe. In Kompressionswärmepumpen findet in einem geschlossenen Kreislauf ein Kaltdampfprozeß statt, der im wesentlichen aus den vier Schritten Verdampfung, Verdichtung, Kondensation und Expansion besteht (Abb. 3-6). Derartige Anlagen bestehen damit aus dem Verdampfer, dem Verdichter mit Antrieb sowie dem Verflüssiger (Kondensator) und einem Expansionsventil. Neben den für den Betrieb notwendigen steuer- und regelungstechnischen Komponenten werden weitere Systembestandteile und Hilfseinrichtungen wie Ventile, Manometer, Sicherheitseinrichtungen und sonstige Armaturen benötigt.

Der mechanische Antrieb für den Kompressor erfolgt mittels Elektro- oder Verbrennungsmotor. Beim Einsatz eines Elektromotors wird die benötigte elektrische Energie in Kraftwerken erzeugt; bei einer Energiebilanz ist deshalb der Kraftwerkswirkungsgrad zu berücksichtigen. Verbrennungsmotorische Antriebe haben den Vorteil, daß die Wärme, die bei der Kühlung des Motors anfällt, in den Heizprozeß eingekoppelt werden kann.

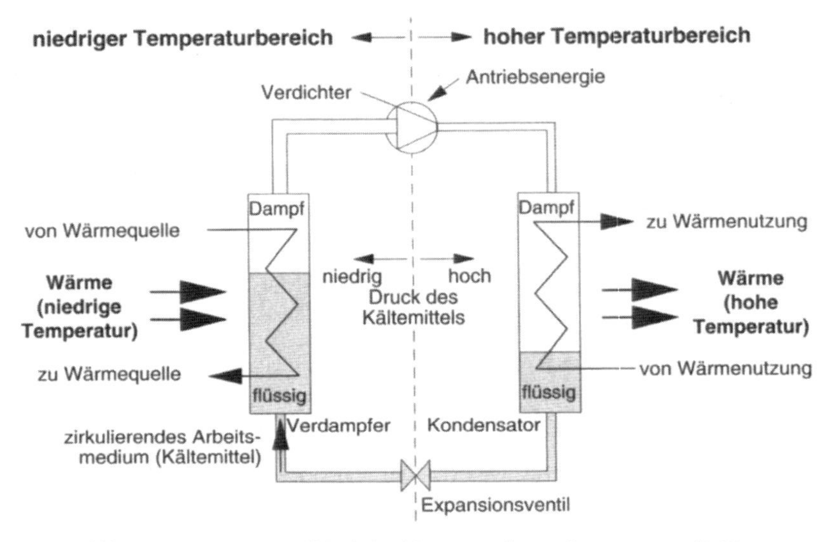

Abb. 3-6 Wärmepumpenprozeß bei der Kompressionswärmepumpe /3-5/

Im Verdampfer wird das im Wärmepumpenkreislauf zirkulierende Arbeitsmittel bei niedrigem Druck und niedriger Temperatur (bis weit unter 0 °C) durch Wärmezufuhr verdampft. Diese Wärme wird im vorliegenden Fall durch das Grundwasser bzw. das Erdreich über einen Wärmeträgerzwischenkreislauf oder – bei Direktverdampfung – unmittelbar durch das Erdreich bereitgestellt. Das nunmehr gasförmige Arbeitsmittel wird vom Kompressor angesaugt und verdichtet. Durch die Druckerhöhung wird der Arbeitsmitteldampf auf ein höheres Temperaturniveau gebracht, welches über der Vorlauftemperatur der Wärmenutzungsanlage (z. B. Hausheizungsanlage) liegt. Noch unter hohem Druck wird das Arbeitsmittel im Kondensator unter Wärmeabgabe an die Wärmenutzungsanlage verflüssigt und tritt anschließend durch das Expansionsventil in den Niederdruckteil über, wo der Kreislauf wieder von vorne beginnt. Verdampfer und Kondensator stellen als Wärmeübertrager die Schnittstellen der Wärmepumpe zu der übrigen Anlage dar. Heute werden dafür überwiegend Platten- oder Rohrbündelwärmeübertrager eingesetzt.

Sorptionswärmepumpe. Absorptionswärmepumpen als wesentliche Vertreter der Sorptionswärmepumpen bestehen aus einem Verdampfer, einem Absorber sowie dem Austreiber und dem Verflüssiger. Für den Betrieb sind zwei Expansionsventile und eine Lösungsmittelpumpe erforderlich. Während bei der Kompressionswärmepumpe ein mechanischer Verdichter verwendet wird, befindet sich in der Absorptionswärmepumpe ein „thermischer Verdichter". Hier wird die Antriebsenergie für den Verdichter damit nicht mechanisch (Kompressorantrieb), sondern vorwiegend thermisch (Austreiber) benötigt; sie kann durch die Verbrennung von Gas oder Öl oder durch die Nutzung von (industrieller) Abwärme bereitgestellt werden.

Im Lösungsmittelkreislauf der Absorptionswärmepumpe zirkuliert ein Zweistoffgemisch (sogenanntes Arbeitsstoffpaar), dessen eine Komponente (Arbeitsmittel) ein hohes Lösungsvermögen in der zweiten Komponente (Lösungsmittel) aufweist. Klassische Kombinationen von Zweistoffgemischen sind Wasser/Lithiumbromid und Ammoniak/Wasser. Dabei stellt jeweils der erstgenannte Stoff das Arbeitsmittel und der zweitgenannte das Lösungsmittel dar.

Der Vorgang in Kondensator, Expansionsventil und Verdampfer bei der Absorptionswärmepumpe ist identisch mit dem der Kompressionswärmepumpe. Demgegenüber wird der Verdichtungsprozeß aus zwei ineinandergreifenden Kreisläufen mit unterschiedlichen Druckniveaus gebildet (Abb. 3-7).

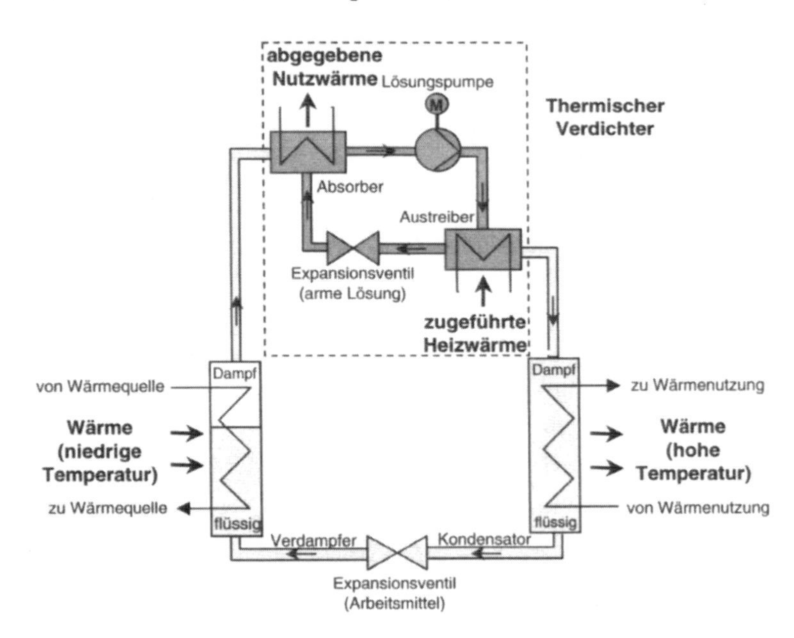

Abb. 3-7 Prinzipbild einer Absorptionswärmepumpe (nach /3-40/)

Die Lösungsmittelpumpe sorgt hier für die Verbindung zwischen den beiden Druckniveaus. Dazu kann sie mit wesentlich geringerer Antriebsenergie im Vergleich zu einer Kompressionswärmepumpe auskommen, da sich ein flüssiges Medium mit einem geringen Energieaufwand auf ein höheres Druckniveau befördern läßt als ein gasförmiges.

Im Absorber wird der vom Verdampfer kommende, gasförmige Arbeitsmitteldampf (Ammoniak bzw. Wasser) von der abgereicherten Lösung absorbiert; dabei wird Wärme frei. Die angereicherte Lösung wird anschließend unter Druckerhöhung durch die Lösungsmittelpumpe in den Austreiber gepumpt, wo durch Wärmezufuhr (Antriebsenergie) das Arbeitsmittel wieder aus dem Lösungsmittel ausgetrieben wird und zum Verflüssiger gelangt; es gibt dort unter Verflüssigung Wärme ab. Das Arbeitsmittel durchläuft nunmehr die gleichen Schritte mit Expansionsventil und Verdampfer wie bei Kompressionswärmepumpen. Es erreicht gasförmig wieder den Absorber, während das abgereicherte Lösungsmittel durch ein Drosselorgan vom Austreiber direkt wieder zum Absorber gelangt, um dort das Arbeitsmittel wieder aufzunehmen. Nutzwärme entsteht somit im Absorber und Verflüssiger.

Die Reinheit des Arbeitsmittels nach dem Eintritt in den Arbeitskreislauf hängt vom Abstand des Siedepunktes der Partner des Stoffgemisches ab. Wird hier ein Salz und eine Flüssigkeit (z. B. LiBr / H_2O) eingesetzt, ist dieser Abstand sehr groß und das Arbeitsmittel Wasser liegt in sehr reiner Form vor. Beim Einsatz von Ammoniak und Wasser übernimmt das Ammoniak als niedriger siedender Partner die Rolle des Arbeitsmittels. Hier sind weitere Baugruppen integriert, um hohe Reinheiten des Arbeitsmittels trotz des geringen Siedeabstandes zu erzeugen.

Zusammengenommen wird damit die Wärme auf niedrigem Temperaturniveau (z. B. Erdwärme) im Verdampfer aufgenommen. Antriebsenergie muß im Austreiber und in der Lösungsmittelpumpe eingesetzt werden. Die maßgebliche Zufuhr von Antriebsenergie erfolgt beim Absorber in Form von Wärme (d. h. „thermischer Verdichter“). Der Energieeinsatz zum Antrieb der Lösungsmittelpumpe, die zum Umpumpen und zur Druckerhöhung der flüssigen, angereicherten Lösung dient, ist dagegen vergleichsweise gering.

Vergleich. Vorteilhaft bei der Absorptionswärmepumpe ist die Verwendung von einfach aufgebauten Komponenten (u. a. Wärmeübertrager, Lösungsmittelpumpe), die gegenüber den relativ kompliziert konzipierten Verdichtern in Kompressionswärmepumpen geringere Wartungs-, Verbrauchs- und Betriebskosten erwarten lassen. Ein gutes Teillastverhalten läßt sich im Vergleich zur Kompressionswärmepumpe aber nur mit einem entsprechend hohen regelungstechnischen Aufwand erreichen; eine Anwendung im Grundlastbereich ist deshalb vorzuziehen.

3.2.2 Kennzahlen

Nach dem ersten Hauptsatz der Thermodynamik kann die Energiebilanz einer Wärmepumpe nach Gleichung (3-2) aufgestellt werden.

$$Q_{Verd.} + P_{Antr.} = Q_{Kond.} \tag{3-2}$$

mit
$Q_{Verd.}$ verdampferseitige Wärmeleistung
$P_{Antr.}$ Antriebsleistung des Prozesses (Verdichter)
$Q_{Kond.}$ kondensatorseitige Wärmeleistung

Die Quantifizierung der Leistungsfähigkeit einer derartigen Wärmepumpe kann durch eine Kennzahl erfolgen, die dem Wirkungs- bzw. Nutzungsgrad ähnelt. Dabei ist der Wirkungs- bzw. Nutzungsgrad grundsätzlich definiert als das Verhältnis von „Nutzen“ zu „Aufwand“. Er ist kleiner oder – im theoretischen Idealfall – gleich eins.

Bei dieser Definition stellt sich die Frage nach dem „Aufwand“ für die Wärmezufuhr an den Verdampfer der Wärmepumpe. Diese Wärmezufuhr erfolgt hier beispielsweise aus dem oberflächennahen Erdreich, dem Grundwasser oder aus anderen Quellen. Als „Aufwand“ werden von der Wärmepumpe folglich ansonsten meist ungenutzte Wärmemengen genutzt. Diese werden daher nicht – wie bei einer Anlage zur Nutzung ausschließlich fossiler Energieträger – bei der Berechnung der energetischen Kenngröße berücksichtigt.

Damit können sich – da nicht die gesamte von der Wärmepumpe genutzte Energie bilanziert wird – für die resultierende Kenngröße (vergleichbar dem „Wirkungs- bzw. Nutzungsgrad") Werte größer als eins ergeben. Deshalb wurden für die Beschreibung des Wirkungs- bzw. Nutzungsgrades spezielle Kenngrößen definiert (d. h. Leistungszahl, Arbeitszahl und Heizzahl; Tabelle 3-5). Diese Kennzahlen werden im folgenden näher erläutert.

Tabelle 3-5 Kennzahlen von Wärmepumpen

	Zeichen	Berechnung	Bemerkungen
Leistungszahl	ε	Heizleistung / Antriebsleistung	nur für bestimmte Betriebsbedingungen, kennzeichnet Wärmepumpe
Arbeitszahl	β	Heizarbeit / Antriebsarbeit	auch Jahresarbeitszahl (β_a), kennzeichnet Wärmepumpenanlage
Heizzahl	ζ	Heizarbeit / Energieinhalt des eingesetzten Endenergieträgers	auch Jahresheizzahl (ζ_a), für Absorptions- und Verbrennungsmotorwärmepumpen

Leistungszahl. Die Leistungszahl ist für Elektromotorwärmepumpen als das Verhältnis der abgegebenen Nutzwärmeleistung zur aufgenommenen elektrischen Antriebsleistung des Kompressors bei bestimmten Wärmequellen- und Wärmesenkentemperaturen definiert. Sie ist damit mit dem Wirkungsgrad konventioneller Heizungsanlagen zu vergleichen und abhängig von den Betriebsbedingungen der Anlagen. Damit wird auf der Seite des „Energieaufwandes" nur diejenige Energiemenge bewertet, welche zum Antrieb der Wärmepumpe eingesetzt wird (z. B. elektrische Energie bei Elektrowärmepumpen) (Gleichung (3-3)).

$$\varepsilon = \frac{Q_{Heiz.}}{P_{Antrieb}} = \frac{Q_{Verd.} + P_{Antrieb}}{P_{Antrieb}} = 1 + \frac{Q_{Verd.}}{P_{Antrieb}} \qquad (3\text{-}3)$$

mit
ε Leistungszahl
$Q_{Verd.}$ verdampferseitige Wärmeleistung
$P_{Antr.}$ Antriebsleistung des Prozesse (Verdichter)
$Q_{Kond.}$ kondensatorseitige Wärmeleistung

Wesentlichen Einfluß auf die Leistungszahl hat die Temperaturdifferenz zwischen Wärmequelle und Heizungsanlage (d. h. Wärmenutzungsanlage); daneben spielt das eingesetzte Kältemittel und die Bauweise der Wärmepumpe eine Rolle. Mit zunehmender Temperaturdifferenz zwischen Wärmequelle und Wärmenutzungsanlage sinkt die Leistungszahl der Wärmepumpe. Um hohe Leistungszahlen und damit eine hohe Effizienz zu erreichen, sollte die Wärmequellentemperatur möglichst hoch und die Vorlauftemperatur der Wärmenutzungsanlage möglichst niedrig liegen. Abb. 3-8 zeigt für die Nutzung der Wärmequelle Erdreich (Solekreislauf, keine Direktverdampfung) und Grundwasser Mittelwerte der heute erreichbaren und zukünftig zu erwartenden Leistungszahlen für eine Wärmenutzungsanlage mit einer Vorlauftemperatur von 35 °C. Die durch die derzeitigen Wärmepumpen realisierten Leistungszahlen liegen bei etwa 50 bis 65 % der bei einem theoretisch verlustfreien Prozeß (Carnot-Prozeß) realisierbaren Leistungszahlen /3-42/; dies läßt noch ein gewisses energetisches Entwicklungspotential des derzeitigen technischen Standes vermuten.

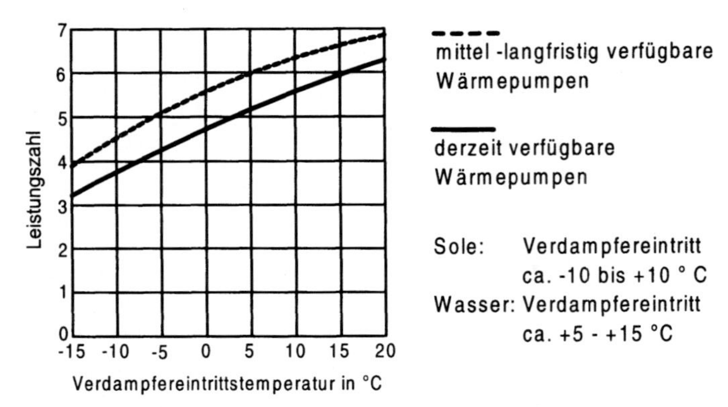

Abb. 3-8 Leistungszahlen erdgekoppelter Elektrowärmepumpen (Vorlauftemperatur der Heizungsanlage 35 °C) /3-25/

Arbeitszahl. Die Effizienz von Elektrowärmepumpen über einen längeren Zeitraum hinweg wird durch die Arbeitszahl beschrieben, bei der die abgegebene Nutzarbeit zur aufgewendeten Antriebsarbeit ins Verhältnis gesetzt wird. Zusätzlich zur Antriebsarbeit des Kompressors wird damit auch der Energieverbrauch peripherer Komponenten (z. B. Pumpen) berücksichtigt. Hierdurch kann für einen bestimmten Zeitraum (z. B. ein Jahr) die Effizienz der Anlage beschrieben werden. Während die Leistungszahl unter vorgegebenen Betriebsbedingungen (Temperaturen) ermittelt wird, stellen sich diese Größen bei der Arbeitszahl durch den praktischen Betrieb im System ein. Die Arbeitszahl (meist Jahresarbeitszahl) ist daher aussagekräftiger zur Beschreibung der Effizienz von Anlagen beispielsweise zur Nutzung oberflächennaher Erdwärme.

Bei Grundwasserwärmepumpen liegen die Jahresarbeitszahlen von Neuanlagen im Bereich von etwa 4,0 bis ggf. etwas über 4,5. Bei der Nutzung von Erdreich als Wärmequelle lassen sich derzeit Jahresarbeitszahlen von etwa 3,8 bis 4,3 erreichen. Bei Direktverdampfung kann die Arbeitszahl der Anlage rund 10 bis 15 % höher liegen /3-40/. Maßgeblich für hohe Arbeitszahlen der Wärmepumpenanlagen sind dabei eine ausreichende Dimensionierung der Wärmequellenanlagen und eine möglichst niedrige Vorlauftemperatur der Wärmenutzungsanlagen (bei Fußbodenheizung z. B. 35 °C).

Heizzahl. Für Absorptionswärmepumpen und verbrennungsmotorisch betriebene Wärmepumpen, die als Antriebsenergie Erdgas, Propan oder Diesel benutzen, wird statt der Jahresarbeitszahl die Heizzahl angegeben. Hierbei wird über einen bestimmten Zeitraum (meist ein Jahr) die Nutzenergie mit dem Energieinhalt der eingesetzten fossilen Energieträger ins Verhältnis gesetzt. Typische Werte liegen, je nach Wärmepumpentechnik, zwischen 1,2 und 1,6.

Unter Berücksichtigung des primärenergetischen Wirkungsgrades der Stromerzeugung und -verteilung kann die Jahresarbeitszahl von elektrisch betriebenen Wärmepumpen mit der Heizzahl verglichen werden; je nach zugrunde gelegter

Stromerzeugungstechnik und Arbeitszahl der Wärmepumpenanlage können sich Werte zwischen 1,0 und 1,8 ergeben.

3.2.3 Technische Umsetzung

Eine Wärmepumpe ist – wie jede andere technische Anlage – aus verschiedenen Systemelementen aufgebaut. Sie werden im folgenden näher erläutert (vgl. /3-40, 3-44, 3-45, 3-46/). Dabei wird unterschieden zwischen dem Wärmeübertrager, der im Verdampfer bzw. im Verflüssiger eingesetzt wird, dem Verdichter, dem Expansionsventil sowie dem Schmier- und dem Arbeitsmittel.

Wärmeübertrager. Wärmeübertrager, früher auch als Wärmeaustauscher oder Wärmetauscher bezeichnet, sind Apparate, die Wärme in Richtung des Temperaturgefälles zwischen zwei oder mehreren Stoffen übertragen und gleichzeitig zur gezielten Zustandsänderung (Kühlen, Erwärmen, Verdampfen, Kondensieren) der Stoffe dienen. Sie werden bei Wärmepumpen hauptsächlich zur Wärmeübertragung zwischen Wärmequelle und Wärmepumpe (d. h. Verdampfer) bzw. zwischen Wärmepumpe und Wärmesenke (d. h. Verflüssiger) eingesetzt.

Die Baugröße der Wärmeübertrager und damit letztlich die Wärmeübertragungsfläche wird primär von der Grädigkeit (d. h. treibende Temperaturdifferenz) zwischen dem abgekühlten Wärmeträger und der Verdampfungstemperatur beim Verdampfer bzw. zwischen Verflüssigungstemperatur und der Temperatur des erwärmten Wärmeträgers beim Verflüssiger bestimmt.

Bei einer vorgegebenen Leistung des Wärmeübertragers erfordert eine kleine Grädigkeit und damit eine geringe Temperaturdifferenz eine große Wärmeübertragungsfläche; umgekehrt genügt bei einer großen Grädigkeit eine kleine Wärmeübertragungsfläche. Zur Erzielung einer hohen Leistungszahl der Wärmepumpe sollte die Grädigkeit im Verdampfer und Verflüssiger wiederum möglichst klein ausfallen, damit die Temperaturdifferenz zwischen dem Wärmeträger auf der Verflüssigerseite (z. B. Heizwasser) und dem Wärmeträger auf der Verdampferseite (z. B. Sole) nicht unnötig durch zu hohe Grädigkeiten vergrößert wird. Hier haben sich Werte von rund 5 K als ein vernünftiger Kompromiß für die Grädigkeit in den Wärmeübertragern erwiesen.

Wärmeübertrager können nach der Strömungsrichtung der beteiligten Stoffe in Gleichstrom-, Gegenstrom- und Kreuzstrom-Wärmeübertrager eingeteilt werden. Entsprechende Mischformen kommen häufig vor. Wenn der Wärmeträger Sole oder Wasser ist, können Rohrbündel-, Platten- oder Koaxialwärmeübertrager verwendet werden.

- Rohrbündelwärmeübertrager bestehen aus mehreren Rohren, die an ihren Enden jeweils von einem kreisförmig ausgebildeten Rohrboden gehalten und in ein Mantelrohr eingeschoben werden. Die beiden beteiligten Medien befinden sich in den Rohren bzw. um die Rohre herum im Mantelrohr.
- Plattenwärmeübertrager bestehen aus verschweißten Platten, zwischen denen wechselweise je eines der beiden beteiligten Medien fließt. Gegenüber Rohrbündelwärmeübertragern gleicher Leistung haben sie einen geringeren Platzbedarf.

- Koaxialwärmeübertrager bestehen aus einem Innen- und einem darüber geschobenen Außenrohr. Eines der beiden beteiligten Medien fließt durch das Innenrohr, das andere – meist im Gegenstrom – im Zwischenraum zwischen Außen- und Innenrohr.

Derartige Wärmeübertrager werden bei Wärmepumpen hauptsächlich zur Übertragung der Wärme zwischen Wärmequelle und Wärmepumpe (d. h. Verdampfer) bzw. zwischen Wärmepumpe und Wärmesenke (d. h. Verflüssiger) eingesetzt. Die jeweiligen Besonderheiten werden im folgenden diskutiert.

Verdampfer. Der Verdampfer stellt das Verbindungsglied zwischen Wärmequelle und Wärmepumpe dar. Die Grädigkeit dieses Wärmeübertragers entspricht der Temperaturdifferenz zwischen der Wärmequelle und der Verdampfungstemperatur des Kältemittels und bestimmt damit seine Größe. Prinzipiell kann zwischen Trockenverdampfung, Überflutungsverdampfung sowie Verdampfung im Pumpenbetrieb unterschieden werden.

- Bei der Trockenverdampfung wird so viel Kältemittel in die Verdampferrohre gespritzt, wie gerade noch vollständig verdampft und zudem leicht überhitzt werden kann (unter Überhitzung wird eine über die Verdampfungstemperatur hinausgehende Erwärmung des Arbeitsmittels verstanden); die Überhitzung dient dabei als Regelgröße der Kältemitteleinspritzung. Eine zu große Kältemittelzufuhr kann zu Schäden beispielsweise im Verdichter führen (z. B. bei Kolbenverdichtern durch Flüssigkeitsschläge an den Ventilplatten) und eine zu geringe hat eine wenig effiziente Nutzung des Verdampfers zur Folge.
- Im Überflutungsverdampfer wird ein Teil des Verdampfers mit flüssigem Kältemittel überflutet. Die Verdampfung findet um die Rohre herum statt. Der Dampf verläßt gesättigt den Wärmeübertrager; eine Überhitzung ist damit nicht möglich. In einem nachgeschalteten Abscheider müssen die bei der Verdampfung mitgerissenen Flüssigkeitströpfchen abgetrennt werden, damit es in den nachfolgenden Teilen der Wärmepumpe zu keinen technischen Problemen kommt.
- Bei der Verdampfung im Pumpenbetrieb wird das Kältemittel im Rohr verdampft; dabei wird ein erheblicher Flüssigkeitsüberschuß in einen Sekundärkreislauf abgepumpt und von dort in einen sogenannten „Pumpenbehälter“. Hier erst erfolgt die Trennung von Dampf und Flüssigkeit. Mit diesem System können auch große Wärmeübertragerflächen konstant belastet werden.

Verflüssiger. Der Verflüssiger stellt die Schnittstelle von der Wärmepumpe zur Wärmesenke dar. Er gibt Nutzwärme an das flüssige oder gasförmige Betriebsmedium ab und wird, wie der Verdampfer, als Wärmeübertrager ausgeführt. Seine Grädigkeit stellt die Temperaturdifferenz zwischen Verflüssigung des Kältemittels und Wärmeverbraucher (Wärmesenke) dar.

Das Kältemittel wird bei konstanter Temperatur verflüssigt und meist noch geringfügig unterkühlt. Diese Vorgänge laufen bei unterschiedlichen Temperaturen, aber konstantem Druck ab. Je nach Bauart können Flüssigkeitserhitzer (Rohrbündel- oder Plattenwärmeübertrager, für Warmwasserheizungen) und Gaserhitzer (meist Blockbauweise mit Lamellen, für Luftheizungen) unterschieden werden.

Verdichter. Der Wärmepumpenverdichter verdichtet das in einem geschlossenen Kreislauf zwischen Verdampfer und Verflüssiger bewegte, gasförmige Arbeits- oder Kältemittel. Prinzipiell kann zwischen vollhermetischen, halbhermetischen und offenen Verdichtern unterschieden werden.

- In vollhermetischen Verdichtern werden Verdichter und Antriebsmotor gemeinsam in einer gasdicht geschweißten oder verlöteten Kapsel (d. h. gekapseltes Gehäuse) installiert. Die Antriebsleistungen reichen bis zu einigen kW.
- Bei halbhermetischen Verdichtern (auch als „sauggasgekühlte Maschinen" bezeichnet) ist der Motor an den Verdichter angeflanscht; sie besitzen – wie die vollhermetischen Verdichter – eine gemeinsame Welle. Die Antriebsleistungen liegen bei 4 bis 40 kW.
- In offenen Verdichtern befindet sich der Antriebsmotor außerhalb des eigentlichen Verdichters; Motor und Verdichter sind hier über eine Welle und eine Kupplung verbunden. Offene Verdichter werden meist in größeren Anlagen eingesetzt. Der Antrieb kann außer elektro- auch verbrennungsmotorisch erfolgen.

Verdichter lassen sich weiterhin in Hubkolben-, Scroll-, Schrauben- und Turboverdichter unterteilen. Rollkolbenverdichter wie der Rootes-Kompressor werden bei Wärmepumpen nicht verwendet.

- Hubkolbenverdichter gehören zur Kategorie der Verdrängermaschinen, bei denen die Druckerhöhung durch eine Verkleinerung abgeschlossener Verdichterräume erfolgt. Sie werden als vollhermetische Verdichter mit Antriebsleistungen bis zu rund 25 kW, als halbhermetische bis zu rund 90 kW und als offene Maschinen für darüber hinausgehende Leistungen gebaut. Die Saugvolumenströme reichen bis 1 600 m^3/h. Die Maschinen werden sowohl für kleinere als auch größere Leistungen mit 4 bis 16 Zylindern ausgeführt.
- Scroll-Verdichter sind eine neuere Entwicklung. Bei ihnen bewegt sich eine Scheibe mit spiralförmigen Lamellen exzentrisch über einer feststehenden Scheibe mit entsprechenden Gegenlamellen, so daß die durch diese Lamellen begrenzten Räume kontinuierlich kleiner und wieder größer werden. Dadurch wird das eingeschlossene Gas verdichtet und über Öffnungen ausgestoßen, bevor sich der Zwischenraum wieder erweitert. Es handelt sich also ebenso wie bei den Hubkolbenkompressoren um Verdrängermaschinen. Die Herstellung der Lamellen erfordert höchste Präzision, um die Verdichterräume möglichst gasdicht zu halten. Der Vorteil der Scroll-Kompressoren liegt in der kreisenden Bewegung und den wenigen bewegten Teilen; außerdem haben sie ein gutes Teillastverhalten.
- Bei Schraubenverdichtern unterscheidet man ölfreie und öleinspritzgekühlte Anlagen. Das Öl hat eine Kühl- und Schmierfunktion und soll die Spalte zwischen den Rotoren selbst und zu dem Gehäuse abdichten. Der Teillastwirkungsgrad derartiger Verdichter liegt meistens geringfügig unter dem von Hubkolbenverdichtern. Wärmepumpen mit Schraubenverdichter müssen zusätzlich mit einem Ölabscheider auf der Druckseite nach dem Verdichter ausgerüstet sein; das Öl steht aber nach der Abscheidung vom Arbeitsmittel und der Abkühlung im nachgeschalteten Ölkühler zur erneuten Einspritzung in den Schraubenverdichter wieder zur Verfügung. Schraubenverdichter haben eine

vergleichsweise lange Lebensdauer, da sie wenig bewegliche Teile (d. h. keine Arbeitsventile) besitzen.

- Turboverdichter sind Strömungsmaschinen, die sich aus einer oder mehreren Verdichterstufen zusammensetzen. Eine Verdichterstufe besteht aus einem Laufrad mit fester Beschaufelung und Leitschaufeln zur Umwandlung kinetischer in potentielle Energie. In einem Turboverdichter können bis zu 8 derartiger Laufräder installiert sein; damit läßt sich ein Druck von 8 bis 11 bar erreichen. Es kommen Radial- und Axialmaschinen zum Einsatz; vorwiegend werden aber Radialturboverdichter verwendet, da sie pro Verdichterstufe ein höheres Druckverhältnis erreichen und die spezifischen Herstellungskosten geringer sind als bei Axialmaschinen. Die Leistungsanpassung erfolgt über Gehäusegröße, Anzahl der Laufräder und die Laufradbreite. Zur stufenlosen Leistungsregelung kann die Drehzahl verändert werden, und/oder die Leitschaufeln im Ansaugstutzen können verstellt werden. Da beim Turboverdichter die Schmierölversorgung vom Arbeitsmittel völlig getrennt ist (schmierölfreie Verdichtung des Arbeitsmittels), spielt das Lösungsvermögen des Arbeitsmittels für das Schmieröl keine Rolle. Vorteile der Turboverdichter sind der geringe Verschleiß, bedingt durch die einfache Konstruktion (sie besitzen weder Kurbelwelle noch Pleul oder Ventile), die stufenlose Leistungsregelung im Bereich von ca. 10 bis 100 % sowie der auch bei hohen Leistungen verhältnismäßig geringe Platzbedarf.

Verdichter können, falls erforderlich, auf zweierlei Weisen miteinander gekoppelt werden. Bei der mehrstufigen Verdichtung werden mehrere Verdichter in Reihe geschaltet, wenn der Druckunterschied zwischen Verdampfungs- und Kondensationsdruck von einem Verdichter nicht mehr bewältigt werden kann. Bei der Wärmepumpenkaskade hingegen besitzt jeder Verdichter einen eigenen Kondensator und Verdampfer. In jeder Stufe kann somit das bei der dortigen Temperatur ideale Kältemittel eingesetzt werden. Allerdings entstehen bei dieser Schaltungsart höhere Anlagenkosten und Wärmeverluste (Grädigkeit) wegen der größeren Anzahl an Wärmeübertragern.

Für geringe Leistungen, die bei der Nutzung der oberflächennahen Erdwärme dominieren, kommen in der Regel Hubkolbenverdichter zum Einsatz, die meist in einer hermetisch verschweißten Kapsel zusammen mit dem Elektromotor eingebaut werden (d. h. vollhermetische Verdichter). Neue Entwicklungen nutzen Scroll-Kompressoren, die über einen Inverter drehzahlgeregelt werden. Bei verbrennungsmotorisch angetriebenen Wärmepumpen, aber auch bei einigen Elektro-Wärmepumpen, werden auch halbhermetische Kolbenverdichter verwendet. Demgegenüber sind Schraubenverdichter, Turbokompressoren und ähnliche Kompressoren größeren Leistungen vorbehalten.

Expansionsventil. Im Drossel- oder Expansionsventil wird das flüssige Kältemittel vom Kondensatordruck auf den Verdampferdruck entspannt. Zusätzlich wird der im Wärmepumpenkreislauf umlaufende Arbeitsmittelmassenstrom geregelt. Die Auswahl des Expansionsventils erfolgt über Kältemittel, Verdichtergröße und Wärmeleistung der Wärmepumpe. Mögliche Bauformen sind Kapillarrohre oder druckgesteuerte bzw. thermostatische Expansionsventile.

- Kapillarrohre finden ihren Einsatz in vollhermetischen Verdichtern. Sie sind sehr dünn (meist 1 bis 2 mm Innendurchmesser) und weisen eine Länge von bis zu 1 oder 2 m auf, um die erforderliche Drosselwirkung zu gewährleisten. Kapillarrohre können jedoch nur an einem definierten Betriebspunkt betrieben werden; sie kommen daher kaum zum Einsatz.

- Druckgesteuerte Expansionsventile werden vom Verdampfungsdruck gesteuert und ermöglichen eine konstante Verdampfungstemperatur; sie passen zusätzlich auch die Temperatur an die Verdampferbedingungen an. Sie werden auch zur Regelung herangezogen, damit nicht mehr Kältemittel zugeführt wird als auch verdampft werden kann. Neuere Entwicklungen, bei denen statt des Ventils eine kleine Turbine eingesetzt und so einen Teil der Verdichtungsenergie zurückgewonnen wird („Expander"), sind bislang nur von größeren Wärmepumpen bekannt, die zur Nutzung der Energie des oberflächennahen Erdreichs kaum zum Einsatz kommen.
- Thermostatische Expansionsventile werden bei der trockenen Verdampfung eingesetzt und durch die Überhitzung des aus dem Verdampfer austretenden Arbeitsmittels geregelt. Da die Überhitzung im Verdampfer erfolgt und eine entsprechende Wärmeübertragungsfläche benötigt, ist die Überhitzung hinsichtlich einer hohen Verdampferleistung möglichst klein zu wählen.

Schmiermittel. Mit Hilfe des Schmiermittels soll der Verschleiß des Verdichters minimiert werden. Je nach Verdichterbauart kommen Schmiermittel und Kältemittel unterschiedlich stark miteinander in Berührung.

- In Turboverdichtern ist die Trennung von Kältemittel und Öl am einfachsten durchführbar. Es können daher Öle verwendet werden, die mit dem Kältemittel unmischbar sind.
- Schraubenverdichter benötigen große Ölmengen zur Abdichtung; sie kommen direkt mit den Kältemitteln in Kontakt. Hier kommen Ölabscheider zum Einsatz, um die Abwanderung des Öls zu vermeiden.
- Kolbenverdichterflächen werden durch die Kolbenbewegung permanent mit Öl benetzt. Auch hier kommt es zum Kontakt zwischen Schmiermittel und Kältemittel.

Damit kommt einer optimalen Abstimmung der Eigenschaften des Schmiermittels auf die des Kältemittels eine besondere Bedeutung zu.

Arbeitsmittel. Als Wärmepumpen-Arbeitsmittel in Kompressionswärmepumpen wurden in der Vergangenheit vorwiegend voll- und teilhalogenierte Fluorchlorkohlenwasserstoffe (FCKW und HFCKW) eingesetzt (Tabelle 3-6). Da Fluorchlorkohlenwasserstoffe maßgeblich zum Abbau der stratosphärischen Ozonschicht beitragen, dürfen in Zukunft nur noch Kältemittel zur Anwendung kommen, die kein Ozonabbaupotential und ein möglichst geringes Treibhauspotential aufweisen.

Die eingesetzten Kältemittel werden häufig mit Kürzeln angegeben. Beispielsweise wurden in der Vergangenheit vorwiegend die Fluorchlorkohlenwasserstoffe R12, R22 und R502 in Kompressionswärmepumpen verwendet; der teilhalogenierte Fluorchlorkohlenwasserstoff R22 wird teilweise noch heute eingesetzt. Diese Nomenklatur nach DIN 8 962 bezieht sich auf die chemische Zusammensetzung der Stoffe. Die sich an den Buchstaben „R", die Abkürzung für Refrigerant (Kältemittel), anschließenden Zahlen oder Buchstaben geben die atomare Zusammensetzung des Kältemittels wieder. Die erste Ziffer bezieht sich dabei auf die Anzahl der Kohlenstoff(C)-Atome vermindert um eins. Die zweite Ziffer benennt die Anzahl der Wasserstoff(H)-Atome erhöht um eins. Die dritte Ziffer beinhaltet die Anzahl der Fluor(F)-Atome. Die übrigen freien Valenzen des Kohlenstoffs sind als Chloratome anzusetzen. Bei den Fluorchlormethanen (ein Kohlenstoff(C)-Atom) entfällt die erste Ziffer. Angehängte Kleinbuchstaben kennzeichnen Isomere. Beispielsweise wird demnach Tetrafluorethan ($C_2H_2F_4$) als R134a und Difluordichlormethan (CF_2Cl_2) als R12 bezeichnet. Die Methodik läßt sich auch auf chlor- und fluorfreie Kohlenwasserstoffe anwenden (z. B. Propan (C_3H_8) wird als R290 bezeichnet). Arbeitsmittel aus grundsätzlich anderen Stoffgruppen werden mit Nummern belegt, die mit sieben beginnen (z. B. Wasser (R718) oder Luft (R729)).

Tabelle 3-6 Umweltrelevante Eigenschaften von Arbeitsmitteln /3-1, 3-12/

R-Nummer	Name	Formel	Siedetemp.[a]	WGK[b]	ODP[c]	GWP[d]
FCKW[e] und FCKW-Gemische (nicht mehr zugelassen)						
R12	Dichlordifluormethan	CCl_2F_2	-30 °C	2	0,56	?
R502	R22/R115 im Verh. 48,8 zu 51,2 % (R155 - Monochlor-pentaflourethan, C_2ClF_5)		-46 °C	2	0,23	?
HFCKW[f]						
R22	Monochlordifluormethan	$CHClF_2$	-41 °C	2	0,05	1 700
HFKW[g] und HFKW-Gemische						
R134a	Tetrafluorethan	$C_2H_2F_4$	-26 °C	1 – 2	0	1 300
R407c	R32/R125/R134a im Verh. 23 zu 25 zu 52 %		-44 °C	1	0	1 610
R410a	R32/R125 im Verh. 50 zu 50 % (R32 - Difluormethan, CH_2F_2; R125 - Pentafluor-ethan, C_2HF_5)		-51 °C	1	0	1 890
Natürliche Arbeitsmittel (Propan und Propen sind brennbar)						
R290	Propan	C_3H_8	-42 °C	0	0	3
R1270	Propen	C_3H_6	-48 °C	0	0	3
R717	Ammoniak	NH_3	-33 °C	2	0	0
R744	Kohlenstoffdioxid	CO_2	-57 °C	0	0	1

Verh. Verhältnis; [a] Siedetemperatur; [b] Wassergefährdungsklasse; [c] stratosphärisches Ozonabbaupotential (relativ, R 11 entspricht 1,0); [d] Treibhauspotential (relativ, CO_2 = 1,0, Zeithorizont 100 Jahre); [e] vollhalogenierte Fluorchlorkohlenwasserstoffe; [f] teilhalogenierte Fluorchlorkohlenwasserstoffe; [g] Fluorkohlenwasserstoffe.

Nach den Bestimmungen der FCKW-Halon-Verbots-Verordnung /3-47/ dürfen in Deutschland seit 1995 keine FCKW (d. h. vollhalogenierte Fluorchlorkohlenwasserstoffe) mehr als Kältemittel in Neuanlagen verwendet werden. Aufgrund der vielen Anforderungen, die an Kältemittel gestellt werden, ist es aber auch schwierig, geeignete Ersatzstoffe für die herkömmlichen Kältemittel zu finden. Enthalten sie viele Wasserstoffatome, sind sie in der Regel brennbar. Bei hohen Anteilen von Chlor oder Fluor ist mit einer langen Lebensdauer in der Atmosphäre zu rechnen; das stratosphärische Ozonabbaupotential ist hoch. Die Einordnung nach diesen Kriterien für derzeit und in der Vergangenheit eingesetzte Kältemittel zeigt Abb. 3-9. Deshalb kommen aus gegenwärtiger Sicht neben „natürlichen" Arbeitsmitteln (z. B. Wasser, Luft) vor allem die folgenden zwei HFKW-Gemische in Frage /3-48/.

- R407c als kurzfristiger Ersatz für R22, da es ohne größere Konstruktionsänderungen, vor allem für Wärmepumpen, einsetzbar ist.
- R410a als mittelfristiger Ersatz für R22, da es in Wärmepumpen nur nach erheblichen Konstruktionsänderungen eingesetzt werden kann.

In neuen Wärmepumpenanlagen werden in Deutschland heute in vielen Fällen die Kältemittel Propan (R290) und Propen (R1270) genutzt. Diese Stoffe besitzen weder ein stratosphärisches Ozonabbau- noch ein Treibhauspotential und sind mit den bisher verwendeten Werkstoffen und Schmiermitteln gut verträglich. Auch kann die Füllmenge im Vergleich zu dem teilhalogenierten Fluorchlorkohlenwasserstoff R22 deutlich reduziert werden; beispielsweise liegen die benötigten Mengen bei kleinen Anlagen bis 10 kW nur noch bei etwa 1 kg. Wegen der Brennbarkeit der Kältemittel R290 und R1270 müssen abhängig von der Füllmenge besondere sicherheitstechnische Maßnahmen getroffen werden, die in der Praxis jedoch weitgehend problemlos umsetzbar sind. Für größere Anlagen wird derzeit als Ersatzkältemittel vorwiegend R134a eingesetzt.

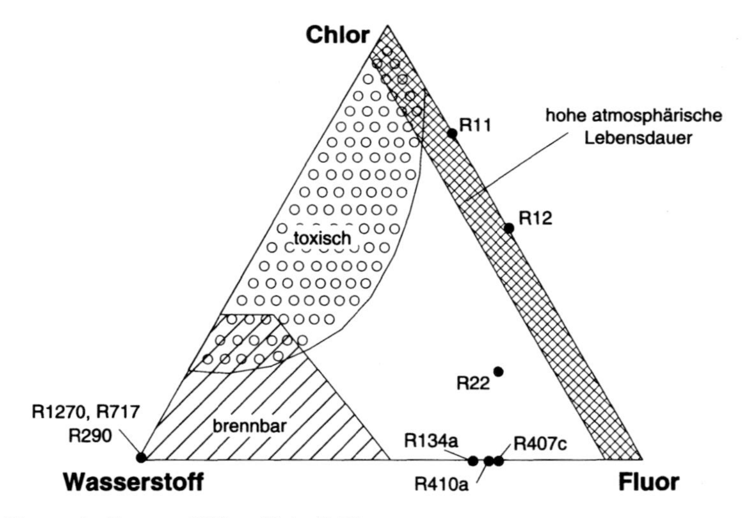

Abb. 3-9 Eigenschaften von Kältemitteln /3-5/

3.3 Gesamtsysteme

Wärmequellenanlagen (Kapitel 3.1) und ggf. Wärmepumpen (Kapitel 3.2) werden in Gesamtsysteme integriert, mit denen die im oberflächennahen Erdreich befindliche Wärme zur Bereitstellung der benötigten Nutz- bzw. Endenergie verfügbar gemacht werden kann. Deshalb werden im folgenden zunächst typische Systemkonfigurationen für charakteristische Anwendungsfälle dargestellt. Anschließend werden Aspekte diskutiert, die das Gesamtsystem „Nutz- bzw. Endenergie aus oberflächennaher Erdwärme" betreffen und bei der Auslegung solcher Systeme zu beachten sind.

3.3.1 Systemkonfigurationen

Als typische Gesamtsystemkonfigurationen werden im folgenden Heizungsanlagen mit erdgekoppelter Wärmepumpe, Wärmepumpenanlagen zum Heizen und Kühlen, Anlagen zur unterirdischen thermischen Speicherung und Anlagen zur direkten Nutzung der Energie des oberflächennahen Untergrunds ohne Wärmepumpe dargestellt.

Heizungsanlagen mit erdgekoppelter Wärmepumpe. Abb. 3-10 zeigt exemplarisch eine Wärmepumpenheizungsanlage mit horizontal verlegtem Erdreichwärmeübertrager. Hier wird durch die Wärmepumpe ausschließlich Raumwärme bereitgestellt; eine Warmwasserbereitung, die ein höheres Temperaturniveau erfordert, kann zwar grundsätzlich ebenfalls über die Wärmepumpe, aber auch mit einem separaten Wärmeerzeuger realisiert werden. Hier speist die Wärmepumpe direkt eine Niedertemperatur-Fußbodenheizung. Aufgrund der Speicherwirkung von Fußbodenheizungen kann dabei in der Regel auf einen Pufferspeicher verzichtet werden. Nur bei erhöhten Anforderungen an den Heizungskomfort (z. B. Temperaturausgleich innerhalb eines Gebäudes beispielsweise bei entsprechender Sonneneinstrahlung) oder wenn einzelne Heizkreise weggedrosselt werden sollen, ist der Einbau eines Pufferspeichers notwendig. Die Regelung der üblicherweise im Ein-Aus-Betrieb betriebenen Wärmepumpe wird dabei – in Abhängigkeit von der geforderten Heizungsvorlauf- und Außentemperatur – durch ein entsprechendes Regelgerät vorgenommen. Aufgrund der großen Speichermasse der beheizten Gebäudeflächen (Estrich, Betonboden) entstehen durch den taktenden Betrieb der Wärmepumpe keine Komforteinbußen.

Bezüglich der Betriebsweise einer Wärmepumpenanlage wird unterschieden zwischen folgenden Varianten.

- Monovalente Betriebsweise
  Hier stellt die Wärmepumpe ausschließlich die erforderliche Heizwärme bereit. Zusätzlich kann unterschieden werden in eine Betriebsweise
  - ohne Betriebsunterbrechungen (d. h. die Wärmepumpe stellt stets allein die erforderliche Heizwärme bereit),
  - mit Betriebsunterbrechungen (d. h. die Wärmepumpe kann vorübergehend vom Energieversorgungsunternehmen (EVU), das die Endenergie zum Betrieb der Wärmepumpe liefert, außer Betrieb gesetzt werden; wenn das Wärmeverteilungssystem die erforderliche Wärmespeicherkapazität zur Überbrückung dieser Betriebsunterbrechungen nicht aufweist, muß der Wärmepumpe ein Pufferspeicher nachgeschaltet werden) und
  - mit zusätzlicher elektrischer Widerstandsheizung bei Elektrowärmepumpen zur Abdeckung von Bedarfsspitzen; diese sogenannte monoenergetische

Betriebsweise kommt jedoch in Mitteleuropa bei erdgekoppelten Wärmepumpen nicht zum Einsatz.

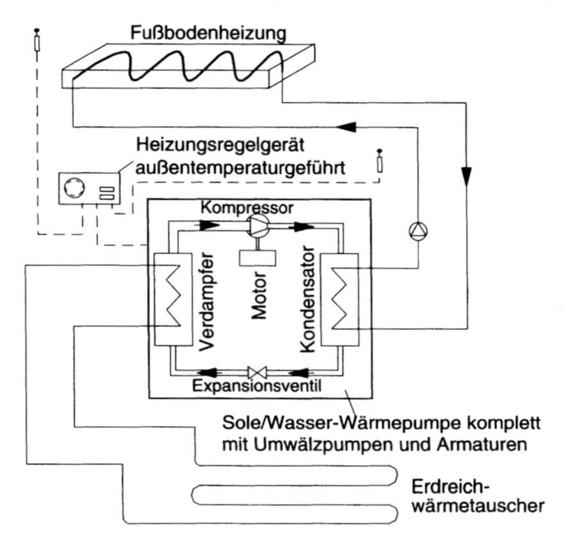

Abb. 3-10 Wärmepumpenheizungsanlage mit Erdreichwärmeübertrager /3-5/

- Bivalente Betriebsweise
  Hier stellt die Wärmepumpe zusammen mit anderen Anlagen die zur Wärmebereitstellung benötigte Wärme bereit. Es wird unterschieden zwischen einer bivalent-alternativen und einer bivalent-parallelen Betriebsweise; zusätzlich kommen noch bivalente Mischformen vor. Die bivalente Betriebsweise hat jedoch für die Nutzung der Wärmequelle Erdreich nur eine sehr geringe Bedeutung; sie kann lediglich bei größeren Anlagen interessant werden.

  Bei der bivalent-alternativen Betriebsweise stellt die Wärmepumpe bei mildem oder durchschnittlichem Winterwetter die geforderte Nutzwärme bereit; bei tiefen Außentemperaturen übernimmt ein Energiewandler, der mit einem anderen Energieträger als die Wärmepumpe arbeitet, die Wärmelieferung (z. B. ein mit Gas befeuerter Heizkessel).

  Bei der bivalent-parallelen Betriebsweise stellt die Wärmepumpe nur bei mildem oder durchschnittlichem Winterwetter allein die Nutzwärme bereit. Bei tieferen Außentemperaturen wird sie durch einen zweiten Energiewandler unterstützt, der mit einem anderen Energieträger (z. B. Ölkessel) arbeitet und die zusätzlich erforderliche Wärme liefert.

  Weiterhin sind Mischformen der beiden genannten bivalenten Betriebsweisen möglich. Es kann auch vorkommen, daß das Heizsystem eines Gebäudes mit mehreren Temperaturniveaus arbeitet, wobei z. B. der Niedertemperaturbereich durchgängig durch eine Wärmepumpe und der Hochtemperaturbereich bei niedriger Außentemperatur über einen zusätzlichen Wärmeerzeuger versorgt wird.

Grundsätzlich lassen sich bei Beachtung der Rücklauftemperaturen und bei einem ausreichend großen Wärmespeicher verschiedene weitere Wärmequellen in eine

Wärmepumpenanlage einbinden, wie etwa Sonnenkollektoren oder ein offener Kamin.

Bereits in den achtziger Jahren war versucht worden, die Effizienz von erdgekoppelten Wärmepumpen durch Einspeisung von Wärme (z. B. aus Sonnenkollektoren) in den Untergrund zu verbessern. Die Wärmeverluste bei kleineren Anlagen (Wohnhausbereich) sind allerdings so groß, daß hier kein die zusätzlichen Kosten rechtfertigendes Ergebnis zu erkennen war. Lediglich die bei einer vorhandenen Sonnenkollektoranlage ansonsten ungenutzt bleibende und damit überschüssige Wärme kann sinnvoll verwendet werden. Nur in Fällen, wo die natürliche Regeneration nicht ausreicht bzw. eine unwirtschaftlich große Erdwärmesondenlänge oder Erdwärmekollektorfläche erforderlich wäre, kann ein Sonnenkollektor speziell für die Untergrunderwärmung sinnvoll sein.

In der sehr hoch gelegenen Ortschaft Zermatt wird beispielsweise eine lange Heizperiode nur durch einen kurzen Sommer unterbrochen; um im Herbst ausreichende Untergrundtemperaturen für den Wärmepumpenbetrieb zu erreichen, werden deshalb hier in einer realisierten Anlage zusätzlich einfache Sonnenkollektoren verwendet /3-49/. Im Jahr 1997 sind zwei weitere mit Sonnenkollektoren gekoppelte Anlagen mit Erdwärmesonden in Deutschland gebaut worden.

- Bei einem Seniorenheim in Stuttgart werden die Sonnenkollektoren hauptsächlich für die Warmwasserbereitung eingesetzt, können aber auch Wärme in das Heizwasserverteilungssystem einspeisen. Die aus der Küche anfallende Abwärme wird in die Erdwärmesonden eingeleitet. Dadurch sind 28 Erdwärmesonden von je 100 m Tiefe für eine Wärmepumpe mit 175 kW Heizleistung ausreichend /3-50/.
- Für das Schulungszentrum Blumberger Mühle in der Schorfheide kommen 110 m^2 Sonnenkollektoren zur Warmwasserbereitstellung und zur Wärmeregeneration des Untergrundes zum Einsatz. 15 Erdwärmesonden mit je 32 m Tiefe sind die Wärmequelle für eine Wärmepumpe von 23 kW Heizleistung /3-51/.

Offen ist die Frage, ob eine erdgekoppelte Wärmepumpe ebenfalls Warmwasser bereitstellen oder ob diese nicht besser unabhängig z. B. durch einen Durchlauferhitzer erfolgen sollte. Bei Fußbodenheizungen mit niedrigen Vorlauftemperaturen um 35 bis 40 °C lassen sich mit Wärmepumpen sehr gute Jahresarbeitszahlen erreichen, die durch die Warmwasserbereitung mit Temperaturen von 55 bis 60 °C ungünstig beeinflußt werden würden.

Auch nimmt insbesonders bei den modernen, gut wärmegedämmten Häusern die Warmwasserbereitung einen immer größeren Stellenwert im Verhältnis zur Raumheizung ein. Beispielsweise wurde für ein Haus mit passiver Solarenergienutzung 1988 eine Jahresarbeitszahl von nur 2,37 gemessen; dies war bedingt durch einen extrem hohen Anteil der Warmwasserbereitung an der gesamten Heizarbeit /3-52/. Trotz zwischenzeitlich verbesserter Wärmepumpensysteme sind bei integrierter Warmwasserbereitung – je nach Anteil des Warmwassers an der Jahresheizarbeit – heute nur Jahresarbeitszahlen von etwas über 3 zu erreichen. Bei Wärmepumpen ohne Warmwasserbereitung dagegen kann die Jahresarbeitszahl bei bis zu 4 und ggf. darüber liegen.

Betrachtet man jedoch die gesamte Versorgung des Hauses mit Heizwärme und Warmwasser, werden bei einer Warmwasserbereitstellung mit elektrischen Durchlauferhitzern oder Boilern die Stromeinsparungen durch die höhere Jahresarbeitszahl der Wärmepumpe durch den Stromeinsatz zur Warmwasserbereitung wieder zunichte gemacht. Deshalb kann die Kombination zwischen einer erdgekoppelten Wärmepumpe mit einem Sonnenkollektor zur Warmwasserbereitung eine energetisch ideale, allerdings teure Systemkonfiguration darstellen.

Wärmepumpenanlagen zum Heizen und Kühlen. Außer zu Heizzwecken können erdgekoppelte Wärmepumpen auch zur Raumkühlung herangezogen werden, da der Wärmepumpenbetrieb grundsätzlich umgekehrt werden kann; hier wird dann Wärme aus dem Gebäude ins Erdreich transportiert. Durch die doppelte Nutzung des kostenintensiven Anlagenteils im Erdreich arbeiten solche Anlagen zur Heizung und Kühlung vergleichsweise kostengünstig /3-53, 3-54/.

Unter den klimatischen Bedingungen Mitteleuropas ist es bei verhältnismäßig kleinem Kühlbedarf auch möglich, Raumkühlung ohne Betrieb der Wärmepumpe als Kälteaggregat zu betreiben (u. a. durch Kühldecken oder Gebläsekonvektoren). Abb. 3-11 zeigt drei mögliche Betriebsarten erdgekoppelter Wärmepumpen mit direkter Kühlung.

- Im Winter wird über die Wärmepumpe geheizt; dabei entsteht Kälte (bzw. ein Defizit an Wärme) am Wärmepumpenverdampfer. Der Untergrund kühlt sich ab (Heizmodus in Abb. 3-11).
- In der Übergangszeit oder – bei entsprechend ausgelegten Anlagen mit nicht zu großer Kühlleistung – während der ganzen Kühlperiode kann Wärme aus einem Gebäude entsprechend des natürlichen Temperaturgefälles in den Untergrund eingeleitet werden; das Gebäude wird hierdurch gekühlt (direkte Kühlung; Kühlmodus 1 in Abb. 3-11). Die Temperatur des Wärmeträgermediums kann dabei über die ursprüngliche Temperatur des Erdreichs ansteigen. Dies ist möglich, solange sie niedrig genug ist, um die gewünschte Kühlung des Gebäudes noch sicherzustellen. Eine Entfeuchtung der Zuluft bei direkter Kühlung (Kühlmodus 1) ist meist nicht möglich, da die Taupunkttemperatur von 14 bis 16 °C in einem Luftregister in diesem Fall nur zu Beginn der Kühlperiode sicher unterschritten wird.
- In Kühlmodus 2 (Abb. 3-11) arbeitet die Wärmepumpe als Kältemaschine; Raumluft wird über den Wärmepumpenverdampfer gekühlt, und die entstehende Wärme wird in den Untergrund eingeleitet. Bei dieser Betriebsart kann jede Betriebsbedingung – wie bei einer konventionellen Kühlanlage – erreicht werden (einschließlich Luftentfeuchtung). Von Vorteil ist die Einsparung an Antriebsenergie gegenüber herkömmlichen Kältemaschinen mit Abgabe der Kondensatorwärme an die Außenluft.

Eine direkte Kühlung in erdgekoppelten Wärmepumpensystemen in Europa wurde erstmals Ende der achtziger Jahre diskutiert. Beispielsweise wurde 1987 eine direkte Kühlung für den Konferenzraum im Verwaltungsgebäude der Helmut Hund GmbH (Wetzlar) unter Verwendung von Konvektortruhen mit zwei separaten Wärmeübertragern verwirklicht /3-55/; hier wird das Wärmeträgermedium im Sommer mittels einer eigenen, kleinen Pumpe durch Erdwärmesonden und Konvektortruhen gepumpt und kann etwa 2,5 kW Kühlleistung abgeben. Für Pumpe und Konvektor werden dabei nur ca. 120 W an Antriebsleistung aufgenommen (d. h. Leistungszahl über 20). Hier ist kein Wärmepumpenbetrieb zum Kühlen vorgesehen. Ein Wärmeübertrager zwischen Heiz- und Erdwärmesondenkreislauf ist nicht erforderlich. Im Klimagerät (hier Konvektortruhe) befindet sich neben dem

Wärmeübertrager mit Heizungswasser für den Heizfall ein zweiter, separater Wärmeübertrager für den mit Frostschutzmittel versehenen Erdwärmesondenkreislauf.

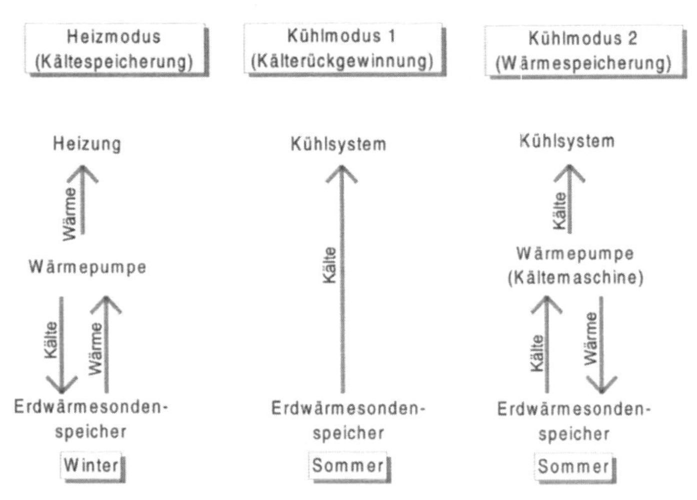

Abb. 3-11 Erdgekoppelte Wärmepumpe mit saisonaler Kältespeicherung /3-54/

Ebenfalls 1987 wurde auch ein Wohnhaus am Rande des Vogelsbergs mit direkter Kühlung und einer Kühldecke ausgestattet /3-55/; das Wärmeträgermedium zirkuliert dabei im Sommer durch Rohre in der Decke mehrerer Räume. Dabei müssen die Temperaturen so eingestellt werden, daß es nicht zu einer Unterschreitung des Taupunkts und damit zu Kondenswasserbildung an der Decke kommt.

Seit 1990 werden erdgekoppelte Wärmepumpenanlagen mit direkter Kühlung in langsam steigender Anzahl installiert (vgl. /3-54/). Abb. 3-12 zeigt eine neuere Anlage mit direkter Kühlung und Kühldecken. Das Wärmeträgermedium aus den Erdwärmesonden kann dabei Temperaturen von etwa 8 bis 16 °C liefern (bzw. 8 bis 12 °C bei Grundwasser-Wärmepumpen); dies ist für eine einfache Kühlung ausreichend. Derartige Anlagen arbeiten mit äußerst geringem Energieverbrauch; für eine Kühlleistung von 1 kW werden nur 35 bis 50 W Antriebsleistung benötigt.

Eine weitere Anwendung von Heizen und Kühlen mit erdgekoppelten Wärmepumpen kommt für Tankstellen mit Lebensmittel-Shops in den USA zum Einsatz. Erdwärmesonden werden hier als Kältequelle für Raumkühlung, Gefrier- und Kühltheken, Eiswürfelbereiter etc. und als Wärmequelle (mit Wärmepumpen) u. a. für Heizung, Warmwasser (auch zum Autowaschen), zur Schnee- und Eisfreihaltung um die Zapfsäulen und um die Autowaschanlage herum benutzt /3-56/.

Unterirdische thermische Energiespeicherung. Das oberflächennahe Erdreich und das Grundwasser eignen sich auch als thermischer Energiespeicher. Hier kann unterschieden werden zwischen Anlagen, in denen Wärme, Kälte sowie – saisonal unterschiedlich – Wärme und Kälte gespeichert werden können. Diese Technik wird daher allgemein als unterirdische thermische Energiespeicherung (UTES; Underground Thermal Energy Storage) bezeichnet.

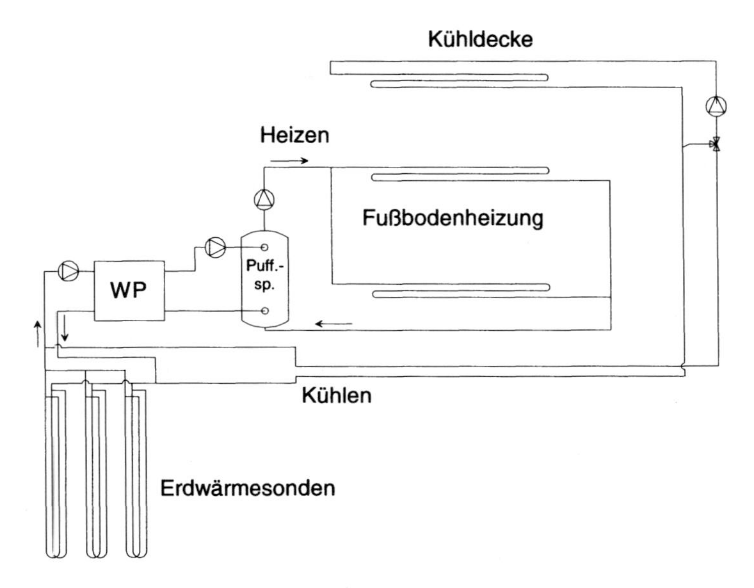

Abb. 3-12 Erdgekoppelte Wärmepumpe mit direkter Kühlung über Kühldecke /3-54/

Die unterirdische thermische Energiespeicherung hat eine vergleichsweise lange Tradition (z. B. Aquifer-Kältespeicher in China /3-57, 3-58/, theoretische Arbeiten /3-59, 3-60/). In den achtziger Jahren wurden verschiedene Pilot- und Demonstrationsanlagen gebaut zur Speicherung von Solarwärme /3-61/ oder Abwärme (z. B. /3-62/). Gegen Ende jenes Jahrzehnts wurde ein Handbuch zu saisonaler Wärmespeicherung veröffentlich /3-63/. Die Speicherung von Kälte trat schließlich in den Vordergrund, und seit 1990 wird eine zunehmende Zahl von Anlagen mit dieser Technik realisiert (vgl. /3-64/).

Anlagen zur unterirdischen thermischen Energiespeicherung können wie erdgekoppelte Wärmepumpen als offene oder geschlossene Systeme gebaut werden (Abb. 3-13).

- Geschlossene Systeme werden meist mit Erdwärmesonden ausgeführt. Sie können in standfestem, wasserundurchlässigem Gestein (z. B. im kristallinen Grundgebirge) aber auch als offene Bohrungen ausgebildet sein, die mit Wasser gefüllt sind und in die ein einzelnes Rohr bis fast zur Bohrlochsohle eintaucht /3-66/.
- Offene Systeme nutzen Grundwasserbrunnen und werden als Aquiferspeicher bezeichnet.

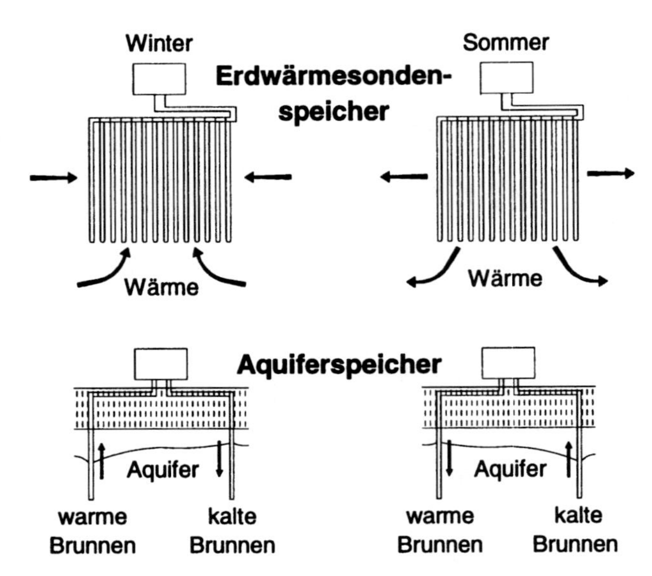

Abb. 3-13 Prinzip des Erdwärmesonden- und Aquiferspeichers (ATES) /3-65/

Bei Aquiferspeichern wird zusätzlich zwischen Speichern nach dem Wechsel- und dem Durchfluß-Betrieb unterschieden.

- Beim Wechsel-Prinzip (Abb. 3-13, unten) wird die Funktion der Brunnen als Förder- und Schluckbrunnen jahreszeitlich umgekehrt. Im Winter wird aus einer Brunnengruppe gefördert und das Grundwasser nach Abkühlung (z. B. Nutzung zur Heizung) in die andere Brunnengruppe eingeleitet. Im Sommer ändert sich die Pumprichtung; die rechte Brunnengruppe wird zum Förderbrunnen und das Wasser wird nach Erwärmung (Aufnahme von Wärme aus Raumkühlung, Abwärme usw.) in die linke Brunnengruppe geleitet. So entstehen mit der Zeit eine kalte und eine warme Grundwasserregion mit jeweils kalten bzw. warmen Brunnen. Der Vorteil dieser Anordnung ist, daß gut definierte Zonen warmen und kalten Wassers entstehen und daß auch mit Temperaturen deutlich über der natürlichen Grundwassertemperatur geheizt oder mit solchen darunter gekühlt werden kann. Von Nachteil sind der erforderliche Ausbau jedes einzelnen Brunnens als Förder- und Schluckbrunnen mit jeweils eigener Pumpe und die Schwierigkeiten bei der Automatisierung einer solchen Anlage, deren Pumprichtung umgekehrt werden muß.
- Beim Durchfluß-Prinzip wird über die Schluckbrunnen saisonal abwechselnd Kälte oder Wärme in den Aquifer eingeleitet und Grundwasser mittlerer Temperatur aus den Förderbrunnen gewonnen (Abb. 3-14). Im Idealfall entspricht die Fördertemperatur der ungestörten Grundwassertemperatur. Aquiferspeicher nach dem Durchfluß-Prinzip eignen sich nur für die Kältespeicherung und sind dort sinnvoll, wo bereits die natürliche Grundwassertemperatur so niedrig ist, daß sie direkt zum Kühlen eingesetzt werden kann. Von Vorteil ist, daß die Brunnen jeweils nur als Förder- bzw. Schluckbrunnen ausgebaut werden müssen.

Zur unterirdischen thermischen Energiespeicherung können eine Vielzahl unterschiedlicher Wärme- oder Kältequellen auf sehr verschiedenen Temperaturniveaus eingesetzt werden. Grundsätzlich unterschieden werden kann dabei zwischen Niedertemperaturspeicher (d. h. von knapp über dem Gefrierpunkt bis etwa 40 bis 50 °C) und Hochtemperaturspeicher (bis etwa 100 °C); Speicher mit darunter bzw. darüber liegenden Temperaturen wurden zwar schon geplant und experimentell untersucht, werden aber aus gegenwärtiger Sicht auf absehbare Zeit nicht zum praktischen Einsatz kommen. Im folgenden werden deshalb nur ausgewählte Nieder- und Hochtemperaturanwendungen unterirdischer thermischer Energiespeicher dargestellt.

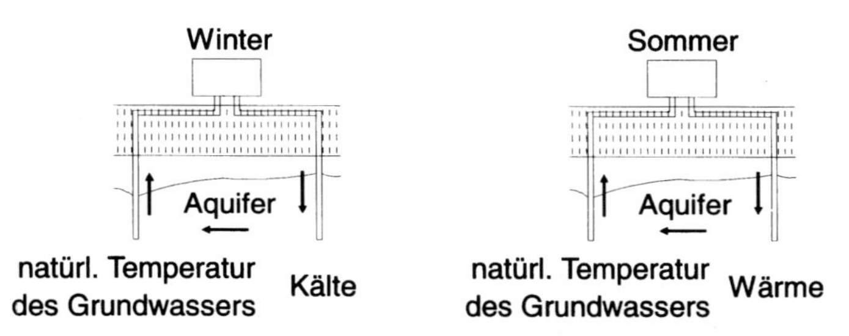

Abb. 3-14 Aquiferspeicher mit Durchfluß-Prinzip /3-54/

Niedertemperaturanwendungen. Dieser Bereich umfaßt die thermische Energiespeicherung für Kühlung, kombinierte Heizung und Kühlung sowie Niedertemperaturheizung (z. B. als Wärmequelle für Wärmepumpen).

Beispielhaft für derartige Anwendungen ist die Kältespeicherung (z. B. /3-54, 3-67/). Weiterhin kann die Verwendung von unterirdischen thermischen Energiespeichern zum Schnee- und Eisfreihalten von Straßenflächen herangezogen werden (Abb. 3-15). Besonders für Brücken in kalten Gebieten kann dies eine umweltfreundliche Alternative darstellen /3-68/.

Hochtemperaturanwendungen. Hochtemperatur bedeutet hier eine Speicherladetemperatur über 50 °C. Temperaturen knapp unter 100 °C stellen dabei bisher die obere Grenze dar; höhere Temperaturen erzeugen (noch) ungelöste technische (und wahrscheinlich auch geotechnische /3-69/ und hydrochemische /3-70/) Probleme.

Trotz erster erfolgreicher Demonstrationsanlagen sind auch bei Temperaturen zwischen 50 und 100 °C noch technische Probleme gegeben, zu deren Lösung weiter Forschungsbedarf besteht. Besonders bei offenen Systemen (Aquiferspeichern) kommt hier neben den allgemeinen Problemen bei der Grundwassernutzung (z. B. Verockerung) bei größeren Temperaturänderungen beispielsweise der Ausfällung von Kalk besondere Bedeutung zu. Von dem Erfolg der zur Zeit beschrittenen Lösungswege wird es abhängen, ob Hochtemperaturanwendungen zukünftig Bedeutung erlangen können.

Direkte Erdwärmenutzung. Schon lange wird Grundwasser direkt zur Kühlung von Gebäuden oder Industrieprozessen eingesetzt und anschließend in den Vorfluter gegeben oder wieder in den Untergrund eingeleitet. Wenn nicht – wie bei Kältespeichern nach dem Durchflußprinzip – immer wieder abgekühltes Wasser in den Untergrund einspeist wird, ergibt sich eine unerwünschte, dauerhafte Erwärmung des Grundwassers. Aus ökologischen Gründen wird eine solche direkte Grundwassernutzung deshalb meist nicht genehmigt oder mit entsprechenden Auflagen belegt. Dieser Zusammenhang engt die möglichen Einsatzfelder der direkten Erdwärmenutzung deutlich ein.

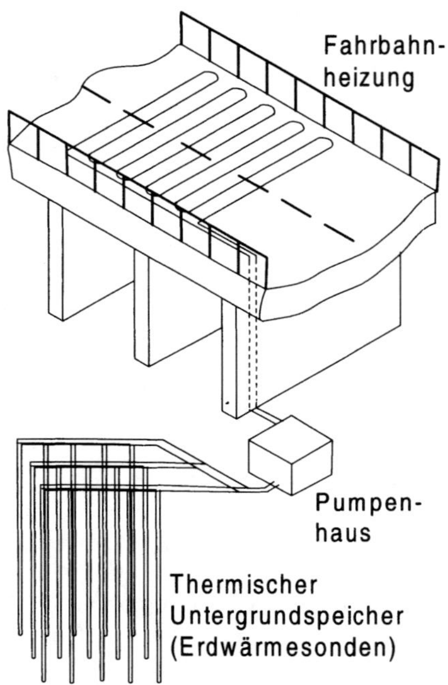

Abb. 3-15 Anlagenschema einer Straßenheizung mit Wärmespeicherung

Die in Kapitel 3.1.3. genannte Vorwärmung/-kühlung von Zuluft in Niedrigenergiehäusern mit Erdwärmetauschern ist, falls keine Wärmepumpe eingeschaltet ist, ebenfalls zu den direkten Nutzungen zu zählen.

Eine sinnvolle Einsatzmöglichkeit der direkten Kühlung ohne Speicherung stellen beispielsweise Erdwärmesonden für die direkte Kühlung von Schalt- und Relaisstationen dar. Die bislang größte derartige Anlage kühlt z. B. eine Telefon-Schaltzentrale (220 kW Kühlbedarf) in einem Tunnel in der Innenstadt Stockholms. Auch wurden in Schweden 54 Fernseh-Relaisstationen mit je ca. 120 kW Kühllast mit Erdwärmesonden zur direkten Kühlung ausgestattet (jeweils 24 Erdwärmesonden mit 160 m Tiefe). Das Ziel ist eine maximale Erwärmung der Vorlauftemperatur nach 10 Jahren auf unter 20 °C; dies kann im Granit bei einer Leistung von rund 25 W/m erreicht werden /3-71/. Eine längere Betriebsdauer als 10 Jahre ist nicht vorgesehen, da bis dahin die technische Lebensdauer der Relaisstation erreicht sein wird.

3.3.2 Gesamtsystemaspekte

Der Betrieb von Anlagen zur Nutzung oberflächennaher Erdwärme wird zusätzlich durch verschiedene übergeordnete Systemaspekte bestimmt. Deshalb werden im folgenden ausgewählte derartige Aspekte diskutiert. Dabei wird eingegangen auf die mögliche Veränderung des Wärmeregimes im oberflächennahen Untergrund. Auch werden Aspekte der Auslegungs- und Genehmigungspraxis behandelt. Aufgrund deren Bedeutung wird dies ausschließlich am Beispiel von Erdwärmesonden dargestellt.

Wärmeregime. Künstlicher Entzug und/oder Einleitung von Wärme in den oberflächennahen Untergrund führt zu einer Störung des Wärmeregimes im Erdreich; durch Wärmetransport muß deshalb das Wärmedefizit bzw. der Wärmeüberschuß wieder ausgeglichen werden. Während dies bei Anlagen mit näherungsweise ausgeglichener Energiebilanz im Untergrund (z. B. unterirdische thermische Energiespeicherung, Wärmepumpen zum Heizen und Kühlen) letztlich weitgehend durch die Anlage selbst gewährleistet wird, ist es bei erdgekoppelten Wärmepumpenanlagen mit einem ausschließlichen Wärmeentzug aus dem oberflächennahen Erdreich nicht der Fall. Hier muß das Wärmedefizit durch den natürlichen Wärmefluß aus der Umgebung (d. h. im wesentlichen aus Sonnenenergie und der Erdwärme aus dem tieferen Untergrund) ausgeglichen werden.

Aus Messungen an einer Anlage /3-72/ und durch Extrapolationen mit numerischer Simulation wird deutlich, daß erdgekoppelte Wärmepumpen auch bei einem ausschließlichen Wärmeentzug (d. h. nur Heizbetrieb) auf Dauer betrieben werden können. Die entzogene Wärme wird durch den Wärmefluß aus der Umgebung wieder ausgeglichen.

Solche Messungen wurden an der Erdwärmesonden-Anlage Elgg im Kanton Zürich (Schweiz) durchgeführt. Es handelt sich dabei um eine einzelne 105 m tiefe Erdwärmesonde, die seit Dezember 1986 über eine Wärmepumpe ein Einfamilienhaus beheizt (d. h. keine Warmwasserbereitung). Die Koaxial-Erdwärmesonde, bei der die Temperaturen im umgebenden Erdreich gemessen wurden, hat eine Entzugsleistung von ca. 45 W/m und eine jährliche Entzugsarbeit von rund 90 kWh/(m a). Dazu wurden mit einem speziellen Zielbohrverfahren in 0,5 und 1,0 m Entfernung zwei weitere Bohrungen bis auf 105 m Tiefe abgeteuft, in die vorgealterte und langzeitstabile Temperaturfühler eingebaut wurden /3-73/.

Die Meßergebnisse zeigen, daß sich in der Umgebung der Erdwärmesonde der Untergrund in den ersten 2 bis 3 Jahren zunächst abgekühlt hat. Dabei stellte sich langsam eine neue Gleichgewichtstemperatur ein, die etwa 1 bis 2 K unter der Ausgangstemperatur lag. Dieser quasi-stationäre Zustand blieb anschließend auch längerfristig erhalten.

Mit diesen Meßergebnissen wurde anschließend ein Modell zur numerischen Simulation (COSOND /3-74/) kalibriert, um damit entsprechende Temperaturvorhersagen zu machen /3-73/. Diese simulierten Temperaturen (Abb. 3-16) weichen außer in der oberen, vom Klima beeinflußten Zone, nur um maximal 0,2 K von den gemessenen Temperaturen ab /3-72/.

Die gute Übereinstimmung von gemessenen und berechneten Werten an einzelnen Vergleichspunkten erlaubt eine Extrapolation des zukünftigen Verhaltens.

Demnach ist auch bei weiteren Betriebsjahren keine signifikante Veränderung der Temperaturentwicklung zu erwarten.

Auch die thermische Regeneration nach Ablauf der angenommenen Betriebsdauer der Anlage nach 30 Jahren wurde berechnet /3-75/. Demnach erholen sich die Untergrundtemperaturen nach einer entsprechend langen Zeit fast vollkommen; beispielsweise ist nach 25 Jahren nur noch ein Temperaturdefizit von maximal 0,15 K gegenüber dem völlig ungestörten Erdreich zu erwarten.

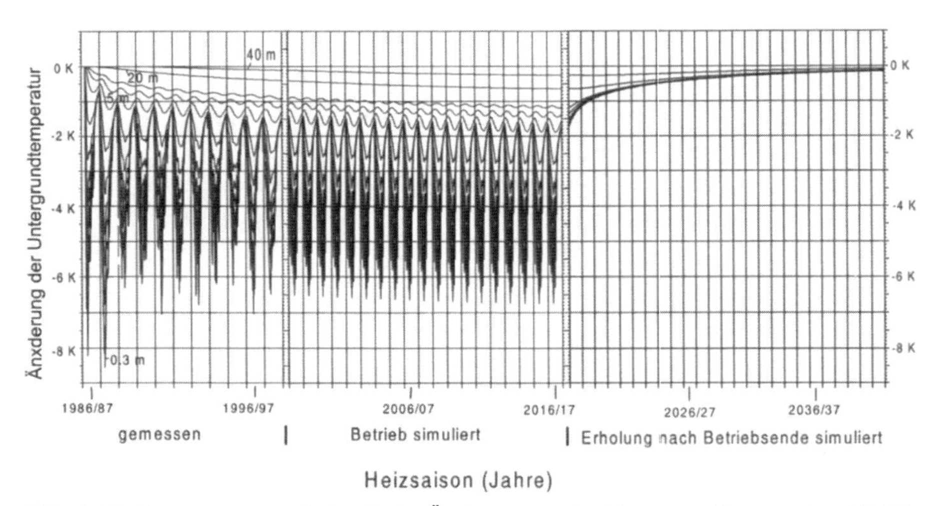

Abb. 3-16 Gemessene und simulierte Änderungen der Untergrundtemperatur (Abkühlung gegenüber der ungestörten Temperatur) in 50 m Tiefe in unterschiedlichen Entfernungen von der Erdwärmesonde für 30 Betriebsjahre und 25 Ruhejahre nach Betriebsende (nach /3-75/)

Insgesamt zeigt dies, daß mit Erdwärmesonden eine dauerhafte Wärmelieferung erreicht werden kann, wenn sie korrekt ausgelegt wird (z. B. nach VDI 4 640). Besonders bei einer Vielzahl von Anlagen auf begrenzter Fläche ist aber auch auf ausreichende Sondenlänge und im Extremfall künstliche Wärmezufuhr im Sommer zu achten.

Auslegung. Die Auslegung von erdgekoppelten Wärmepumpenanlagen zur Dekkung einer bestimmten Versorgungsaufgabe beispielsweise auf der Basis von Erdwärmesonden kann mit Hilfe von Tabellen (vgl. Tabelle 3-3), Faustformeln, Nomogrammen oder mit Unterstützung entsprechender Softwaretools bzw. einer numerischen Simulation erfolgen.

- Für die Auslegung kleinerer Anlagen mit ein bis zwei Erdwärmesonden liegt ein entsprechendes Nomogramm vor /3-76/. Es gilt für einen Heizleistungsbedarf von 3 bis 8 kW, einen Heizenergiebedarf von 4 bis 16 MWh/a, eine Höhenlage von 200 bis 1 400 m und eine Wärmeleitfähigkeit im Untergrund von 1,2 bis 4,0 W/(m K).
- Für die Auslegung größerer Anlagen, aber auch für eine genauere Berechnung kleinerer Anlagen stehen entsprechende Computerprogramme zur Verfügung

(z. B. /3-77, 3-78, 3-79, 3-80, 3-81/). Grundsätzlich basieren sie auf den Ergebnissen einer numerischen Simulation des thermischen Verhaltens des Untergrundes bei verschiedenen Erdwärmesondenanordnungen (sogenannte g-Funktionen). Diese g-Funktionen hängen vom Abstand der Bohrungen an der Erdoberfläche, der Bohrlochtiefe und ggf. dem Neigungswinkel ab.

- Für sehr umfangreiche Aufgaben mit genauer Berechnung der Temperaturverteilung im Untergrund muß eine explizite numerische Simulation des ausschließlich konduktiven /3-73, 3-77/ oder des gekoppelten konduktiven (Gestein) und konvektiven (Grundwasser) Wärmetransports /3-82, 3-83, 3-84/ durchgeführt werden.

Im folgenden wird die Auslegung einer kleineren Anlage an einem Beispiel dargestellt. Dazu wird ein Wohnhaus auf einem Sandsteinuntergrund mit einem Wärmebedarf von 12 kW nach DIN 4 701 angenommen. Die Wärmepumpe soll etwa 1 500 h/a laufen und eine Fußbodenheizung mit einer Vorlauftemperatur von 30 bis 35 °C versorgen; damit kann eine Arbeitszahl von 3,5 erreicht werden. Die resultierende mittlere Wärmepumpen-Verdampferleistung (bzw. Erdwärmesonden-Entzugsleistung) liegt dann nach Gleichung (3-4) bei 8,6 kW.

$$P_{Ent.} = \frac{P_{Hzg.}}{\beta} \cdot (\beta - 1) \qquad (3\text{-}4)$$

mit $P_{Ent.}$ Wärmepumpen-Verdampferleistung
$P_{Hzg.}$ Wärmepumpen-Heizleistung
β Jahresarbeitszahl

Die spezifische Erdwärmesondenleistung kann aus Tabelle 3-3 oder mit Hilfe der entsprechenden Faustformel (3-1) ermittelt werden. Als Wärmeleitfähigkeit des Sandsteins am Standort werden 2,3 W/(m K) angenommen. Die spezifische Erdwärmesondenleistung liegt danach zwischen 40 bis 65 W/m. Daraus kann dann die erforderliche Erdwärmesondenlänge nach Gleichung (3-5) berechnet werden.

$$l_{EWS} = \frac{P_{Ent.}}{n_{EWS} \cdot P_{EWS}} \qquad (3\text{-}5)$$

mit $P_{Ent.}$ Wärmepumpen-Verdampferleistung
P_{EWS} spezifische Erdwärmesondenleistung
l_{EWS} (mittlere) Länge einer Erdwärmesonde
n_{EWS} Anzahl Erdwärmesonden

Zusätzlich ist auch eine Bestimmung mit entsprechenden Computerprogrammen möglich (z. B. /3-80/).

Je nach Verfahren sind für dieses Fallbeispiel damit zwei 65 bis 107 m tiefe Erdwärmesonden erforderlich. Die genaue computergestützte Berechnung ergibt zwei Sonden mit einer Länge von 88 m. Bei Verwendung der vereinfachten Verfahren ergeben sich davon Abweichungen bis etwa ±25 %. Unterschiede, die sich zusätzlich aus der Verwendung verschiedener Bohrdurchmesser, unterschiedlicher Rohre, Abstandshalter etc. ergeben, liegen weit niedriger als diese Schwankungsbreite. Bei der Auslegung größerer Anlagen müssen derartige Einflußgrößen bei den dann ausführlicheren Berechnungen aber berücksichtigt werden.

Bei der Auslegung für einen horizontalen Erdwärmekollektor für das gleiche Wohnhaus kann bei einem Sandsteinuntergrund ein nur leicht bindiger Boden angenommen werden. Ihm kann entsprechend Tabelle 3-2 bei feuchtem, sandigem Boden eine Wärmeleistung von 15 bis 20 W/m^2 entzogen werden. Bei 8,6 kW Verdampferleistung der Wärmepumpe sind somit Erdwärmekollektoren mit einer Größe von 430 bis 573 m^2 erforderlich.

Planungshilfen, Genehmigungen. Für die Planung von Anlagen zur Nutzung der oberflächennahen Erdwärme gibt es eine Vielzahl unterschiedlicher Richtlinien und sonstiger Planungshilfen (z. B. Richtlinien wie VDI 4 640 /3-1/, Handbücher zu erdgekoppelten Wärmepumpen /3-4, 3-85/ und zur unterirdischen thermischen Energiespeicherung /3-63/). Einen Überblick über die wichtigsten zu beachtenden Richtlinien zeigt Tabelle 3-7 /3-86/.

Hilfsmittel zur Erkundung der Untergrundeigenschaften sind geologische Karten mit zugehörigen Erläuterungen, aber ggf. auch geophysikalische Untersuchungen /3-87/ oder Probebohrungen. Die Ergiebigkeit von Brunnen kann über Pumpversuche bestimmt werden. Die thermische Leistung von Erdwärmesonden wurde bislang mit geschätzten oder an Proben gemessenen Werten bestimmt; inzwischen wurde jedoch ein Meßgerät zur direkten thermischen Leistungsmessung an einer Erdwärmesonde entwickelt /3-88/.

Planungshilfen können auch einschlägige thematische Karten sein. Zur Genehmigung erdgekoppelter Wärmepumpen existieren derartige Kartenwerke bereits in der Schweiz (z. B. für die Kantone Bern /3-89/ oder Jura /3-90/). In Deutschland gibt es eine erste Karte und einen Leitfaden zu Genehmigungsfragen von Erdwärmesonden für Baden-Württemberg /3-91/; andere Aktivitäten auf regionaler bzw. lokaler Ebene laufen. Sehr detailreiche Karten sind nur für kleine Areale möglich; eine solche Darstellung - und gleichzeitig der erste Versuch einer tatsächlichen Potentialkarte für erdgekoppelte Wärmepumpen - wurde für den Raum Düren erarbeitet /3-92/.

Für die Genehmigung von Anlagen zur Nutzung der oberflächennahen Erdwärme sind in Deutschland grundsätzlich die Wasser- und die Bergbehörde zuständig. Nach dem Bundesberggesetz (BBergG) § 3 Abs. 3 Nr. 2 b wird „Erdwärme" den bergfreien Bodenschätzen gleichgestellt, ohne daß der Begriff „Erdwärme" näher erläutert wird. Danach bedürfte jegliche Erdwärmenutzung einer bergrechtlichen Bewilligung bzw. des Bergwerkseigentums (§ 6 BBergG). Der erste Kommentar zum Bundesberggesetz /3-93/ versucht eine Eingrenzung des Begriffs „Erdwärme" auf Ressourcen mit höherer Temperatur, die ohne Wärmepumpen genutzt werden. Dies ist jedoch durch die technische Entwicklung obsolet geworden. Eine Ausnahme ergäbe sich dann nur für Anlagen, die den bergfreien Bodenschatz „Erdwärme" aus Anlaß oder im Zusammenhang mit der baulichen Nutzung des Grundstückes einsetzen, aus dem er gewonnen wird (§ 4 Abs. 2 Nr. 1 BBergG); für die meisten erdgekoppelten Wärmepumpenanlagen dürfte dies zutreffen. Teilweise wird auch eine einzelfallorientierte Entscheidung gefordert /3-94/, ob ein bergrechtliches Verfahren nötig ist oder nicht; dies dürfte in der Verwaltungspraxis aber zu weiteren Unsicherheiten führen. In VDI 4 640 /3-1/ wird daher vorgeschlagen, unter Anwendung von § 127 BBergG eine Trennung bei einer Bohrtiefe von 100 m zu machen. § 127 BBergG sieht vor, daß für Bohrungen von mehr als 100 m Länge (d. h. tatsächliche Bohrlochlänge, nicht erreichte Teufe) ein bergrechtlicher Betriebsplan erforderlich ist. Dementsprechend sollten Anlagen mit Bohrungen von weniger als 100 m nicht bergrechtlich behandelt werden, Anlagen darüber aber in jedem Fall. Diese Praxis ist auf jeden Fall einfacher anzuwenden, muß allerdings auch Ausnahmen zulassen. So sollten sehr große Anlagen z. B. zur Nahwärmeversorgung auch mit weniger als 100 m Bohrlänge im Einzelfall durchaus von den Bergbehörden genehmigt werden.

Tabelle 3-7 Richtlinien für Bau und Betrieb erdgekoppelter Wärmepumpen

Nummer	Inhalt	Jahr
DIN EN 255	Anschlußfertige Wärmepumpen mit elektrisch angetriebenen Verdichtern	1989
DIN EN 378	Kälteanlagen und Wärmepumpen, sicherheitstechnische und umweltrelevante Anforderungen	1994
DIN 8 901	Kälteanlagen und Wärmepumpen; Schutz von Erdreich, Grund- und Oberflächenwasser	1994
VDI 4 640	Thermische Nutzung des Untergrundes, Entwurf Blatt 1 (Allgemeines), Blatt 2 (Erdgekoppelte Wärmepumpen)	1998
	Blatt 3 (Unterirdische Thermische Energiespeicherung)	1999
ÖNORM M 7 756	Besondere Anforderungen an Wärmepumpenanlagen bei Nutzung von Grundwasser, Oberflächenwasser oder Erdreich	1992
ÖNORM M 7 757	Besondere Anforderungen an Wärmepumpenanlagen mit Direktverdampfung zur Nutzung der Erdwärme	1995
ÖWAV AB 3	Wasserwirtschaftliche Gesichtspunkte für die Projektierung von Gurndwasser-Wärmepumpenanlagen	1986
ÖWAV RB 207	Anlagen zur Gewinnung von Erdwärme	1993
BEW Studie 46	Erdwärmesonden: Durch Messungen und Berechnungen bestimmte Auslegungs- und Betriebsgrößen	1989
AWP T1	Wärmepumpen-Heizungsanlagen mit Erdwärmesonden	1989
BUWAL	Wassergefährdende Flüssigkeiten: Wegleitung für die Wärmenutzung mit geschlossenen Erdwärmesonden	1994
FWS	Anforderungen an Wärmepumpenanlagen für die Nutzung von Wärme aus Grundwasser, Oberflächenwasser, Erdwärmesonden, Erdregister	1996

EN / DIN / ÖNORM Europäische, deutsche und österreichische Normung; VDI Verein Deutscher Ingenieure; ÖWAV Österreichischer Wasser- und Abfallwirtschaftsverband; AWP Arbeitsgemeinschaft Wärmepumpen (Zürich, Schweiz); BEW Bundesamt für Energiewirtschaft (Bern, Schweiz); BUWAL Bundesamt für Umwelt etc. (Bern, Schweiz); FWS Fördergemeinschaft Wärmepumpen Schweiz

Für Anlagen zur Nutzung oberflächennaher Erdwärme, die nicht unter das Bergrecht fallen, sind in Deutschland entsprechend dem Wasserhaushaltsgesetz (WHG) die Wasserbehörden zuständig. Dies ist einsichtig für Grundwasserwärmepumpen und Aquiferspeicher, wo Grundwasser tatsächlich gefördert und wieder eingeleitet wird. Die Entnahme von Grundwasser stellt eine Benutzung nach § 3 Abs. 1 Nr. 6 WHG und die Wiedereinleitung des genutzten Grundwassers eine Benutzung nach § 3 Abs. 1 Nr. 5 WHG dar.

Das Wasserhaushaltsgesetz kennt aber auch eine „physikalische" Nutzung; nach § 3 Abs. 2 Nr. 2 WHG gelten als Benutzungen „Maßnahmen, die geeignet sind, dauernd oder in einem nicht nur unerheblichen Ausmaß schädliche Veränderungen der physikalischen, chemischen oder biologischen Beschaffenheit des Wassers herbeizuführen". Meist wurde von den Behörden unterstellt, daß Veränderungen durch die Nutzung oberflächennaher Geothermie „nicht nur unerheblich" und auch „schädlich" seien. Erst in jüngster Zeit setzt sich in einigen Regionen die Ansicht durch, daß für kleinere Anlagen im Wohnhausbereich bei geschlossenen Erdwärmesonden nicht unbedingt eine Grundwassernutzung gemäß Wasserhaushaltsgesetz vorliegt /3-91/ und daß von daher außerhalb von Schutzgebieten auch mit einfachen Anzeigen statt mit Erlaubnisverfahren gearbeitet werden kann.

Besondere Vorsicht ist bei Bohrungen in gespannte Grundwasserstockwerke erforderlich, vor allem, wenn mehrere Stockwerke durchteuft werden. Die chemische Beschaffenheit des Wassers wird sich dann ändern, wenn das Wasser eines Grundwasserstockwerks mit dem anders beschaffenen Wasser eines tieferen Grundwasserstockwerks in Verbindung kommt und sich vermischt /3-1/. Hier muß im Einzelfall geprüft werden, wie stark sich die Hydrochemie der Wässer unterscheidet, wie groß die Druckunterschiede zwischen den Stockwerken sind und wie dicht die Zwischenschichten überhaupt sind. Danach kann erst entschieden werden, ob für den konkreten Standort eine Vermischung zugelassen werden kann, eine Abdichtung möglich ist oder eine Durchörterung der Zwischenschichten unterbleiben muß. Das Wasserrecht greift nicht nur, wenn Anlagen tatsächlich unter den Grundwasserspiegel reichen; auch bei horizontalen Erdwärmekollektoren sind die Wasserbehörden einzuschalten, wenn im Wärmeträgermedium wassergefährdende Stoffe eingesetzt werden.

Die Genehmigungspraxis in Österreich und der Schweiz ist grundsätzlich ähnlich, auch wenn in diesen beiden Ländern für die oberflächennahe Geothermie kein Bergrecht oder ähnliches in Frage kommt. In Österreich werden Genehmigungen für Grundwasserwärmepumpen, Erdwärmesonden etc. außerhalb von Wasserschutzgebieten in der Regel erteilt /3-1/. In allen Schweizer Kantonen ist die Nutzung von Grund- und Oberflächenwasser sowie der Bau von Erdwärmesonden bewilligungspflichtig. Bei Erdwärmekollektoren gilt dies nur zum Teil. Grundsätzlich ist die Bewilligungsbehörde im Regelfall bereit, eine Voranfrage über die Machbarkeit aufgrund der Gewässerschutz-Zonen zu beantworten /3-1/.

3.4 Anlagenbeispiele

Die Möglichkeiten der technischen Ausgestaltung der Wärmequellenanlage und die technische Umsetzung des Wärmepumpenprinzips können zu einem Gesamtsystem zur Bereitstellung von Wärme und/oder Kälte kombiniert werden (vgl. Kapitel 3.3). Im folgenden werden konkrete Anlagenbeispiele dafür dargestellt. Dabei wird unterschieden zwischen einer Anlage für ein Mehrfamilienwohnhaus, einer Anlage mit direkter Kühlung, einer Energiepfahlanlage und einer Anlage mit Energiespeicherung.

3.4.1 Anlage für Mehrfamilienwohnhaus

Eine größere monovalente Anlage im Wohnhausbereich wurde nur etwa 250 m vom Ufer des Kochelsees und wenige hundert Meter vor der ersten Felsbarriere der nördlichen Kalkalpen realisiert. Diese Wohnanlage mit 35 Wohnungen wurde in konventioneller Bauart 1993 erstellt und mit einer Wärmedämmung nach den damals geltenden Bestimmungen versehen; der Heizbedarf liegt bei etwa 80 W/m^2. Zur Wärmeversorgung wurden insgesamt 21 Erdwärmesonden von je 98 m Tiefe installiert /3-95/; bei der daraus resultierenden Gesamtlänge der Erdwärmesonden von 2 058 m ergibt sich eine spezifische Belastung von maximal 68 W/m. Zwei Reihen von 8 bzw. 9 Erdwärmesonden wurden entlang der südlichen und westlichen Grundstücksgrenze und vier weitere Sonden im Inneren des Grundstücks in einer Entfernung von 5 m angeordnet.

Vor Beginn der eigentlichen Erdwärmesonden-Bohrarbeiten wurde eine Probebohrung mit dem Rotary-Verfahren abgeteuft, die später auch für eine Erdwärmesonde genutzt wurde. Aus dem Bohrklein kann abgeleitet werden, daß unter einer Überdeckung aus Hangschutt und Moränenmaterial ab ca. 16 m Tiefe bis zur Endteufe der Bohrung in 98 m tonig-mergelige Sedimente des ostalpinen Flysch anstehen; es müßte sich dabei um Zementmergel aus der Oberkreide handeln. In der Überdeckung bis 16 m Tiefe findet sich gelegentlich Hangwasser; ein durchgängiger Grundwasserspiegel ist jedoch nicht ausgebildet. Die anschließenden Flyschsedimente sind wasserundurchlässig. Auch eine Verbindung mit dem Oberflächenwasser des Kochelsees kann ausgeschlossen werden.

Die Erdwärmesondenanlage ist in drei Teilsysteme gegliedert, zu denen jeweils eine Sondenreihe gehört. Jedes Teilsystem hat einen eigenen Soleverteiler mit zugehörigen Pumpen, Ausgleichsgefäß, Schiebern etc., der außerhalb des Gebäudes in einem Schacht installiert ist. Jedem Teilsystem sind zwei Wärmepumpen unterschiedlicher Leistung zugeordnet, damit eine gute Anpassung an den gegebenen Wärmebedarf möglich ist. Die jeweils kleinere Wärmepumpe heizt auch einen Warmwasserspeicher. Jeder Wärmepumpe wird zusätzlich eine eigene Soleumwälzpumpe zugeordnet, um die Volumenströme an den jeweiligen Bedarf entsprechend anzupassen. Abb. 3-17 zeigt schematisch ein Teilsystem.

Diese Erdwärmesondenanlage ist seit mehreren Jahren erfolgreich in Betrieb. Nicht optimal ist die realisierte Wärmeverteilung teilweise über konventionelle Heizkörper und z. T. über Fußbodenheizungen. Da die Anlage sich immer auf die höheren Vorlauftemperaturen der Heizkörper einstellen muß, können die Vorteile der Fußbodenheizung nicht zum tragen kommen. Falls deshalb in einem Teil einer Anlage nicht auf höhere Temperaturen verzichtet werden kann, sollte dieser im Sinne einer Gesamtsystemoptimierung getrennt betrieben werden. Zusammen mit der Warmwasserbereitung über die Wärmepumpen führt dies bei der dargestellten Anlage zu vergleichsweise geringen Jahresarbeitszahlen.

3.4.2 Anlage mit direkter Kühlung

Seit 1992 wird ein Laborgebäude der UEG GmbH, das sich in einem Industriegebiet im Südosten von Wetzlar befindet, mit einer Anlage zur Nutzung oberflächennaher Geothermie geheizt und gekühlt. Sie besteht aus 8 Erdwärmesonden mit einer Einzellänge von 80 m (Gesamtlänge 640 m), einer Wärmepumpe mit 47 kW Heizleistung und direkter Kühlung aus den Erdwärmesonden. Der Untergrund besteht aus paläozoischen Sedimenten; es handelt sich um oberdevonische Tonschiefer der Lahnmulde und die überlagernde Gießener Grauwacke aus dem Oberdevon/Unterkarbon. Der Wärmetransport durch Grundwasserfluß ist vernachlässigbar.

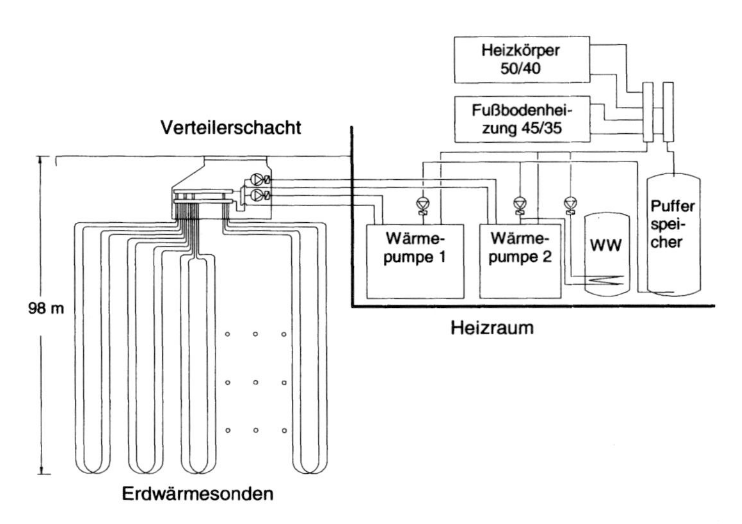

Abb. 3-17 Prinzip eines der drei Teilsysteme der Erdwärmesondenanlage Kochel /3-95/

Kernstück der Anlage ist neben den Erdwärmesonden eine Wärmepumpe (Abb. 3-18). Zusätzlich ist ein gasgefeuerter Spitzenkessel mit einer Leistung von 70 kW verfügbar, da die speziellen Bedingungen im Gebäude einen hohen Frischluftdurchsatz auch im Hochsommer und an kalten Wintertagen erfordern und eine ausreichende Erwärmung der großen Zuluftmengen sich an sehr kalten Tagen nur durch einen zusätzlichen Gaskessel mit – gegenüber der Wärmepumpe – entsprechend höheren Vorlauftemperaturen realisieren läßt. Der Heizungsverteiler ist so aufgebaut, daß an normalen Heiztagen die Wärmepumpe die gesamte Radiatoren-, Konvektoren- und Zuluftheizung versorgen kann. Bei hohem Zuluftbedarf (d. h. alle Laborabzüge in Betrieb) und niedrigen Temperaturen wird über Motorventile in Vor- und Rücklaufverteiler der durch den Gaskessel versorgte Raumluftteil von den durch die Wärmepumpe beschickten Heizkreisen abgetrennt. Dadurch wird ermöglicht, daß die Wärmepumpe auch unter Spitzenlastbedingungen nur mit mäßigen Vorlauftemperaturen um 40 °C arbeiten kann. Da der Gaskessel nur bei extremen Minustemperaturen und gleichzeitig vollem Zuluftbedarf erforderlich ist, kommen nur wenige Jahresbetriebsstunden zusammen. Messungen aus der Heiz- und Kühlperiode 1995/96 und Berechnungen ergaben, daß gegenüber einer Ölheizung und einer Kältemaschine Einsparungen an CO_2-Emissionen von bis zu 48 % erreicht werden /3-66/.

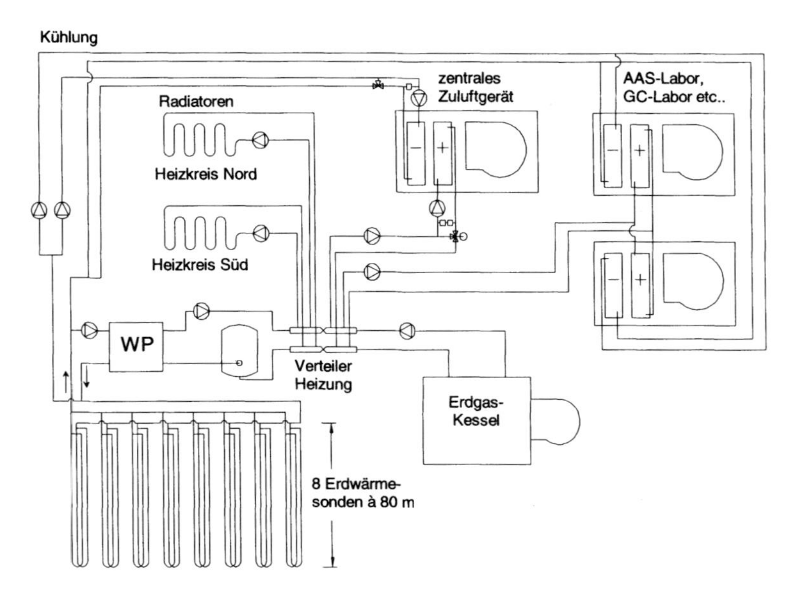

Abb. 3-18 Prinzipschema der Wärmepumpen-Anlage im Gebäude UEG /3-96/

3.4.3 Energiepfahlanlage

Pfahlgründungen werden in vielen Gebieten mit dichter Besiedlung ausgeführt (z. B. in den Ballungsgebieten Norddeutschlands, in Berlin, im Rhein-Main-Gebiet). Hier kann der Ausbau als Energiepfähle sinnvoll sein. Als erstes größeres Gebäude im Rhein-Main-Gebiet wird der Main Tower in der Innenstadt von Frankfurt mit Energiepfählen versehen /3-97/. Zwar kann bei einem Gebäude mit fast 200 m Höhe die im Verhältnis kleine Grundfläche nicht die gesamte Energieversorgung übernehmen (Tabelle 3-8); sie kann aber zumindest einen Teil der Kühllast abtragen. Dabei wird hier ein Konzept realisiert, bei dem die Absorptionskältemaschinen durch Abwärme der Blockheizkraftwerke (BHKW) angetrieben werden; zusätzlich dazu werden vor allem die Energiepfähle für die Deckung des Kältebedarfs eingesetzt.

Der Untergrund in der Frankfurter Innenstadt ist für die Gründung von Hochhäusern recht schwierig. Die Baugrundverhältnisse werden durch eine tertiäre Abfolge geprägt, die zuoberst aus dem setzungsaktiven Frankfurter Ton (Hydrobienschichten) besteht; darunter folgen die felsigen Frankfurter Kalke (Inflaten- und Cerithienschichten). Der Frankfurter Ton wird von den 6 bis 9 m dicken quartären Sanden und Kiesen der Mainterrasse überlagert. Das Grundwasser steht in 5 bis 6 m Tiefe unter der Geländeoberfläche an /3-17/. Am Standort des Main Tower werden erst in etwa 55 m Tiefe tragfähige Schichten angetroffen; das Hochhaus wurde daher auf 112 Großbohrpfähle (Ortbetonpfähle) gegründet /3-99/, die von der Oberfläche aus bis in 50 m Tiefe vorangetrieben wurden. Da die Gründungssohle des Gebäudes rund 20 m unter der Geländeoberkante liegt, sind die Gründungspfähle bis in diese Tiefe für die Erdwärme- bzw. -kältenutzung „verloren"; die aktive Energiepfahllänge ist daher nur rund 30 m. Die daraus resultierende aktive Gesamtlänge der Rohre in den Pfählen liegt bei rund 24 km.

Tabelle 3-8 Heiz- und Kühlbedarf im Main Tower, Frankfurt /3-98/

Gesamtheizleistung (Gesamtwärmebedarf 2 390 MWh/a)	3 200 kW
4 Blockheizkraftweke zu je 500 kW	2 000 kW (ca. 62,5 %)
Fernwärme	1 200 kW (ca. 37,5 %)
Gesamtkühlleistung (Gesamtkältebedarf 3 830 MWh/a)	3 600 kW
2 Absorptionskältemaschinen zu je 575 kW	1 150 kW (ca. 32 %)
2 Kompressionskältemaschinen zu 800 kW	1 600 kW (ca. 44 %)
Energiepfähle	500 kW (ca. 14 %)
Eisspeicher	350 kW (ca. 10 %)

Wegen der direkten Nachbarschaft größerer Gebäude und der großen Tiefe der Untergeschosse mußte auch die Baugrubensicherung als Bohrpfahlwand ausgebildet werden. Hierzu kam eine überschnittene Bohrpfahlwand aus insgesamt 260 Pfählen von je 35 m Länge zum Einsatz /3-99/. Hier konnten aber nur die (überschneidenden) Sekundärpfähle mit Wärmeübertragerrohren ausgestattet werden. Die Rohre wurden auf einem Teil des Pfahlumfangs zur Außenseite der Baugrube hin angeordnet.

Bei allen Energiepfählen wurden die Rohrschleifen (U-Rohre) bereits im Werk fest mit dem Bewehrungskorb verbunden. Die Länge dieser Bewehrungskörbe ist durch die Transportmöglichkeiten begrenzt. Daher mußten die Rohre der einzelnen Korblängen über dem Bohrloch an den Stoßstellen mit Schweißmuffen verbunden werden /3-98/.

Da die Energiepfähle nur für die Gebäudekühlung vorgesehen sind, muß im Winter das Erdreich durch Umgebungskälte (kalte Außenluft) abgekühlt werden. Die natürlichen Untergrundtemperaturen am Standort liegen ungewöhnlich hoch (16 bis 19 °C); deshalb kommt dieser Kältespeicherung besondere Bedeutung zu. Ein Schema einer solchen Betriebsweise zeigt Abb. 3-19. Je nach Beladung während des Winters ist eine Kühlleistung im Sommer von im Durchschnitt rund 500 kW zu erwarten; diese wird bei kurzfristigem Einsatz zu Beginn der Kühlphase bis zu 700 kW betragen und später mit zunehmender Untergrunderwärmung auf etwa 350 kW zurückgehen /3-98/.

3.4.4 Anlage mit Energiespeicherung

Ein saisonaler Aquiferspeicher auf niedrigem Temperaturniveau ist zur Klimatisierung der Hauptverwaltung des Scandinavian Airline System (SAS) im Einsatz, die an einer Ostseebucht in der Gemeinde Solna nördlich Stockholm (Schweden) gelegen ist. Der Gebäudekomplex mit insgesamt 64 000 m^2 Bruttogeschoßfläche besteht aus einzelnen Bürohäusern, die um eine glasüberdachte „Dorfstraße" gruppiert sind /3-100, 3-43/.

Der Aquifer ist ein sogenannter Esker, dessen langgestreckte Form durch die Bildung als Sediment eines subglazialen Fließgewässers bestimmt wurde. Der Esker baut sich aus Sand und Kies auf, die unterschiedliche hydrogeologische Eigenschaften haben; so gibt es eine zentrale Zone mit extrem hoher Wasserdurchlässigkeit, die umgeben ist von Bereichen geringerer Durchlässigkeit. Außerhalb steht das kristalline Grundgebirge direkt bis zur Erdoberfläche hin an; dies führt zu einer gut definierten äußeren Abgrenzung des Eskers. Die Auslegung der Brunnen (drei kalte Brunnen in der Mitte, zwei warme Brunnen im Norden und Süden) paßt sich der Form des Eskers an.

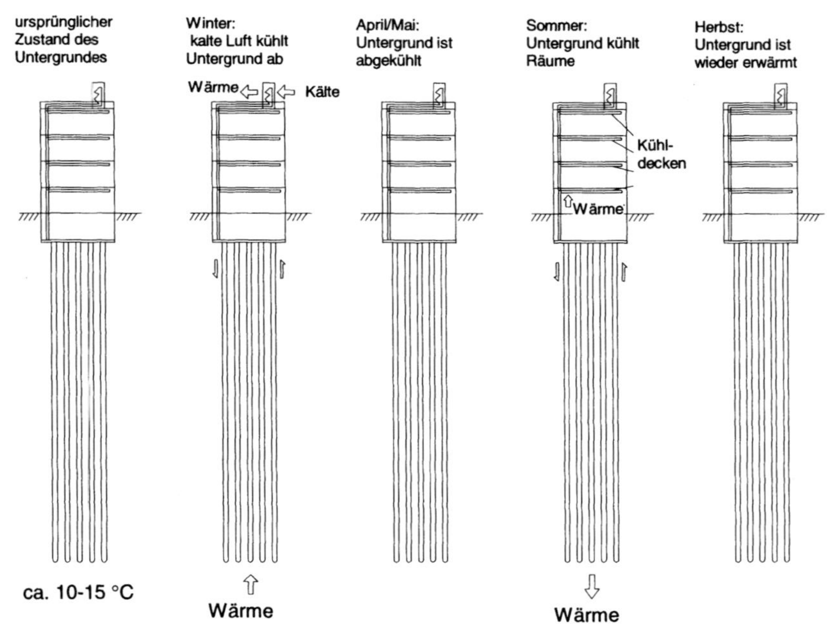

Abb. 3-19 Prinzipschema einer Energiepfahlanlage als Kältespeicher, hier mit Kühldecken

Die Anlage der SAS-Hauptverwaltung (Abb. 3-20), die nach dem Wechsel-Prinzip arbeitet, verfügt über

- eine Grundwasserförderung, die im Sommer von den kalten zu den warmen Brunnen und im Winter umgekehrt (d. h. von den warmen zu den kalten Brunnen) verläuft,
- einen Kaltwasserkreislauf zur direkten Raumkühlung im Sommer und
- einen Ethylenglykol/Wasser-Kreislauf zur Vorwärmung bzw. Vorkühlung der Zuluft und als Wärmequelle für die Wärmepumpe im Winter.

Kühl- und Heizbedarf sind weitgehend ausbalanciert und betrugen in einem bestimmten Jahr z. B. 3,1 bzw. 3,8 GWh. Durch den Aquiferspeicher läßt sich die klimatisch bedingte periodische Zeitverschiebung zwischen Kühl- und Heizbetrieb überbrücken und dadurch die extern zugeführte Energie minimieren (im dargestellten Beispiel auf 1,4 GWh; dies entspricht einer Jahresarbeitszahl für die gesamte Wärme- und Kälteversorgung von 4,9).

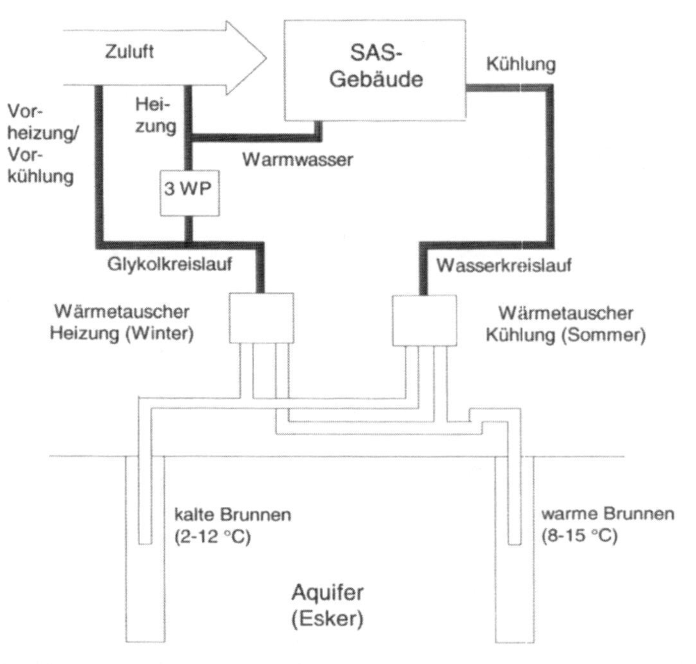

Abb. 3-20 Betriebsschema der Anlage der SAS-Hauptverwaltung (nach /3-41/)

4 Nutzung der Energie des tiefen Untergrunds

Ziel dieses Kapitels ist eine umfassende Darstellung der technischen Möglichkeiten einer Wärmebereitstellung aus dem tiefen Untergrund. Diese im Vergleich zur oberflächennahen Erdwärme auf einem – im Regelfall – deutlich höheren Temperaturniveau anfallende Wärme kann mit einer Vielzahl sehr unterschiedlicher Techniken und Verfahren erschlossen werden. Hier wird im einzelnen detailliert auf die Möglichkeiten einer Nutzung hydrothermaler Erdwärme (Kapitel 4.2), einer Nutzung mit Hilfe tiefer Einzelsonden (Kapitel 4.3) und einer Nutzung trockener Formationen mit dem sogenannten Hot Dry Rock (HDR) Verfahren (Kapitel 4.4) eingegangen; dies sind die aus gegenwärtiger Sicht unter den in Deutschland vorliegenden Randbedingungen vielversprechendsten Möglichkeiten. Da für alle diese Techniken zunächst der Untergrund aufgeschlossen bzw. einer technischen Nutzbarmachung zugänglich gemacht werden muß, wird zuvor die Voraussetzung dafür, das Herstellen der Fördersonden beschrieben (Kapitel 4.1).

Dabei wird bei der Darstellung der verschiedenen Nutzungstechniken zunächst auf die verschiedenen Varianten eingegangen, nach denen Wärmequellenanlagen konzipiert und gebaut werden können. Anschließend wird auf die Wärmewandlung sowohl bezüglich der jeweiligen physikalisch-technischen Grundlagen als auch hinsichtlich der systemtechnischen Umsetzung eingegangen. Dann wird diskutiert, wie solche Gesamtsysteme zur Energiebereitstellung aus der Erdwärme des tiefen Untergrunds konzipiert sein können (d. h. Anlagen und Betriebsverhalten). Hier werden auch ausgeführte Anlagenbeispiele diskutiert; dabei liegt der Schwerpunkt bei der Darstellung der technischen und systemtechnischen Zusammenhänge.

4.1 Herstellen der Fördersonden

Zum Herstellen der Fördersonden für Anlagen zur Nutzung der Energie des tiefen Untergrunds wird grundsätzlich die gleiche Bohrtechnik eingesetzt wie zur Exploration und Exploitation von Kohlenwasserstoffen. Differenzierungen ergeben sich durch unterschiedliche Gesteinsarten sowie durch die Art der Wärmequelle, durch den Aggregatzustand, die chemische Zusammensetzung des Fördermediums und durch den Temperaturbereich.

Viele geothermische Lagerstätten außerhalb der hydrothermalen Lagerstätten in Sedimentbecken zeichnen sich dabei durch eine komplexe Geologie aus. Die zu durchteufenden Schichten bestehen aus den verschiedensten Gesteinen, wobei unterschiedlich mächtige Vulkanite auftreten können. Die Vulkanite sind in der Regel standfest; dies wirkt sich auf die Verrohrung und Komplettierung der Bohrungen entsprechend aus. Das Gestein ist überwiegend hart, abrasiv und stark geklüftet; eine hohe Permeabilität kann zu Bohrspülungsverlusten führen. Die Lagerstättenwässer bestehen für gewöhnlich aus gesättigten bzw. übersättigten Salzlösungen. Der Salzgehalt des Thermalwassers im Norddeutschen Becken beispielsweise reicht von Trinkwasserzusammensetzung bis zur Sättigung im Tiefenwasser /4-4/. Eine allgemeine Tiefenabhängigkeit der Mineralisierung des Thermalwassers existiert nur für die Aquifere des Tertiärs, der Kreide, des Jura und der oberen Trias. Abweichende Tiefenabhängigkeiten werden nahe an der Oberfläche (Einfluß der meteorischen Wässer) und nahe an Salzstrukturen beobachtet. Der Gasinhalt schwankt lokal; der gemessene Gesamtgasinhalt der untersuchten Salzlösungen reicht bis zu 10 Vol.-% . Die Gasphase wird durch Stickstoff (N_2), Kohlenstoffdioxid (CO_2) und Methan (CH_4) beherrscht. Die Konzentrationen an Nebenbestandteilen (z. B. Wasserstoff (H_2), Argon (Ar)) betragen weniger als 1 Vol.-%. Die nicht kondensierbaren Gase im Dampf enthalten beispielsweise in Larderello 94 Vol.-% Kohlenstoffdioxid (CO_2), 2,3 Vol.-% Wasserstoff (H_2) und 1,6 Vol.-% Schwefelwasserstoff (H_2S). In Lagerstätten in Kalifornien wird die Zusammensetzung mit 82 Vol.-% Kohlenstoffdioxid (CO_2), 8,6 Vol.-% Methan (CH_4) und 0,02 Vol.-% Schwefelwasserstoff (H_2S) angegeben. Die Teufen von Geothermiebohrungen sind regional sehr unterschiedlich; sie betragen in Japan wenige 100 m, in Italien 700 bis 1 000 m sowie in Kalifornien und Mexiko 1 500 bis 2 500 m /4-1/.

Die Erschließung von geothermalen Lagerstätten, insbesondere die damit verbundene Bohr- und Komplettierungstechnik in kristallinen, mit Wärmeanomalien durchzogenem Grundgebirge, verlangt modifizierte und teilweise neue Verfahren und Materialien. Diese müssen unempfindlich gegenüber thermischen Spannungen und mineralhaltigen aggressiven Dämpfen und Flüssigkeiten sein. Vor allem werden nichtmetallische Dichtungen durch hohe Temperaturen und Korrosion in Mitleidenschaft gezogen. Die Bohrspülungen und die für die Verrohrung notwendigen Zemente müssen an die entsprechenden Gebirgsverhältnisse von hohen Drücken und Temperaturen angepaßt werden.

4.1.1 Tiefbohranlage

Das Bohren nach geothermalen Lagerstätten basiert auf den gleichen technischen Grundlagen, die auch in der Erdöl- und Erdgasindustrie angewandt werden. Die wesentlichen Unterschiede gegenüber Öl- und Gasbohrungen sind, daß

- fast alle geothermischen Bohrungen unter niedrigem Gebirgsdruck stattfinden (ausgenommen davon sind Druckwassersysteme),
- die meisten geothermischen Bohrungen geringe Teufen bei gleichzeitig hohen Bohrlochtemperaturen besitzen (ausgenommen davon sind Druckwassersysteme),
- die zu erbohrenden Gesteine eruptiven oder metamorphen Ursprungs sein können und
- im Bohrloch oft mineralhaltige, aggressive Dämpfe und Flüssigkeiten auftreten.

Die Wahl des geeigneten Bohrlochdurchmessers ist insbesondere im Hinblick auf die spätere Förderung entscheidend. Ein zu klein dimensioniertes Bohrloch führt zu einer Einschränkung der späteren Produktionsrate, da der Aufwärtsströmung ein zu hoher Widerstand entgegengesetzt wird. Demgegenüber ist ein zu großer Bohrlochdurchmesser kostspieliger und stellt ein höheres finanzielles Risiko dar.

Bohrplatzerstellung und -einrichtung. Erste Maßnahmen nach Festlegung der Bohrlokation sind die Einrichtung eines Bohrplatzes (Abb. 4-1) und der Anschluß des Bohr- und späteren Betriebsplatzes an die vorhandene Infrastruktur. Dies betrifft primär Zufahrtswege und Versorgungsleitungen für Energie und Wasser.

Da die Bohrungen tiefer als 100 m gebohrt werden, unterliegen die Arbeiten in Deutschland dem Bundesberggesetz (BBergG) unter entsprechender Beachtung der vorgeschriebenen Sicherheitsmaßnahmen. Der Bohrplatz mit einer standardisierten Flächengröße von etwa 2 000 m^2 erfordert eine Behandlung des Bohrplatzuntergrundes durch Aushub und Aufschüttung einer etwa 30 cm mächtigen Kiesschicht. Zum Schutz des Untergrundes gegen eindringende kontaminierte Fluide der Spülung oder des Lagerstättenwassers wird die Gesamtfläche versiegelt. Die frühere Praxis des Aufschiebens von Spülungsteichen und Bohrschlammgruben entspricht nicht mehr dem heutigen umwelttechnischen Sicherheitsstandard. Die Spülung wird heute im Kreislauf geführt, fortlaufend überwacht und konditioniert. Spülungszusätze und Zement werden in Silos vorgehalten und durch Verpumpen dem Kreislauf zugeführt. Das anfallende Bohrklein und die nicht mehr verwendete Spülung werden umweltverträglich entsorgt.

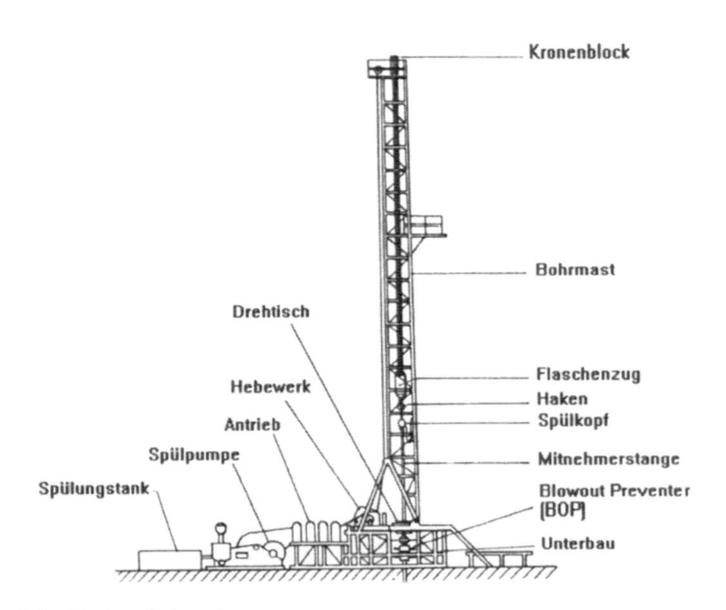

Abb. 4-1 Rotary-Bohranlage

Die standardisierten technischen Einrichtungen werden dem Bohrloch so zugeordnet, daß ein störungsfreier Arbeitsablauf gewährleistet ist. Als Hauptkomponenten sind auf dem Bohrplatz die Bohranlage mit Unterbau und Mast, das Gestängelager mit Gestängetisch und -wagen sowie der dieselelektrische Antrieb aufzustellen (Abb. 4-1). Der Spülungskreislauf mit Konditioniertanks, Rücklauf- und Ansaugtank sowie den Bohrklein-Separationseinrichtungen und den Vorratscontainern und -silos für Spülungszusätze, Schwerspat, Zement u. a. nimmt einen wesentlichen Teil des Betriebsplatzes ein.

Bohrverfahren. Für die Herstellung von Tiefbohrungen wird weltweit das Rotary-Bohrverfahren eingesetzt. Es wird auch für die Aufsuchung und zur Erschließung geothermischer Lagerstätten angewendet. Die Bohrausrüstung hat folgenden Anforderungen zu genügen:

- Kontinuierliche Drehbewegung des Bohrwerkzeuges.
- Ein Drehmoment wird übertägig mittels Drehtisch auf das Bohrgestänge und das Bohrwerkzeug übertragen.
- Beliebiges Verlängern oder Verkürzen des Bohrstranges.
- Konstanter Bohrandruck auf das Bohrwerkzeug; das erforderliche Gewicht wird durch Schwerstangen, die unmittelbar über dem Bohrwerkzeug angeordnet sind, aufgebracht.
- Kontinuierlicher Spülstrom zum Abtransport des Bohrkleins von der Bohrlochsohle und zur Kühlung des Bohrwerkzeugs; der Spülstrom wird durch das Gestänge zum Bohrwerkzeug geleitet und steigt mit Bohrklein beladen im Ringraum auf.
- Umweltverträgliche Handhabung von Bohrklein sowie von Gas- und Flüssigkeitsfreisetzungen.

Das hauptsächlich verwendete Bohrwerkzeug ist der Dreikegel-Rollenmeißel. Außerdem werden Diamantbohr- und Kernbohrwerkzeuge eingesetzt. Die gebohrten Strecken werden abschnittsweise durch Einbringen und Zementation von Futterrohren gesichert. Die schweren Lasten beim Ein- bzw. Ausbau von Rohrkolonnen werden über ein Hebesystem mit Flaschenzugsystem bewegt. Das Rotary-Verfahren kann durch Einsatz spezieller Geräte modifiziert werden, so z. B. durch Einsatz von Bohrmotoren zur Erzeugung des Drehmomentes unmittelbar über dem Meißel. Bohrmotoren sind entweder Turbinen (hydrodynamische Antriebe) oder Moineau-Motoren (hydrostatische Antriebe). Elektromotoren sind wegen der Zuleitung von Kraftstrom problematisch und bislang nur versuchsweise im Einsatz. Ein Wettbewerb mit den beiden erstgenannten Untertageantrieben ist nicht gegeben.

Auslegungskriterien einer Standard-Tiefbohranlage sind die geplante Endteufe sowie der Bohrlochenddurchmesser bzw. die Abfolge der Bohrlochdurchmesser. Nach Fertigstellung der Bohrung, Komplettierung und Umrüstung auf den Förderbetrieb wird die Tiefbohranlage auf eine andere Lokation versetzt. Laufende Wartungsarbeiten während des Förderbetriebes werden über fahrbare Windeneinheiten durchgeführt.

Übertägige Ausrüstung. Zu den Hauptkomponenten einer Tiefbohranlage zählen der Bohrmast, das Hebesystem, der Drehtisch, die Spülungspumpen, der Spülungskreislauf sowie der Blow Out Preventer (Abb. 4-1).

Die wesentlichen teufenabhängigen Energieverbraucher auf einer Tiefbohranlage,

- das Hebesystem,
- die zwei Spülungspumpen,
- der Drehtisch und
- diverse Nebenaggregate

werden von einem dieselelektrischen Antrieb versorgt, durch den jeder Verbraucher mit maximaler Leistung versorgt werden kann. Die Einrichtungen genügen den vier Grundoperationen beim Bohren: Heben, Drehen, Spülen und Messen.

Bohrmast. Um ein schnelles Ein- und Ausbauen der Rohrtouren zu ermöglichen, werden speziell bei Tiefbohrungen Masthöhen von bis zu 40 m bevorzugt. Sie erlauben es, beim Roundtrip drei Bohrstangen à 9 m Länge in einem Stück zu ziehen, zu entschrauben und im Turm abzustellen. Das Bohrgerüst steht auf einem 12 bis 14 m hohen Unterbau. Die Höhe des Unterbaus wird durch die Bauhöhe der Blow Out Preventeranlage bestimmt. Der Blow Out Preventer (BOP) bildet den oberen Abschluß der Verrohrung als Bohrlochkopfsicherung. Für den Mastunterbau ist zu beachten, daß der „Christmas Tree“ als Sondenkopfinstallation und der Blow Out Preventer bei Geothermalbohrungen beträchtlich größer sind als für vergleichbare Erdölbohrungen.

Hebesystem. Das Hebesystem besteht aus Hebewerk, Kronenblock, Flaschenzug und dem Bohrhaken. Es ist so dimensioniert, daß es die maximalen Hakenlasten beim Einbau der schwersten Verrohrungstour bewältigen kann. Die Leistung des Hebesystemantriebes steigt mit zunehmender Teufe. Der Antrieb erfolgt dieselelektrisch oder über Dieselaggregate.

Drehtisch. Beim Bohren im kristallinen Grundgebirge treten aufgrund der Härte dieser Gesteine starke Stöße und Drehmomentschwankungen auf. Zahnräder, Ketten, Wellen und Kupplungen müssen speziell auf diese Belastung hin ausgelegt sein. Zwischen Antrieb und Drehtisch empfiehlt sich eine Flüssigkeitskupplung bzw. ein unabhängiger Drehtischantrieb, der Meißelstöße absorbiert.

Spülungspumpen. Eine Kolbenpumpe drückt die Spülung stetig durch das hohle Bohrgestänge zum Meißel, wo es durch mehrere Düsen mit hoher Geschwindigkeit austritt und das gelöste Gestein von der Bohrlochsohle abfördert. Die bohrkleinbeladene Spülung steigt in dem Ringraum außerhalb des Bohrgestänges zur Oberfläche, wo das Bohrklein durch Siebe, Desander und Desilter von der Spülung getrennt wird. Der Pumpendruck richtet sich nach Durchmesser und Tiefe der Bohrung, nach dem Bohrkleinmaterial und nach den im Kreislauf auftretenden Druckverlusten. Probleme können sich bei den Spülungspumpen aus den großen Durchmessern der Bohrung und den hohen Spülungstemperaturen ergeben. Dem wird durch leistungsstarke Spülungspumpen begegnet, die die Spülung schnell zirkulieren lassen /4-2/.

Spülungskreislauf. Die Spülungspumpen drücken die Bohrspülung durch Steigleitung und Rotaryschlauch über den Spülkopf in den als Hohlbohrstange ausgelegten Bohrstrang (Abb. 4-2).

Das Spülungssystem erfährt durch die hohen Spülungsgeschwindigkeiten von 20 bis 40 m/s beim Durchtritt der Spülung durch den Bohrmeißel den größten

Druckabfall. Im Ringraum steigt die bohrkleinbeladene Spülung auf und tritt übertage drucklos aus dem Bohrloch aus. Im übertägigen Teil des Spülungskreislaufes wird das Bohrkleinmaterial durch Siebe, Zyklone u. ä. aus der Spülung entfernt. Nach erneuter Konditionierung wird die Spülung wieder auf die Bohrlochsohle gepumpt. Der Spülungskreislauf integriert somit die übertägigen mit den untertägigen Anlageteilen.

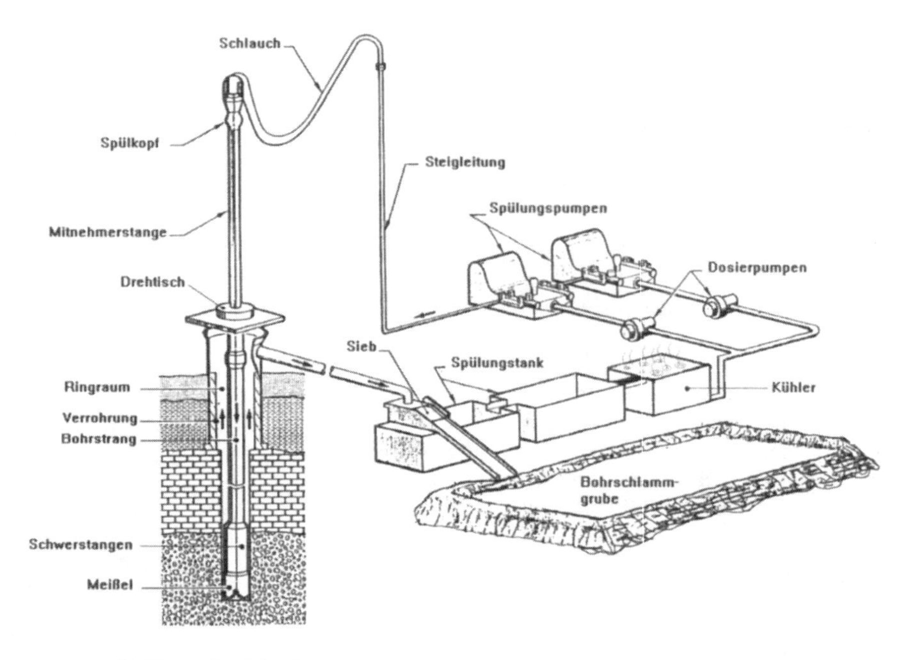

Abb. 4-2 Spülungskreislauf

Blow Out Preventer. Der Blow Out Preventer stellt den Abschluß der untertägigen Einrichtungen dar. Er ist in Deutschland bergbehördlich für Bohrlöcher tiefer als 100 m vorgeschrieben, um ein unkontrolliertes Austreten von Lagerstätteninhalt unter hohem Druck zu verhindern. Der Blow Out Preventer besteht aus einem System von mindestens drei Schließorganen als Ring- und Backenpreventer, wodurch das Bohrloch in jeder Betriebsphase abgesperrt werden kann.

Blow Out Preventer, die bei geothermischen Bohrungen eingesetzt werden, müssen folgende spezielle Anforderungen erfüllen:

- große Durchlässe für den Einbau von Casing-Touren mit großen Durchmessern,
- hoher Durchsatz an Flüssigkeiten,
- resistent gegen stark korrosive und abrasive Flüssigkeiten und
- hohe Temperaturbeständigkeit gegen Spülung oder austretenden Dampf.

4.1.2 Bohrtechnik

Neben den Bohrlochsohlendrücken übt die Temperatur im Bohrloch einen wesentlichen Einfluß auf die untertägige Bohrlochausrüstung aus; dies gilt insbesondere für

- die Spülungseigenschaften und -kosten,
- die Hydratationszeit des Zementes,
- die Expansion/Kontraktion jeglichen Stahls beim Bohren und Fördern,
- die Lebensdauer von Bohrmeißeln und Down Hole Motoren und
- die Einsetzbarkeit von Meßgerät und Sonderwerkzeugen.

Druck- und Temperatureinflüsse werden überlagert von Reaktionen des Formationsmaterials Salz, Anhydrit oder Ton im Hinblick auf Bohrlochverengung und Festsetzen des Bohrstranges. Die Untertageausrüstung besteht im wesentlichen aus dem Bohrstrang und der Verrohrung als Bohrlochauskleidung.

Bohrstrangsystem. Das gesamte Bohrstrangsystem wird durch die beiden Komponenten

- Bohrstrang und
- Bohrwerkzeug

bestimmt. Der eigentliche Bohrstrang besteht aus den Teilkomponenten

- Mitnehmerstange (Kelly),
- Bohrgestänge,
- Schwerstangen und
- Bohrstrangelementen wie Stabilisatoren, Stoßdämpfern, Schlagschere.

Der überwiegende Teil des Bohrstranges wird von dem Bohrgestänge gebildet; es besteht aus etwa 9 m langen Einzel-Stahlrohren, die miteinander verschraubt werden. Die Werkstoffe und Dimensionen sind vom American Petroleum Institute (API) genormt. Die Auslegung des Gestänges hat so zu erfolgen, daß den beim Bohren auftretenden dynamischen Zug-, Biege- und Torsionsbeanspruchungen begegnet werden kann. Die oberste Stange des Bohrstranges ist die Mitnehmerstange (Kelly), eine etwa 12 m lange Stange mit quadratischem oder sechseckigem Querschnitt. Sie wird durch den Drehtisch, durch den sie sich in axialer Richtung frei bewegen kann, formschlüssig in Rotation versetzt und überträgt das Drehmoment über den Strang auf das Bohrwerkzeug. Im Laufe des Abteufvorganges ist es erforderlich, weitere Bohrstangen nachzusetzen, die zwischen Kelly und oberster Bohrstange eingebaut werden. Der Bohrprozeß muß zu diesem Zweck unterbrochen werden und der Bohrstrang um die Länge der abgebohrten Stange angehoben werden.

Im unteren Teil des Bohrstrangsystems sind besonders dickwandige Bohrstangen als Schwerstangen installiert, um durch hohes Gewicht am Strangende einerseits den darüber befindlichen Strangteil in Zugspannung zu halten und andererseits eine definierte Auflast auf den Bohrmeißel zu geben. Alle übrigen Bohrstrangelemente wie Stabilisatoren, Räumer, Stoßdämpfer, Schlagschere, Meß- und Steuerelemente sowie evtl. Bohrlochsohlenantriebe werden ausschließlich im

Schwerstangenteil untergebracht. Stabilisatoren sollen den Bohrstrang richtungsstabil führen. Durch eine entsprechende Anordnung von Stabilisatoren und auch Räumern wird der untere Strangteil fest im Bohrloch eingespannt. Wegen des hohen Verschleißes im Granit werden bevorzugt Roller-Stabilizer und auch Roller-Räumer eingesetzt. Als weitere Einheiten sind in die Garnitur eine unmagnetische Schwerstange zur Richtungskontrolle der Bohrung, ein Stoßdämpfer und eventuell eine Schlagschere eingebaut. Stoßdämpfer sollen Schläge auf den Bohrstrang dämpfen, während Schlagscheren einen evtl. festgesetzten Schwerstangenstrang wieder lösen sollen. Stoßdämpfer und Schlagschere sind Spezialkonstruktionen, welche bei Geothermalbohrungen den hohen Temperaturen angepaßt werden müssen /4-15/.

Bohrwerkzeug. Die Meißel werden nach ihrer Arbeitsweise auf der Bohrlochsohle und ihren konstruktiven Besonderheiten in Rollenmeißel und Diamantmeißel unterteilt.

Da das Bohrwerkzeug ein Verschleißteil mit Standzeiten von durchschnittlich 30 bis 100 h ist, muß der Meißel auf die Gesteinsbeschaffenheiten, die Bohrlochsohlentemperaturen und die sonstigen beeinflussenden Faktoren abgestimmt werden, zumal bei Bohrwerkzeugwechsel der gesamte Bohrstrang aus- und wieder eingebaut werden muß.

Als Bohrwerkzeug sind beim Rotary-Verfahren überwiegend Rollenmeißel als 3-Kegel-Rollenmeißel mit gehärteten Stahlzähnen oder mit Wolframkarbideinsätzen als Warzenmeißel im Einsatz. Während der Drehung des Bohrstranges laufen die Kegelrollen selbständig auf der Bohrlochsohle ab. Dabei brechen die Zähne Gesteinsteilchen aus dem Verband heraus; es werden Druck- und Scherkräfte wirksam. Die Einsatzgrenze der Rollenmeißel liegt in einem Temperaturbereich von 200 bis 250 °C. Höhere Temperaturen bewirken einen schnellen Verschleiß der Lager und der Stahlzähne bzw. der Wolframkarbideinsätze. Die Rollen- und Kugellager der Kegelrollen werden entweder durch die direkt durchtretende Spülung geschmiert oder aber in gekapselter Form zwangsgeschmiert. Die Temperaturgrenze für Dichtringe und Schmierstoffe liegt bei ca. 200 °C /4-16/. Für extremere Einsätze bezüglich Temperatur und Aggressivität des Fluids sind Metalldichtungen entwickelt worden, die die Lagerwärme schneller an die umgebende Spülung ableiten können /4-5/.

Diamantbohrwerkzeuge können bis zu einer Temperatur von 500 °C eingesetzt werden. Sie besitzen aber den entscheidenden Nachteil, in den Gesteinsverhältnissen geothermaler Bohrungen nur geringen Bohrfortschritt zu erzielen /4-1/. Bis etwa 1970 wurde der Diamantmeißel ausschließlich in harten, nicht abrasiven Formationen eingesetzt. In den letzten 15 Jahren sind jedoch Meißeltypen entwickelt worden, mit denen viele Formationen wirtschaftlicher gebohrt werden können als mit Rollenmeißeln. Die Anpassung der Diamantmeißel an die zu bohrende Formation erfolgt u. a. durch die Form der Diamantmeißel, die Anordnung und den Querschnitt der Wasserwege, den Überstand der Diamanten (Exposure) sowie die Qualität und Größe der Diamanten.

Die wesentlichen Vorteile der Diamantmeißel gegenüber den Rollenmeißeln liegen in der längeren Standzeit und der möglichen höheren Drehzahl, die ihren Einsatz beim Turbinenbohren erlaubt. Der im Vergleich zum Rollenmeißel hohe Preis des Diamantmeißels kann in vielen Fällen durch Einsparung von Roundtrips ausgeglichen werden. Die Kosten für Roundtrips steigen mit der Teufe an, so daß sich die Wirtschaftlichkeit mit zunehmender Teufe zugunsten des Diamantmeißels verschiebt. Ein Diamantwerkzeug kann daher nur wirtschaftlich bohren, wenn neben der langen Standzeit Bohrfortschritte erreicht werden, die wesentlich höher sind als die der Rollenmeißel.

Eine Fortentwicklung der Diamantmeißel sind polykristalline Diamantmeißel (PCD-Meißel). In einem neuartigen Syntheseverfahren werden dabei aus synthetischen Diamanten Plättchen in hoher Qualität hergestellt und auf Hartmetallzylinder aufgelötet. PCD-Bohrmeißel sind für den Einsatz in weichen oder mittelharten Gesteinen am besten geeignet; in hartem Gestein besteht bei Überschreiten einer Temperatur von 700 °C an der Schneide die Gefahr ihrer thermischen Zerstörung /4-11/. Um den Anwendungsbereich auch auf das Bohren härterer Gesteine auszuweiten, wurden 1982 thermostabile polykristalline Diamanten auf den Markt gebracht. Sie zeichnen sich durch eine erhöhte Wärmebeständigkeit bis zu einer Temperatur von 1 200 °C aus /4-11/.

Bohren mit Versenkbohrhammer (Drehschlagbohren). Beim schlagenden Bohren werden bis zu 80 % der Schlagenergie auf das Gestein übertragen und in Zerkleinerungsarbeit umgesetzt. Dadurch werden hohe Bohrgeschwindigkeiten in mittelharten bis harten Gesteinen erzielt /4-9/. Das Drehschlagbohren kombiniert die Vorteile des schlagenden Bohrens mit denen des drehenden. Aus der Kombination der beiden Verfahren ist das Bohren mit dem Versenkbohrhammer hervorgegangen

Bei diesem Verfahren wird durch einen unmittelbar über der Bohrkrone gelagerten Kolben dem Meißel bei gleichzeitigem Drehen Schlagenergie zugeführt. Der Bohrhammer wird pneumatisch betrieben. Die Schlagenergie ist proportional zu dem erzeugten Druckabfall im Bohrhammer. Durch entsprechende Steuerung kann die gesamte Druckluft als Spülung eingesetzt werden. Um einen gleichmäßigen Bohrfortschritt zu gewährleisten, muß der Meißel kontinuierlich umgesetzt werden. Dazu wird der Bohrhammer über einen Kraftdrehkopf mit dem Gestänge gedreht. Die Drehzahl variiert zwischen 5 und 80 1/min. Die pneumatisch betriebenen Bohrhämmer erreichen Schlagzahlen bis zu 1 250 1/min.

Die Vorzüge des Versenkbohrhammers liegen in der Abhängigkeit der Bohrgeschwindigkeit von der Schlagenergie, der guten Säuberung der Bohrlochsohle durch die Luftspülung, dem geringen Meißelverschleiß durch die schlagende Gesteinszerkleinerung und den niedrigen erforderlichen Drehzahlen. Nachteilig an dem Bohrverfahren ist die Empfindlichkeit des Bohrhammers gegen Verschmutzung und der geringe Wirkungsgrad der Kompressoren. Der Einsatz setzt grundsätzlich gasförmige Spülung voraus, d. h. stabile Bohrlöcher ohne Klüftigkeiten und ohne Wasserzuflüsse.

Bohrlochsohlenantriebe. Die maschinentechnische Einmaligkeit, ein Drehmoment über eine mehrere Kilometer lange Welle zu übertragen, hat schon frühzeitig zur Suche nach alternativen Antriebsverfahren geführt. Das Ergebnis sind Bohrturbinen und Verdrängermotoren (Abb. 4-3), die unmittelbar über dem Bohrmeißel angeordnet und mit der umlaufenden Spülung angetrieben werden. Der gesamte Bohrstrang verbleibt in Ruhe oder rotiert nur langsam, überträgt aber kein Drehmoment. Dadurch werden die hohen Reibungsverluste zwischen Bohrstrang und Gebirge, die beim Rotarybohren vor allem in tiefen Bohrlöchern auftreten, vermieden.

Die Turbinenentwicklung geht auf ein russisches und ein amerikanisches Patent aus dem Jahr 1924 zurück. Die Turbinenentwicklung wurde vornehmlich in Rußland in den dreißiger Jahren vorangetrieben. Die Turbine besteht aus vielen, in Stufen hintereinander liegenden Leit- und Laufrädern. Die Laufräder sind auf einer Welle aufgeschraubt, während die Leiträder am Turbinengehäuse fixiert sind. Durch die hindurchtretende Spülung wird die Welle angetrieben und ein Drehmoment auf das Bohrwerkzeug übertragen (Abb. 4-3). Das Bohrgestänge dient der Befestigung der Turbine und sorgt für den notwendigen Bohrandruck. Charakteristisch sind hohe Drehzahlen, die für konventionelle Dreirollenmeißel weniger verträglich sind, so daß beim Turbinenbohren bevorzugt mit Diamantmeißeln mit geringen Meißelbelastungen gebohrt wird. Wegen der bei der Bohrturbine aufgrund ihrer hydrodynamischen Charakteristik häufig auftretenden axialen Lastwechsel ist diese Lagerung anfällig für frühzeitige Ermüdung und muß bei jedem Ausbau des Bohrstrangs kontrolliert werden. Ansonsten besteht die Gefahr, daß der nötige Spaltabstand zwischen Rotor und Stator nicht mehr vorhanden ist und es zum Anlaufen von Rotor und Stator kommt. Der Lagerstuhl einer Bohrturbine zur Aufnahme der axialen Lasten bestand bis Mitte der siebziger Jahre bei Einsatztemperaturen unter 130 °C aus Kugellagern mit Elastomerdistanzringen. Heute sind die Axialkugellager fast ausschließlich durch Hartmetall- bzw. Diamantgleitlager ersetzt. Der Vorteil elastomerwerkstofffreier Lagersektionen von Bohrturbinen ist die Möglichkeit des Bohrens in Gebieten mit sehr hohem geothermalen Tiefengradienten und des Abteufens von Geothermalbohrungen.

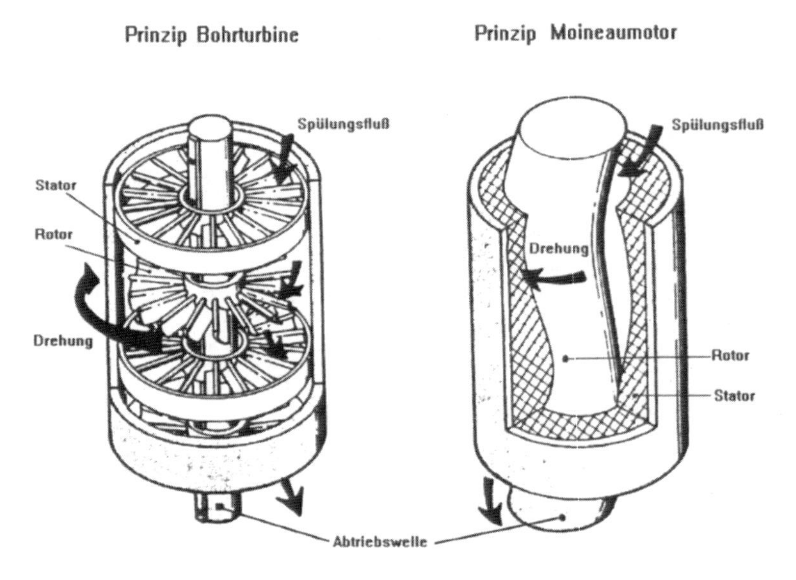

Abb. 4-3 Prinzip der Meißeldirektantriebe

Der andere Bohrlochsohlenmotor ist ein Verdrängermotor, der nach dem Moineau-Pumpenprinzip arbeitet (Abb. 4-3). Der Motor hat eine Gummiauskleidung mit spiralförmigen Vertiefungen, in denen ein spiralförmiger Vollstahl-Rotor in elliptischen Bahnen bewegt wird. Die Bohrspülung wird durch das vorliegende

Druckgefälle zwischen Ein- und Ausgangsseite durch die von Rotor und Stator gebildeten Kammern gedrängt und erzeugt, da der Stator selbst fest gelagert ist, das an der Antriebswelle vorhandene Drehmoment. Der Verbinder zwischen Motor und Meißel ist das einzige äußerlich rotierende Teil im Bohrstrang. Die moderaten Drehzahlen sind für alle Meißelarten geeignet. Vorteilhaft an diesen hydrostatischen Antrieben sind die Steuerung des Drehmomentes über den Spülungsstrom, das hohe Drehmoment bei gleichzeitig niedriger Drehzahl und die Unempfindlichkeit gegen Verschmutzung der Spülung. Wie beim Turbinenbohren ist auch hier der Bohrstrang stillstehend und somit für abgelenktes Bohren mit einem winkligen Übergangsstück geeignet. Der aus Gummi gegossene Stator kann für höhere Bohrlochtemperaturen von über 140 °C durch Keramik oder Porzellan ersetzt werden, setzt dann aber feststofffreie Spülung zur Verschleißminderung voraus /4-7/.

Eine andere Ausführungsart von Positive Displacement Motoren ist der Flügelzellenmotor, dessen technische Ausführung einige Vorteile (z. B. durch kurze Baulänge und Verzicht auf Elastomerwerkstoffe) gegenüber dem Moineau-Motor bietet. Insbesondere gilt dies für den Einsatz in Tiefbohrungen mit kleineren Bohrlochdurchmessern und aggressiven Spülungen und beim Richtbohren mit kurzem Radius.

Gerichtetes Bohren. Seit Beginn der neunziger Jahre zählen steuerbare Meißeldirektantriebe zur besseren Krafterzeugung und -übertragung und für gerichtetes Bohren z. B. zur Erstellung von Kurvensektionen, Tangenten und Horizontalen zum Bohrstandard. Durch die schnelle Entwicklung auf dem Sektor der steuerbaren Meißeldirektantriebe, also auch der Horizontalbohrtechnik, ist die Möglichkeit des Abteufens von Bohrungstypen mit einer langen lateralen Reichweite gegeben, die mit konventioneller Rotarybohrtechnik nicht erstellt werden können. Der Einsatz von Meißeldirektantrieben hat sich von einem reinen Ablenkwerkzeug hin zu einem steuerbaren Bohrwerkzeug gewandelt.

Mit dem Begriff Meißeldirektantrieb wird das Gesamtsystem mit Motorsektion zur Leistungserzeugung, Gelenkwelle zur Leistungsabführung aus der Motorsektion mit geradem oder gewinkeltem Gehäuse, Lagersektion zur Führung der Meißelantriebswelle und Meißel bezeichnet. Es können zusätzlich Bauteile wie By Pass Valve, zentrische und exzentrische Stabilisatoren, Ablenkpads und Neigungsübergänge integriert sein. Synonym werden die Begriffe „Steerable System“ und „Downhole Motor“ verwendet. Zudem wird das „steuerbare Bohren“, „orientierte Bohren“ und „kontrollierte, nicht steuerbare Bohren“ unterschieden. Diese zusätzlichen konstruktiven Merkmale ermöglichen es, auf die Vortriebsrichtung des Meißeldirektantriebs im Bohrloch während des Bohrvorgangs steuernd Einfluß zu nehmen und damit ein gezieltes Erstellen eines vorbestimmten Bohrlochverlaufs zu ermöglichen. Die Steuerung der Meißeldirektantriebe ermöglicht es, die Abweichungen des realen vom geplanten Bohrlochverlauf zu minimieren und somit ein genau vorgegebenes Zielgebiet in der Lagerstätte zu treffen. Damit können Horizontalbohrungen mit einer lateralen Länge von über 1 000 m selbst innerhalb gering mächtiger Trägerformationen erstellt werden; dies führt zu Produktionssteigerungen bei gleichzeitiger Verringerung des Bohrungsbedarfs. In Lagerstätten mit ausgeprägter Vertikalklüftung hat sogar vielfach erst das Erstellen von Horizontalbohrungen mit einer exakten Verlaufsführung durch den Träger einen wirtschaftlich sinnvollen Aufschluß ermöglicht.

Ausschlaggebend für den Trend zum Bohren mit steuerbaren Systemen sind zum einen verbesserte Möglichkeiten des Measurement While Drilling (MWD; d. h. der kontinuierlichen Messung des Bohrlochverlaufs bezüglich Richtung und Neigung), die Einführung des Logging While Drilling (LWD) bzw. Formation Evaluation While Drilling (FEWD) und Weiterentwicklungen in der kabellosen Datenübertragungstechnik. Zum anderen ist es die Entwicklung von Steuersystemen, mit denen es möglich ist, mittels der Meßdaten eine Richtungsänderung ohne zeitaufwendige Unterbrechung des Bohrens aufgrund erforderlicher übertägiger Modifikation des Meißeldirektantriebs durchzuführen.

Aber auch bei Vertikalbohrungen kann die Verwendung steuerbarer Motoren sinnvoll sein. Die Abweichung von der Lotrechten wird hierbei minimiert oder kann sogar eliminiert werden.

Neue Bohrverfahren. Erdwärme wird meist in Gebieten genutzt, in denen geothermische Anomalien auftreten und damit hohe Temperaturen in geringer Teufe angetroffen werden. Um geothermische Energie weltweit nutzen zu können, sollten auch tiefere Bohrlöcher unter extrem hohen Temperaturen abgeteuft werden. Hier sind herkömmliche Bohrmethoden aus wirtschaftlichen oder technischen Gründen kaum einsetzbar. Es wird daher nicht nur versucht, die konventionellen Verfahren ständig zu verbessern, sondern auch neue Techniken zu entwickeln, die die Bohrkosten senken und die Bohrgeschwindigkeiten erheblich erhöhen können /4-15/.

Die bisher noch in der Entwicklung stehenden neuartigen Bohrverfahren können aufgrund ihrer Art, das Gestein zu zerstören, unterschieden werden in solche mit chemischer Reaktion, mit Schmelzen und Verdampfen, mit thermischer Spannung, die das Gestein auf der Bohrlochsohle abplatzen lassen, sowie mit mechanisch eingeleiteten Spannungen.

Insbesondere für das Durchteufen von porösen Gesteinen, was zur Erschließung von geothermischen Heißwässern in Porenlagerstätten besonders wichtig ist, zeichnet sich keine Alternative zum Rotary-Bohren ab. Selbst das Schmelzbohren, das speziell für Hot Dry Rock Projekte und damit für das Bohren in Graniten und ähnlichen Gesteinen als neues Verfahren in Erwägung gezogen wird, muß technisch erst erprobt werden, bevor eine realistische Kostenschätzung Aussagen über dessen Wirtschaftlichkeit zu treffen vermag /4-1/.

4.1.3 Bohrspülungen

Die gegenwärtig eingesetzten Bohrverfahren benötigen für die Bohrlochsohlenreinigung und für den Abtransport des Bohrkleins eine zirkulierende Spülung. Unter Spülungstechnik sind damit alle Maßnahmen zu verstehen, die zu einer optimalen Auswahl, Einstellung und laufenden Einsatzüberwachung von Bohrspülungen führen. Dabei sind sicherheitstechnische, wirtschaftliche und ökologische Gesichtspunkte zu berücksichtigen.

Auch in geothermalen Projekten ist die richtige Wahl der Bohrspülung, wie auch die ständige Überwachung ihrer Zusammensetzung und ihres Zustandes ausschlaggebend für Kosten und Erfolg einer Bohrung. Der Aufgabenbereich der Spülung ist wie folgt definiert:

- Reinigen der Bohrlochsohle und Abtransport des Bohrkleins über den Ringraum zur Oberfläche mit Ringraumgeschwindigkeiten von 0,6 bis 1,0 m/s. Spülungen weisen in der Regel thixotrope Eigenschaften auf (d. h. sie verhalten sich im Zustand der Bewegung wie eine Flüssigkeit und im Zustand der Ruhe wie ein Gel). Diese Gelbildung verhindert bei stehender Spülung ein Absinken des Bohrkleins.
- Kühlung und Schmierung des Bohrwerkzeuges und des Bohrstranges durch spezielle Schmiermittel.
- Abdichtung und Abstützen nicht standfester Gesteine an der Bohrlochwand durch Bildung eines millimeterstarken Wandbelages, des Filterkuchens, um Spülungsverluste bzw. Einströmen von Formationswasser und Gas in das Bohrloch zu verhindern. Die Filterkuchenbildung setzt einen Druckgradienten vom Bohrloch zur Formation voraus.
- Beherrschung des Lagerstättendrucks durch den hydrostatischen Druck der Spülungssäule.
- Hydraulische oder pneumatische Kraftübertragung.

Die auftretenden Schwierigkeiten in der geothermalen Spülungstechnik sind i. allg. denen der Öl- und Gasindustrie ähnlich und lassen sich mit den dort angewendeten Verfahren beherrschen /4-13/. Zusätzliche Probleme in weit größerem Ausmaß ergeben sich bei geothermischen Bohrungen durch die hohen, 150 bis 500 °C betragenden Bohrlochsohlentemperaturen, die zu hohen bis zu völligen Spülungsverlusten führen können /4-13/. Dies gilt insbesondere beim An- und Durchbohren der Produktionshorizonte und beim Durchteufen zerklüfteter und verworfener Gesteinskörper.

Um den hohen Temperaturen zu begegnen, werden den Bohrspülungen temperaturbeständige Zusätze beigemischt. Eine weitere Möglichkeit bieten obertägig installierte Kühltürme oder andere Kühlaggregate zur Senkung der Spülungstemperatur. Durch den Einsatz von Wärmeübertragern läßt sich die Belüftung bzw. der Sauerstoffeintrag in die Spülung verringern und dadurch die Korrosion vermindern. Bei Spülungsverlusten in zerklüfteten Horizonten werden der Spülung Quellstoffe wie zermahlene Nußschalen, Cellophane, Baumwolle, Holzspäne, Torf o. ä. beigegeben. Wenn diese Additive die absorbierenden Schichten nicht schließen, ist eine Zementation im Niveau der undichten Formation notwendig. Bei Bohrungen durch besonders stark zerklüftete Gesteinspakete sind die genannten Maßnahmen wirtschaftlich nicht mehr vertretbar, so daß ohne zurückkehrende Spülung gebohrt werden muß. Hier wird bevorzugt Wasser eingesetzt, solange dessen geringe Viskosität und Dichte zum Verdrängen des Bohrkleins in die schluckenden Horizonte genügt /4-13/. Andernfalls muß es durch eine kostenaufwendige Tonspülung ersetzt werden.

Bei geothermischen Projekten wird hinsichtlich der Bohrspülung zwischen Trockendampffeldern und anderen Lagerstätten unterschieden. Heißwasserlagerstätten können bis zur Fertigstellung des Bohrlochs mit flüssiger Spülung erschlossen werden. Dagegen besteht beim Durchteufen der Produktionshorizonte von Trockendampffeldern die Gefahr, daß die dampfführenden Schichten durch die eindringende Spülung beschädigt werden. Deshalb wird in diesem Trägerbereich bevorzugt mit Luft oder mit anderen gasförmigen Medien gespült.

Flüssige Bohrspülungen. Die bei geothermalen Bohrungen bis zu einer Temperatur um 150 °C am häufigsten eingesetzte Spülung ist die Tonspülung als eine Bentonit-Wasser-Suspension oder als selbstgehende Ton-Süßwasserspülung infolge des Durchteufens tonhaltiger Formationen. Beim Durchteufen von elektrolytabgebenden Formationen (Gips, Salz) entsteht bei normalen Tonsuspensionen, insbesondere bei steigenden Temperaturen, ein instabiler Zustand (d. h. Ausflockung des Bentonits und damit die Trennung der Spülung in eine flüssige und in eine feste Phase). Um dieser Entwicklung entgegenzuwirken, werden der Spülung Schutzkolloide zugefügt wie Stärke und Stärkederivate, Celluloseäther wie Carboxymethylcellulose (CMC), Carboxymethylhydroxyethylcellulose (CMHEC), Biopolymere, Acrylat/Acrylamid-Polymere sowie Vinylsulfonat/Vinylamid-Polymere /4-10/. Diese Additive haben gleichzeitig den Vorteil, die Fließeigenschaften und den Wasserverlust günstig zu beeinflussen. Stärke und Stärkederivate haben eine temperaturbegrenzte stabilisierende Wirkung bis 120 °C; bei höheren Temperaturen werden sie wirkungslos bzw. ihr Verbrauch steigt schneller an. CMC und CMHEC sind bis zu einem Temperaturbereich von 140 bis 160 °C wirksam /4-10/.

Auch die Biopolymere erreichen keine größere Thermostabilität. Nur die Copolymere der Art Acrylat/Acrylamid und Vinylsulfonat/Vinylamid eignen sich für höhere Temperaturen über 200 °C. Erstere reagieren jedoch empfindlich auf Calciumionen, die aus Gips oder Zement stammen. Bei hoher Temperatur verseifen sie schnell und verlieren ihre Wirksamkeit, Vinylsulfonat/Vinylamid dagegen nicht.

Eine weitere Folge der hohen Temperaturen ist die Vergelung von Bohrspülungen, die bei Tonsuspensionen bei etwa 150 °C einsetzt. Um diesen Vorgang zu verhindern oder zu begrenzen, werden Dispergatoren wie Polyphosphate (60 bis 80 °C), Quebracho (100 bis 120 °C), Lignosulfonate (150 bis 170 °C), Huminate/Lignite (200 °C) sowie Styrosulfonat/Maleinsäureanhydrit-Polymere (200 °C) zugesetzt, welche die Spülung verflüssigen /4-16/.

Die bohrtechnisch bedeutsamsten Zusätze sind Lignosulfonate und Lignite, oft auch in der Verbindung Chromlignit bzw. Chromlignosulfonat. Styrosulfonat/Maleinsäureanhydrit-Polymere verflüssigen zwar die Spülung ebenfalls bis zu einer Temperatur über 200 °C, weisen aber einen hohen Wasserverlust auf. Lignosulfonate setzen bei höheren Temperaturen von ca. 190 °C Schwefelwasserstoff (H_2S) frei, das zu ernsthaften Korrosionsschäden an den Bohrmaterialien und der Verrohrung führen kann. Allen Dispergatoren ist gemein, daß sie nur eine geringe Stabilisierung der Bohrspülung hinsichtlich der Elektrolyte und der Temperatur bewirken, so daß zusätzliche Schutzkolloide erforderlich sind /4-10/.

Sepiolith- und Attapulgit-Spülungen werden bei hohen Bohrlochtemperaturen und elektrolytabgebenden Formationen eingesetzt. Beide sind Salzwassertone, die nicht quellfähig sind und auch bei hohen Temperaturen nicht ausflocken. Nachteilig ist, daß bei diesen Spülungen teure, hochleistungsfähige Ausrüstungen erforderlich sind, um eine genügende Viskosität und Feststoffkontrolle zu erhalten /4-16/.

Ölbasische Spülungen können Temperaturen bis zu 250 °C widerstehen und sind stabiler als wasserbasische Suspensionen. In geothermalen Bohrungen würden sie aber die wasserführenden Schichten derart verunreinigen, daß die Produktivität der Lagerstätte eingeschränkt würde. Weiterhin ist das Bohren mit Ölspülungen mit umfänglichen Umweltauflagen verbunden.

Gasförmige Bohrspülungen. Für das Bohren mit Luft oder Gas bieten harte und/oder verfestigte Schichten, Eruptionsgesteine und konsolidierte kristalline Schiefer, verfestigte Schiefer und verfestigte klastische Sedimente gute Voraussetzungen /4-17/. Gegenüber flüssigen Spülungsmedien können sich folgende Vorteile ergeben:

- Luft als Spülungsmedium ermöglicht eine drei- bis vierfach höhere Bohrgeschwindigkeit und eine zwei- bis vierfach längere Meißelstandzeit als beim Bohren mit Flüssigkeiten.
- Die Produktionszone wird nicht durch eindringende Spülung verunreinigt und Niederdruckzonen können gefahrloser durchteuft werden.

Der Einsatz gasförmiger Spülungen setzt allerdings trockene Bohrlöcher und dichte Bohrlochwandungen voraus.

In einigen Fällen wurden sowohl Flüssigkeits- wie auch Luftspülung verwendet, wobei Flüssigspülung bis zum Produktionshorizont und Luftspülung beim Durchteufen der Lagerstätte eingesetzt wurde /4-17/. Beim gasförmigen Spülungseinsatz besteht die Gefahr des Zusammenbrechens der Bohrung aufgrund hochgespannter Fluide in der Lagerstätte.

Eine Alternative zur flüssigen und gasförmigen Spülung stellt die Schaumspülung und die belüftete Spülung dar. Schaumspülungen sind gasförmige Spülungen, denen zur Erhöhung der Dichte und Verbesserung der Tragfähigkeit ein geringer Anteil Flüssigkeit in Schaumform zugesetzt wird, während ausschließliche Flüssigkeitspülungen durch gasförmige Anteile in ihrer Dichte reduziert werden können.

4.1.4 Verrohrung und Zementation

Die Verrohrung, das Setzen von Futterrohren (Casings) mit ihrer anschließenden Zementation ist für geothermale Bohrungen wegen der hohen Temperaturen und des Chemismus des Fördermediums von ausschlaggebender Bedeutung. Das Geothermie-Bohrloch hat in seiner Funktion als Förder- oder Injektionssonde über die Lebensdauer des Feldes offen und funktionsfähig zu sein.

Verrohrung. Mit dem Einbringen der Verrohrung werden hohe Spülungsverluste vermieden. Außerdem stützt die Verrohrung die Bohrlochwand, dichtet gegen andere flüssigkeitsführende Schichten ab, verhindert Gesteinsnachfall und bietet später die Möglichkeit, technische Hilfsgeräte für die Förderung einfacher einzubauen.

Die Verrohrung wird teilweise schon während der Herstellung des Bohrloches eingebracht, um freie Bohrlochstrecken zu schützen. Sie kann entweder bis zutage geführt und abgesetzt werden oder als sogenannter Liner in einem bereits abgesetzten Rohrstrang im Bohrloch eingehängt werden. Genormte Casingrohre stehen von 4½“ bis 20“ Außendurchmesser zur Verfügung. Die Verrohrung erfährt Belastungen durch den Differenzdruck des Außen- und Innendruckes, dem Gebirgsdruck und dem hydrostatischen Druck, Zugbeanspruchung durch das Eigengewicht des Stranges, insbesondere beim Einbau und Biegebeanspruchung in nicht geraden Bohrlöchern sowie durch thermische Spannungen.

Der notwendige Enddurchmesser einer Bohrung ist bestimmend für die Dimensionierung der Bohrlochkonstruktion. Aufbauend auf den Enddurchmesser der Bohrung werden die Durchmesser der weiter einzubauenden Rohrtouren festgelegt. Den einzelnen Rohrtouren sind bestimmte Bezeichnungen zugeordnet (Abb. 4-4).

Das Standrohr hat die Aufgabe, die unterhalb der Erdoberfläche meist lockeren und verwitterten Schichten abzudecken und damit den oberen Teil des Bohrlochs zu stabilisieren. Bei sehr tiefem Grundwasserstand wird das Standrohr bis zu einer Tiefe von 30 m und mehr eingebaut.

Dem Standrohr folgt die Leitrohr- oder Ankerrohrtour. Diese muß den Sondenkopfarmaturen eine zuverlässige Befestigungsmöglichkeit geben. Unter den geologischen Bedingungen Mitteleuropas wird die Leitrohrtour bis zur Basis der nicht oder wenig verfestigten Sedimente des Quartärs und des Tertiärs eingebaut, um diesen wenig standfesten Teil des Bohrloches abzusichern.

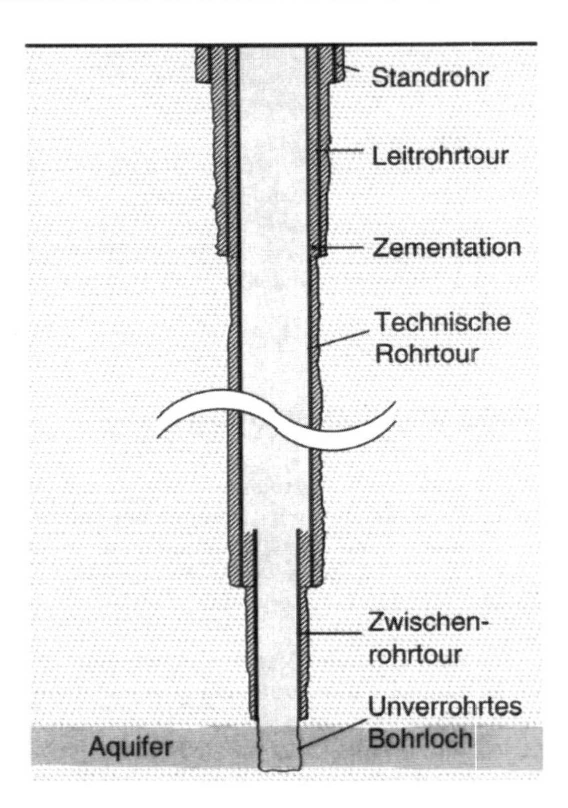

Abb. 4-4 Verrohrungsschema /4-62/

An die Leitrohrtour schließt sich die „technische Rohrtour“ an. Diese ist erforderlich, um Schichten mit vergleichbaren geologischen Eigenschaften und Drücken der fluiden Medien in deren Porenräumen von solchen Bereichen zu trennen, die abweichende Eigenschaften und Druckverhältnisse aufweisen. Unter den geologischen Bedingungen Mitteleuropas werden die Schichten des Mesozoikums als nächster Schichtenkomplex nach dem Tertiär verrohrt, bevor die darauffolgenden

Schichten des Zechsteins angebohrt werden. Weiterhin kann im Bedarfsfall eine weitere Rohrtour (Zwischenrohrtour) bis zur Endteufe eingebracht werden /4-61/.

Ein wesentliches Kriterium bei der Verrohrung von Geothermal-Bohrungen sind die für die Wirtschaftlichkeit erforderlichen hohen Produktionsraten. Heißwasser- und Dampfbohrungen werden meist steigrohrlos komplettiert, um die Reibungsdruckverluste so niedrig wie möglich zu halten. Die Förderung der teilweise sehr aggressiven Medien direkt durch die Casings erfordert besondere Sorgfalt bei der Auslegung der Verrohrung. Beim Einhängen leistungsstarker Tauchkreiselpumpen als Förderhilfsmittel ist der Einbau großkalibriger Casings notwendig /4-3/. Injektionsbohrungen werden fast immer mit Steigrohren ausgerüstet, weil Reibungsdruckverluste eine untergeordnete Rolle spielen.

Die häufigsten Ursachen für Casingschäden in Geothermal-Bohrungen sind thermische Spannungen, Korrosion, Materialfehler und Ablagerungen (Scaling). Die thermischen Spannungen im Rohrstrang sind auf die großen Temperaturdifferenzen von über 150 °C zurückzuführen. Da diese Differenzen mehrmals im Zuge der Injektions- und Produktionszyklen auftreten, ergibt sich eine hohe Wechselbeanspruchung der Rohre /4-14/. Konstruktive Maßnahmen zur Beherrschung der thermischen Spannungen sind der Einbau von Ausgleichsstücken, der Einsatz von speziellen Verbindern (Buttress, Hydril SEU u. a.), das Absetzen der Rohre unter hoher Vorspannung sowie eine langsame Erwärmung der Verrohrung durch vorsichtiges Anfördern.

Um die Spannungen, die durch die thermische Ausdehnung der Futterrohre entstehen, zu begrenzen, werden die Rohrtouren schon unter Vorspannung zementiert. Dies kann erreicht werden, indem der letzten Charge der Zementsuspension Abbindebeschleuniger beigegeben werden, die den untersten Teil der Rohrtour festsetzen. Darauf wird die Verrohrung auf Zugspannung gezogen, bis der restliche Zementanteil abgebunden hat.

Die thermische Beanspruchung der Rohre verursacht hohe Druck- und Zugspannungen, radiale Expansion und Ausbuckeln. Ausbuckeln tritt besonders in schlecht zementierten Bereichen auf, häufig auch im Bereich des Schlitzliners, wenn dieser durch Nachfall, quellende Tone usw. lokal eingespannt wird. Ein häufig beobachteter Casingschaden entsteht durch im Zement eingeschlossene Wassertaschen. Das darin enthaltene Wasser expandiert bei Erwärmung und führt zum Einbeulen der Rohrtour. Diese Schäden treten besonders häufig im Überlappungsbereich des Liners sowie zwischen Standrohr- und Produktionsrohrtour auf /4-14/.

Korrosion wird durch die hohe Salinität des Fördermediums in Verbindung mit hohen Temperaturen verursacht. Neben elektrochemischem Angriff aufgrund der hohen Ionenkonzentrationen sind vor allem in Heißwasser- und Dampflagerstätten zusätzlich Schwefelwasserstoff (H_2S) und Kohlenstoffdioxid (CO_2) anzutreffen. Aber auch das in heißen trockenen Gesteinen zirkulierende Wasser enthält gelöste Stoffe, die korrosiv wirken. Bemerkenswert ist, daß die Korrosionswirkung von Schwefelwasserstoff (H_2S) bei Temperaturen über 65 bis 80 °C abnimmt, während z. B. Chloride mit steigender Temperatur aggressiver werden. Häufig tritt, bedingt durch schlechte Zementation, Außenkorrosion an der Verrohrung auf.

Zementation. Je nach Abmessung der zu verrohrenden Sektion und der Anwesenheit schwacher Horizonte, die dem hydrostatischen Druck der Zementsäule nachgeben könnten, muß entschieden werden, ob eine ein- oder mehrstufige Zementation durchgeführt wird. Die unterschiedlichen Verfahren, die diesen Zementationen zugrunde liegen, entsprechen denen der Erdöl- und Erdgasindustrie.

Da bei geothermischen Bohrungen flüssigkeitsführende Schichten durchteuft werden, die häufig auch hochkorrosive Elemente enthalten, muß auf ein gleichmäßiges und lückenloses Einbringen des Zementes zwischen Verrohrung und Bohrlochwand besonders geachtet werden. Weiterhin dient die Zementation von Casings der Aufnahme der axialen und radialen Lasten, die auf die Rohrtour wirken sowie der Isolation durchlässiger Formationen, um den Fluß zwischen unterschiedlichen Formationen zu verhindern /4-12/.

Probleme bei der Zementation von Geothermiebohrungen ergeben sich aus der Verminderung der Endfestigkeit bei Temperaturen über 110 °C und der damit verbundenen Erhöhung der Permeabilität des Zementmantels, aus der Löslichkeit des Zementes im heißen Wasser sowie der Belastung des Zementmantels durch das Arbeiten der Verrohrung bei Temperaturänderungen.

Die Qualitätsmerkmale einer Tiefbohrzementation weichen von der Zementation in der Bauindustrie insofern ab, als bei der Casingzementation eine schnelle Anfangsfestigkeit, chemische Resistenz gegen aggressive Fluide, eine gute Anbindung an Casingtour und Gebirge sowie eine Dichtigkeit gegen Fluide den Vorrang haben gegenüber einer hohen Endfestigkeit. Die Haftfestigkeit und Dichtigkeit einer Zementation werden wesentlich bestimmt durch die Qualität der Spülungsverdrängung (d. h. geringere Exzentrizität der Verrohrung), höhere Mobilität der Spülung und bessere Homogenität der Zementsuspension.

Durch Kieselerde stabilisierte Portland-Zemente sind besonders geeignet für geothermische Bohrungen, wobei folgende Empfehlungen berücksichtigt werden sollten /4-12/:

- Verwendung von Kieselerdemehl, um den Festigkeitsrückgang bei Temperaturen über 110 °C zu verhindern;
- Kieselerdestaub sollte in kleinen Mengen (unter 10 Gew.-%) eingesetzt werden, um die Durchlässigkeit herabzusetzen;
- das Feststoff-Flüssigkeitsverhältnis in Gew.-% sollte 2:1 oder größer sein;
- Reduzierung der Dichte der Zementtrübe durch Verwendung von Mikrokugeln oder durch geschäumten Zement mit Hilfe von Stickstoff;
- Verhinderung der Migration von Gas bei Temperaturen unter 175 bis 205 °C durch Einsatz von Latex-Zementtrüben;
- keine Verarbeitung von Bentonit in einer CO_2-Umgebung.

Die Faktoren, die den Erfolg einer Zementation in Frage stellen können, sind zum einen „Wassernester", die zwischen der Verrohrung, dem Zement und dem Gebirge gefangen sind und zum anderen nicht zementierte Abschnitte der Verrohrung. Die Güte einer Zementation ist durch einen Zementbondlog zu überprüfen und gegebenenfalls eine Nachzementation vorzunehmen.

4.1.5 Komplettierung

Unter Komplettierung ist der Ausbau des Bohrloches für die Gesamtlebensdauer sowie die Ausrüstung eines Bohrloches mit allen zur Instandhaltung und zur Förderung nötigen technischen Installationen zu verstehen wie der Verrohrung einschließlich der Zementation, dem Förderrohrstrang (Tubing), der Bohrlochsohlausrüstung und den Erschließungstechniken in der Lagerstätte. Grundlage bildet die konventionelle Komplettierungstechnik bei Tiefbohrungen auf Erdöl/Erdgas, wobei die Technologie bei Geothermalbohrungen speziellen Anforderungen unterliegt.

Die Lebensdauer einer geothermischen Produktionssonde soll etwa 30 Jahre betragen. Es werden große Förder- bzw. Verpressraten von 50 bis 200 m^3/h gefordert. Der Energieaufwand von der Wasserentnahme bis zur Reinjektion soll möglichst gering sein. Das System muß sowohl gegen Soleaustritt als auch gegen Sauerstoffeintritt dicht sein. Weiterhin muß die gesamte Installation korrosionsbeständig sein. Zudem sollte eine Regenerierbarkeit von Einzelelementen möglich sein.

Um die Bohrung im unmittelbaren Speicherbereich für die Förderung bzw. Injektion herzurichten, gibt es zwei grundsätzliche Verfahren, die Open-Hole und die Cased Hole Komplettierung (Abb. 4-5). Die Open Hole Komplettierung setzt ein standfestes Gebirge voraus. Bei der Cased Hole Komplettierung wird die Sonde im Speicherbereich direkt verrohrt oder anderweitig ausgebaut. Es ergeben sich insbesondere bei wenig konsolidierten Schichten größerer Mächtigkeit und bei hohen Förderraten Schwierigkeiten durch das Eindringen von Sand aus der Formation ins Bohrloch /4-3/.

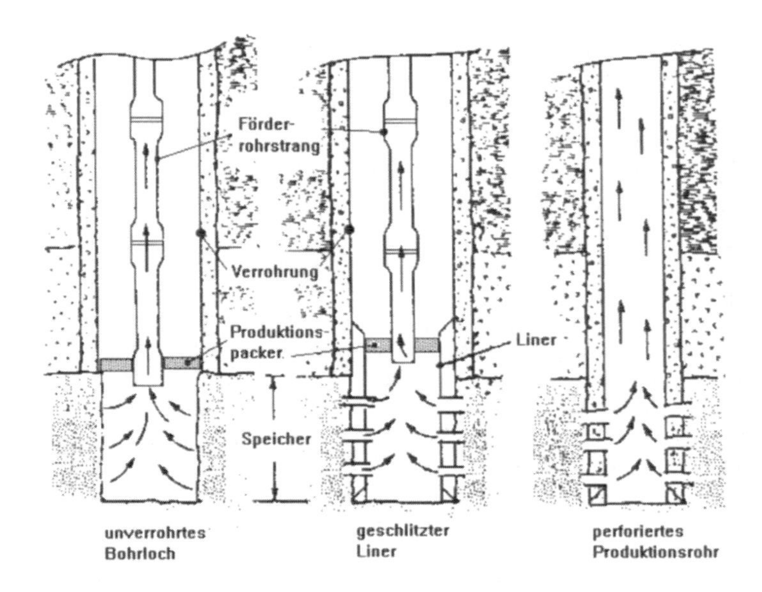

Abb. 4-5 Fördersonden-Komplettierung

Um das „Absanden“ und evtl. Kornumlagerungen in nicht standfesten Sandsteinschichten zu verhindern, muß der Träger im unmittelbaren Sondenbereich stabilisiert werden. Hierzu ist

- der Einbau eines Filterrohres mit Kiesschüttung,
- das Verpressen von Kies in die Speicherschicht mit dem gleichzeitigen Auffracen des Gebirges und
- die Injektion eines Kies-Kunstharzgemisches auf der Basis eines Epoxidharz/Härter-Systems möglich.

Als Standard-Verfahren wird das Gravel Pack Verfahren eingesetzt. Es handelt sich hierbei um den Einbau eines Filterrohres mit Kiesschüttung. Es wird zunächst der Speicherbereich unterschnitten und anschließend gereinigt. Danach erfolgt der Einbau des Filterrohres und das Einbringen des Filterkieses. Bei instabilem Träger wird die Verrohrung in oder über den Förderhorizont hinaus geführt und zementiert. Um dem Fördermedium den Zutritt ins Bohrloch zu ermöglichen, wird anschließend die Verrohrung und der Zementmantel perforiert. Zur Perforation werden Kugelperforatoren oder Hohlladungen ins Bohrloch eingefahren und gezündet. Die Anzahl der Perforationen, ihre Anordnung, Eindringtiefe und Größe wird nach den Lagerstättengegebenheiten ausgelegt. Normale Hohlladungsperforatoren können bis zu Temperaturen von ca. 170 °C eingesetzt werden. Für höhere Temperaturen sind spezielle Sprengstoffe und Techniken entwickelt worden, die bis etwa 220 °C Verwendung finden. Diese Sprengstoffe sind so ausgelegt, daß sie bei Überhitzung nicht durch Selbstzündung detonieren, sondern durch Entgasung unbrauchbar werden. Damit wird die Gefahr unerwünschter frühzeitiger Detonation verhindert.

Als weitere Möglichkeit der Perforation stehen sogenannte Abrasive Jets zur Verfügung. Das sind in den Bohrstrang in Perforationsteufe eingebaute Düsen, durch die eine Mischung aus Sand und Wasser gegen die Verrohrung bzw. das Gebirge gespritzt wird. Durch Verdampfen des Wassers ist die Einsatztemperatur dieses Verfahrens prinzipiell ebenfalls begrenzt, jedoch kann durch hohe Fließgeschwindigkeit des Wassers dessen Erwärmung und damit die Verdampfung in Grenzen gehalten werden /4-2, 4-13/.

Zur Komplettierung einer Injektionssonde wird vorzugsweise eine Variante der Cased Hole Komplettierung verwendet. Hierbei wird die Bohrlochwand durch das Injektionsrohr, welches gezielt perforiert wurde, gestützt. Zunächst wird der Speicherbereich verrohrt. Danach wird die Verrohrung mittels Erosions- oder Jetperforation geöffnet. Anschließend wird der Speicher gereinigt und verfestigt.

Nach Ablauf der Komplettierung der Förder- und Injektionssonden mit der Endinstallation soll die Systemdichtheit sowohl gegenüber Soleaustritt als auch gegenüber Sauerstoffeintritt vorhanden sein. Die gesamte Installation muß korrosionsbeständig sein. Die funktionelle Beständigkeit der Installation über den projektierten Zeitraum von ca. 30 Jahren muß gewährleistet werden. Eine Regenerierbarkeit von Einzelelementen muß ggf. möglich sein /4-9/.

In Geothermiesonden wird meist ein Steigrohrstrang (Tubing) eingehängt (Abb. 4-4). Über diesen Strang können Dampf und Wasser an die Oberfläche gefördert werden, ohne die Futterrohre zu beschädigen. Zwischen Steigrohr-Außenwand und Futterrohr-Innenwand kann eine Dämmschicht eingebracht werden, die Wärmeverluste verhindert. Geeignet ist u. a. eine Füllung des Ringraumes mit einem schlecht wärmeleitenden Gas oder Schaumstoff. Ein abstrahlungsmindernder Aluminiumfarbanstrich auf dem Steigrohr trägt zur Wärmedämmung bei.

Der Förderrohrstrang wird im Bohrlochkopf übertage abgesetzt. Er kann im Bohrloch, falls erforderlich, verankert werden. Der Ringraum zwischen Casing und

Tubing kann ebenfalls mittels Packer abgedichtet werden, wenn es die Gegebenheiten der Bohrung erfordern.

Prinzipiell kann die Fördersonde auch steigrohrlos komplettiert werden, so daß direkt durch die Casings gefördert wird. Die steigrohrlose Komplettierung ist zwar billiger, verursacht jedoch eine Reihe von Problemen; dies gilt vornehmlich bei korrosiven und abrasiven Medien und hohen Temperaturen.

4.2 Hydrothermale Erdwärmenutzung

Hydrothermale Nutzhorizonte sind warm- oder heißwasserführende Aquifere aus denen über Tiefbohrungen das meist salzhaltige Wasser entzogen und an die Erdoberfläche gepumpt werden kann. Mit Hilfe von Wärmeübertragern an der Erdoberfläche wird dem warmen oder heißen Tiefenwasser die Wärme entzogen. Sie kann anschließend in Nah- und/oder Fernwärmenetze eingespeist werden und ist damit zur Deckung der Raum- und Prozesswärmenachfrage nutzbar. Das abgekühlte Tiefenwasser wird im Regelfall wieder in das Aquifer verpreßt, aus dem es zuvor gefördert wurde. Im folgenden werden die einzelnen Systemelemente, die für die Errichtung derartiger Anlagen benötigt werden, detailliert dargestellt.

4.2.1 Förderung

Wenn der Druck im Speicherbereich höher ist als der hydrostatische Druck der bis zur Geländeoberkante reichenden Thermalwassersäule, tritt das Thermalwasser ohne Einsatz von Pumpenenergie zu Tage. Das System wird dann als „arthesisch" bezeichnet (d. h. eruptive Förderung). In diesem Fall kann – abhängig vom Sondenkopfdruck – zur Erhöhung des Fördervolumenstroms eine Pumpe obertägig installiert werden.

Häufig liegen jedoch keine arthesischen Verhältnisse vor. Die Wassersäulenhöhe liegt z. B. nach Aufschluß einer hydrothermalen Lagerstätte im Norddeutschen Becken im Ruhezustand (Ruhespiegel) zwischen 30 und 200 m unterhalb der Geländeoberkante. In derartigen Fällen ist der Einsatz von Tiefpumpen erforderlich. Tiefpumpen werden in der Sonde unterhalb des Wasserspiegels installiert. Die Einbautiefe einer Pumpe hängt von verschiedenen Faktoren ab:

- Beim Betrieb der Pumpe muß Thermalwasser aus dem Nutzhorizont „herausgesaugt" werden. Je nach gewünschtem Fördervolumenstrom und abhängig von den geologischen Bedingungen muß für den Transport des Thermalwassers aus dem Horizont in die Bohrung ein bestimmtes „treibendes Gefälle" erzeugt werden. Dieses Gefälle ist hier als ein Druckgefälle zu charakterisieren; es stellt sich als Absenkung des Ruhespiegels innerhalb der Bohrung dar. Der neue Spiegelstand wird daher als „dynamischer Spiegel" bezeichnet. Auch nach dieser Absenkung muß die Pumpe unterhalb des Thermalwasserspiegels installiert sein.

- Auch sind Vorgaben des Pumpenherstellers einzuhalten. So wird ein „minimaler Zutrittsdruck“ des Mediums in die Pumpe ausgewiesen. Auch dieser Druck läßt sich in eine Wassersäulenhöhe umwandeln und somit in die Bestimmung der Einbautiefe einbeziehen. Liegen Thermalwässer mit hohem Gasgehalt vor, sollte zusätzlich beachtet werden, daß durch den Pumpenbetrieb unterhalb der Pumpe keine Entgasung durch Druckabsenkung stattfindet.

Bei Beachtung dieser Randbedingungen ergeben sich für Tiefpumpen Einbauteufen zwischen 100 und 400 m. Die weitere Auslegung der Pumpe erfordert die Bestimmung der Baugröße und der Antriebsleistung. Meistens werden mehrstufige Tauchkreiselpumpen verwendet. Zur Bestimmung der Stufenzahl muß zunächst die Förderhöhe errechnet werden. Diese ergibt sich aus der Distanz des dynamischen Ruhespiegels zur Geländeoberkante. Hinzu kommen alle im System auftretenden Druckverluste, umgerechnet auf Säulenhöhen. In Verbindung mit dem Volumenstrom und dem gerätespezifischen Wirkungsgrad ergibt sich daraus die Antriebsleistung.

Grundsätzlich sind verschiedene Antriebsarten für die Pumpe verfügbar. Außer mit Gestängepumpen, Unterwassermotorpumpen oder Turbopumpen kann das Thermalwasser auch im Air Lift Verfahren gefördert werden. Sie werden im folgenden näher dargestellt.

Gestängepumpen. Ein Antrieb der Pumpe über ein rotierendes Gestänge von einem obertägig installierten Elektromotor ist aufgrund der Einbautiefe meist sehr aufwendig. Einige Antriebe dieser Art werden aber trotz einer Teufenlage der Pumpe von 200 m beispielsweise in Island verwendet. Ein Elektromotor ist hier am Kopf der Förderrohrtour über Tage montiert. Er befindet sich daher in einer leicht zugänglichen Position und kann ohne besonderen Aufwand gewartet werden. Der Motor überträgt seine Leistung mit Hilfe eines Gestänges auf die eigentliche Pumpengruppe innerhalb der Bohrung. Dieses Gestänge wird in Abstand von einem bis wenigen Metern in einer Teflonführung zentriert und gelagert; diese Lagerstellen müssen während des Betriebs stets geschmiert werden. Daher ist ebenfalls am Sondenkopf ein Vorratsbehälter mit Wasser angeordnet, welches die Schmierung unabhängig vom Fördervolumenstrom garantiert. Solche Pumpenantriebe über Gestänge sind sehr anfällig für Temperaturänderungen in ihrer Umgebung, da hierdurch Längenänderungen im Antriebsstrang und damit Spannungen, die bis zum Bruch führen können, erzeugt werden. Da mit veränderlichen Thermalwasservolumenströmen auch veränderliche Temperaturen auftreten, ist der Bau regelbarer Pumpen auf diese Weise nicht möglich. Auch die An- und Abfahrvorgänge geothermischer Heizzentralen können zu Spannungsproblemen führen. Daher werden in Deutschland in Geothermieanlagen keine Gestängepumpen verwendet.

Unterwassermotorpumpen. In der Regel wird die Pumpe gemeinsam mit der Antriebseinheit ins Bohrloch (Unterwassermotorpumpe) eingebaut. Dabei sind folgende zusätzliche Anforderungen zu beachten.

Der Elektromotor muß sowohl gegen eindringendes Wasser als auch gegen austretendes Öl dicht sein. Außerdem muß er in hohem Maße temperaturbeständig sein, denn die Umgebungstemperatur entspricht näherungsweise der Horizonttemperatur. Einige Pumpenhersteller begrenzen diese Temperatur auf 60 °C. Zusätzlich ist dabei zu beachten, daß die Pumpe sich durch Verluste innerhalb des

Antriebsmotors aufheizen kann. Steigt die Umgebungstemperatur über die Grenztemperatur der Pumpe, besitzen die Isolationsmaterialien der Motorwicklungen keine ausreichende thermische Beständigkeit mehr. Zusätzlich muß auch das Elektrokabel ausreichend temperaturbeständig sein. Da Grenztemperaturen von 60 °C für die allgemeine Anwendung im Bereich geothermischer Wässer gelegentlich zu niedrig sind, werden teilweise auch Pumpen mit Isolationen angeboten, die auch bei Umgebungstemperaturen deutlich über 100 °C eingesetzt werden können.

Zusätzlich werden hohe Anforderungen an die Haltbarkeit der Pumpe gestellt, da die Wartung nur möglich ist, wenn die Förderrohrtour „gezogen" wird. Hiermit sind hohe Kosten verbunden.

Turbopumpen. Ein Pumpenantrieb kann auch als Turbinenpumpe realisiert werden. Bei diesem Pumpentyp ist im Bohrloch ein Bauteil installiert, welches ähnlich dem Turbolader eines Automotors funktioniert. Ein Antriebsvolumenstrom treibt über eine Turbine die eigentliche Pumpe an, die das Thermalwasser fördert. Als Antriebsvolumenstrom wird obertägig vom Thermalwasserstrom ein kleiner Teil „abgezweigt" und in einer leicht zugänglichen Pumpe auf hohe Drücke verdichtet. Durch eine eigene, kleinere Rohrleitung in der Bohrung wird dieser Antriebsvolumenstrom in entgegengetzte Richtung zur Pumpe zurückgefördert und verrichtet dort seine Antriebsarbeit zur Förderung des Thermalwassers.

Ein derartiges System ist beispielsweise in Meaux in Frankreich seit 10 Jahren im Einsatz. Es mußte in dieser Zeit einmal geborgen werden, während die parallel hierzu in einer weiteren Bohrung betriebene Unterwassermotorpumpe etwa alle zwei Jahre „gezogen" wird. Insgesamt sind die Betreiber in Meaux der Auffassung, daß sich die erhöhten Investitionen und der schlechtere Wirkungsgrad während des Betriebes auszahlen. Dennoch hat sich dieses Konzept bisher nicht durchgesetzt.

Pumpen mit dem Air Lift Verfahren. Thermalwasser kann auch mit dem Air Lift Verfahren gefördert werden. Hierbei wird ein Gas in die Bohrung unterhalb des Wasserspiegels eingeblasen. Das blasenförmig aufsteigende Gas reißt Thermalwasser mit und fördert es nach über Tage. In der Regel wird als Gas Luft verwendet, da diese überall verfügbar und preiswert ist.

Da aber gerade Thermalwässer auf Grund ihrer chemischen Zusammensetzung meistens unter Luftabschluß zu behandeln sind, werden Air Lift Verfahren meist nur für Pumptests angewendet, die der Bestimmung der geologische Parameter von nicht fertig ausgebauten Bohrungen dienen. Auch hierfür kann die Verwendung von Inertgasen erforderlich sein, um schon in dieser Phase eine Speicherschädigung zu vermeiden. Die Verwendung von Inertgasen ist jedoch mit einem vergleichsweise hohen finanziellen Aufwand verbunden.

4.2.2 Wärmewandlung

Dem derart geförderten Thermalwasser muß nun die Energie entzogen und für eine Nutzung verfügbar gemacht werden. Dazu sind eine Reihe unterschiedlicher Systemelemente notwendig, die im folgenden detailliert dargestellt werden.

Rohrleitungen für den Thermalwassertransport. Der Thermalwassertransport zwischen der Förderbohrung und der Heizzentrale, innerhalb der Heizzentrale und von dort zur Injektionsbohrung erfolgt über größtenteils erdverlegte wärmeisolierte Rohrleitungen. Seltener wird eine Verlegung der Thermalwasserrohre – trotz der geringeren Kosten – oberhalb der Erdoberfläche durchgeführt, da der Rohrkörper die jeweiligen Grundstücke für eine andere Nutzung unbrauchbar macht sowie Umwelteinflüssen und mechanischen Beschädigungen ausgesetzt ist.

Aus Gründen der Betriebssicherheit, des Umweltschutzes und der Wirtschaftlichkeit müssen korrosiv bedingte Wandungsbrüche verhindert werden. Dies gilt sowohl bezüglich einer möglichen Freisetzung von Thermalwasser an die Umwelt als auch bezüglich möglicher Korrosionsprodukte im Thermalwasser; sie schädigen den Injektionshorizont bzw. erhöhen den Filtrationsaufwand. Außer durch den hohen Salzgehalt hochmineralisierter Thermalwässer wird Metallkorrosion auch durch Schwefelwasserstoff (H_2S) verstärkt, der als Resultat der Aktivität sulfatreduzierender Bakterien und bei Säurebehandlungen durch Auflösen von Metallsulfiden auftreten kann. Beispielsweise liegen Abtragsraten von un- und niedriglegierten Stählen strömungsabhängig zwischen 0,05 und 2,0 mm/a /4-33/. Bei hochmineralisierten Thermalwässern kommen deshalb Stahlrohrleitungen aufgrund der dann geringen Lebensdauer nicht in Frage.

Auch muß eine Veränderung der Zusammensetzung des Thermalwassers (z. B. durch Entfernen einzelner Thermalwasserkomponenten, Zugabe von Inhibitoren/Hemmstoffen oder pH-Wert-Anhebung in den basischen Bereich) aus Gründen der Injektionsqualität des Thermalwassers vermieden werden.

Korrosionsschutzmaßnahmen sind somit im wesentlichen auf Materialauswahl oder Beschichtung beschränkt. Hier stehen in erster Linie folgende Möglichkeiten zur Verfügung /4-33/:

- Metallische Werkstoffe. Hochveredelte Stähle zeigen unter Einwirkung hochkonzentrierter Kochsalzsolen verstärkte Tendenzen zur Spannungsriß- und Lochfraßkorrosion.
- Nichtmetallische Werkstoffe. Glas- und Keramikwerkstoffe besitzen oft eine geringe Druck- und Schlagfestigkeit; in entsprechend stabiler Ausfertigung sind sie meist sehr teuer.
- Kunststoffe. Kunststoffwerkstoffe (z. B. PVC) sind unempfindlich gegenüber hochkonzentrierten Kochsalzsolen; im Temperaturbereich über 70 °C sind sie jedoch nicht temperaturbeständig bzw. in hochtemperaturbeständiger Ausführung zu teuer.
- Beschichtete metallische Werkstoffe. Beschichtete Metallrohre sind gut geeignet für eine Nutzung in einem korrosiven Milieu. Von der Vielzahl der hier möglichen Materialkombinationen können für den Transport von Mineralwässern unter den Bedingungen Nordostdeutschlands z. B. duroplastisch beschichtete Stahlrohre zum Einsatz kommen; hier ergaben Kontrollmessungen nach 17 Monaten bei 60 °C warmen Thermalwasser völlige Rißfreiheit und außer einer Oberflächenrauheit keine Beeinträchtigungen.
- Glasfaserverstärkter Kunststoff (GFK). Rohrleitungen aus glasfaserverstärktem Kunststoff (GFK) können bis zu einer Thermalwassertemperatur von ca. 95 °C (bei Verwendung spezieller Harze auch bis 120 °C) und einem Innendruck von 1,6 MPa eingesetzt werden. Sie sind für den Thermalwassertransport sehr gut geeignet, da sie praktisch nicht korrodieren.

Wärmeübertrager. Zum Wärmetransport der aus der Erde entzogenen Wärme in die Heizkörper eines Wohnraumes ist bis auf wenige Ausnahmen eine Trennung des Thermalwassersystems vom Heizsystem erforderlich. Diese Trennung garantiert eine stoffliche und eine hydraulische Unabhängigkeit der beiden Systeme. Diese Trennung kann in Wärmeübertragern oder Wärmetauschern verschiedener Bauart erfolgen.

Im Falle einer konventionellen Wärmelieferung in ein Verbrauchernetz spielt die Temperaturdifferenz von Wärmeerzeugern zum Heiznetz eine untergeordnete Rolle, denn die aus fossilen Primärenergieträgern bereitgestellte Wärme kann bei sehr hohen Temperaturen vorliegen. Daher werden hier in der Regel Rohrbündelwärmeübertrager eingesetzt.

Zur Nutzung geothermischer Ressourcen sind diese wenig geeignet. Der Wärmeübergang kann nach Gleichung (4-1) beschreiben werden.

$$Q = k \cdot F \cdot \Delta\vartheta_M \qquad (4\text{-}1)$$

mit
Q Wärmeleistung
k Wärmeübergangskoeffizient
F wärmeübertragende Fläche
$\Delta\vartheta_M$ mittlere Temperaturdifferenz

Hieraus folgt, daß zur Erhöhung der Übertragungsleistung nur wenige Einflußgrößen existieren. Im Falle einer hohen Temperatur auf der wärmeabführenden Seite des Wärmeübertragers wird die Differenz $\Delta\vartheta_M$ groß, denn sie ergibt sich als Temperaturdifferenz nach Gleichung (4-2).

$$\Delta\vartheta_M = \frac{\Delta\vartheta_E - \Delta\vartheta_A}{\Delta\vartheta_E / \Delta\vartheta_A} \qquad (4\text{-}2)$$

mit
$\Delta\vartheta_M$ mittlere Temperaturdifferenz
$\Delta\vartheta_E$ Temperaturdifferenz am Eintritt in den Wärmeübertrager
$\Delta\vartheta_A$ Temperaturdifferenz am Wärmeübertrageraustritt

Bei der Nutzung geothermischer Ressourcen auf der Primärseite ist die maximale Temperatur durch die geologischen und ausbautechnischen Randbedingungen am Standort gegeben. Die mittlere Temperaturdifferenz kann nur in engen Grenzen durch Absenkung der Temperatur auf der wärmeaufnehmenden Seite beeinflußt werden.

Ziel einer Energiebereitstellung aus geothermischen Ressourcen ist es damit, eine möglichst tiefe Auskühlung des Thermalwasser zu erreichen, denn die Injektionstemperatur bestimmt die geothermische Leistung (Gleichung (4-3)).

$$Q_G = m_{TW} \cdot c_{p,TW} \, (\vartheta_P - \vartheta_I) \qquad (4\text{-}3)$$

mit
Q_G geothermische Leistung
m_{TW} Massenstrom des Thermalwassers
$c_{p,TW}$ Wärmekapazität des Thermalwassers
ϑ_P Produktionstemperatur des Thermalwassers
ϑ_I Injektionstemperatur des Thermalwassers

Somit muß in Gleichung (4-1) eine andere Einflußgröße zur Verbesserung der übertragenen Leistung beitragen. Hier bietet sich der Wärmeübergangskoeffizient an. Diese läßt nur Verbesserungen z. B. durch Erzeugung von Turbulenzen auf den übertragenden Oberflächen zu. Keinesfalls kann hierdurch der diskutierte „Temperaturnachteil“ kompensiert werden. Es muß also die wärmeübertragende Fläche vergrößert werden. Hieraus ergeben sich große Bauvolumen im Bereich der Wärmeübertrager.

Daher werden für Anwendungsfälle in der Geothermie Plattenwärmeübertrager bevorzugt eingesetzt. Durch die enge Anordnung der Tauscherplatten lassen sich hohe Leistungsdichten erreichen. Eine Vielzahl von Tauscherflächen (Platten) wird zu einem Plattenpaket zusammengefaßt und zwischen Stativplatte und Spannplatte angeordnet. Zwischen den einzelnen Platten werden Dichtungselemente angebracht. Durch Verspannen mit den Zugankern wird die äußere Fläche gegen die Umgebung abgedichtet. Die Stoffströme der beiden Wärmeträgermedien sind durch die Platten voneinander getrennt. Eine Undichtigkeit im Bereich der Dichtungselemente führt nicht zum Vermischen der Stoffströme und kann vom Bedienpersonal der Anlage visuell wahrgenommen werden /4-19/.

Durch Zerlegen des Paketes von Tauscherplatten, Einbringen neuer Dichtungselemente und erneutem Zusammenbau kann eine Undichtigkeit behoben werden. Dadurch kann sowohl ein intensives Reinigen als auch, falls erforderlich, der Austausch einzelner Platten erfolgen.

Aufgrund der Baudichte ist innerhalb des Bauteils nur eine geringe Menge an Wasser enthalten. Dieser Aspekt ist insbesondere für die Demontage interessant, bei der nur wenig Thermalwasser aus dem Kreislauf austritt.

Bei der Materialauswahl muß besonders auf die chemische Zusammensetzung der Wärmetransportmedien geachtet werden. Plattenwärmeübertrager sind deshalb bevorzugt aus hochwertigen Stählen gefertigt /4-19/. Je nach Aggressivität der genutzten Thermalwässer kann es jedoch nicht ausreichen, auf diese Stähle zurückzugreifen. Dann müssen beispielsweise Titanplatten eingesetzt werden. Ebenso wie für das Plattenmaterial muß für die Auswahl der Dichtungselemente der besondere Einsatzfall (Medien, Temperatur, Druck) berücksichtigt werden.

Zusammenfassend können folgende Besonderheiten der Plattenwärmeübertrager genannt werden:

- geringe Temperaturdifferenzen zwischen den Medien bei großer Wärmeübertragung an der Fläche bei akzeptablem Bauvolumen,
- stofflich und hydraulisch vollständig getrennte Stoffströme bei gleichzeitiger Sicherheit vor Vermischung der Stoffströme bei Leckagen,
- Überarbeitung, Reinigung und Austausch einzelner Platten auch bei beengten Platzverhältnissen,
- geringe Volumina innerhalb des Gerätes,
- hohe Wärmeübertragungskoeffizienten durch Profilgebung bei Plattenprägung und
- Stoffströme können im Gegenstrom den Plattenwärmeübertrager durchlaufen.

Die Wärmeübertrager können innerhalb des obertägigen Anlagenaufbaus sehr verschiedenartig angeordnet werden. Von Genehmigungsbehörden wird gelegentlich die Einrichtung eines Zwischenkreises gefordert, um zusätzliche Sicherheit gegen eine Durchmischung von Heiznetz- und Thermalwasser zu erreichen. Dieser Zwischenkreis kann aber im Falle einer administrativen Zustimmung auch entfallen.

- Im günstigsten Fall kann ein Heiznetz in ausreichender Weise durch den direkten Wärmetausch mit dem Thermalwasser versorgt werden. Hier sind für den Wärmetransport keine Bauteile außer dem Plattenwärmeübertrager erforderlich.
- Reicht die Temperatur des Thermalwassers zur Bereitstellung der geforderten Heiznetztemperatur nicht aus, kann ein Temperaturhub durch eine Wärmepumpe erfolgen. Diese kann ihre primärseitige Energie aus einem weiteren Wärmeübertrager beziehen. Durch die Anordnung mehrerer Plattenwärmeübertrager kann dann eine kaskadenförmige Auskühlung des Thermalwassers erreicht werden.
- Ebenso kann das Heiznetz-Rücklaufwasser selbst als „Energiequelle" für die Wärmepumpe dienen und nach der erfolgten tiefen Auskühlung mehr Wärme aus dem Thermalwasser in einen einzigen Plattenwärmeübertrager aufnehmen, um in der Wärmepumpe sekundärseitig auf das erhöhte Temperaturniveau nachgeheizt zu werden.

Wärmepumpen. Eine Wärmepumpe ist nach DIN EN 255, Teil 1 definiert als ein „Gerät, welches bei einer bestimmten Temperatur Wärme aufnimmt und bei einer höheren Temperatur wieder abgibt" (vgl. Kapitel 3.2) /4-20/.

Konstruktiv setzt sich die Wärmepumpe im wesentlichen aus den Bauteilen, Verdampfer, Verdichter, Kondensator (Verflüssiger) und Drossel(Expansions-)ventil zusammen. Der Verdichter erhöht das Druckniveau des gasförmigen Arbeitsmittels. Hierdurch erwärmt sich dieses und gibt im Verflüssiger (Kondensator) seine Wärme bei hoher Temperatur ab. Das kondensierte Arbeitsmedium wird nun durch das Expansionsventil entspannt, kühlt sich hierbei weiter ab und kann im Verdampfer Wärme aus der Umgebung auf einem niedrigen Temperaturniveau aufnehmen. Anschließend wird das Arbeitsmedium wieder verdichtet und der Kreisprozeß beginnt von neuem.

In Abhängigkeit von der Antriebsart wird zwischen Kompressions- oder Sorptionswärmepumpen unterschieden. Während der Betrieb einer Kompressionswärmepumpe die Zuführung mechanischer Energie zum Antrieb des Verdichters erfordert, wird diese Aufgabe bei der Sorptionswärmepumpe durch den sogenannten thermischen Verdichter erfüllt (vgl. Kapitel 3.2).

Kesselanlagen für fossile Brennstoffe. Zur Abdeckung der saisonalen und täglichen Leistungsspitzen und auch für den Fall des Ausfalls der Geothermieanlage wird in geothermische Heizzentralen meist eine mit fossilen Brennstoffen gefeuerte Kesselanlage (meist leichtes Heizöl oder Erdgas) eingebunden. Da diese Zufeuerung bei Ausfall des Geothermiekreises die vollständige Versorgung der angeschlossenen Verbraucher mit Wärme sicherstellen muß, ist die installierte Leistung dieses Back-up Systems entsprechend zu dimensionieren.

Bei Spitzenlastanlagen im Leistungsbereich bis etwa 20 MW thermischer Leistung kommt meist ein Flammrohr-Rauchrohr-Kessel, vorzugsweise als Dreizugkessel, zum Einsatz. Derartige Kessel sind für die Verbrennung von Erdgas und von leichtem Heizöl geeignet.

Ein Flammrohr-Rauchrohr-Kessel besteht im wesentlichen aus einem zylindrischen Mantel, beidseitigen Böden und Wendekammern sowie Flamm- und Rauchrohren. Die Verbrennung der fossilen Brennstoffe findet in dem sogenannten Flammrohr statt. Die dabei entstehenden Rauchgase werden in die Rauchrohre geführt, die – wie das Flammrohr – von Wärmeträgermedium Wasser umgeben sind.

Dem Flammrohr ist ein Gas- bzw. Ölbrenner vorgesetzt. Je Flammrohr kann eine maximale thermische Leistung von rund 10 MW realisiert werden (z. B. kann bei Zwei-Flammrohr-Kesseln eine Gesamtleistung von 20 MW je Kesselanlage erreicht werden). Die ausgebrannten Gase werden am Ende des Kesselkörpers in der hinteren Wendekammer umgeleitet und strömen durch die Rohre zur vorderen Seite des Kessels. In der vorderen Wendekammer, die üblicherweise über dem Brenner liegt, werden die Rauchgase erneut umgeleitet und erreichen durch einen dritten Zug, der ebenfalls aus Rauchrohren besteht, den Kesselaustritt.

Sonstige Systemelemente. Neben Wärmeübertrager, Wärmepumpe und einer Zufeuerung mit fossilen Energieträgern werden in einer geothermischen Heizzentrale weitere Systemelemente benötigt. Sie werden im folgenden diskutiert.

Korrosionsschutz. Die in Norddeutschland energetisch genutzten Thermalwässer sind hochsalinar /4-22/. Die teufenabhängige Salzkonzentration kann über 300 g/l erreichen. Dabei liegen diese Tiefenwässer im reduzierten Zustand vor und die pH-Werte befinden sich im schwach sauren Bereich. Daneben sind im Thermalwasser meist geringe Anteile gelöster Gase als „Schichtgase" nachweisbar, die sich vorrangig aus Stickstoff (N), Kohlenstoffdioxid (CO_2), mitunter auch Schwefelwasserstoff (H_2S), sowie Spuren von Methan (CH_4) und Helium (He) zusammensetzen. Solche Wässer wirken daher ausgesprochen korrosiv auf die meisten Metalle. Da das Thermalwasser in seiner Zusammensetzung möglichst nicht verändert werden darf (z. B. durch Entfernen einzelner Komponenten oder durch Zugabe von Inhibitoren/Hemmstoffen bzw. durch pH-Wert-Anhebung in den basischen Bereich /4-23/), sind Korrosionsschutzmaßnahmen vorrangig auf die Materialauswahl oder die Beschichtung begrenzt. Der Materialauswahl kommt somit eine wesentliche Bedeutung zu, um zum einen die Standzeit der Anlagenteile so hoch und zum anderen eine sekundäre Feststoffbildung (d. h. Korrosionsprodukte) im Thermalwasserstrom so gering wie möglich zu halten. Falls es Temperatur und Druck des Mediums in der Anlage ermöglichen, werden Kunststoffe eingesetzt. Um sehr weitgehend die möglichen Temperatur- und Druckbereiche abzudecken, kommen dabei häufig vernetzte Kunststoffe zum Einsatz. Innerhalb der Bohrungen beispielsweise werden die Rohrtouren aus glasfaserverstärktem Kunststoff (GFK) erstellt. Dies gilt auch die verbindende obertägige Rohrleitung (vgl. entsprechendes Unterkapitel).

Inertgasbeaufschlagungssystem. Geothermische Heizzentralen werden unter einem Druck von bis zu 10 bar gefahren. Zusätzlich werden die mit Thermalwasser in Berührung kommenden Anlagenteile oft mit Inertgas (z. B. Stickstoff) beaufschlagt. Dies gilt für die Ringräume und die Pufferbehälter innerhalb des Systems. Damit soll ein Sauerstoffeintrag in die Anlage verhindert werden, da nicht nur die Bildung von Oxidations- (vorwiegend voluminöse Eisenhydroxide) und Korrosionsprodukten, sondern auch die mit einem Kontakt der Thermalwässer mit Sauerstoff verbundenen Redoxpotentialänderungen insbesondere bei der Reinjektion der Wässer ein Problem darstellen können. Deshalb sollte auch während des Betriebes in regelmäßigen Abständen der Sauerstoffgehalt der Injektionswässer meßtechnisch bestimmt werden, um ggf. rechtzeitig vor einer starken Veränderung des Speichers zu reagieren /4-22/.

Filter. Trotz der aufwendigen Verfahren zum Korrosionsschutz und zusätzlich zu den im Bohrloch installierten Filtern sind obertägig weitere Filter im Thermalwasserstrom angeordnet. Eine Filteranlage unmittelbar nach der Fördersonde soll aus der Bohrung mitgeförderte Partikel zurückhalten. Dies dient dem Schutz des obertägigen Anlagenaufbaus z. B. vor Sedimentation in Bauteilen, die mit geringer Strömungsgeschwindigkeit passiert werden. Solche abzuscheidenden mitgeführten Partikel können sowohl aus dem Förderhorizont selber stammen als auch „Fremdstoffe" aus den Sondeneinbauten, der Pumpe und der Verrohrung sein /4-23/.

Eine weitere, in der Regel mit feinmaschigeren Filtern ausgestattete Filteranlage ist vor der Einleitung des Thermalwassers in die Injektionsbohrung installiert. Sie soll den Eintrag von feinster Partikel aus dem Förderhorizont und chemische Fällungsprodukte /4-23/ in die Injektionssonde und damit in den Speicherhorizont verhindern.

Im Verhältnis zum durchgesetzten Volumen an Thermalwasser ist die Menge der abgeschiedenen Feststoffpartikel sehr gering. Verfahren der Tiefenfiltration erreichen gute bis sehr gute Abscheideergebnisse und somit eine gute Klärwirkung. Zur Sicherung einer Klassierwirkung bezüglich einer maximalen Partikelgröße sind dagegen Verfahren, die eine Oberflächenfiltration realisieren, günstig. Für geothermische Anwendungen müssen Filter gewählt werden, die sowohl eine gute Klärwirkung als auch eine Klassierung gewährleisten. Die Filtration muß dabei als ein kontinuierlicher Prozeß ablaufen. Beim Erreichen der maximalen Beladung der Filter ist deshalb die Umschaltung auf parallel angeordnete Redundanz-Filter notwendig /4-23/.

Leckageüberwachung. Trotz der verwendeten korossionbeständigen Materialien müssen die Transportleitungen des Thermalwassers bezüglich möglicher Leckagen überwacht werden. Nur so kann sichergestellt werden, daß auch bei kleinen Lecks rechtzeitig angemessen reagiert werden kann, da austretende Thermalwässer bei der Freisetzung großer Mengen mit hoher Mineralisation negative Folgen für Flora und Fauna verursachen können /4-24/. Hierzu können sowohl die aus der Fernwärmetechnik bekannten Kontrolldrahtsysteme als auch kabellose Überwachungsverfahren zum Einsatz kommen. Insbesondere letztere werden in Bezug auf die Anwendung in Verbindung mit hochmineralisierten Wässern optimiert /4-24/.

Auffangbehältnisse (Slopsystem). Das Slopsystem nimmt diejenigen Thermalwässer auf, die bei den üblichen Wartungsarbeiten wie Filterwechsel und Wartung des Plattenwärmeübertragers anfallen oder durch geringe Leckströme an Dichtungselementen austreten. Die gilt auch für die beim Anfahren der Anlage anfallenden Thermalwässer aus der Spülung der Bohrung und des obertägigen Anlagenkreises.

Während derartige Sammelsysteme im Ausland gelegentlich als große Teiche mit Abdichtung gegen die Natur angelegt werden (z. B. Melun, Frankreich), sind in Deutschland hierfür spezielle Behälter vorhanden. Für deren Aufstellung bietet sich ein Ort nahe der Injektionsbohrung an, denn in der Regel werden die aufgefangenen Thermalwassermengen nach Absetzen der Schwebstoffe wieder dem Injektionsstrom beigemischt.

Blockheizkraftwerk (BHKW). Eine weitere ggf. benötigte Systemkomponente einer geothermischen Heizzentrale kann ein Blockheizkraftwerk (BHKW) sein. Diese Anlage zur Bereitstellung elektrischer Energie bietet im Vergleich zum Großkraftwerk den Vorteil, daß die während des Betriebs anfallende Wärme ebenfalls in das Heiznetz eingekoppelt werden kann. Die bereitgestellte elektrische Energie kann innerhalb des Systems zum Antrieb der Pumpen (Thermalwasser-Seite und Heiznetz-Seite) und ggf. auch zum Betrieb einer möglicherweise installierten Wärmepumpe genutzt werden. Bei der Installation der Teilkomponenten „Wärme aus Geothermie“ und „Wärme aus dem BHKW“ ergibt sich u. U. eine Konkurrenzsituation, da beide Systeme Wärme in der Grundlast bereitstellen. Da der geothermische Anlagenteil und die BHKW-Anlage etwa im gleichem Maße investitionsintensiv sind, müssen beide Systeme hohe Vollaststunden erreichen. Es ist also im speziellen Anwendungsfall zu klären, ob aus wirtschaftlicher Sicht ein Wärmebereitstellungssystem einschließlich BHKW sinnvoller ist als ein Gesamtsystem ohne BHKW.

Fernwärmenetze. Eine Nutzung der Erdwärme ist außer durch die Versorgung eines industriellen Abnehmers mit hoher Wärmenachfrage nur durch eine Anbindung an Nah- bzw. Fernwärmenetze möglich. Hierfür kommen in Deutschland im Normalfall wasserbetriebene Verteilungssysteme zum Einsatz. Diese können grundsätzlich als Ein-, Zwei-, Drei- oder Vierleitersystem ausgelegt werden; derzeit werden aber nahezu ausschließlich Zweileitersysteme eingesetzt. Sie dienen in der Regel zur Lieferung von Raumwärme und Warmwasser.

Die Struktur von Wärmeverteilungsnetzen wird vor allem durch städtebauliche Gegebenheiten (z. B. räumliche Anordnung der Häuser, Straßenführung), die Netzgröße und durch die Anzahl der geothermischen Heizzentralen bestimmt. Abb. 4-6 zeigt die für die Hauptverteilung der Wärme typischen Netzformen Strahlen-, Ring- und Maschennetz.

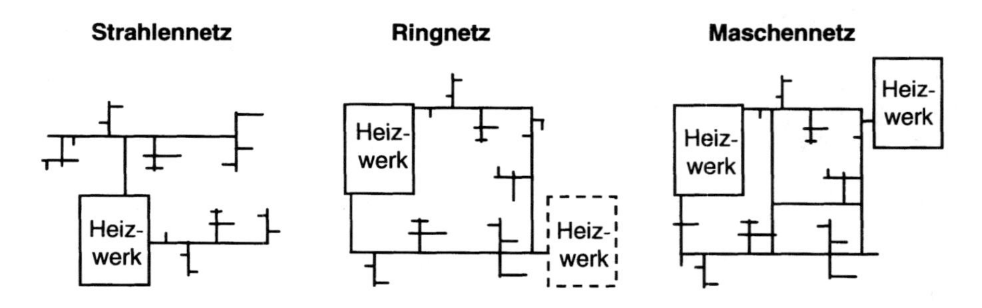

Abb. 4-6 Netzformen der Hauptverteilung in Fernwärmenetzen /4-62/

Ringnetze ermöglichen die Einbindung mehrerer Heizwerke; sie sind jedoch teurer als die anderen Netzformen, weil die Trassenlänge und der Nenndurchmesser der Ringleitungen verhältnismäßig groß sind. Diesem Nachteil steht jedoch eine hohe Versorgungssicherheit gegenüber. Maschennetze bieten ebenfalls eine hohe Versorgungssicherheit und gute Erweiterungsmöglichkeiten. Sie eignen sich jedoch aufgrund hoher Investitionskosten nur für große Wärmeverteilungsnetze. Bei kleinen und mittleren Fernwärmenetzen – und damit typischen Netzen für eine Verteilung hydrothermaler Erdwärme – sind wegen der geringen Trassenlänge aus Kostengründen Strahlennetze vorzuziehen /4-21/.

Bei der Unterverteilung und den Hausanschlüssen (Trassierung) sind ebenfalls verschiedene Systeme realisierbar. Zum einen kann jeder Kunde separat an die Hauptverteilleitung angeschlossen werden. Zum anderen ist eine Trassierung von Haus zu Haus möglich. Ersteres Verfahren bietet eine hohe Flexibilität und wird vor allem dann bevorzugt, wenn ein Gebiet nur teilweise erschlossen ist. Bei dichter Bebauung bietet sich das Verlegeverfahren von Haus zu Haus an. Hierbei werden Häuser zu Gruppen zusammengefaßt und nur ein Haus an die Verteilleitung angeschlossen. Von diesem aus werden die anderen Häuser angebunden, so daß insgesamt weniger Abzweige von der Verteilleitung notwendig sind (Abb. 4-7). In der Regel wird eine Mischform aus den beiden Trassenführungssystemen gewählt, um die Vorteile beider Systeme zu kombinieren.

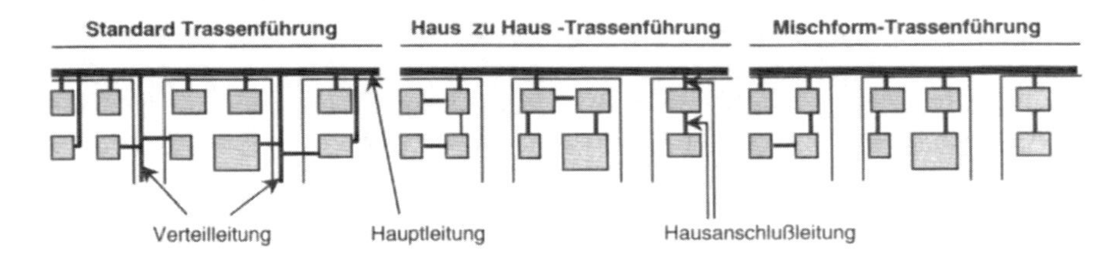

Abb. 4-7 Möglichkeiten der Trassenführung /4-62/

Die Hauptgruppen der Verlegeverfahren sind Freileitungssysteme sowie kanalgebundene und kanalfreie Systeme. Freileitungen werden in Deutschland wegen Sichtbelästigung und möglicher Nutzungseinschränkungen des Grundstücks kaum verlegt. Kanalfreie oder auch direkt erdverlegte Systeme haben sich aus Kostengründen, wegen des geringeren Platzbedarfs und der kürzeren Bauzeiten gegenüber kanalgebundenen Systemen vor allem im Leistungsbereich unter 20 MW thermischer Leistung durchgesetzt.

Wegen des oft feuchten Erdreichs ist Korrosionsbeständigkeit die wichtigste Anforderung an das Leitungssystem. Auch ist eine Durchfeuchtung der Isolierung wegen daraus resultierender erhöhter Wärmeverluste zu vermeiden. In erster Linie kommen Kunststoffmantelrohre (KMR) mit Stahlmediumrohr zum Einsatz. In Konkurrenz dazu stehen Kunststoffmediumrohre (PMR) mit einem Polymediumrohr. Im Bereich der Unterverteilung und der Hausanschlußleitungen können flexible Metall- oder Kunststoffmediumrohre eingesetzt werden. Diese werden von „der Rolle" verlegt; dadurch entfallen anfällige, erdverlegte Verbindungen. Dies beschleunigt die Verlegung und senkt die Schadensanfälligkeit.

Letztlich sind Hausübergabestationen als Bindeglieder zwischen dem Nah- bzw. Fernwärmenetz und der Hausanlage (Heizungsanlage) notwendig. Diese werden standardisiert und vorgefertigt inklusive aller Anlagenkomponenten geliefert und mit der Hausanlage verbunden. Dabei können direkte und indirekte Systeme unterschieden werden. Bei direkten Systemen durchströmt das Heizwasser die Anlagenteile der Hausstation; die Temperaturregelung erfolgt durch Zumischen von kälterem Wasser aus dem Hausanlagenrücklauf. Dies stellt meist die kostengünstigere Variante dar /4-18/. Bei indirekten Systemen wird ein Wärmeübertrager zwischen Fernwärmenetz und Hausanlage geschaltet; dafür sprechen vor allem die Unabhängigkeit von den Druckverhältnissen im Netz und der Wasserbeschaffenheit.

4.2.3 Anlagen und Betriebsweisen

Die in den vorherigen Kapiteln diskutierten Systemelemente finden sich in geothermischen Heizzentralen wieder und ermöglichen eine sichere Bereitstellung von End- bzw. Nutzenergie aus Erdwärme. Davon ausgehend werden im folgenden zunächst für Errichtung und Betrieb geothermischer Heizzentralen wesentliche Systemaspekte diskutiert und dargestellt. Anschließend werden drei realisierte Anlagenkonfigurationen vorgestellt, die die Bandbreite der realisierten technischen bzw. systemtechnischen Lösungsmöglichkeiten aufzeigen.

Systemtechnische Aspekte. Bei der Diskussion wesentlicher systemtechnischer Aspekte geothermischer Heizzentralen wird bei den untertägigen Systemelementen eingegangen auf die Möglichkeiten der Gestaltung des Thermalwasserkreislaufs sowie exemplarischen die Ausstattung einer Förder- und Injektionssonde diskutiert. Anschließend wird auf typische Gesamtsystemkonfigurationen eingegangen sowie die Auslegung der mit fossilen Energieträgern betriebenen Spitzenlastanlage und des Nah- bzw. Fernwärmenetzes diskutiert und analysiert.

Gestaltung des Thermalwasserkreislaufs. Für die Gestaltung des Thermalwasserkreislaufs und damit für die Bohrungsanordnung sind drei Möglichkeiten denkbar. Entweder können zwei vertikale, eine vertikale und eine abgelenkte oder zwei abgelenkte Bohrungen abgeteuft werden. In Abb. 4-8 sind diese möglichen Anordnungen von Förder- und Verpreßbohrung dargestellt. Mit der Ablenkung einer bzw. beider Bohrungen kann auf die Erstellung eines weiteren Bohrplatzes verzichtet und der Aufwand für den Thermalwassertransport über Tage reduziert werden. Bei der Ausführung beider Bohrungen als abgelenkte Bohrungen kann im Speicherbereich eine größere Entfernung zwischen Entnahme- und Verpreßpunkt erzielt werden. Nachteilig ist jedoch das technisch aufwendigere und teurere Bohrverfahren zur Erstellung abgelenkter Bohrungen.

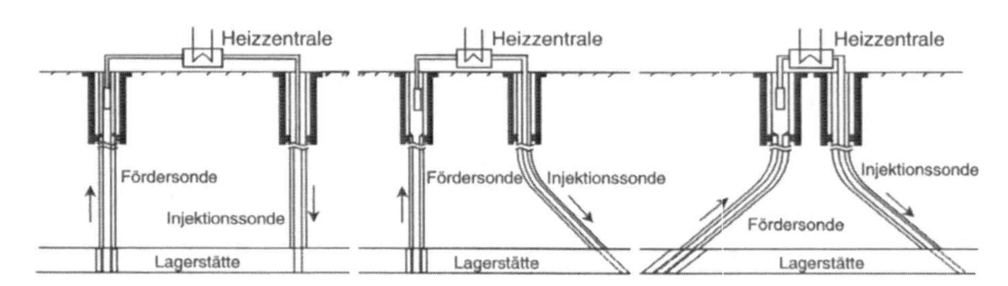

Abb. 4-8 Schematische Darstellung verschiedener Bohrungsanordnungen /4-62/

Ausstattung der Fördersonde. In die Förderbohrung wird oberhalb der Tiefpumpe die Pumpensteigleitung aus Stahl oder glasfaserverstärkten Kunststoffrohren (GFK-Rohre) eingebracht. Unterhalb der Pumpe ist der Einbau einer Förderrohrleitung nur dann notwendig, wenn die unter dem statischen Wasserspiegel liegende Verrohrung nicht aus glasfaserverstärkten Kunststoffrohren besteht.

Der Ringraum zwischen Förderrohrtour und Bohrlochverrohrung wird mit Stickstoff oder einer Ringraumschutzflüssigkeit beaufschlagt. Dadurch wird verhindert, daß durch eventuelle Undichtigkeiten Sauerstoff in die Förderrohrleitung eindringt und es zu Ausfällungen aus dem Thermalwasser (z. B. von Eisenhydroxyden) kommt.

Thermalwasserführende Schichten bestehen oft aus locker gepackten, schwach verfestigten und bindemittelarmen Sandsteinen, die während der Förderung zu starkem „Absanden" neigen. Dies kann zur Verstopfung des Förderstranges führen und den Förderprozeß ggf. vollständig zum Erliegen bringen. Deshalb kann beispielsweise ein Filterrohr mit Kiesschüttung (Gravel Pack) in Verbindung mit dem Einsatz von Drahtwickelfiltern eingebaut werden. Das Gravel Pack Verfahren ist schematisch in Abb. 4-9 dargestellt.

Zunächst wird das Bohrloch unterhalb der Verrohrung im Speicherbereich erweitert, also unterschnitten. Danach wird dort das Filterrohr eingebaut und der verbleibende Ringraum mit Filterkies verfüllt. Dadurch entsteht ein Verbund zwischen Bohrlochwand und Filterrohr. Die Filterkieskorngröße sollte den fünf- bis sechsfachen Durchmesser der Korngröße des Speichersandes haben /4-8/.

Ein wesentliches Element der Gravel Pack Komplettierung stellt das Filterrohr dar. Dabei handelt es sich um einen Drahtwickelfilter, die wegen der geringen Druckverluste und des minimalen Fließwiderstands eingesetzt werden. Die Schlitzweite sollte etwa 75 % der kleinsten Filterkieskorngröße betragen, damit auch kleinste Partikel des Filterkieses zurückgehalten werden.

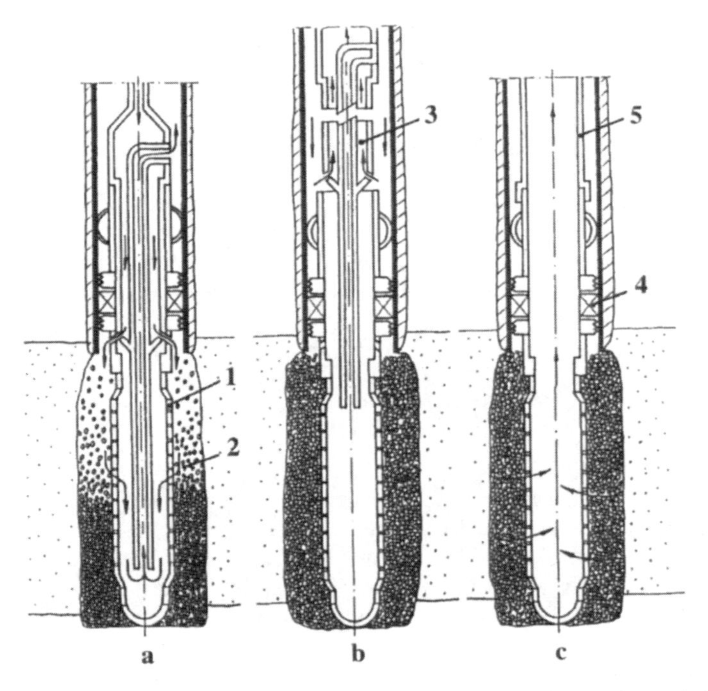

Abb. 4-9 Schematische Darstellung des Gravel Pack Verfahrens (a nach Einbau des Drahtwickelfilters wird in die erweiterte Bohrung der Kies eingespült (1) und verbleibt im Ringraum (2), während die Trägerflüssigkeit durch den Filter hindurch nach Übertage strömt; b zeigt den Ausbau der Einspülvorrichtung (3); c verdeutlicht den Filterrohrpacker (4) und die Förderrohrtour (5)) /4-8/

Ausstattung der Injektionssonde. Auch in Injektionsbohrungen wird der Ringraum zwischen Injektions- und Futterrohrtour aus den genannten Gründen mit Stickstoff beaufschlagt. Hier können vom injizierten Wasser im bohrlochnahen Bereich Sandpartikel gelöst und tiefer in die Speicherschicht eingetragen werden. Die Aufnahmefähigkeit der Speicherformation kann dadurch so weit herabgesetzt werden, daß der Injektionsprozeß vollständig zum Erliegen kommen kann.

In Injektionssonden können deshalb Cased Hole Komplettierungen – trotz ihrer schlechteren Hydraulik – eingesetzt werden, da sie auch auf lange Sicht eine stabile Bohrlochwand garantieren. Diese konstruktionsbedingt schlechteren hydraulischen Verhältnisse können aber durch zusätzliche fördertechnische Maßnahmen wie das Verpressen von Kies in die Speicherschicht, das sogenannte Frac Pack Verfahren, verbessert werden (Abb. 4-10).

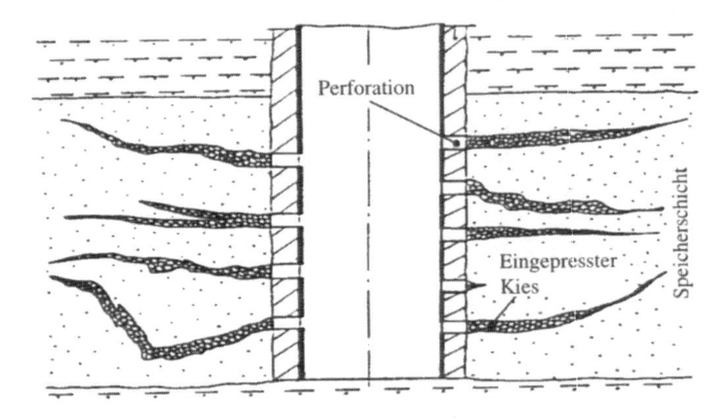

Abb. 4-10 Schematische Darstellung des Frac Pack Verfahrens /4-8/

Hier wird der Kies durch die Perforationskanäle der Verrohrung und Zementation hindurch in den Speicher gepreßt. Damit soll eine Verfestigung der lockeren Speichersande in Sondennähe durch die Bildung eines Stützgerüstes aus dem eingepreßten Kies erreicht werden. Durch Einpressen des Kieses unter erhöhtem Druck kommt es zunächst zu Rissen im Speicher. Der Filterkies lagert sich innerhalb der Risse ab, woraus verbesserte Fließbedingungen in Bohrlochnähe resultieren.

Gesamtsystemkonfigurationen. Geothermische Heizzentralen sind aus Kostengründen als Grundlastanlagen auszulegen. Die Erdwärme sollte weitestgehend im energetisch effizienten direkten Wärmeübergang vom Thermalwasser an das Heiznetzwasser übertragen werden. Dazu sind aufgrund der Lagerstättentemperaturen von meist 40 bis 80 °C geringe Rücklauftemperaturen im Fernwärmenetz anzustreben.

Im günstigsten Fall (Abb. 4-11, Anlagenkonfiguration 1) kann ein Heiznetz in ausreichender Weise durch den direkten Wärmetausch mit dem Thermalwasser versorgt werden; aus Sicherheitsgründen wird dies über einen entsprechenden Zwischenkreis realisiert. Damit sind hier für den Wärmetransport lediglich Plattenwärmeübertrager erforderlich.

Reicht die Temperatur des Thermalwassers nicht aus, kann ein Temperaturhub mit einer Wärmepumpe erfolgen. Diese kann ihre primärseitige Energie aus einem weiteren Wärmeübertrager beziehen. Durch die Anordnung mehrerer Plattenwärmeübertrager wird dann eine kaskadenförmige Auskühlung des Thermalwassers erreicht. Ggf. kann auch ein Blockheizkraftwerk (BHKW) zur Eigenstromversorgung installiert werden, da vor allem die zur Thermalwasserförderung und -injektion erforderliche Antriebsenergie von 80 bis 200 kW mit einer hohen Vollaststundenzahl benötigt wird. Bei der Installation eines Blockheizkraftwerks muß aber berücksichtigt werden, daß – da sowohl die Thermalwasserwärme als auch die des Blockheizkraftwerks die Wärmegrundlast abdecken – die Wärmeproduktion des Blockheizkraftwerks mit der hydrothermalen Wärmegewinnung konkurriert. Abb. 4-11, Anlagenkonfiguration 2, zeigt einen solchen Thermalwasserkreislauf mit Zwischenkreis, direktem Wärmetausch und kaskadenförmiger Auskühlung in einem weiteren Wärmeübertrager mit integriertem Blockheizkraftwerk.

Ebenso kann das Heiznetz-Rücklaufwasser selbst als Wärmequelle für die Wärmepumpe dienen. Nach der erfolgten Auskühlung wird die verhältnismäßig große Wärmemenge aus der Erde durch einen einzigen Plattenwärmeübertrager aufgenommen und anschließend in der Wärmepumpe sekundärseitig auf das erhöhte Temperaturniveau nachgeheizt (Abb. 4-11, Anlagenkonfiguration 3).

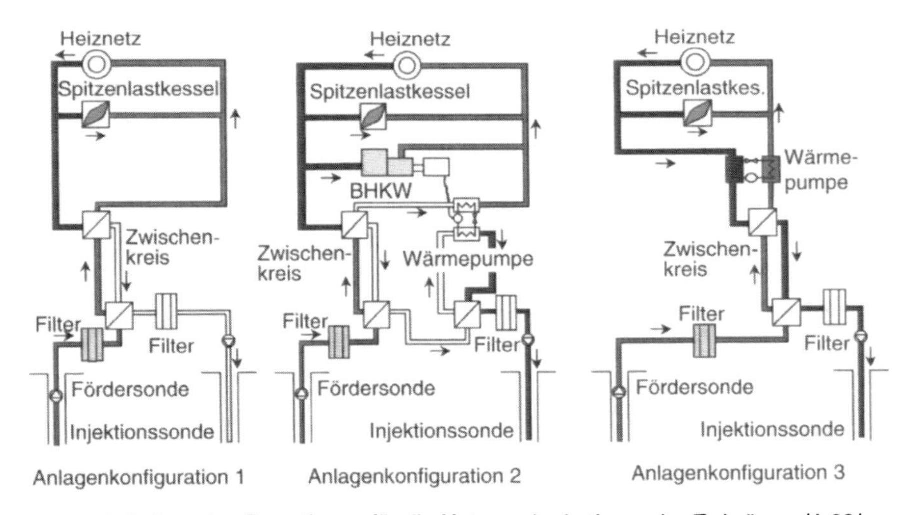

Abb. 4-11 Anlagenkonfigurationen für die Nutzung hydrothermaler Erdwärme /4-62/

Allgemeingültige Richtlinien bezüglich der letztlich zu wählenden Anlagenkonfiguration sind aufgrund der Vielzahl der gegebenen und möglichen Einflußgrößen nicht möglich (u. a. die Eigenschaften der thermalwasserführenden Schicht, die Größe und Nachfragecharakteristik des Abnehmersystems, die vorgegebenen Heiznetzparameter, die regional bedingten Energieträgerpreise bzw. anlegbaren Wärmepreise, die Organisationsstruktur des Anlagenbetreibers). Die Entscheidung für die jeweils zu nutzende Technik muß deshalb standortabhängig getroffen werden.

Spitzenlastanlage. Ein übliches Fernwärmenetz zur Versorgung von Haushalten und Kleinverbrauchern hat eine typische Auslastung seiner Spitzenleistung von 1 700 bis 2 500 h/a (Vollaststundenzahl; die Vollaststundenzahl ergibt sich aus dem Quotienten aus der jährlich gelieferten Wärmemenge bezogen auf die maximal geforderte Heizleistung). Da speziell der geothermische Teil eines Heizwerks besonders investitionsintensiv ist, müssen diese Kosten auf eine möglichst große bereitgestellte Wärmemenge verteilt werden. Daher wird angestrebt, daß in dem Teil einer geothermischen Heizzentrale, in dem Erdwärme genutzt wird, eine möglichst hohe Vollaststundenzahl erzielt wird. Realisiert werden kann dies, wenn die installierte Leistung des Geothermieteils der geothermischen Heizzentrale kleiner ist als die maximal nachgefragte Wärmeleistung im Heiznetz; dadurch erreicht der geothermische Anlagenteil große Betriebstundenzahlen bei voller Leistung (d. h. hohe Vollaststundenzahlen). Weniger investitionsintensive Anlagenteile (d. h. die mit fossilen Brennstoffen befeuerte Spitzenlastanlage) übernehmen damit die Versorgung des Heiznetzes in den Fällen, in denen die geothermische Leistung bei einer entsprechend großen Nachfrage nicht ausreicht (z. B. bei tiefen Temperaturen im Winter).

Außerdem soll die Zufeuerung fossiler Energieträger bei Ausfall des die Erdwärme nutzenden Teil der geothermischen Heizzentrale die sichere Versorgung der Verbraucher mit Wärme sichern. Deshalb wird dieser mit fossilen Energieträgern gefeuerte Anlagenteil so groß ausgelegt, daß im Falle eines Defektes im Geothermieteil eine vollständige Versorgung des Netzes möglich ist.

Daher werden geothermische Heizzentralen mit konventionellen Systemen zur Spitzenlastabdeckung – im Regelfall auf der Basis fossiler Energieträger – ausgestattet. Bei diesen Anlagenteilen handelt es sich meist um konventionelle Kesselanlagen (vgl. Kapitel 4.2.2). Im Falle der Einrichtung einer Absorptionswärmepumpe kann der Heißwasserkessel, der den Austreiber der Wärmepumpe beliefert, so groß gebaut sein, daß er auch die Spitzenlastfunktion erfüllt.

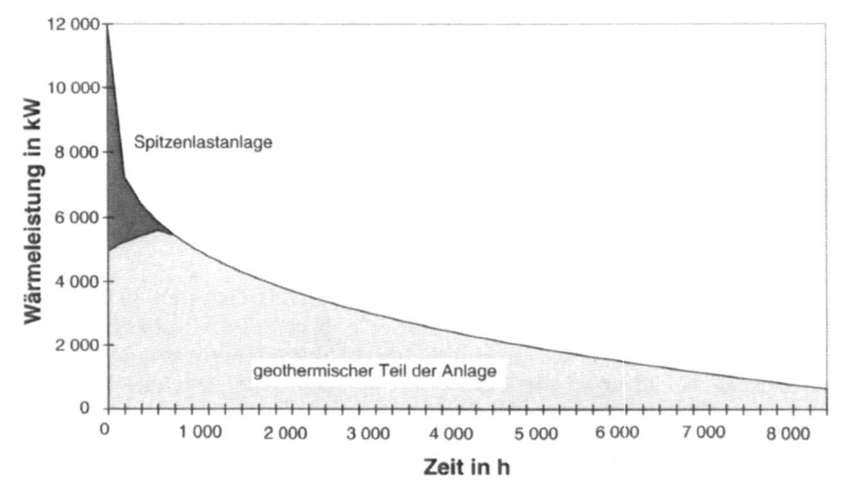

Abb. 4-12 Heiznetzaufteilung im Verlaufe eines Jahres (Vor- und Rücklauftemperatur des Netzes sind kleiner als die Thermalwassertemperatur)

Abb. 4-12 zeigt die geordnete Jahresganglinie eines Heiznetzes. Diese wird erzeugt, indem die jährliche Folge der geforderten Heizleistung in einen Netz nach ihrer Größe sortiert wird; deshalb läßt sich aus ihr keine zeitliche Zuordnung im Sinne einer eindeutigen Datumsangabe mehr ableiten. Deutlich wird jedoch, daß Spitzenlast nur zu sehr kurzen Zeiten im Jahr nachgefragt wird. Die ebenfalls eingezeichnete Ganglinie der geothermischen Wärmebereitstellung zeigt, daß in diesen Zeiten keine vollständige Netzversorgung durch eine Nutzung der Erdwärme möglich ist, daß aber die verbleibende Fläche unter der Kurve klein ist (d. h. der Anteil der nachgefragten Wärme zu Spitzenlastzeiten ist klein im Vergleich zu der insgesamt nachgefragten Wärme). Die letztendliche Festlegung des Anteils der durch eine Verbrennung fossiler Energieträger bereitgestellten Spitzenlast ist dann eine Optimierungsproblem, das in Abhängigkeit der Gegebenheiten vor Ort zu lösen ist.

Sollte die Rücklauftemperatur des Heiznetzes kleiner als die Temperatur des Thermalwassers und diese wieder unter der Vorlauftemperatur des Heiznetzes liegen, muß nach der Übertragung der geothermischen Wärme an das im Netz zirkulierende Trägerfluid eine Nachfeuerung erfolgen, um den Temperaturanforderungen des Heiznetzes zu entsprechen. Hierbei können deutlich größere mit fossilen Brennstoffen bereitgestellte Wärmemengen erforderlich werden (Abb. 4-13).

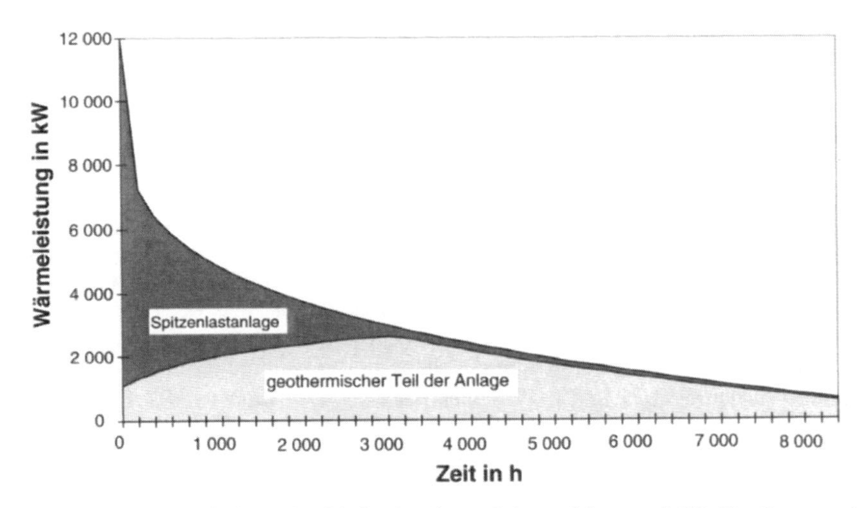

Abb. 4-13 Heiznetzaufteilung im Verlaufe eines Jahres (Vor- und Rücklauftemperatur des Netzes sind größer als die Thermalwassertemperatur)

Auslegung des Wärmeverteilnetzes. Wesentliches Element der Netzplanung ist die Bestimmung des optimalen Rohrdurchmessers. Dieser wird von zwei gegenläufigen Einflüssen bestimmt; zum einen sind bei kleinerem Rohrdurchmesser die Tiefbau- und Materialkosten geringer und zum anderen ist der Druckverlust größer. Für eine erste Abschätzung kann der Rohrdurchmesser aus dem Leitungsdruckverlust (für eine erste Grobprojektierung können 100 Pa/m angenommen werden) und der zu übertragenden Wärmemenge zuzüglich des Netzwärmeverlustes bestimmt werden.

Die Wärmeleistung der einzelnen Hausanschlußleitungen ergibt sich dabei aus der Nennanschlußleistung der Gebäude. Bei Heizungsbetrieb, kombiniert mit einem Speichersystem für Brauchwasser, addieren sich dabei die benötigten Leistungen näherungsweise; der Gleichzeitigkeitsfaktor liegt zwischen 0,8 und 1 (er ist definiert als das Verhältnis zwischen maximaler Gesamtleistung und der Summe der Einzelleistungen) /4-18/.

Entscheidend für die Netzwärmeverluste ist die spezifische Netzlänge und damit die Siedlungsstruktur. Die Vorlauftemperatur hat nahezu keinen Einfluß. Näherungsweise kann von Netzverlusten entsprechend Tabelle 4-1 ausgegangen werden.

Mit Hilfe des Druckverlustes und der notwendigen Wärmeleistung kann – unter Berücksichtigung der Netzwärmeverluste – der Nenndurchmesser der Rohrleitungen festgelegt werden /4-6/.

Tabelle 4-1 Netzverluste und spezifische Netzlänge /4-6/

	Netzwärmeverluste in %	spezifische Netzlänge pro Wohneinheit in m
Einfamilienhausbebauung	12 – 17	14 – 25
Reihenhausbebauung	8 – 12	6 – 14
Mehrfamilienbebauung	5 – 9	2 – 6

Für den Netzbetrieb entscheidend sind die Parameter Temperatur und Druck. Die Netzvorlauftemperatur ist abhängig von der Betriebsweise und muß auf die Hausübergabestationen (Auslegung der Vor- und Rücklauftemperatur) und die gewählten Rohrleitungen abgestimmt werden; sie variiert meist zwischen 50 und 180 °C. Die Heißwassernetze werden nach Möglichkeit in Abhängigkeit von der Außentemperatur mit gleitenden Vorlauftemperaturen gefahren. Eine Vorlauftemperatur von 60 bis 80 °C wird dabei aber nicht unterschritten. Die Rücklauftemperatur beträgt zwischen 30 und 40 °C.

Der Netzdruck ist vorrangig von der Netzstruktur abhängig. Er muß ausreichend hoch sein, um denjenigen Verbraucher, bei dem der größte Druckverlust auftritt, noch versorgen zu können. Gleichzeitig muß sichergestellt sein, daß bei diesem der Druck mit ausreichendem Sicherheitsabstand oberhalb des Dampfdrukkes des Wärmeträgers liegt. Bei zu hohen Druckverlusten in der Leitung müssen Druckerhöhungsstationen vorgesehen werden. Diese sind jedoch bei kleinen und mittleren Wärmeverteilungsnetzen nicht notwendig.

Während des Betriebes ist eine Netzregelung (Betriebsregime) erforderlich mit dem Ziel, die meist schwankende Wärmenachfrage mit möglichst geringem Energieaufwand bzw. mit minimalem Kostenaufwand zu decken. Dies kann durch eine Mengen- oder eine Temperaturregelung erreicht werden.

- Bei der Mengenregelung wird der Massenstrom des Wärmeträgers der Nachfrage angepaßt.
- Bei der Temperaturregelung wird der schwankende Leistungsbedarf durch Anheben bzw. Absenken der Heizwassertemperatur gedeckt.

Im Regelfall wird eine Kombination der beiden Techniken gewählt. Kurzfristige Lastspitzen werden durch einen erhöhten Massenstrom und langfristige Änderungen (saisonale Schwankungen) durch eine Temperaturanpassung ausgeglichen.

Anlagenbeispiele. Augehend von diesen systemtechnischen Betrachtungen werden im folgenden typische Anlagenbeispiele diskutiert, wie sie in der Vergangenheit realisiert wurden. Dazu wird näher eingegangen auf die geothermische Heizzentrale in Riehen, das Erdwärmeheizwerk Neustadt-Glewe und die Geothermieanlage Neubrandenburg.

Geothermische Heizzentrale Riehen. Ende April 1994 wurde in der Schweiz in der Gemeinde Riehen (Kanton Basel-Stadt) ein kommunaler Nahwärmeverbund für die Beheizung und Brauchwassererwärmung von Gebäuden auf der Basis einer geothermalen Heizzentrale in Betrieb genommen.

Die maximale Heizleistung der Geothermieanlage beträgt 14 MW, wobei die Vorlauftemperatur gleitend von 65 bis 90 °C geregelt ist. Fast die Hälfte der jährlichen Wärmenachfrage von fast 117 TJ/a wird über die Nutzung des hydrothermalen Erdwärmevorkommens abgedeckt. Insgesamt werden 160 Wärmeabnehmer versorgt (d. h. etwa 1 000 Wohneinheiten im Ortskern von Riehen) /4-25/.

Die Anlage besteht aus einer Grund- und Spitzenlastanlage (Abb. 4-14); die Grundlastanlage deckt dabei unter Nutzung des geothermischen Potentials etwa 85 % der nachgefragten Jahresgesamtwärmemenge ab (einschließlich BHKW und Wärmepumpe). Die mit leichtem Heizöl gefeuerte Spitzenlastanlage ist für die Abdeckung der saisonalen und ggf. täglichen Leistungsspitzen zuständig und trägt mit etwa 15 % an der gelieferten Jahresgesamtwärmemenge der Heizzentrale Riehen bei /4-26/.

Die Heizzentrale nutzt hydrothermale Erdwärme mit Hilfe zweier Bohrungen; Riehen 1 dient als Förder- und Riehen 2 als Injektionsbohrung. Die beiden Bohrungen wurden in die Mulde von Tüllingen-St. Jacob abgeteuft. Die Produktionszone, ein Trias-Aquifer, befindet sich in einer Teufe von 1 496 bis 1 498 m und führt etwa 62 °C heißes Thermalwasser mit einem Mineralgehalt von etwa 17 g/l.

Über die Bohrung Riehen 1 wird das Thermalwasser mit einem Volumenstrom von 72 m^3/h mit einer in 390 m Teufe eingehängten Unterwassermotorpumpe gefördert. Zunächst werden über Wärmeübertrager – abhängig von den Betriebsbedingungen – zwischen 450 und 1 420 kW ohne zusätzliche Aufwendung von Hilfsenergie gewonnen /4-26/.

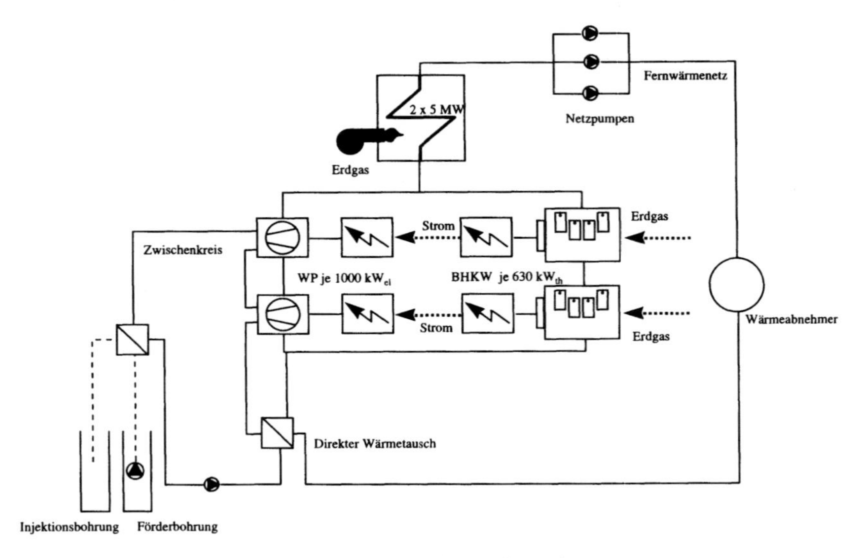

Abb. 4-14 Prinzipschema der Heizzentrale Riehen /4-26/

Mit Hilfe zweier Elektrowärmepumpen mit einer Heizleistung von je 1 450 kW wird das Thermalwasser anschließend auf rund 25 °C gekühlt und eine verbrauchsseitige Temperatur von 69,5 °C bereitgestellt. Die für den Betrieb der Wärmepumpen und der sonstigen Hilfsaggregate (z. B. Pumpen) benötigte elektrische Energie wird von zwei erdgasbetriebenen Blockheizkraftwerken (BHKW) mit je 834 kW thermischer und 454 kW elektrischer Leistung bereitgestellt. Die in Kuppelproduktion gewonnene Wärme steht auf einem Temperaturniveau von 90 °C zur Verfügung und wird ebenfalls dem Verteilnetz zugeführt (Abb. 4-14). Zusätzlich sorgt eine Strahlungswärmepumpe für die Rückgewinnung von Wärmeverlusten in der Maschinenhalle und kühlt somit den Maschinenraum der Grundlastzentrale. Die thermische Leistung dieser Wärmepumpe liegt zwischen 45 und 370 kW. Das abgekühlte Thermalwasser wird dann über die Geothermiebohrung Riehen 2 in eine Teufe von rund 1 250 m verpreßt /4-34/.

Die Spitzenlastanlage verfügt über drei ölbefeuerte Kessel mit Low-NO_x-Brennern mit einer thermischen Leistung von je 2 800 kW. Diese Kesselanlage deckt die Spitzenlast ab und garantiert daneben auch eine angemessene Versorgungssicherheit bei Wartung und Ausfall von einzelnen Wärmeerzeugungseinheiten.

Die Spitzenlastanlage ist eigenständig und räumlich getrennt. Die Grundlast- und Kesselanlage arbeiten zur Deckung des jeweils gegebenen Wärmenachfrage bivalent-parallel miteinander.

Zusammengenommen stammt knapp die Hälfte der bereitgestellten Wärme aus der direkten Nutzung des Thermalwassers (ca. 45 %) und die andere Hälfte aus dem erdgasgefeuerten Blockheizkraftwerk (ca. 39 %) und der Spitzenlastanlage (ca. 16 %).

Erdwärmeheizwerk Neustadt-Glewe. Neustadt-Glewe ist eine Kleinstadt in Mecklenburg-Vorpommern mit etwa 7 600 Einwohnern. Sie liegt im Bereich der primären Randsenken der Diapire Kraak, Ludwigslust und Werle sowie der Salzkissen

Marnitz und Schlieven. Mehrere Sandsteinhorizonte sind aufgrund ihrer Ausbildung für eine Thermalwassergewinnung nutzbar; davon wurde der Contorta Sandstein in einer Teufe von etwa 2 250 m wegen seiner guten Standfestigkeit, Gesteinseigenschaften (Permeabilität, Produktivität) und hohen Thermalwassertemperatur ausgewählt. Die Mächtigkeit beträgt maximal 60 m. Die hochmineralisierten Thermalwässer entsprechen mit einem Gesamtmineralgehalt von knapp 220 g/l und einer Dichte von 1 147 kg/m^3 der Zusammensetzung mesozoischer Tiefenwässer in Mecklenburg-Vorpommern /4-27/.

Das Erdwärmeheizwerk Neustadt-Glewe nutzt eine Förder- und eine Injektionsbohrung mit einer Endteufe von 2 450 bzw. 2 335 m bei einem Abstand zwischen den beiden Bohrungen von 1 500 m. Das energetisch nutzbare Thermalwasser hat eine Temperatur von etwa 100 °C. Bei einem maximal möglichem Förderstrom des Thermalwasser im Nutzhorizont von 180 m^3/(h MPa) werden je nach Wärmelast 60 bis 125 m^3/h gefördert; daraus resultiert eine Wärmeleistung des Erdwärmeheizwerks von 6,75 MW /4-28/.

Die Förder- und Injektionsbohrung sind mit dem geothermischen Heizwerk durch erdverlegte Rohrleitungen aus glasfaserverstärktem Kunststoff verbunden. Die Wärmeauskopplung im Erdwärmeheizwerk erfolgt über drei lastabhängig geschaltete Titan-Plattenwärmeübertrager mit einer maximalen thermischen Leistung von jeweils 3 500 kW (Abb. 4-15). Die Einbindung über einen Zwischenkreislauf mit hydraulischer Weiche erlaubt eine optimale Anpassung der Thermalwasserparameter Temperatur und Mengenstrom an die benötigte Leistung des Fernwärmenetzes. Insgesamt ist in der geothermischen Heizzentrale eine thermische Leistung von etwa 10,4 MW installiert, wovon etwa 6,5 MW aus dem direkten Wärmetausch mit dem Thermalwasser stammen. Im Unterschied zur Heizzentrale Riehen wird damit – aufgrund der hohen Thermalwassertemperaturen – in der Anlage in Neustadt-Glewe keine Wärmepumpe benötigt.

Grundsätzlich sind alle mit Thermalwasser beaufschlagten Rohrleitungen und Behälter in den Betriebsgebäuden durchgehend aus Stahl mit einer Innenbeschichtung aus Hartgummi gefertigt. Aus Kostengründen wurde allerdings bei Armaturen und Pumpen, sofern aus Zuverlässigkeits- und Sicherheitsgründen vertretbar, teilweise auf Standardwerkstoffe mit beschränkter Lebensdauer zurückgegriffen.

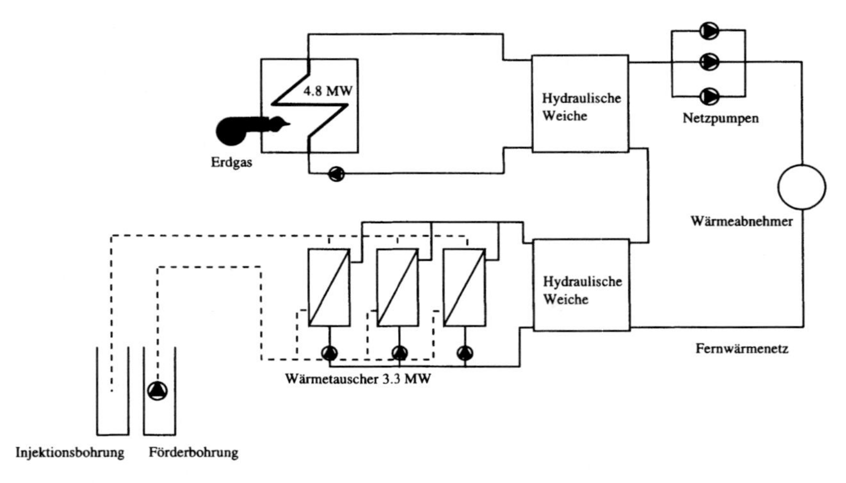

Abb. 4-15 Prinzipschema des Erdwärmeheizwerks Neustadt-Glewe /4-28/

Die Wärmeverteilung erfolgt über ein gleitend betriebenes Wärmenetz mit einer Vorlauftemperatur von 70 bis 90 °C und einer Rücklauftemperatur von 50 bis 65 °C. Die Spitzenlast wird über ein mit Erdgas gefeuertes Heizwerk mit abgedeckt. Die Wämeverteilung erfolgt über ein isoliertes Kunststoffmantelrohrsystem. Die gesamte Rohrleitungsstrecke wird durch ein doppeltes Leckwarnsystem überwacht /4-29/.

Insgesamt wurden im Jahr 1996 etwa 60 TJ an Wärme bereitgestellt. Davon resultieren etwa 85 % aus dem Thermalwasser und die verbleibenden rund 15 % aus den mit fossilen Brennstoffen betriebenen Spitzenlastanlagen.

Geothermieanlage Neubrandenburg. Bei der Geothermieanlage in Neubrandenburg (Mecklenburg-Vorpommern) wird das Thermalwasser aus einer Teufe von etwa 1 250 m mit einer Temperatur von 54 °C gefördert. Der Thermalwasserstrom ist zwischen 50 und 100 m³/h regelbar. Das Wasser ist stark mineralisiert (133 g/l). Bohrungen und Geothermieanlage sind durch Rohrleitungen aus glasfaserverstärktem Kunststoff miteinander verbunden.

Sowohl vor Eintritt des Thermalwassers in die obertägige Anlage als auch vor der Injektionssonde sind jeweils zwei Filter angeordnet. Damit ist zum Filterwechsel kein Abschalten des Thermalwasserkreislaufes notwendig; durch Umschalten der Filter kann einer der beiden Filter zu Revisionszwecken vom Thermalwasserkreis getrennt werden.

Auch die im Thermalwasserkreislauf befindlichen Plattenwärmeüberträger sind wegen eventuell erforderlicher Revisionen doppelt ausgeführt. Sie sind aus Titanplatten gefertigt und jeweils für eine Übertragungsleistung von ca. 5,5 MW bei einem Volumenstrom von 100 m³/h und einer Temperaturdifferenz von 3 K ausgelegt. Erreicht wird bei Einhaltung günstiger Rücklauftemperaturen eine thermische Leistung aus dem Thermalwasser von etwa 3,5 MW /4-31/. Die zum Thermalwassertransport benötigten Umwälzpumpen verfügen über eine elektrische Leistung von 100 kW; der veränderliche Volumenstrom resultiert aus einer frequenzabhängigen Pumpensteuerung.

Da das zu versorgende Abnehmernetz teilweise für ein besonders niedriges Temperaturniveau (im Auslegungszustand 65 °C / 35 °C) konzipiert wurde, kann ganzjährig ein Teil der Erdwärme im direkten Wärmetausch mit dem Heiznetzrücklauf ohne Einsatz zusätzlicher Energie geliefert werden /4-32/. Darüberhinaus kühlt eine Absorptionswärmepumpe mit einer Heizleistung von ca. 9,35 MW das Thermalwasser zusätzlich aus (Abb. 4-16).

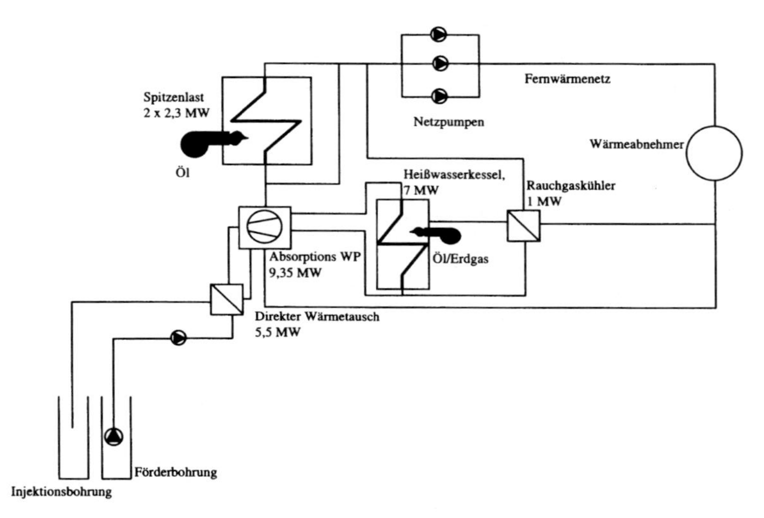

Abb. 4-16 Prinzipschema der Geothermieanlage Neubrandenburg /4-32/

Hierzu nutzt die Wärmepumpe (Stoffpaar: Lithium-Bromid/Wasser) die im Heiznetzrücklauf vorhandene Wärme zur Verdampfung ihres Arbeitsstoffes (Wasser) und kühlt den Heiznetzrücklauf. Danach durchströmt dieses abgekühlte Heiznetzwasser in einen der beiden Plattenwärmeübertrager und nimmt Wärme aus dem Geothermiekreis auf. Anschließend wird es durch die Sekundärseite der Wärmepumpe (Absorber/Kondensator) geleitet und dadurch nachgeheizt, um in das Heiznetz mit einer erhöhten Vorlauftemperatur einzutreten. Die eigentliche Antriebsenergie für die installierte Wärmepumpe wird durch einen Heißwasserkessel mit einer Leistung von ca. 7 MW mit einer Temperatur von ca. 160 °C bereitgestellt. Bei Betrieb dieses Kessels können die Rauchgase zusätzlich abgekühlt werden und dadurch ein Teil der erforderlichen Spitzenlast bereitgestellt werden. Der Rauchgaskühler ist für eine thermische Leistung von nahezu 1 MW ausgelegt. Als Primärenergieträger für den Heißwasserkessel wird in der Regel Erdgas verwendet; zu Spitzenbedarfszeiten beim Erdgas oder bei Ausfall dieses leitungsgebundenen Energieträgers kann auf Heizölreserven vor Ort zurückgegriffen werden. Falls notwendig kann ein weiteres Nachheizen mit Hilfe der erdgas/heizölgefeuerten Spitzenlastanlage (2 Kessel mit je 2,3 MW) erfolgen /4-33/.

Die bereitgestellte Wärmemenge liegt zwischen 60 und 80 TJ/a und bis zu 60 % dieser Wärmemenge stammen aus der Erde.

4.3 Erdwärmenutzung durch tiefe Einzelsonden

Wenn eine Tiefbohrung unabhängig von ihrer ursprünglichen Zielsetzung des Aufschlusses, der Förderung, des Reinjezierens u. ä. aufgegeben wurde oder wenn durch sie kein Thermalwasservorkommen erschlossen werden konnte, besteht die Möglichkeit, die Bohrung durch Einbringung einer tiefen Erdwärmesonde zur Bereitstellung von Niedertemperaturwärme zu nutzen. Eine derartige tiefe Erdwärmesonde funktioniert dabei grundsätzlich wie eine Sonde zur Nutzung oberflächennaher Erdwärme (vgl. Kapitel 3). Sie wird deshalb im folgenden nur kurz beschrieben.

4.3.1 Wärmequellenanlage

Zur Nutzung der im tiefen Untergrund gespeicherten Wärme kann eine verrohrte Tiefbohrung genutzt werden. Sie muß zusätzlich mit einer doppelten, koaxialen Verrohrung, einem Tubing- oder Förderrohrstrang, komplettiert werden. Das von den übertägigen Einrichtungen kommende Wärmeträgermedium wird zur Verfügbarmachung der Wärme des tiefen Untergrunds über den Ringraum zwischen Tubingstrang und der Verrohrung der Bohrung in die Tiefe gepumpt (Abb. 4-17).

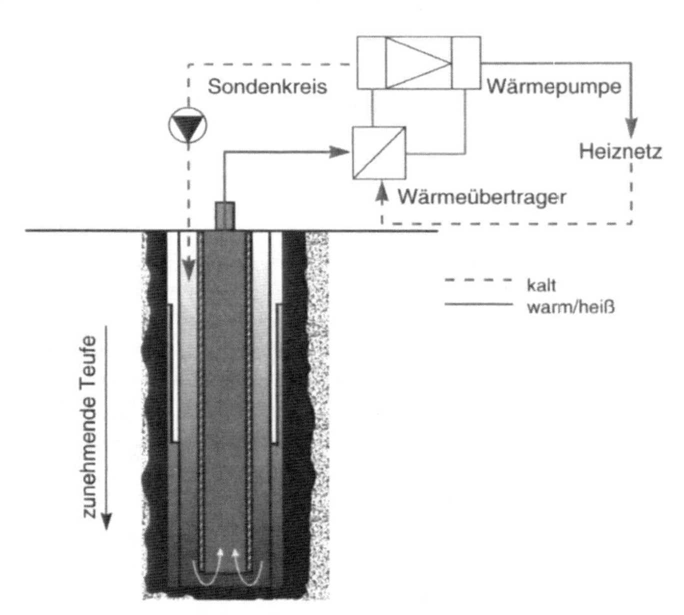

Abb. 4-17 Funktionsschema einer tiefen Erdwärmesonde

Da mit zunehmender Teufe im Gebirge die Temperatur entsprechend dem geothermischen Gradienten ansteigt, erwärmt sich das Wärmeträgermedium auf dem Weg zum Bohrlochtiefsten und entzieht damit dem Gebirge Energie. Dabei kann langfristig aber nur so viel Wärme dem Untergrund entzogen werden, wie infolge des natürlichen Wärmestroms nachfließt; ein Stoffaustausch wie bei bei der hydrothermalen Erdwärmenutzung findet wegen der für das Wärmeträgermedium undurchdringbaren Rohrwandung nicht statt.

Als Wärmeträgermedium wird meist Wasser verwendet. Es wird im Regelfall jedoch aufbereitet und mit Inhibitoren versehen, um eine Korrosion der untertägigen Einrichtungen möglichst weitgehend zu vermeiden. Hier wird auf Erfahrungen aus der Fernwärmetechnik zurückgegriffen.

Über den Tubingstrang, die sogenannte Steigleitung, gelangt das Wärmeträgermedium – „beladen" mit Erdwärme – anschließend vom Bohrlochtiefsten wieder nach oben. Damit eine möglichst hohe Temperatur beim Austritt am Bohrlochkopf erreicht werden kann und die Wärmeverluste weitgehend minimiert werden können, ist der Tubingstrang über die gesamte Länge wärmeisoliert.

Durch das durch die Bohrung fließende Wärmeträgermedium wird in unmittelbarer Umgebung des Bohrloches eine Temperaturabsenkung erzeugt. Diese ermöglicht trotz der vergleichsweise geringen Wärmeleitfähigkeiten des Gesteins einen Wärmeeintrag in das Wärmeträgermedium, der bis zu 200 W/m betragen kann /4-35/. Das umgebende Gebirge steht damit auf Grund dieser Temperaturabsenkung nicht mit seiner initialen Temperatur zur Verfügung. Das Wärmeträgermedium kann daher nur eine Temperatur deutlich unterhalb derjenigen des ungestörten Gebirges erreichen.

Die thermische Leistung der tiefen Erdwärmesonde ist durch geologische Parameter, wie den lokal gegebenen geothermischen Gradienten und die vorliegenden wärmephysikalischen Eigenschaften des in der jeweiligen Bohrungstiefe anstehenden Gesteins, durch den technischen Aufbau der Bohrung (u. a. Durchmesser und Materialien, Isolationseigenschaften der verwendeten Rohre) und vor allem durch die Betriebsweise des Gesamtsystems beeinflußt. Für übliche Tiefenbereiche von Bohrungen im Bereich von 1 000 bis 4 000 m können geothermische Leistungen von 50 bis 400 kW bei durchschnittlichen geologischen Bedingungen erwartet werden.

Der Einfluß der Betriebsweise auf die geothermische Leistung hängt wesentlich von der Temperatur des in die Sonde eingeleiteten Wassers ab. Die Leistung kann damit sowohl durch den obertägigen Anlagenaufbau als auch durch das Betriebsregime beeinflußt werden. Einerseits besteht hierdurch die Möglichkeit, bei hoher Wärmenachfrage des Abnehmers einen Betriebszustand der Sonde zu wählen, welcher zu hohen geothermischen Leistungen führt. Andererseits wird durch sehr niedrige Temperaturen am Sondeneintritt ein erhöhter Temperaturgradient über der Rohrwand und folglich auch im Gebirge erzeugt. Durch andauernden Betrieb unter solchen Betriebsbedingungen wird eine besonders starke Temperaturabsenkung im umgebenden Gebirge erzeugt; dies kann eine dauerhafte Leistungsabsenkung des Systems bedeuten. Der Betrieb muß daher sowohl auf eine möglichst hohe Leistungsausbeute als auch mit Rücksicht auf eine tolerable Beeinflussung der Langlebigkeit ausgelegt werden.

4.3.2 Wärmewandlung

Der Wärmeträgerumlauf wird mit Hilfe einer Pumpe realisiert; sie stellt das wesentliche Systemelement der übertägigen Installationen einer tiefen Sonde dar. Die erforderliche Pumpenleistung ist dabei niedriger als im Falle der Umwälzpumpe bei der hydrothermalen Nutzung, da keine großen Druckverluste im eigentlichen Wärmeübertrager auftreten und – im Unterschied zur Thermalwasserförderung – eine geschlossene Rohrleitung durchströmt wird.

Da die Temperatur am Bohrungsausgang in der Regel weniger als 40 °C beträgt, ist der Einsatz einer Wärmepumpe zwingend erforderlich. Im Regelfall wird dabei aufgrund der relativ geringen Leistung von einigen 100 kW eine elektrisch oder gasbetriebene Kompressionswärmepumpe eingesetzt. Damit kann das aus der Sonde geförderte Wärmeträgermedium möglichst weitgehend abgekühlt werden. Gleichzeitig wird die gewonnene Wärme auf ein für die Wärmeversorgung in einem Nahwärmenetz nutzbares Temperaturniveau transformiert. Um eine günstige Arbeitszahl der Wärmepumpe zu erhalten, sind dabei nicht zu hohe Temperaturen am Wärmepumpenausgang von Vorteil (d. h. geringe Vor- und Rücklauftemperaturen). Sollte die Heiznetzrücklauftemperatur deutlich geringer als die Kopftemperatur sein, kann optional auch ein Direktwärmeübertrager – vor der Wärmepumpe – installiert werden. Abb. 4-18 zeigt beispielhaft, wie eine tiefe Erdwärmesonde in ein Wärmebereitstellungssystem eingebunden werden kann.

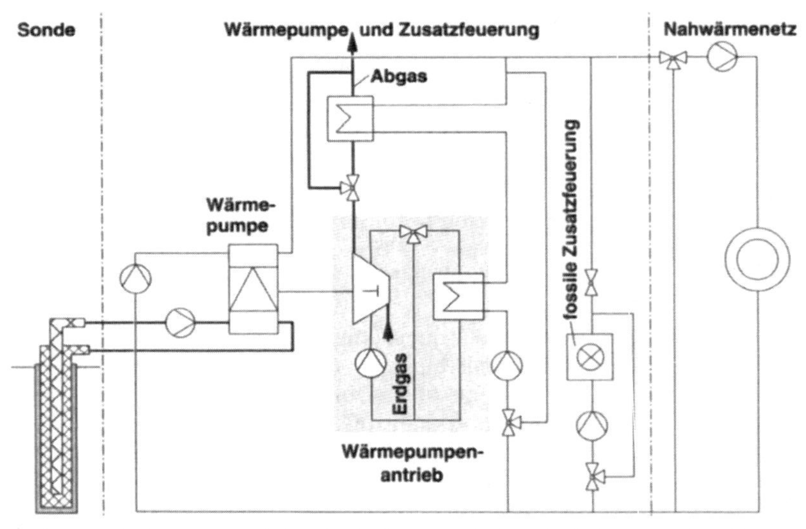

Abb. 4-18 Einbindung einer tiefen Erdwärmesonde in ein Wärmebereitstellungssystem /4-63/

Aufgrund der hohen Kapitalintensität, durch die eine tiefe Erdwärmesonde gekennzeichnet ist, sollte sie in einem Wärmebereitstellungssystem nur zur Deckung der Grundlast eingesetzt werden. Die Bereitstellung der Spitzenlast im Winter übernimmt dann ein konventioneller, mit fossilen Brennstoffen gefeuerter Heizkessel, durch den die Heiztemperatur weiter angehoben werden kann. Daher ist die tiefe Erdwärmesonde aus ökonomischen Gründen sinnvollerweise dort einzusetzen, wo eine ausreichend große Leistungsnachfrage des angeschlossenen Wärmeverbrauchers (z. B. Nahwärmenetz, große Einzelabnehmer, Gewerbe, kommunale Einrichtungen) gegeben ist /4-36, 4-37, 4-38/.

4.3.3 Anlage und Betriebsweise

In Prenzlau wurde 1989 eine hydrothermale Heizzentrale wegen bakteriologischer Verseuchung und starkem Absanden des Speichers geschlossen. Diese Anlage wurden danach in eine tiefe Erdwärmesonde umgerüstet. Die umgebaute Anlage ging 1994 in Betrieb und versorgt heute etwa 1 100 Wohnungen mit Wärme bzw. mit Warmwasser.

Die aus dem Jahre 1985 stammende Bohrung wurde ab 900 m Tiefe bis auf 2 800 m aufgebohrt, verrohrt und zementiert. Anschließend wurde ein wärmeisoliertes Steigrohr von Niveau 0 bis 2 800 m Teufe eingebaut. Die Temperatur an den Wandungen der tiefen Sonde nimmt dabei von 8 auf 108 °C zu.

Im Sondenkreislauf zirkuliert sauberes, entsalztes und entgastes Wasser. Die Zirkulation im Sondenkreislauf erfolgt durch eine drehzahlgeregelte Umwälzpumpe mit einer variablen Leistung zwischen 4 bis 10 kW. Ein Wärmeübertrager garantiert die stoffliche Trennung des aufbereiteten Wärmeträgers vom Heiznetzwasser.

Eine nachgeschaltete Wärmepumpe erhöht die Wassertemperatur auf das für den Vorlauf des Wärmenetzes notwendige Temperaturniveau. Aus ökologischen Gründen wird in der Wärmepumpe das Kältemittel Ammoniak (NH_3) eingesetzt. Die Auslegungstemperaturen für die Wärmepumpe sind 10 °C für den Verdampfer und 70 °C für den Kondensator. Die Rücklauftemperatur des Heiznetzwassers beträgt 40 °C /4-39, 4-40/. Alle relevanten Meßwerte werden von der zentralen Leittechnik online verarbeitet.

Die tiefen Sonde erreicht im sogenannten Naturumlauf ohne Umwälzpumpe eine Sondenleistung von 100 bis 150 kW bei Sondenaustrittstemperaturen von 62 bis 65 °C. Dies ist vor allem für den Fall einer Betriebsstörung interessant, wenn Hilfsenergiequellen fehlen oder ausfallen. Mit Hilfe der Wärmepumpe wird die Leistung auf über 500 kW gesteigert.

Im ersten Betriebsjahr deckte die tiefen Sonde etwa 20 % der Wärmenachfrage des Fernwärmenetzes Prenzlau-West; dies liegt primär in den Stillstandszeiten infolge der Wärmepumpenstörungen sowie aufgrund von Versuchsfahrten begründet. Der Anteil der von der tiefen Sonde gelieferten Wärme wurde in den darauf folgenden Jahren jedoch erhöht.

Die Jahresdauerleistung der tiefen Erdwärmesonde mit 500 kW liegt bei etwa 8 bis 12 % der witterungsbedingten Jahreshöchstlast. Im Stundenbereich gestattet die Sonde Spitzenleistungen bis über 700 kW /4-39/.

Die gesamte Wärmeversorgung für das Fernwärmenetz Prenzlau-West wird mit dieser tiefen Erdwärmesonde und drei Gas-Öl-Kesseln realisiert. Im Mittel wird ein Drittel der benötigten Wärme durch die tiefe Erdwärmesonde bereitgestellt /4-40/.

4.4 Nutzung trockener Formationen

Der bei weitem größte Teil der im Untergrund in tiefliegenden heißen, wenig Wasser führenden Gesteinsformationen gespeicherten Wärmeenergie kann mit den konventionellen geothermischen Produktionsverfahren wirtschaftlich nicht genutzt werden, weil das Trägermedium für die Wärmeenergie, das Wasser, fehlt /4-41, 4-42, 4-43/.

In geothermisch „normalen“ Regionen nimmt die Temperatur in der Erdkruste um ca. 0,03 K/m zu. In 6 000 bis 7 000 m Tiefe sind daher Temperaturen von ca. 200 °C zu erwarten. Solche Bohrtiefen sind heute Stand der Technik. Das theoretische Energiepotential des dabei erschlossenen Gesteins ist sehr groß. In Deutschland beispielsweise könnte in dem Tiefenbereich zwischen 3 000 und 7 000 m ein Gesteinsvolumen von ca. 476 000 km^3 erschlossen werden; die darin gespeicherte Energie übersteigt die Energienachfrage in Deutschland um Größenordnungen (Kapitel 5.2.1.3). Zusätzlich enthält etwa die Hälfte dieses Gesteinsvolumens Wärme auf einem Temperaturniveau, das für eine Stromerzeugung mit ORC-Prozessen ausreichend ist.

Deshalb werden schon seit vielen Jahren Anstrengungen unternommen, dieses Energiepotential nutzbar zu machen. Dabei können im wesentlichen zwei Konzepte unterschieden werden, die im folgenden kurz dargestellt werden.

Die Herausforderung, die in den Tiefengesteinen gespeicherte Wärme technisch zu erschließen, wurde erstmals 1970 in den USA von Physikern des Forschungszentrums „Los Alamos National Laboratory“ aufgegriffen /4-41, 4-43/. Die Vorstellung war, daß in undurchlässigen Gesteinsformationen künstliche Wärmeaustauschflächen geschaffen werden müssen, durch die dann über Bohrungen eine Trägerflüssigkeit (Wasser) zum Entzug der Gesteinswärme zirkuliert werden kann. Dieses Konzept wurde allgemein unter dem Namen „Hot Dry Rock“ („Heißes trokkenes Gestein“) oder der Abkürzung „HDR“ bekannt.

Um Erosionsprozesse von vornherein auszuschließen, konzentrierten sich die Betrachtungen auf kristalline Hartgesteine, hauptsächlich Granite und Gneise, wie sie im Grundgebirge anzutreffen sind. Auch wurde damals an eine Stromerzeugung gedacht und vorausgesetzt, daß dafür Gesteinstemperaturen von mehr als 150 °C erschlossen werden müssen.

Auf Interesse stieß das Konzept in Energiewirtschaft und Energiepolitik, weil es

- den Zugang zu einer sehr großen, bisher ungenutzten und vor allem heimischen Energiequelle versprach,
- praktisch überall anwendbar erschien,
- unabhängig von Tages- und Jahreszeiten sowie der Witterung ist und
- die Energie ohne Verbrennungsvorgang (d. h. umweltfreundlich) gewonnen werden kann.

Anfang der siebziger Jahre war in den Geowissenschaften die Vorstellung verbreitet, daß das kristalline Grundgebirge als weitgehend rißfrei anzusehen sei. Es wurde davon ausgegangen, daß aufgrund

- der herrschenden Druckverhältnisse (in 6 000 bis 7 000 m Tiefe herrschen Überlagerungsdrücke von ca. 1 500 bis 1 800 bar) und aufgrund
- von Ablagerungsprozessen (die Risse „verheilen“ lassen),

offene Spalten (Klüfte) nicht mehr existieren könnten. Allerdings gab es bis dahin – wegen des fehlenden wirtschaftlichen Ansporns – auch nur wenige wissenschaftliche Aufschlußbohrungen in die tieferen Kristallinformationen.

Deshalb wurde davon ausgegangen, daß künstliche Risse geschaffen werden müßten. Erste Berechnungen zeigten, daß aufgrund der schlechten Wärmeleitfähigkeit des Gesteins (ca. 2 bis 4 W/(m K)) Wärmeaustauschflächen mit einer Ausdehnung von mehreren Quadratkilometern notwendig wären, um zu wirtschaftlichen Größenordnungen zu gelangen. Für die Schaffung dieser Wärmeaustauschflächen einzusetzenden Technologie wurde auf ein in der Erdölindustrie bereits vielfach erprobtes Verfahren zurückgegriffen, das „hydraulische Spalten" („Hydraulic Fracturing"). Dieses Verfahren wurde bereits seit 1947 in Erdöl- und Erdgasbohrungen eingesetzt, um durch Aufspalten des Speichergesteins die Ergiebigkeit solcher Bohrungen zu steigern. Hierbei wird mit sehr leistungsstarken Pumpen eine Flüssigkeit (z. B. Wasser) in den unverrohrten Abschnitt einer Bohrung verpreßt und der Druck so lange gesteigert, bis das Gestein aufreißt. Entstehen neue Risse, breiten sich diese senkrecht zur Richtung der kleinsten kompressiven Gebirgsspannung (d. h. in Richtung der größten Gebirgsspannung) aus. Steht die Bohrung senkrecht und verläuft damit parallel zu dem im Gebirge herrschenden Überlagerungsdruck, breitet sich ein Riß im Idealfall von der Bohrung aus axial und bohrlochparallel aus. Solche Risse waren nachweislich bereits mehrere hundert Meter im Gestein vorgetrieben worden /4-44/.

Nun können Bohrungen aber auch gerichtet abgeteuft werden (d. h. eine Bohrung kann heute gezielt abgelenkt und damit schräg gebohrt werden). Damit stand das Grundkonzept eines Wärmeaustauschsystems im tiefen Untergrund fest. Zunächst sollten zwei in Richtung der größten Gebirgsspannung angeordnete, im unteren Bereich abgelenkte (d. h. schräg verlaufende) Bohrungen abgeteuft werden. Im abgelenkten Teil dieser Bohrungen müßten dann nacheinander mehrere künstliche Spalten im Gestein hydraulisch induziert werden, um die Bohrungen miteinander zu verbinden. Es war vorgesehen, einzelne Abschnitte der Bohrung nacheinander mit Dichtelementen (sogenannten Packern) hydraulisch zu isolieren und mit Druck zu beaufschlagen. Da nun die Bohrung aber nicht mehr parallel zum Überlagerungsdruck verläuft, müssen die so erzeugten Risse die Bohrung schneiden, wenn sie sich normal zur kleinsten Gebirgsspannung ausbreiten. Es entsteht folglich ein Wärmeübertrager mit mehreren parallel verlaufenden, im Normalfall senkrecht stehenden, Austauschflächen (Abb. 4-19). Anzahl, Abstand und Ausdehnung dieser Rißflächen wären dabei technische Parameter, die den jeweiligen Erfordernissen (u. a. Aufbau des Untergrundes, Zustand der Bohrung, Kosten, geforderte Leistung und Lebensdauer des Systems) angepaßt werden könnten.

Der Entzug der im Gestein gespeicherten Wärme würde nun über eine Wasserzirkulation durch das künstlich erzeugte Rißsystem erfolgen. Kaltes Wasser könnte von einer Pumpe an der Oberfläche in eine der Bohrungen verpreßt werden, durch das Spaltsystem in der Tiefe hindurchgedrückt, aufgeheizt und als überhitztes Wasser unter Druck über die zweite Bohrung wieder die Oberfläche erreichen. Dort sollte dieses erhitzte Wasser in einem geschlossenen System die Wärmeenergie über Wärmeübertrager an einen Sekundärkreislauf abgeben, der wiederum eine Turbine antreibt. Das abgekühlte Tiefenwasser würde anschließend wieder vollständig zurück in den Untergrund gepumpt werden. Der Kreislauf kann aufs neue beginnen.

Rückblickend weist das in Los Alamos entwickelte Konzept neben den diskutierten grundsätzlichen Vorzügen eine Reihe von Vor- und Nachteilen auf. Zu den Vorzügen zählen die bestechende Einfachheit und Flexibilität des Konzepts sowie die Tatsache, daß die zirkulierenden Wässer in einem völlig geschlossenen System gehalten werden. Dies schont die Umwelt, hilft Probleme mit der Chemie der Tiefenwässer (durch Oxidations- und Ausfällungsprozesse) zu vermeiden und schont auch das Material (reduzierte Korrosion in Verrohrungen und Oberflächeninstallationen durch Vermeidung von Sauerstoffkontakt). Auch die gute Ausnutzung der teuren Bohrungen durch das Mehrfachrißsystem ist einer der Vorzüge des Los Alamos Konzepts.

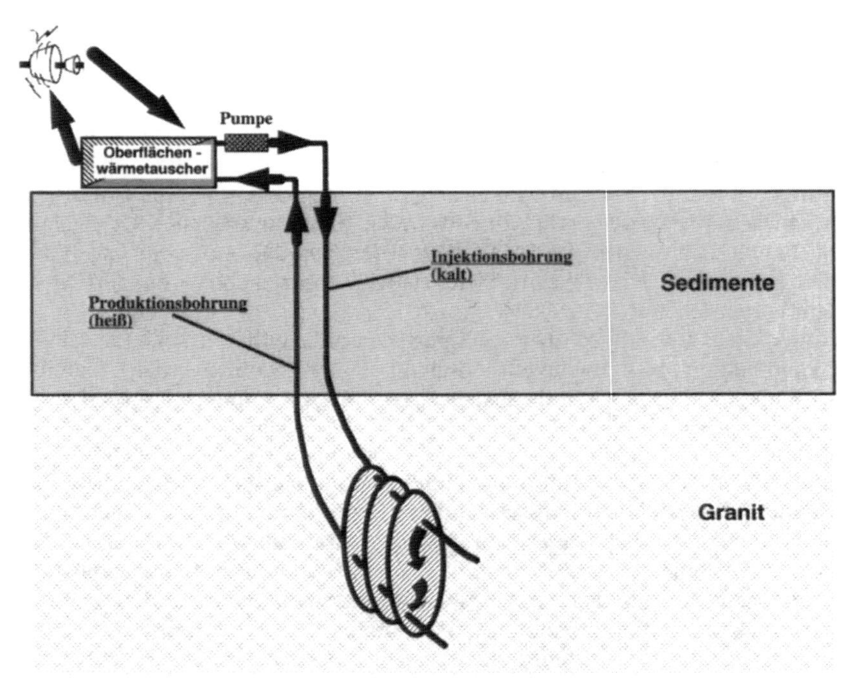

Abb. 4-19 Los Alamos HDR-Konzept

Auf diesem Konzept basierend wurden Ende der siebziger und Anfang der achtziger Jahre vor dem Hintergrund der Energiepreiskrisen eine Reihe von Forschungsprojekte begonnen, bei denen während der Zirkulation immerhin thermische Leistungen von mehreren MW erzielt wurden. Größere Forschungsanlagen entstanden in Los Alamos (USA, später auch mit deutscher und japanischer Beteiligung), in Rosemanowes, Cornwall (Großbritannien) und in Hijiori (Japan).

Alle diese Projekte zeigten jedoch auch einige wesentliche Nachteile des Los Alamos Konzepts auf. Da das Wärmeträgermedium vom Kopf der Injektionsbohrung durch den Untergrund über die Förderbohrung wieder zurück zur Oberfläche gepumpt werden sollte, mußte die Zirkulation auf einem Druckniveau erfolgen, das über dem hydrostatischen Druck, teilweise sogar über dem Niveau der kleinsten kompressiven Gebirgsspannung lag. Dies hatte jedoch zur Folge, daß bei der Zirkulation ein nicht unerheblicher Teil des verpressten Wassers im Untergrund verloren ging. Vorhandene, zuvor noch geschlossene Spalten wurden geöffnet und schwache, mit Ablagerungen versiegelte Verbindungen aufgerissen. Je größer das durchströmte Gebirgsvolumen und damit die Abstände zwischen der bzw. den Injektions- und Produktionsbohrungen wurden, um so mehr nahmen diese Wasserverluste zu. Aber die Systeme mußten wachsen, denn am Ende der Entwicklung sollte eine technische Lebensdauer von mehr als 20 Jahren stehen, während der das System im Betrieb nicht mehr als ca. 10 % seiner thermischen Leistung durch Auskühlung verlieren durfte.

Der relativ hohe Zirkulationsdruck führte auch, im Verhältnis zur erzeugten Energie, zu einem insgesamt zu hohen Eigenenergieverbrauch derartiger Anlagen. Deshalb wurde zunehmend an neuen, verbesserten Konzepten gearbeitet.

Vor der Entwicklung eines modifizierten HDR-Konzepts stand zunächst die Entwicklung verbesserter Modellvorstellungen über die Struktur des Grundgebirges. Eine Vielzahl von wissenschaftlichen Tiefbohrungen waren beginnend in den frühen achtziger Jahren in Rußland, Europa, den USA und Japan auf diese Formationen angesetzt worden. Dabei zeigte sich, daß das Grundgebirge an nahezu allen untersuchten Lokationen bis in große Tiefen Risse und Spalten aufweist und daß diese oftmals auch Wasser führen. Dies bedeutet für die HDR Technologie jedoch, daß die Vorstellung eines in sich geschlossenen Zirkulationssystems über wohl definierte Einzelspalten (Los Alamos Konzept) an diesen Standorten nicht zu verwirklichen war.

Ein erweitertes HDR-Konzept, bei dem sowohl die beobachtete natürliche Klüftung und Durchlässigkeit des Kristallins als auch die im Kristallin zirkulierenden Wässer gezielt genutzt werden sollten, wurde deshalb Mitte der achtziger Jahre in einer deutsch/französischen Initiative für ein multinationales europäisches HDR Projekt im Oberrheingraben in der Nähe der Ortschaft Soultz-sous-Forêts (Oberelsaß, Frankreich) entwickelt. Die hier erarbeiteten Vorstellungen bauten dabei wesentlich auf den Erfahrungen auf, die bei dem HDR Projekt in Cornwall (Großbritannien) gewonnen worden waren. Sehr eingehende Untersuchungen an diesem Standort hatten gezeigt, daß die Erzeugung bzw. der Betrieb eines Wärmeübertragers im tiefen Untergrund ohne die Einbeziehung der im Gebirge vorhandene Klüfte nicht möglich ist /4-45/.

Das erweiterte HDR-Konzept (Abb. 4-20) ging von der Erkenntnis aus, daß, um die für eine kommerzielle Stromerzeugung notwendigen Wassermassen (mehrere 100 l/s) durch den tiefen Untergrund zirkulieren zu können, es schon vorteilhaft sein kann, wenn das Grundgebirge bereits von einem Netz natürlicher Risse und Spalten durchzogen ist. Zudem umfaßt dieses Konzept im Unterschied zum Los Alamos Konzept drei Bohrungen (d. h. zwei Produktionsbohrungen und nur eine Reinjektionsbohrung).

Das gesamte Untergrundsystem wird dabei schrittweise aufgebaut. Den Ausgangspunkt bildet zunächst eine Tiefbohrung, die gleichzeitig auch für geologische und geophysikalische Untersuchungen zur Verfügung steht. Diese Bohrung dient später als Injektionsbohrung. Ausgehend davon können die im Untergrund angeschnittenen Risse hydraulisch stimuliert (d. h. durch Verpressen von Wasser mit hohen Fließraten gezielt aufgeweitet („überdehnt")), miteinander verbunden und ihre Durchlässigkeit insgesamt deutlich erhöht werden. Die Rißaufweitung bzw. -erzeugung erfolgt dabei wieder normal zur kleinsten im Gebirge wirkenden Druckspannung (d. h. es bildet sich ein räumlich gerichtetes Rißsystem aus, in dessen Zentrum die Verpreßbohrung liegt). Dabei ist es möglich, das bei der Stimulation hydraulisch aktivierte Gebirgsvolumen durch passive Ortung der Bruchgeräusche im Gestein recht genau zu lokalisieren. Die Genauigkeit der Ortung hängt dabei u. a. von der geometrischen Konfiguration der Netzes der Lauschsensoren, deren Ankoppelung an das Gebirge, dem Abstand der Lauschsensoren zum Bruchherd und anderen Randbedingungen ab.

Erst nach Abschluß der Stimulation des Rißsystems im Untergrund werden – basierend auf den Ergebnissen der Bruchortung – in einigen 100 m Entfernung von der Injektionsbohrung die Produktionsbohrungen in die Außenbereiche des stimulierten Gebirgsvolumens abgeteuft (Abb. 4-20). Deren Anbindung an das stimulierte Rißsystem kann durch zusätzliche Stimulationsmaßnahmen in den Produktionsbohrungen selbst noch verbessert werden.

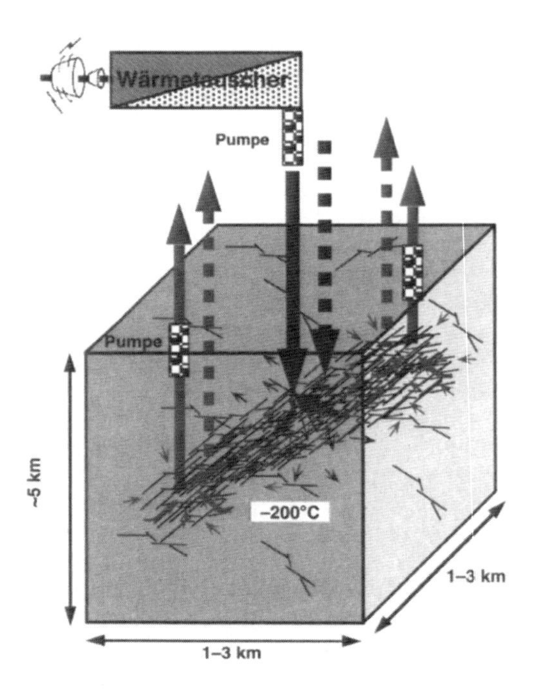

Abb. 4-20 Soultz HDR-Konzept

Wird nun in diesen Produktionsbohrungen die Wassersäule mit Hilfe einer Tauchpumpe angehoben, während gleichzeitig in der zentralen Injektionsbohrung im gleichen Horizont weiter Wasser verpreßt wird, entsteht im zerklüfteten Untergrund ein großräumiges Druckgefälle von der Injektionsbohrung hin zur Produktionsbohrung. Das Wasser zirkuliert dann nicht mehr in Einzelspalten, sondern strömt – entlang des Druckgefälles – durch ein weiträumiges Netz von aufgeweiteten Klüften und künstlich erzeugten Rissen. In solch einem System sind die produzierten Wässer dann ein Gemisch aus angesaugtem Formationswasser und zuvor bereits wieder verpreßtem Wasser. Im Bereich um die Injektionsbohrungen „verlorenes" Wasser kompensiert mittelfristig das an den Produktionsbohrungen mit angesaugte Formationswasser und dient somit dazu, den Wasserhaushalt im Untergrund auszugleichen. Insgesamt jedoch arbeitet das System an der Oberfläche völlig ohne Wasserverluste; es wird genau so viel Wasser verpreßt wie zuvor gefördert wurde.

Neben der Option, eine Zirkulation ohne Wasserverluste aufrechtzuerhalten, eröffnete das für Soultz-sous-Forêts entwickelte Konzept auch die Möglichkeit, das Wasser zwischen den Bohrungen über Distanzen von mehreren 100 m zu zirkulieren, so daß große Wärmeaustauschflächen realisiert werden können. Die Umsetzung dieses Konzeptes wurde allerdings erst Anfang der neunziger Jahre durch die Entwicklung leistungsstarker und hochtemperaturbeständiger Tauchpumpen ermöglicht. Diese können bis über 1 000 m unterhalb des ungestörten Wasserspiegels in den Förderbohrungen eingebaut werden und den Wasserspiegel problemlos um mehrere 100 m absenken.

In den letzten Jahren konnte die Machbarkeit des Soultz-Konzepts nachgewiesen werden. Bei wissenschaftlichen Versuchen wurden im Oberrheingraben in Tiefen bis 3 900 m Gesteinstemperaturen bis 168 °C erschlossen und Produktionstemperaturen von 142 °C (noch steigend) erreicht. Als letzter Schritt in der Erprobung dieser neuen Technologie ist derzeit die Erstellung einer Pilotanlage mit einer thermischen Leistung von ca. 50 MW bzw. einer elektrischen Leistung von 5 bis 6 MW in Planung. Voraussetzung hierfür ist allerdings, daß im Oberrheingraben Gesteinstemperaturen von 180 bis 200 °C in Tiefen bis etwa 5 000 m erschlossen werden können. Derartige Temperaturen sind notwendig, falls die Stromerzeugung hinreichend effizient sein soll.

Die hier als Soultz-Konzept beschriebene Technik kann dabei prinzipiell auch für konventionelle geothermische Lagerstätten mit unzureichender Durchlässigkeit angewandt werden kann. Die HDR-Technik steht daher nicht isoliert neben der anderen Möglichkeiten zur Bereitstellung geothermischer Energie, sondern ergänzt sie.

4.4.1 Wärmequellenanlage

Die Bohrtechnik und die Komplettierung der Bohrungen bei einem HDR System sind im Vergleich zu den üblichen Sonden (vgl. Kapitel 4.1) durch einige Besonderheiten gekennzeichnet. Wesentlich beispielsweise ist, daß HDR Bohrungen über einen großen Teil ihrer Länge in kristallinem Hartgestein abgeteuft werden. Für diese Tiefengesteine existiert bisher kein so großer Erfahrungsschatz beim Bohren wie für Sedimentformationen. Jedoch konnten in den letzten 20 Jahren vor allem bei den wissenschaftlichen Tiefbohrprojekten wesentliche Erkenntnisse für die Bohrpraxis in diesen Formationen gewonnen werden.

Erschwerend kommt bei den HDR Bohrungen hinzu, daß die zu erwartende Energieausbeute pro Bohrung deutlich geringer ist als z. B. bei Bohrungen in Kohlenwasserstofflagerstätten. Daraus resultiert ein starker Kostendruck auf die Bohroperationen. Dies führt in der Praxis dazu, daß die Tendenz besteht, Bohrkonzepte und -technik zu vereinfachen und zu standardisieren.

HDR Tiefbohrungen. Vergleicht man die bei einer HDR Bohrung an die Bohrtechnologie gestellten Anforderungen mit denen, die an Bohrungen im Sedimentgestein gestellt werden, ergeben sich folgende Besonderheiten der HDR Bohrungen /4-46, 4-47/.

- HDR Bohrungen werden zum großen Teil im Hartgestein abgeteuft. Der in diesen Formationen zu erzielende Bohrfortschritt ist allgemein etwas geringer als beim Bohren in Sedimenten. Granit z. B. wird mit einem Rollenmeißel gebohrt, indem die Feldspäte zerdrückt werden. Dadurch wird die Quarzmatrix freigesetzt und durch den Spülungsdruck gelöst. Dann wird das gesamte Bohrklein ausgetragen. Da die Druckfestigkeit des Granits höher ist als die der meisten Sedimente, ist mehr Andruck auf der Bohrkrone notwendig, um das Bohrloch voranzutreiben. Deshalb müssen Werkzeuge entsprechender Härte (z. B. IADC-Code 6 bis 8) bzw. Oberflächenbeschaffenheit (Kaliberschutz durch Hartmetallauftrag) gewählt werden. Dies wird dadurch erschwert, daß kristalline Gesteine (insbesondere Granite) in der selben Formation mechanisch sehr heterogen aufgebaut sein können.
  Durch die für kristallines Gestein typische Kaliberhaltigkeit des Bohrlochs wird oft ein extremer Kaliberverschleiß an Bohrwerkzeug, Stabilisatoren und Rollenräumern beobachtet. Beim Weiterteufen mit solchen Garnituren wird das Bohrloch zunehmend konisch. Dies bedeutet, daß kaliber-abgenutzte Meißel und Räumer rechtzeitig erkannt und ausgewechselt werden müssen. Die Nachbohrarbeiten, verursacht durch einen konischen Abschnitt, bedeuten neben dem Zeitverlust ein erhöhtes Risiko für ein mögliches Festwerden oder Verklemmen des Bohrwerkzeuges und im schlimmsten Fall eine Bohrlochhavarie wie ein Strangabriß mit notwendigen Fangarbeiten.
- Kristalline Gesteine zeigen eine große Härte und Abrasivität, die – im Vergleich zum Bohren in Sedimenten – zu höherem Verschleiß am Bohrstrang führen. Auch kann ein reibungsmindernder Filterkuchen an der Bohrlochwandung aufgrund der niedrigen Permeabilität des Gesteins in der Regel nicht dauerhaft aufgebaut werden. Der Einsatz von Stabilisatoren mit Rollen, ein kontrollierter knickfreier Bohrlochverlauf und reibungsmindernde Spülungszusätze können hier helfen. Das Zusetzen von Feststoffen in der Spülung zur Reibungsminderung kann allerdings den Bohrfortschritt mindern. Ölbasische Spülungen wirken sehr erfolgreich als Reibungsminderer, müssen aber als umweltbelastend eingestuft werden.
- Das Bohrloch im Kristallin bleibt aufgrund der Härte des anstehenden Gesteins oft über weite Strecken weitgehend kaliberhaltig. Stützmaßnahmen über die Spülung sind nicht notwendig. Teilweise sind Bohrstrecken ohne Schutzrohre von 2 000 bis 3 000 m möglich. Dieser aus der Härte des Gesteins abgeleitete Vorteil kehrt sich allerdings in einen Nachteil um, wenn Tiefenbereiche erreicht werden, in denen die Gebirgsspannungen groß genug sind, um ein Materialversagen an der Bohrlochwandung zu verursachen. Das Bohrloch bricht – spannungsbedingt – während des Bohrvorgangs in Richtung der kleineren Hauptspannung aus und wird elliptisch. Das ausbrechende Material kann zu Bohrlochhavarien führen. Nachfallmaterial beispielweise kann ein Verklemmen bzw. Festwerden des Stranges verursachen. Auskesselungen bedingen Probleme bei der Bohrlochreinigung und beeinträchtigen die Austragsfähigkeit des Bohrkleins. Die elliptische Form des Bohrlochs fördert zudem den Neigungsaufbau. Die Erfolgsaussichten, spannungsbedingte Bohrlochwandausbrüche über eine Erhöhung der Spülungsdichte abzustützen, sind extrem abhängig von den lokalen Spannungsbedingungen. Auch hierbei ist die Kenntnis des in situ Spannungsfeldes von großer Bedeutung.

- Achtbare Erfolge beim Bohren im Kristallin wurden in jüngster Zeit mit „Wasser"-Spülungen ohne viskositätserhöhende Zusätze erzielt, die in ihrer Zusammensetzung im wesentlichen den Formationswässern der erbohrten Formationen entsprechen /4-46/. Der Vorteil dieser Spülung ist die gute chemische Verträglichkeit mit den Formationswässern. Um ein vollständiges Austragen des Bohrkleins sicherzustellen, wird dabei während des Bohrens in regelmäßigen Abständen ein begrenztes Volumen viskoser Spülung („viskose Pille" aus Bentonit mit/ohne Polymer) zirkuliert. Solche Spülungen wurden zunächst eingesetzt, da sie kostengünstig sind. Voraussetzung dafür ist, daß der Bohrkleinaustrag, die Bohlochreinigung und die Bohrlochstabilität (Gebirgsspannung, Wasserempfindlichkeit des Gebirges) gewährleistet bleiben.
- Typisch für das Kristallin ist auch eine lokal oft recht hohe Kluftdichte. Je nach der Permeabilität dieser Klüfte kann es beim Bohren zu erheblichen Spülungsverlusten bis hin zum Totalverlust kommen, da die Dichte der Bohrspülung aufgrund der Zusätze und der geringeren Temperatur in der Regel höher ist als die Dichte der Formationswässer. Solche Spülungsverluste erhöhen jedoch das technische Risiko der Bohrarbeiten (u. a. keine oder nur unvollständige Information über erbohrtes Material, Reinigungszustand der Bohrung). Abhilfe können hier – z. T. allerdings kostenintensive – Materialien zum Abdichten der Bohrung schaffen. Das Spektrum reicht vom Einsatz biologischer Fasermaterialien bis zur Zementation.

Komplettierung. Eine wesentliche Besonderheit für HDR Bohrungen ergibt sich bei deren Komplettierung und damit beim technischen Ausbau der Bohrungen mit Schutzrohren sowie deren Verankerung und Isolation.

Grundsätzlich sollte bei einem HDR System nicht im vornherein entschieden werden, welche Bohrung als Verpreßbohrung und welche als Produktionsbohrung dienen soll. Nur so können die Ergebnisse der Untergrundbehandlung (Stimulation) optimal genutzt werden. Dies hat allerdings zur Folge, daß die HDR Bohrung bereits bei der Erzeugung und Erprobung des untertägigen Wärmeübertrager großen Temperaturschwankungen unterworfen wird (d. h. einer raschen Auskühlung bei der Stimulation und einer starken Erwärmung bei der anschließenden Überprüfung der erzielten Produktivität). Bei der Komplettierung der HDR Bohrungen müssen daher diese Temperaturschwankungen und die dadurch hervorgerufenen Materialbelastungen der Schutzrohrtouren berücksichtigt werden. Bei dem Forschungsprojekt in Soultz-sous-Forêts wurde die in Abb. 4-21 gezeigte Komplettierung über mehrere Jahre hinweg erfolgreich erprobt.

Demnach wird die innere Arbeitsrohrtour auf einem Durchmesserabsatz abgestellt und nur in der Nähe des Rohrschuhs im Ringraum hydraulisch abisoliert /4-46/. Dies geschieht in der Regel durch den Einsatz eines Casingpackers, der durch Zement oder Einspülung von Schwerspat und Bentonit abgestützt wird. Ansonsten stehen die Rohre frei, durch Centralizer geführt bis zum Bohrlochkopf an der Oberfläche. Die Rohrtour ist so ausgelegt, daß sie ihr Eigengewicht selbst tragen kann. Im Bohrlochkopf werden die Rohre durch eine justierbare O-Ring Pakkung geführt, die den Strang gegen den Ringraum abdichtet.

Wird nun kaltes Wasser während der Stimulation verpreßt, schrumpfen die Rohre aufgrund der Abkühlung bzw. strecken sich bei Erwärmung während eines Produktionsversuchs. Bei Rohrtourlängen von rund 3 000 m wurde in Soultz-sous-Forêts eine Kontraktion der Rohre von bis zu 4 m (relativ zur neutralen Länge im

Temperaturgleichgewicht), bzw. eine Längung von fast 3 m beobachtet (die Unterschiede von Längung bzw. Kontraktion ergeben sich dabei aus dem Temperaturverlauf in den Bohrungen). Würden diese Bewegungen durch eine Zementation der Rohre verhindert, ist davon auszugehen, daß die Zementation nur wenige thermische Zyklen überstehen würde.

Lagerstättenstimulation und –behandlung. Der Schlüssel zu einer erfolgreichen Anwendung der HDR Technik liegt bei der Erzeugung der Wärmeübertragerflächen und damit der Fähigkeit, ein weitläufiges Netzwerks miteinander verbundener durchlässiger Risse im tiefen Untergrund zu schaffen. In der Praxis geschieht dies durch Verpressen von Wasser mit hohen Fließraten und Drücken in ausgewählte Bereiche des in einer Tiefbohrung anstehenden Gebirges. Dieser Vorgang wird auch als Stimulation bezeichnet.

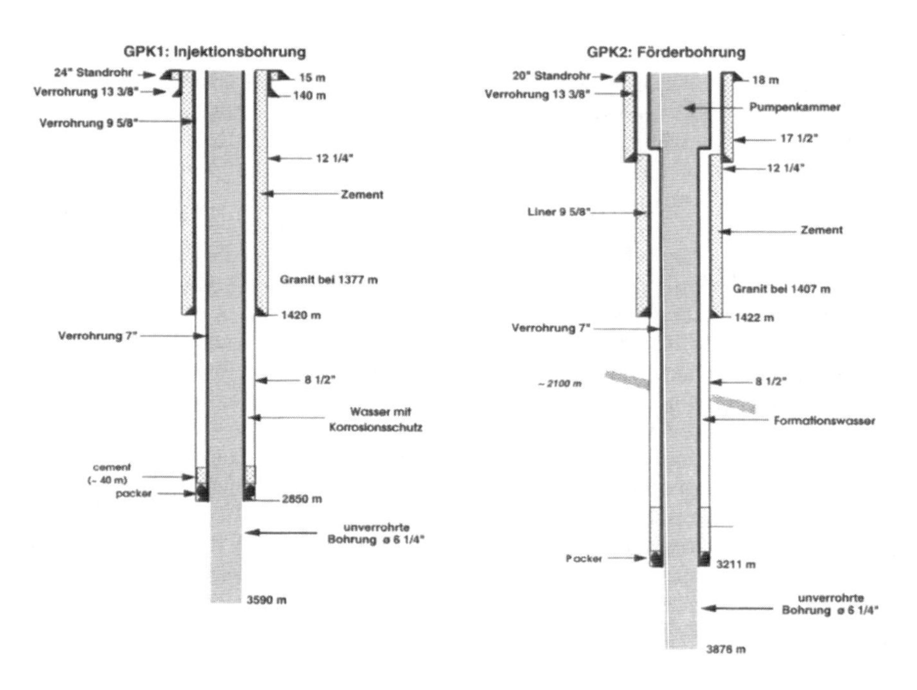

Abb. 4-21 Komplettierung der Bohrungen GPK1 und GPK2 im HDR Versuchsfeld in Soultz-sous-Forêts

Bei der Stimulation des tiefen Untergrunds laufen im wesentlichen folgende Prozesse ab:

- mechanische Bruchprozesse (Scherung, Zugrißbildung),
- Auswaschung von Füllmaterial in natürlichen Rissen,
- chemische Lösungsprozesse und
- thermische Rißbildung, bedingt durch die schlagartige Abkühlung des Gesteins bei der Wasserinjektion.

Wichtig ist, daß die Stimulation kein einmaliger Prozeß ist. Stimulationen müssen bei Bedarf mehrfach im gleichen Gebirgsvolumen wiederholt werden (z. B. um einen existierenden Wärmeübertrager zu verbessern oder zu vergrößern).

Durch die Stimulation werden im Untergrund lokal mechanische Veränderungen hervorgerufen. Vorhandene, natürliche Risse und Spalten werden hydraulisch aufgeweitet und geschert und/oder neue Risse im Gebirge aufgebrochen. Ziel ist es, möglichst große Rißflächen an die Bohrung anzuschließen, miteinander zu verbinden und gleichzeitig die Durchlässigkeit des Gebirges zu erhöhen, um den für Wasserverpressung und Zirkulation notwendigen Pumpdruck zu minimieren.

Dies geschieht, indem mit leistungsstarken Pumpen – über eine Bohrung – Wasser mit hohem Druck und hohen Fließraten (die deutlich über denen der für später geplanten Zirkulationsraten liegen müssen) in der entsprechenden Tiefe in das Gestein gepreßt wird. Wird dies in einem rißfreien Gestein realisiert, erfolgt eine Zugrißbildung, wenn durch den in der Bohrung anliegenden Druck die Bruchfestigkeit des Gesteins und die im Gebirge wirkenden Druckspannungen überwunden werden. Günstig wirkt sich dabei aus, daß die Zugfestigkeit von Gesteinen niedrig ist im Vergleich zu ihrer Druckfestigkeit. Ist das Gestein einmal angerissen, verliert die Zugfestigkeit rasch an Bedeutung. Bei der Ausbreitung der Risse muß dann im wesentlichen nur die Druckkraft überwunden werden, die im Gebirge senkrecht zur Wand der geöffneten Risse anliegt. In der Regel bildet sich im Bohrloch ein axialer, bohrlochparalleler Riß aus, der sich senkrecht zur Richtung der kleinsten Druckspannung im Gebirge ausrichtet (minimaler Energieaufwand). Diese kleinste Gebirgsspannung (bzw. kleinste kompressive Hauptspannung) ist ab Teufen von einigen hundert Metern an den meisten Lokationen eine Horizontalspannung /4-48/.

Wirklich rißfreie Bereiche im Grundgebirge sind jedoch selten. Dies gilt insbesondere vor dem Hintergrund der für einen HDR Wärmeübertrager notwendigen Größenordnungen (Wärmeübertrageroberflächen von mehreren km^2). In der Regel ist das Gebirge in dem zu behandelnden Volumen von einer Vielzahl von Klüften (d. h. natürliche Risse, Spalten) durchzogen. Raumlage, Dichte, Durchlässigkeit und der Verknüpfungsgrad dieser Spalten sind – je nach der geologisch-tektonischen Vorgeschichte – von Ort zu Ort sehr unterschiedlich. Diese Klüfte begünstigen aber die Bildung und den Erhalt von weiträumigen Rißsystemen und damit die Erstellung ausgedehnter untertägiger Wärmeübertrager. Hierbei kommt wieder das tektonische Spannungsfeld im Untergrund zum Tragen. Da die natürlichen Risse in der Regel nicht im Zusammenhang mit dem gegenwärtigen Kraftfeld stehen (sie stammen noch aus anderen geologischen Perioden), verlaufen sie auch nicht parallel zu einer der heute wirkenden Hauptspannungen. Dies bedeutet jedoch, daß neben der schon oben angesprochenen Druckkraft auf den Rißwandungen nun zusätzlich noch Kraftkomponenten parallel zu den Rissen wirksam werden – und zwar mit gegensätzlichen Wirkungsrichtungen auf gegenüberliegenden Wandungen. Es wirken Scherspannungen auf der Kluftfläche.

Wird nun Wasser unter Druck in diese Spalten gepreßt und die Verzahnung der unebenen Rißflächen durch eine Öffnung der Risse aufgehoben, können die Scherspannungen eine Verschiebung der gegenüberliegenden Rißflächen verursachen. Diese Bewegung führt auch dazu, daß die schon existierenden Kluft- bzw. Rißsysteme an ihren Rändern wachsen; neue Verbindungen entstehen. Da die Wandungen der Klüfte uneben sind, hat die Scherung zur Folge, daß – sobald der Wasserdruck zurückgenommen wird – sich zwischen den Rißflächen Stützpunkte bilden, die ein vollständiges Schließen des zuvor aufgeweiteten Risses verhindern. Durch den Versatz passen die Rißwandungen nicht mehr zueinander; es bilden sich Brükken. Die Spalten sind damit dauerhaft durchlässig geworden.

Die nach der Stimulation verbleibende Restöffnungsweite (Abb. 4-22) hängt u. a. von den Gebirgsspannungen, dem Versatz, der Korngröße des Gesteins (Grad der Unebenheit der Kluftoberflächen) und dem sich einstellenden Flüssigkeitsdruck im Spalt ab.

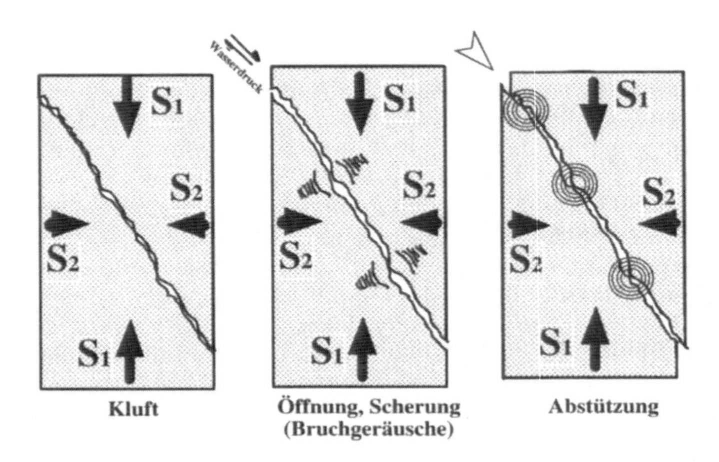

Abb. 4-22 Stützmechanismus zum Offenhalten hydraulisch stimulierter Risse (Self Propping Effekt; die Rißoberflächen versetzen sich bei ihrer Trennung während der Flüssigkeitsinjektion gegeneinander, so daß sie anschließend nicht mehr aufeinanderpassen)

Zusätzlich entstehen bei der Versatzbewegung der Risse durch die Stimulation mit Scherung hochfrequente Bruchgeräusche, die sich mit modernen Geophonen recht präzise orten lassen. Da diese Bruchgeräusche einer raschen Dämpfung unterliegen, sind hierfür sehr empfindliche Instrumente notwendig. In der Regel müssen diese noch in Beobachtungsbohrungen eingebracht werden, um nicht von Oberflächengeräuschen gestört zu werden, bzw. um die Signale erfassen zu können, bevor sie zu stark gedämpft wurden. Hierfür lassen sich ggf. schon vorhandene Flachbohrungen nutzen. Über die Ortung der Bruchgeräusche erhält man in Echtzeit ein erstes räumliches Bild vom Wachstum des Rißsystems während der Stimulation. Der Wärmeübertrager – zumindest seine Einhüllende – kann kartiert werden. Nun besteht auch die Möglichkeit, weitere Bohrungen auf diesen Wärmeübertrager anzusetzen und so ein Zirkulationssystem aufzubauen.

Messungen der Richtung und Größe des im Gebirge wirkenden mechanischen Spannungsfeldes (und die daraus abgeleiteten Gesetzmäßigkeiten für das zu erwartende Rißwachstum) können helfen, das mit Hilfe der georteten Bruchherde entstandene Bild zu verifizieren. Auch sind diese Messungen bereits im Vorbereitungsstadium einer Stimulation eine unverzichtbare Hilfe, da sie Auskunft über die zu erwartende Rißausbreitung geben.

4.4.2 Energiewandlung

In der Regel entspricht das durch das Tiefengestein zirkulierende Wärmeträgermedium in seinem Mineralstoffgehalt dem in der entsprechenden Tiefenstufe anzutreffenden Thermalwasser. Da es sich damit bei den geförderten heißen Wässern um Wasser unterschiedlichster chemischer Zusammensetzung handeln kann, wird es hier als Wärmeträgermedium bezeichnet. Aufgrund des damit zu erwartenden hohen Mineralanteils sind technische Maßnahmen notwendig, um einerseits Ausfällungs- bzw. Korrosionsprobleme in den Oberflächeneinrichtungen zu vermeiden und andererseits die mineralische Zusammensetzung des durch den Untergrund strömenden Wärmeträgermediums nicht zu stören; dies wiederum könnte zu Lösungs- und Ausfällungsprozessen im Untergrund führen.

Deshalb sollte das Wärmeträgermedium an der Oberfläche auf einem Druckniveau gehalten werden, das oberhalb des kritischen Drucks liegt, bei dem im Medium gebundene Gase sich lösen (verbunden mit Ausfällungen). Gleichzeitig sollte eine Kontamination mit Sauerstoff vermieden werden, um keine Oxydationsprozesse auszulösen. Damit muß das Wärmeträgermedium, das aus dem Tiefengestein kommt, an der Oberfläche in einem geschlossenen System gehalten werden. Unter diesen Bedingungen kann ihm seine Wärmeenergie in einem Wärmeübertrager entzogen und an ein anderes Wärmeträgermedium übertragen werden, das sich in einem getrennten Arbeitskreislauf bewegt. Dieser Arbeitskreislauf (d. h. Sekundärkreislauf) stellt nun die Wärme in Abhängigkeit von dem Temperaturniveau entweder zur direkten Nutzung bereit oder führt sie der Stromerzeugung zu.

Die Erzeugung elektrischer Energie ist mit Hilfe eines Rankine Prozesses möglich. Hierbei kommt in dem Arbeitskreislauf ein organisches Arbeitsmittel zum Einsatz, welches bei den vorherrschenden Prozeßtemperaturen die geeigneten Dichten, Drücke und Enthalpiedifferenzen aufweist. Bislang waren jedoch die verwendeten Arbeitsmittel entweder entflammbar bzw. explosiv (z. B. Toluol, Pentan, Propan) oder umweltschädlich (d. h. Fluorkohlenwasserstoffe). Mittlerweile sind jedoch umweltverträgliche Arbeitsmittel in der Erprobung bzw. bereits kommerziell erhältlich (kein Ozonabbaupotential, kein Treibhauspotential /4-49/).

Abb. 4-23 zeigt das Grundprinzip eines Rankine Prozesses. Im Wärmeübertrager wird dem Thermalwasser Energie entzogen und auf den Arbeitskreislauf übertragen. Das Arbeitsmedium wird anschließend über einer Turbine, die wiederum einen Generator antreibt, entspannt. Der Generator liefert dann die gewünschte elektrische Energie. Nach dem Austritt aus der Turbine wird das Arbeitsmedium gekühlt, kondensiert und wieder dem Wärmeübertrager zugeführt.

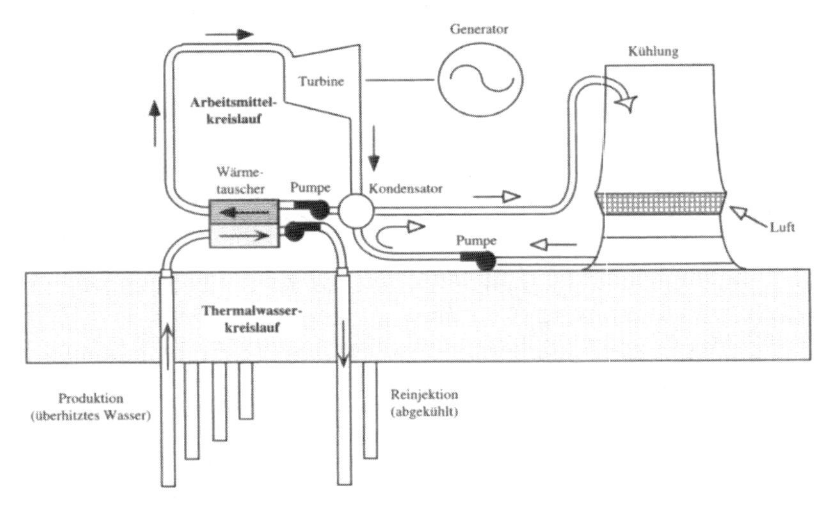

Abb. 4-23 Funktionsschema eines Zweikreisprozesses zur Stromerzeugung durch Wärmeentnahme aus einem HDR Kreislauf

Bei einem derartigen System fängt die zur Stromerzeugung nutzbare Temperaturspanne bei ca. 70 bis 100 °C an. Aus den in Mitteleuropa erreichbaren Temperaturen im Tiefengestein von weniger als 250 °C und die sich daraus ergebende nutzbare Temperaturspanne von 100 bis 150 °C bedingen, daß die erzielbaren Wirkungsgrade im Vergleich zu konventionellen Wärmekraftwerken gering sind. Deshalb sind derzeit eine Reihe von technischen Weiterentwicklungen mit dem Ziel einer Optimierung des Wirkungsgrades solcher Zweikreisanlagen in der Erprobung bzw. Entwicklung (z. B. Kalina-Zyklus /4-50/, Trilateral Flash Cycle /4-51/), teilweise auch in Verbindung mit neuen Arbeitsmitteln (z. B. Wasser/Ammoniak Mischung).

Die den Tiefengestein entzogene Energie kann außer zur Stromerzeugung auch zur Prozeßwärmebereitstellung u. a. für Industrie, Gewächshäuser, Fischzucht und/oder zur Speisung von Nah- und Fernwärmenetzen für die Raumheizung genutzt werden. Damit sind neben der Bereitstellung elektrischer Energie grundsätzlich die gleichen Nutzungsmöglichkeiten gegeben, wie sie auch mit den anderen Möglichkeiten zur Nutzung der Energie des tiefen Untergrunds möglich sind.

4.4.3 Anlagenbeispiel

Bis heute ist noch keine kommerzielle HDR Anlage in Betrieb. Forschungsanlagen werden derzeit in Europa (Soultz-sous-Forêts) und Japan (Hijiori und Ogachi) betrieben. Eine weitere Anlage in der Schweiz ist noch in Planung.

An den Versuchsstandorten in Japan werden sehr hohe Temperaturen bereits in geringer Tiefe erreicht (Hijiori: 271 °C in 2 205 m). Beide Forschungsprojekte in Japan verfolgen bisher noch das in Los Alamos entwickelte Konzept und zeigen z. T. erhebliche Flüssigkeitsverluste bei der Zirkulation /4-52, 4-53/. Bei einem 90-tägigen Zirkulationsexperiment in Hijiori wurden im Schnitt 60 t/h Wasser verpreßt und nur 46 t/h wieder gefördert /4-52/. Die erzielte thermische Leistung bei diesem Experiment betrug ca. 8 MW.

Die Forschungsarbeiten in Los Alamos (USA) und in Cornwall (Großbritannien) sind mittlerweile ausgelaufen. An beiden Standorten konnten wertvolle Erkenntnisse vor allem im Bereich der Hydraulik im geklüfteten Untergrund und bei der Entwicklung der Technologie zur Ortung der erzeugten Wärmeübertragerflächen gewonnen werden.

Technisch am weitesten fortgeschritten ist derzeit das Europäische Forschungsprojekt in Soultz-sous-Forêts im nördlichen Elsaß in Frankreich. An diesem Standort konnte 1997 die Machbarkeit des beschriebenen Soultz-Konzepts nachgewiesen werden. Im folgenden wird daher auf dieses Projekt und seine Ergebnisse näher eingegangen. Obwohl das bisher in Soultz-sous-Forêts Erreichte deutlich über die in den anderen Projekten erzielten Ergebnisse hinausgeht, basiert dieses Projekt doch wesentlich auf den Erfahrungen früherer Experimente an anderen Standorten.

Das Versuchsfeld des Forschungsvorhabens in Soultz-sous-Forêts liegt am westlichen Rand des Oberrheingrabens auf französischer Seite (ca. 50 km nördlich von Straßburg) im Herzen der größten Wärmeanomalie Mitteleuropas. Diese erstreckt sich innerhalb des gesamten Oberrheingrabens von Mannheim/Ludwigshafen bis südlich von Straßburg. In dieser Region wird Wärme aus großer Tiefe durch Grundwasserkonvektionsbewegungen, die ihre Ursache in der Grabenstruktur haben, nach oben transportiert. Aus alten Erdölbohrungen war bekannt, daß im nördlichen Elsaß und in der Pfalz die Temperaturzunahme mit der Tiefe bis in etwa 1 000 m Werte zwischen 50 bis lokal 100 °C/km erreicht. Die geologischen Bedingungen am Standort Soultz-sous-Forêts können damit auch als exemplarisch für deutsche Standorte im Oberrheingraben angesehen werden. Ausgangspunkt für die 1987 begonnenen Untersuchungen war das Ziel, ein erweitertes HDR Konzept zu erproben, das sich die in einem tektonisch deformierten Untergrund existierenden Durchlässigkeiten zunutze macht. Für die Ansiedlung der Untersuchungen im Oberrheingraben sprachen u. a.

- die hier verfügbaren Wärmevorkommen (d. h. die vorhandene geothermische Anomalie mit einer Oberfläche von ungefähr 3 000 km^2),
- die geologischen Merkmale (d. h. die Grabenstruktur mit einem erheblichen Grad an Durchlässigkeit sowie den der Dehnungstektonik entsprechend niedrigen Gebirgsdrücken /4-54/; letztere erleichtern das Öffnen und Offenhalten von Rissen im Untergrund),
- die Bevölkerungskonzentration und die Industrialisierung auf bzw. in der Nähe des Vorkommens (potentielle Energieabnehmer) und
- das Vorhandensein von Oberflächenwasser in ausreichenden Mengen zur Kühlung bei der Stromerzeugung.

In den Jahren von 1987 bis 1992 konzentrierten sich die Forschungsarbeiten zunächst auf die geowissenschaftliche Erkundung des tiefen Untergrundes im Oberrheingraben /4-55, 4-56/. Im Versuchsfeld existieren heute zwei an der Oberfläche ca. 500 m auseinander liegende Tiefbohrungen für hydraulische und thermische Experimente (GPK1 mit 3 590 m und GPK2 mit 3 876 m Tiefe) und vier Beobachtungsbohrungen (Lauschbohrungen mit 1 440 bis 2 200 m), von denen die tiefste im gesamten Kristallinbereich gekernt wurde.

Das kristalline Grundgebirge (Granit) wird am Standort von ca. 1 400 m Sedimentgestein überlagert. Der Granit ist eng geklüftet. Allerdings erweisen sich nur ganz wenige Klüfte als von Natur aus hydraulisch aktiv (unter 5 Klüfte pro Bohrung). Die Permeabilität der unverrohrten Abschnitte der beiden tiefen Bohrungen im Granit vor der Stimulation war sehr gering. In der Bohrung GPK1 wurde für einen 550 m langen unverrohrten Abschnitt eine (scheinbare) Permeabilität von etwa 25 mDarcy ermittelt /4-57/. Daher muß trotz der Klüftung und den – nach kommerziellen Maßstäben allerdings nur in geringen Mengen – vorhandenen Thermalwässer von einer technisch trockenen Formation gesprochen werden. In 3 900 m Tiefe werden beispielsweise in der Bohrung GPK2 Temperaturen von ca. 168 °C erreicht (Abb. 4-24). Der Verlauf der Temperatur mit der Tiefe reflektiert dabei lokale Grundwasserbewegungen („warme" aufsteigende und „kalte" absinkende Strömungen). Die im Untergrund angetroffenen Thermalwässer sind versalzen (ca. 61 g/l Chloride /4-58/).

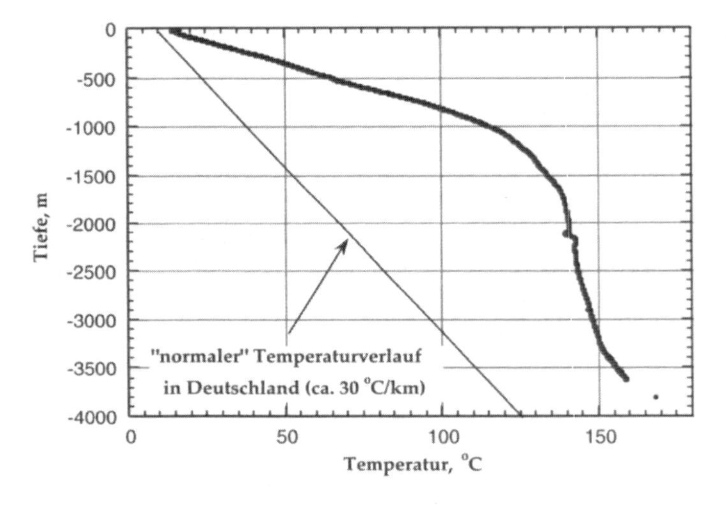

Abb. 4-24 Temperaturverlauf in der Bohrung GPK2 in Soultz-sous-Forêts

Durch mehrere Stimulationstests, bei denen insgesamt ca. 100 000 m^3 Flüssigkeit in den Untergrund verpreßt wurden, konnte in den Jahren von 1993 bis 1996 im HDR Versuchsfeld das mit einer Gesamtrißfläche von ca. 3 km^2 weltweit bisher größte HDR System erstellt werden. Es verbindet im Tiefenbereich zwischen 3 000 und 3 500 m die beiden Tiefbohrungen GPK1 und GPK2 über eine Distanz von ca. 450 m. Während dieser Experimente wurden durch – in die Beobachtungsbohrungen eingebaute – hochempfindliche Geophone bzw. Hydrophone die Bruchgeräusche im Gestein bei der Stimulation geortet. Der Wärmeübertrager im Untergrund konnte kartiert werden (Abb. 4-25). Anschließende hydraulische Kurzzeittests zeigten, daß das stimulierte Rißsystem peripher offen ist. Damit war endgültig klar, daß dieses Rißsystem im Untergrund nicht mit Überdruck betrieben werden konnte, da dies inakzeptable Flüssigkeitsverluste zur Folge gehabt hätte.

Bei einem Kurzzeitzirkulationsexperiment im Jahr 1995 wurde deshalb erstmals in einem HDR System eine Tauchpumpe in der Förderbohrung eingesetzt. Dadurch konnte eine Produktionsrate von ca. 21 kg/s erreicht werden; sie liegt bereits in einer auch wirtschaftlich interessanten Größenordnung. Auch konnten, da lediglich das produzierte Wasser wieder reinjeziert wurde, Flüssigkeitsverluste vermieden werden. Damit ist aber noch nicht klar, ob ein Langzeitbetrieb des Systems in dieser Weise möglich ist und ob das Wasser tatsächlich von einer Bohrung zur anderen fließt.

Deshalb wurde 1997 ein viermonatiger Zirkulationsversuch durchgeführt /4-59/. Für diesen Versuch wurde eine völlig neue Anlage für die Handhabung der Thermalwässer an der Oberfläche errichtet. Um Korrosion und Ablagerungen zu vermeiden wurden mehrere Maßnahmen getroffen.

- Die Thermalwässer sollten an der Oberfläche in einem geschlossenen Leitungssystem gehalten werden, um eine Sauerstoffkontamination zu vermeiden.
- Während des Betriebs sollte der Leitungsdruck oberhalb des kritischen Drucks liegen, bei dem im Thermalwasser gebundene Gase sich lösen und Ausfällungen verursachen können. Typische Betriebsdrücke während des Zirkulationsexperiments lagen zwischen 10 und 12,5 bar.
- Vor der Reinjektion wurden die Wässer bis auf eine Partikelgröße von 5 mm gefiltert, um Ablagerungen im untertägigen Wärmeübertrager zu vermeiden.

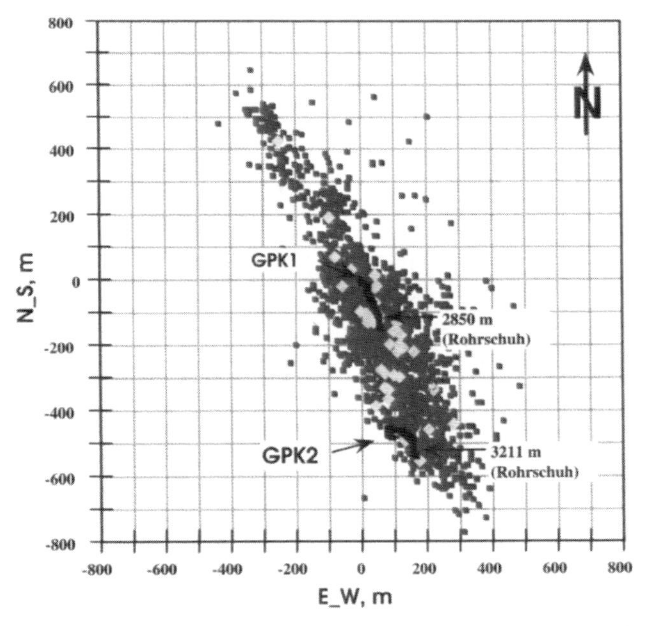

Abb. 4-25 Wärmeübertrager in Soultz-sous-Forêts (Horizontalprojektion der Lokationen seismischer Bruchgeräusche im Tiefenbereich 3 200 bis 4 000 m; Quadrate: Magnitude < 0; Rauten: Magnitude > 0; gezeigt ist ferner eine Horizontalprojektion des Verlaufs der Bohrungen GPK1 und GPK2; der Ansatzpunkt der Bohrung und das Ende des verrohrten Abschnitts der Bohrung sind durch Pfeile markiert; der stimulierte Bereich im Gebirge erstreckt sich über mehr als 1 500 m horizontal und zeigt eine eindeutige Nord-Nord-West(NNW) – Süd-Süd-Ost(SSE) Ausrichtung; die Ausbreitung des Wärmeübertragers folgt dem in situ Spannungsfeld)

Da es sich bei der Anlage in Soultz-sous-Forêts nur um ein zeitlich begrenztes wissenschaftliches Experiment handelt, wurden alle wesentlichen Komponenten (u. a. Wärmeübertrager, Filter) nur einfach installiert. Ein Verbraucher für die erzeugte thermische Energie stand ebenfalls nicht zur Verfügung und wurde durch Kühlung des Thermalwassers in einem Wärmeübertrager simuliert. Das gesamte Oberflächensystem war bereits weitgehend automatisiert. Der Versuchsaufbau ist zeigt Abb. 4-26.

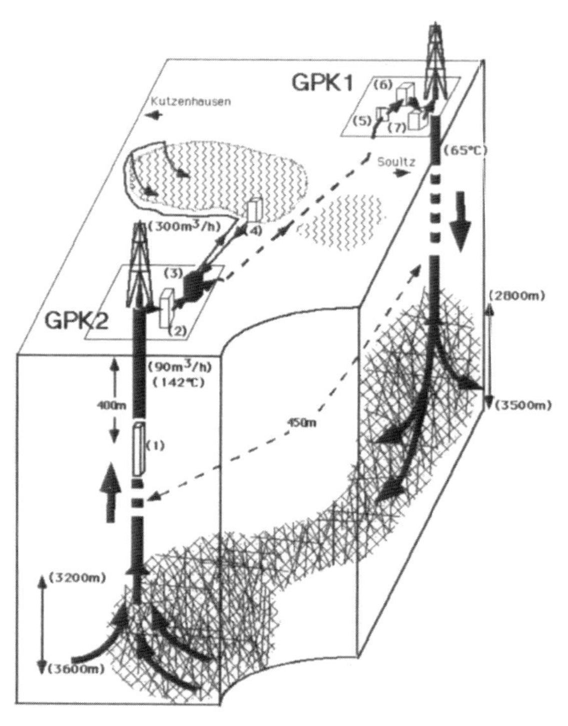

Abb. 4-26 Schematische Darstellung des Zirkulationsversuchs im HDR Versuchsfeld in Soultz-sous-Forêts im Sommer/Herbst 1997 ((1) Tauchkreiselpumpe; (2) Vorfilter; (3) Wärmeübertrager; (4) Kühlwasserpumpen; (5) Korrosionstestkammern; (6) Filterbatterie; (7) Verpreßpumpe)

Der Zirkulationsversuch im Sommer/Herbst 1997 bewies, daß das HDR System in Soultz-sous-Forêts hydraulisch stabil und völlig ohne Flüssigkeitsverluste zirkuliert werden kann /4-59/. Es wurden Zirkulationsraten von bis zu 25 kg/s (90 t/h) erzielt. Insgesamt wurden in den vier Monaten 244 000 t Thermalwasser produziert und wieder verpreßt. Der Wärmeübertrager erwies sich als so groß, daß die Auslauftemperatur auch nach vier Monaten noch stetig anstieg; zuletzt wurden 142 °C gemessen. Die erzielte, am Wärmeübertrager verfügbare thermische Leistung lag bei 10 bis 11 MW. Davon wurden an der Oberfläche 6 bis 8 MW über die Kühlung entnommen. Der Verpreßdruck fiel während des Versuchs kontinuierlich von anfangs ca. 40 bis auf 20 bar ab. Die hydraulische Impedanz (d. h. der Parameter, der den Eigenenergieverbrauch der Anlage bestimmt) war mit ca. 2 bar/(l s) die niedrigste, die jemals bei der Zirkulation eines HDR Systems erzielt wurde; der Eigenenergieverbrauch der Anlage lag bei nur ca. 200 bis 230 kW elektrischer Leistung. Die Zirkulation des Thermalwassers wurde durch Tracerexperimente eindeutig nachgewiesen /4-60/. Nach ca. 6 000 m^3 erschienen erste Spuren der Tracer wieder in der Förderbohrung. Die Masse der Tracer wurde nach etwa 20 000 m^3 gefördert. Eine erste Auswertung dieser Tracerversuche in Verbindung mit den hydraulischen Meßdaten ergab, daß es in Soultz-sous-Forêts bereits gelungen ist, ein Wärmertauschersystem in einer wirtschaftlich interessanten Größenordnung zu schaffen.

Während des Zikulationsexperiments konnten keinerlei Bruchgeräusche registriert werden. Der Wärmeübertrager scheint mechanisch stabil zu sein.

Nach Beendigung der Zirkulation wurden in den Oberflächeneinrichtungen keine Korrosion und keine Ablagerungen festgestellt. Auch die in Testkammern während der gesamten Versuchsdauer vom heißen Thermalwasser umströmten Korrosionsproben wiesen keine Korrosion auf. Nur eine Zinkbeschichtung für Schwarzstahl, die getestet wurde, erwies sich als nicht geeignet. Auch nennenswerte Lösungsprozesse im untertägigen Wärmeübertrager konnten nicht beobachtet werden. Nachdem die Anlage eingefahren war, wurden Filterstandzeiten (5 mm) von 8 bis 14 Tagen beobachtet, wobei die Masse der Ablagerungen (maximal ca. 750 g in einem kompletten Filtersatz) immer noch von den Rohrtouren und den Leitungssystemen stammte. Die Filterstandzeiten wurden bis zum Ende des Versuchs kontinuierlich länger, so daß für eine kommerzielle Anlage, nachdem sie sich thermisch und hydraulisch stabilisiert hat, Filterstandzeiten von mehreren Wochen oder sogar Monaten erwartet werden können. Dies stimmt mit den Beobachtungen bei anderen Erdwärmeprojekten überein.

Die Untersuchungen haben gezeigt, daß ein HDR System nach dem Soultz-Konzept sehr einfach, nahezu vollautomatisch und umweltfreundlich zu betreiben ist. Auch werden die für das HDR Verfahren erforderlichen begleitenden Technologien wie

- das wirtschaftliche Bohren im kristallinen Grundgebirge bei hohen Temperaturen und in großer Tiefe,
- die Schaffung weiträumiger Wärmeaustauschsysteme in großer Tiefe und bei hohen Temperaturen, und
- den ober- und untertägigen technischen Betrieb von Hot-Dry-Rock Systemen

langsam beherrscht.

Um zu einer kommerziellen Anwendung dieser Technologie zu gelangen, ist es erforderlich, die gegenwärtigen Untersuchungen auf Gesteinsbereiche mit höheren Temperaturen auszudehnen (bessere Effizienz bei der Stromerzeugung) und höhere Zirkulationsraten zu erzielen – bei gleichzeitig kontinuierlicher Weiterentwicklung und Optimierung der erforderlichen Verfahrenstechnik. Um die Machbarkeit des in Soultz-sous-Forêts demonstrierten Konzeptes im Vorlauf für eine industrielle Anwendung zu erproben, sollte zunächst eine wissenschaftliche Pilotanlage errichtet und betrieben werden. Sie sollte aus einer zentralen Injektionsbohrung und zwei peripheren Produktionsbohrungen bestehen, die Tiefen mit Temperaturen von ca. 200 °C erreichen sollten. Bei Fließraten von rund 40 l/s pro Produktionsbohrung und einer Auslauftemperatur von 190 °C könnte eine solche Anlage rund 50 MW thermische Leistung über einen Zeitraum von mehreren Jahren liefern. Damit könnte erstmals eine Stromerzeugung in der Größenordnung von 5 bis 6 MW elektrischer Leistung aus einem HDR System erprobt werden.

5 Energiewirtschaftliche Analyse

In den in der westlichen Welt existierenden Energiesystemen spielen neben der eigentlichen Energietechnik energiewirtschaftliche Aspekte (u. a. vorhandene Energiepotentiale regenerativer Energien, wirtschaftliche Kenngrößen, ökologische Aspekte) eine zunehmend wichtigere Rolle. Dies gilt für Deutschland insbesondere vor dem Hintergrund der in den letzten Jahren deutlich zugenommenen Sensibilität der Bevölkerung hinsichtlich energiebedingter Umweltauswirkungen einerseits und der gesetzlich verankerten Forderung nach einer kostengünstigen und sicheren Deckung der Energienachfrage andererseits.

Deshalb werden im folgenden die zuvor beschriebenen Techniken zur Nutzbarmachung der Erdwärme im Kontext des energiewirtschaftlichen Gesamtzusammenhangs in Deutschland diskutiert. Dafür werden zunächst die theoretischen und technischen Energiepotentiale der jeweiligen Techniken ermittelt und die derzeitige Nutzung beschrieben; um aufzuzeigen, wo Deutschland bei der Nutzung der Erdwärme derzeit „steht", wird zusätzlich die derzeitige Erdwärmenutzung in ausgewählten europäischen Ländern kurz diskutiert. Auch folgt eine Analyse der Kosten, durch die die Möglichkeiten einer Energiebereitstellung aus Erdwärme charakterisiert sind. Weiterhin werden ausgewählte mit der Nutzung der Erdwärme verbundene Umwelteffekte für die Möglichkeiten zur Nutzung der Energie des oberflächennahen Erdreichs und der des tiefen Untergrund dargestellt und diskutiert. Abschließend werden diese für die verschiedenen Möglichkeiten zur Nutzung der Erdwärme dargestellten Kriterien zusätzlich im Kontext anderer regenerativer und fossiler Energien bzw. Energieträger diskutiert; dies erlaubt eine energiewirtschaftliche Einordnung bzw. ein Vergleich der Erdwärme mit anderen Möglichkeiten zur Energienachfragedeckung.

5.1 Oberflächennahe Erdwärmenutzung

Oberflächennahe Erdwärme umfaßt Wärme, die im weitesten Sinne noch als Umweltwärme bezeichnet werden kann (vgl. Kapitel 1, 2 und 3). Sie wird hauptsächlich durch solar eingestrahlte Energie bestimmt und unterliegt daher tages- und jahreszeitlichen Schwankungen.

Anlagen, die oberflächennahe Erdwärme nutzen, können grundsätzlich Raumwärme, Wärme für die Brauchwasserbereitung und Prozeßwärme unter 100 °C zur Verfügung stellen (vgl. Kapitel 3). Die Wärme wird dabei dem oberflächennahen Untergrund mit Hilfe eines Wärmeträgermediums entzogen. Hierfür werden horizontale und vertikale Erdwärmetauscher sowie Grundwasserbrunnen eingesetzt. Das niedrige Temperaturniveau, auf dem die Wärme dem Erdreich entnommenen wird, macht einen Einsatz von Wärmepumpen zwingend erforderlich.

Für diese Möglichkeit der Nutzenergiebereitstellung werden im folgenden die technischen Potentiale und deren Nutzung, die Kosten der bereitgestellten Nutzenergie sowie ausgewählte Umwelteffekte diskutiert.

5.1.1 Potentiale und Nutzung

Die Möglichkeiten einer Nutzung erdgekoppelter Wärmepumpenanlagen zur Dekkung der im Energiesystem Deutschland gegebenen Wärmenachfrage können durch die Energiepotentiale beschrieben werden. Die entsprechenden Begriffe werden im folgenden zunächst definiert. Anschließend werden diese Potentiale für das Gebiet der Bundesrepublik Deutschland erhoben. Auch wird der derzeitige Stand der Nutzung oberflächennaher Erdwärme in Deutschland und in weiteren europäischen Ländern dargestellt.

Definition der Potentialbegriffe. Bei den Energiepotentialen kann unterschieden werden zwischen den theoretischen und den technischen Potentialen.

Das theoretische Potential beschreibt das in einer gegebenen Region innerhalb eines bestimmten Zeitraumes theoretisch maximal physikalisch nutzbare Energieangebot (z. B. die in den oberflächennahen Erdschichten gespeicherte Energie); es entspricht näherungsweise dem in den Geowissenschaften gebräuchlichen Begriff der Ressourcen. Es wird allein durch die gegebenen physikalischen Nutzungsgrenzen bestimmt und markiert damit die obere Grenze des theoretisch realisierbaren Beitrages zur Energiebereitstellung. Wegen unüberwindbarer technischer, ökologischer, struktureller und administrativer Schranken kann das theoretische Potential meist nur zu sehr geringen Teilen erschlossen werden.

Das technische Potential beschreibt den Anteil des theoretischen Potentials, der unter Berücksichtigung der gegebenen technischen Restriktionen nutzbar ist. Zusätzlich dazu werden strukturelle und ökologische Restriktionen sowie gesetzliche Vorgaben berücksichtigt, da sie letztlich auch – ähnlich den technisch bedingten Eingrenzungen – „unüberwindbar" sind. Bei den technischen Potentialen wird zusätzlich unterschieden zwischen den

- technischen Erzeugungspotentialen, die die unter Berücksichtigung primär technischer Restriktionen bereitstellbare Energie beschreiben (z. B. die innerhalb einer bestimmten Zeitspanne bereitstellbare Niedertemperaturwärme aus hydrothermalen Vorkommen) und den
- technischen Nachfragepotentialen, bei denen zusätzlich nachfrageseitige Restriktionen berücksichtigt werden (z. B. die mit Hilfe von tiefen Sonden bereitstellbare Niedertemperaturwärme, die auch im Energiesystem Deutschlands unter den hier gegebenen nachfrageseitigen Restriktionen (u. a. nachgefragtes Temperaturniveau, Abhängigkeiten zwischen Angebot und Nachfrage bei einem angebotsorientierten Energieangebot, Nachfragecharakteristik) innerhalb eines bestimmten Zeitraums genutzt werden kann).

Theoretische Potentiale. Auf der Basis des mit horizontalen Erdreichkollektoren nutzbaren Energieaufkommen von etwa 360 MJ/(m^2 a) läßt sich eine theoretische Obergrenze eines Wärmeentzugs auf der Gebietsfläche Deutschlands abschätzen.

Das damit ermittelbare theoretische Potential einer Nutzung der oberflächennahen Erdwärme liegt bei etwa 130 EJ/a (Tabelle 5-1).

Technische Erzeugungspotentiale. Das theoretische Potential ist aufgrund einer Vielzahl restriktiver Größen in der aufgezeigten Größenordnung technisch nicht erschließbar. Beispielsweise sind Flächen, die von potentiellen Verbrauchern weit entfernt liegen, aufgrund zu hoher Verluste beim Energietransport für eine oberflächennahe Erdwärmenutzung nicht geeignet; damit sind nur die den Gebäuden unmittelbar zugeordneten Flächen (d. h. Gebäude- und Freiflächen) sinnvoll nutzbar (d. h. etwa 5,8 % der Fläche Deutschlands). Aufgrund der vorhandenen Gebäudestrukturen und sonstiger Restriktionen können jedoch nur etwa 40 % der Gebäude- und Freiflächen auch technisch genutzt werden. Dabei wird u. a. berücksichtigt, daß eine Nutzung der oberflächennahen Wärme in Gebieten mit sehr hoher Bebauungsdichte (z. B. im Innenstadtbereich) nicht oder nur mit sehr großen Einschränkungen möglich ist. Außerdem können Sonden zur Nutzung der oberflächennahen Erdwärme nicht bei jeder Bodenstruktur ohne weiteres abgeteuft werden. Durch Grundwasserschutzgebiete, in denen eine Nutzung aufgrund der gesetzlichen Vorgaben eingeschränkt ist, reduziert sich die verbleibende Fläche um weitere 25 %. Damit ist nur knapp ein Drittel der Gebäude- und Freiflächen in Deutschland für eine Nutzung der oberflächennahen Erdwärme technisch verfügbar.

Außerdem kann eine lückenlose Erschließung dieser verbleibenden Flächen aufgrund von sich im Untergrund befindlichen Infrastrukturelementen (u. a. Versorgungsleitungen für Zu- und Abwasser, Gas, Strom, Kommunikation) und anderweitiger Nutzung (z. B. Garten, Lagerhallen, Kellerräume) teilweise zu technischen Problemen führen. Zudem kann bei der Erschließung der verbleibenden Flächen die technisch gewinnbare Niedertemperaturwärme die lokale Wärmenachfrage deutlich übersteigen; dies gilt insbesondere bei eher dünn besiedelten Gebäude- und Freiflächen (d. h. ländlichen Siedlungsstrukturen), die zwar durch optimale technische Bedingungen für eine Nutzung der oberflächennahen Erdwärme gekennzeichnet sind, aber nur eine geringe Wärmenachfrage aufweisen. Aufgrund des dann notwendigen Transports der niederthermalen Wärme und weiterer Effekte sind von den verbleibenden Flächen nur rund 40 % auch tatsächlich technisch nutzbar.

Mit dem technisch gewinnbaren Energieaufkommen errechnet sich daraus ein technisches Erzeugungspotential der aus dem flachen Untergrund gewinnbaren Wärme in Deutschland von etwa 940 PJ/a (d. h. Erdwärme) /5-27/. Wird dieses technische Erzeugungspotential durch Wärmepumpenanlagen mit einer durchschnittlichen Jahresarbeitszahl von 4,0 erschlossen, läßt sich daraus eine Nutzwärme von rund 1 253 PJ/a (d. h. Nutzenergie) bereitstellen.

Technische Nachfragepotentiale. Die Nachfrage nach Raum- und Prozeßwärme in Deutschland lag 1996 bei rund 3 880 PJ (d. h. Raumwärme ca. 2 563 PJ/a, Prozeßwärme ca. 1 317 PJ/a /5-1/).

Die Sektoren Haushalte und Kleinverbraucher weisen an der gesamten Raumwärmenachfrage mit 1 701 und 654 PJ/a einen Anteil von etwa 92 % auf; zusätzlich dazu wurden 362 PJ/a an Prozeßwärme (einschließlich Warmwasser) nachgefragt. Da die Temperaturverteilung der Prozeßwärmenachfrage in diesen Sektoren nicht bekannt ist, wird hier davon ausgegangen, daß nur etwa 85 % durch Wärmepumpen bereitstellbar ist, da durch Wärmepumpen nicht Wärme auf einem beliebigen Temperaturniveau bereitgestellt werden kann. Damit liegt die durch Wärmepumpen grundsätzlich deckbare Nutzenergienachfrage in den Sektoren Haushalte und Kleinverbraucher bei rund 2 664 PJ/a.

Im Gegensatz dazu dominiert in der Industrie mit 956 PJ/a die Prozeßwärmenachfrage gegenüber der Raumwärmenachfrage mit 199 PJ/a. Dabei wird nur ein geringer Teil der Prozeßwärme auf einem niedrigen Temperaturniveau nachgefragt; nur dieser Teil kann prinzipiell durch erdgekoppelte Wärmepumpenanlagen bereitgestellt werden. Für die Industrie ergibt sich daraus eine durch Wärmepumpen deckbare Nutzwärme (d. h. Raum- und Prozeßwärmenachfrage) von etwa 586 PJ/a.

Demzufolge liegt die durch Wärmepumpen in Deutschland insgesamt deckbare Nutzwärme bei etwa 3 150 PJ/a. Etwa 80 % dieses Potentials entfallen auf die Sektoren Haushalte und Kleinverbraucher und rund 20 % auf den Industriesektor. Damit übersteigt die potentielle durch Wärmepumpen deckbare Niedertemperaturwärmenachfrage das Angebot deutlich. Das technische Nachfragepotential der oberflächennahen Erdwärmenutzung wird folglich durch das technische Erzeugungspotential bestimmt und beläuft sich unter den getroffenen Annahmen auf 1 253 PJ/a (Nutzwärme; Tabelle 5-1).

Tabelle 5-1 Potentiale oberflächennaher Erdwärme in Deutschland /5-2/

Theoretisches Potential	130 EJ/a
Technisches Erzeugungspotential (Erdwärme)	940 PJ/a
Technisches Nachfragepotential (Nutzwärme)	1 253 PJ/a

Nutzung. Im folgenden wird die Nutzung der oberflächennahen Erdwärme in Deutschland und in weiteren europäischen Staaten diskutiert.

Deutschland. In Deutschland werden seit etwa 1978 elektrische Wärmepumpen zur Raumwärmebereitstellung im Haushaltssektor eingesetzt. Nach einem steilen Anstieg der Verkaufszahlen bis 1980 ist die Nachfrage nach Wärmepumpen bis 1990 stetig gefallen, um sich dann auf niedrigem Niveau näherungsweise zu stabilisieren. Erst ab 1993 ist es erneut zu einem leichten Anstieg an jährlich neu installierten Wärmepumpen gekommen; beispielsweise sind 1996 rund 2 300 Anlagen und damit deutlich mehr als in den davor liegenden Jahren in Betrieb gegangen (Abb. 5-1).

Die Gründe für den drastischen Rückgang der Anlageninstallationen zwischen 1980 und 1990 sind im Ölpreisverfall und in den anfangs nicht immer erfüllten Erwartungen in diese Technologie zu sehen. Durch Anlagenfehlplanungen und eine Reihe von „Kinderkrankheiten“ entstand der Eindruck einer nicht ausgereiften Technologie. Inzwischen werden jedoch von den Herstellern technisch verläßliche und erprobte Wärmepumpen angeboten, die mit ihrer Leistungsfähigkeit und Zuverlässigkeit durchaus mit konventionellen Wärmeerzeugungssystemen konkurrieren können. Daraus und auch aus der finanziellen Unterstützung potentieller Anlagenbetreiber durch die öffentliche Hand und einige Energieversorgungsunternehmen resultiert – trotz der gegenwärtig noch gegebenen Mehrkosten gegenüber konventionellen Kesselanlagen – der sich derzeit abzeichnende Anstieg an Anlagenneuinstallationen.

Insgesamt wurden in Deutschland im Jahr 1996 etwa 48 000 Wärmepumpen mit einem Anschlußwert (d. h. elektrische Leistung) von insgesamt ca. 320 MW betrieben. Etwa 90 % aller Anlagen sind in Wohngebäuden installiert. Der durchschnittliche Anschlußwert beträgt etwa 6,5 kW elektrischer Leistung. Detaillierte und aktuelle Zahlen über die Anzahl und die Leistung derzeit in Deutschland installierter erdgekoppelter Wärmepumpen liegen allerdings nicht vor. Es läßt sich jedoch abschätzen, daß momentan etwa 10 bis 15 % der elektrisch betriebenen Wärmepumpen die Wärmequelle Erdreich und etwa 20 bis 30 % die Wärmequelle Grundwasser nutzen; der verbleibende Rest nutzt andere Quellen (z. B. Außenluft, Umgebungswärme, Abwärme). Damit werden in Deutschland gegenwärtig etwa 14 000 bis 22 000 erdgekoppelte Wärmepumpen betrieben, deren elektrischer Anschlußwert bei rund 90 bis 150 MW liegt. Bei einer unterstellten durchschnittlichen Arbeitszahl des vorhandenen Gesamtanlagenbestandes von 3,0 bis maximal 3,5 und rund 2 000 Vollaststunden pro Jahr entspricht dies einem potentiellen Endenergieaufkommen am Anlagenausgang von 4 bis 6 PJ/a. Daraus errechnet sich ein Dekkungsbeitrag erdgekoppelter Wärmepumpen an der gesamten Nutzwärmenachfrage für Raum- und Prozeßwärme in Deutschland von weit unter einem Prozent. Insgesamt gesehen tragen damit erdgekoppelte Wärmepumpen bisher nur wenig zur Deckung der Nutzenergienachfrage in Deutschland bei.

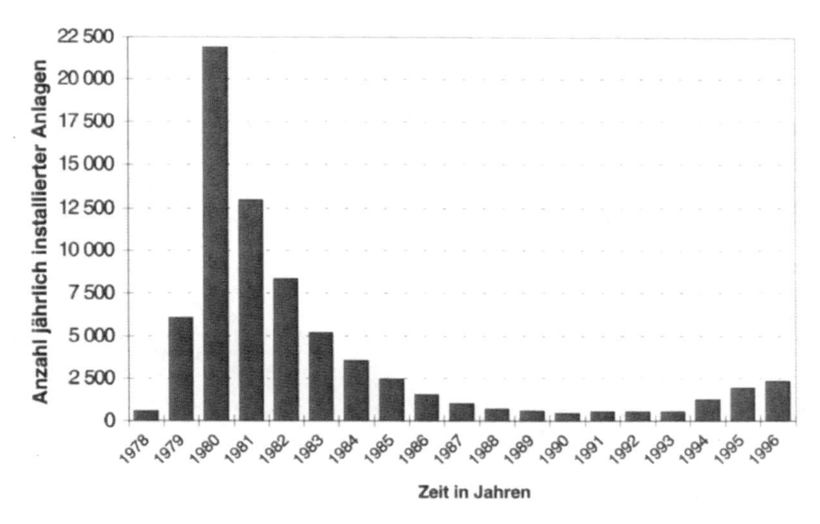

Abb. 5-1 Anzahl an neu installierten Wärmepumpen zwischen 1978 und 1996 (nach /5-3/)

Seit Sommer 1995 wird die Nutzung der oberflächennahen Erdwärme im Rahmen des Markteinführungsprogramms „Erneuerbare Energien" des Bundesministeriums für Wirtschaft (BMWi) gefördert. Beispielsweise betraf dies 1997 1 106 elektrische Wärmepumpenanlagen; bei den erdgekoppelten Wärmepumpen handelte es sich dabei um 818 Anlagen mit Erdreichwärmetauscher und um 180 Systeme mit Grundwassernutzung /5-11/. Im Gegensatz zu dem vorhandenen Bestand an Wärmepumpenanlagen, dessen Struktur noch von den in den siebziger und achtziger Jahren installierten, meist bivalent mit der Wärmequelle Luft betriebenen

Wärmepumpenanlagen beeinflußt wird, handelt es sich bei den heute neu installierten Anlagen hauptsächlich um erdgekoppelte Systeme. Beispielsweise liegt auf dem Versorgungsgebiet der RWE Energie der Anteil erdreichgekoppelter Anlagen an den neu installierten Wärmepumpenanlagen bei rund 71 % und der der grundwassergekoppelten Anlagen bei ca. 14 % /5-4/. Besonders hoch ist hier der Anteil der Anlagen mit Erdwärmesonden; etwa drei Viertel der gesamten Neuinstallationen an erdreichgekoppelten Anlagen entfallen auf solche Systeme. Die Dominanz der Erdsondenanlagen erklärt sich aus dem geringen Flächenbedarf dieser Anlagen, der bei wachsenden Grundstückspreisen und damit kleiner werdenden Baugrundstücken zunehmend an Gewicht gewinnt. Die Grundwassernutzung verliert demgegenüber an Bedeutung, da die Voruntersuchungen zur Analyse der Wasserqualität für kleinere Bauprojekte in der Regel nicht wirtschaftlich sind.

Schweiz. In der Schweiz existieren über 20 000 Wärmepumpenanlagen mit Erdwärmesonden; dazu wurden Bohrungen mit einer Gesamtlänge von fast 4 000 km abgeteuft. Heute wird in der Schweiz etwa jeder dritte Neubau mit einer Wärmepumpe ausgerüstet; rund zwei Fünftel dieser Anlagen nutzen die Erdwärme als Wärmequelle mit Hilfe von Sonden. Insgesamt liegt damit die Schweiz bei der direkten Nutzung geothermischer Energie pro Kopf der Bevölkerung weltweit an vierter Stelle nach „klassischen" Geothermieländern wie Island und Neuseeland. Zusammengenommen sind damit in der Schweiz rund 300 MW an thermischer Leistung in Anlagen zur Nutzung der Erdwärme installiert; dabei handelt es sich mit fast 97 % um Anlagen, die die oberflächennahe Erdwärme nutzen (Tabelle 5-2).

Tabelle 5-2 Nutzung geothermischer Energie für Raumheizung und Warmwasser in der Schweiz (Stand 1997 /5-5/)

System	Installierte Leistungen
Thermalquellen, Tunnelwasser	ca. 5 MW
Tiefe Thermalwässer (über 400 m)	ca. 10 MW
Erdwärmesonden	ca. 285 MW
Summe	ca. 300 MW

Wegen der um etwa 30 % höheren Investitionen von Wärmepumpenanlagen im Vergleich zu Systemen zur Nutzung fossiler Energieträger liegt diese Entwicklung auch in der staatlichen Förderung von Wärmepumpenanlagen begründet; sie liegt derzeit bei bis zu ca. 7 500 Sfr, wenn ein vorhandener Ölbrenner durch eine erdgekoppelte Wärmepumpe ersetzt wird. Infolge dessen ist die erdgekoppelte Wärmepumpe nur geringfügig teurer (300 bis 450 Sfr/a) als ein konventionelles System mit Ölbrenner /5-6/. Dies führt zu einem jährlichen Wachstum der Zahl der Erdwärmesondenanlagen in der Schweiz von etwa 10 %.

Österreich. In Österreich hatten erdgekoppelte Wärmepumpen 1996 einen Anteil von 83 % an den Verkaufszahlen /5-7/. Dabei handelt es sich überwiegend um Anlagen mit einer Heizleistung bis 15 kW; hier dominieren Systeme mit Direktverdampfung.

In einem Breitentest wurden die Jahresarbeitszahlen von solchen erdgekoppelten Wärmepumpen untersucht. Dabei zeigte sich, daß die unter Praxisbedingungen erreichbaren Jahresarbeitszahlen (Tabelle 5-3) z. T. gering sind; die Messungen zeigten Werte von 2,8 bis 4,0 /5-7/. Dies kann u. a. in zu hohen Vorlauftemperaturen des jeweiligen Wärmeverteilsystems bzw. der zusätzlichen Brauchwasserbereitstellung begründet liegen.

In Österreich wurde die oberflächennahe Erdwärme über Energiepfähle Ende der achtziger Jahre erstmals praktisch genutzt. Inzwischen werden dort neben Gründungspfählen auch andere erdberührte Betonbauteile als Wärmetauscher ausgebaut (z. B. Baugrubenumschließungen aus Bohrpfählen oder Schlitzwänden, Stützmauern).

Tabelle 5-3 Gemessene Jahresarbeitszahlen in Abhängigkeit von der Heizungsauslegung (Stand 1997 /5-7/)

Wärmepumpensystem	Heizsystem 35 / 25 °C	Heizsystem 40 / 30 °C	Heizsystem 50 / 30 °C
Wärmeträger Sole	3,8	3,5	2,8
Direktverdampfung	4,0	3,7	3,0

Niederlande. In den Niederlanden gelten Erdwärmesondenanlagen als Alternative zu den vorherrschenden Erdgasheizungen. So soll bei der Neuerschließung von Baugebieten mit entsprechend wärmegedämmten Gebäuden ggf. ganz auf die Gasversorgung verzichtet werden; die Wärmebereitstellung soll dann ausschließlich über die Stromversorgung und über Wärmepumpenanlagen erfolgen. Erste größere derartige Neuanlagen sind derzeit im Entstehen. Beispielsweise wurden Ende 1997 im Ortsteil Grootstal in Nijmegen 36 Wohnhäuser mit Erdwärmesonden versehen, wobei jeweils eine Wärmepumpe mit ca. 5 kW Verdampferleistung ein Haus mit Heizung und Warmwasser versorgt; als Wärmequelle dienen jeweils vier Erdwärmesonden mit einer Tiefe von 30 m /5-8/. In Reeuwijk z. B. nutzt ein Reihenhaus pro Wohneinheit acht Energiepfähle von je 15 m Länge für 5,5 kW Verdampferleistung. Als nächste Wohnbebauung mit Wärmepumpenanlagen, die ihre Wärme über Erdwärmesonden beziehen, ist die Umrüstung eines ganzen Wohnviertels in Gouda geplant; eine Erdgasversorgung ist hier wegen des bereits in geringer Tiefe anstehenden Grundwassers nicht oder nur mit hohem Aufwand möglich.

Die Niederlande sind einer der Vorreiter der unterirdischen thermischen Energiespeicherung. Hier existierten 1998 bereits etwa 50 Aquifer-Kältespeicher; jedes Jahr kommen rund 10 bis 20 neue Anlagen hinzu. Viele große Gebäude haben derartige Speicher (z. B. Rijksmuseum in Amsterdam, Messehalle auf der Jaarbeurs Utrecht, KLM-Betriebszentrum auf dem Flughafen Schiphol, Hauptverwaltung von IBM Nederlands bei Den Haag). Der Trend geht einerseits zu kleineren Anlagen mit z. T. weniger als 200 kW Kühlleistung und andererseits zu sehr großen Anlagen (über 5 MW) mit Fernkältenetzen.

Schweden. Schweden ist eines der „klassischen" Länder der Wärmepumpennutzung. Hier sind etwa 55 000 Erdwärmesondenanlagen mit einer installierten Leistung von rund 330 MW thermischer Leistung in Betrieb. Wegen des hohen Wasserkraftanteils bei der Stromversorgung in Schweden handelt es sich dabei um eine sehr umweltfreundliche Form der Wärmebereitstellung.

Neben den Erdsondenanlagen sind auch eine Vielzahl unterirdischer thermischer Energiespeicher vorhanden. Sie werden mit Erdwärmesonden erschlossen; dies gilt insbesondere in den klüftigen Kalksteinen im Süden des Landes, in glaziofluviatilen Sedimenten und in den vorhandenen Aquiferspeichern /5-9/. In Malmö und Stockholm wurden bereits erste Fernkühlnetze mit Aquifer-Kältespeicher in Betrieb genommen.

5.1.2 Kosten

Bei den für erdgekoppelte Wärmepumpenanlagen anfallenden Kosten wird zwischen fixen und variablen Aufwendungen unterschieden. Erstere setzen sich aus den Investitionen für die Anlagenkomponenten Wärmepumpe und Pufferspeicher sowie Wärmequellenanlage und den Aufwendungen für die Montage zusammen. Letztere resultieren aus dem notwendigen Energieeinsatz (z. B. Stromverbrauch) und der Instandhaltung der Anlagenkomponenten. Aus der Summe aus fixen und variablen Kosten errechnen sich die spezifischen Wärmegestehungskosten erdgekoppelter Wärmepumpenanlagen.

Untersuchte Anlagen. Bei den hier untersuchten Anlagen handelt es sich um jeweils zwei Wärmepumpenanlagen mit einer thermischen Leistung von 15 und 40 kW, die mit einem horizontalen Wärmetauscher (d. h. Erdkollektor), einem vertikalen Wärmetauscher (d. h. Erdwärmesonde) bzw. mit einem Grundwasserbrunnen ausgestattet sind. Bei den Erdwärmesonden handelt es sich um Rohre aus Polyethylen und als Verfüllmaterial wird eine Mischung aus Bentonit, Zement und Wasser eingesetzt. Es wird ein monovalenter Betrieb und eine Ausnutzungsdauer von 2 000 h/a unterstellt. Für erdreichgekoppelte Anlagen wird dabei von einer Jahresarbeitszahl von 4,0 und für Grundwasserwärmepumpen von 4,5 ausgegangen. Wird zusätzlich der Stromverbrauch für die Anlagensteuerung und das Umpumpen der Sole bzw. des Grundwassers berücksichtigt, ergeben sich effektive Jahresarbeitszahlen von rund 3,85 bei den erdgekoppelten Systemen und von ca. 4,25 bei den Anlagen zur Nutzung des Grundwassers. Die technische Lebensdauer der Anlagen beträgt 20 Jahre.

Investitionen. Richtwerte der spezifischen fixen Kosten für Wärmepumpenanlagen mit Erdreichwärmetauschern sowie für Anlagen mit der Wärmequelle Grundwasser sind jeweils für eine thermische Leistung von 15 und 40 kW in Tabelle 5-4 dargestellt. Deutlich wird hier die mit zunehmender Leistung gegebene Kostendegression für die Wärmepumpenanlage, während die Kosten für die Wärmequellenanlage zur Nutzung der Wärmequelle Erdreich nicht in gleichem Maße zurück gehen. Beispielsweise liegen allein die Kosten für das Abteufen der Erdsonden derzeit – nahezu unabhängig von der Anzahl und Länge der Erdsonden – bei etwa 80 DM/m.

Betriebskosten. Die variablen Kosten einer Wärmepumpenanlage setzen sich aus den Instandhaltungskosten für die Wärmepumpe, die Wärmequellenanlage und den Pufferspeicher sowie den Energiekosten (d. h. Strombezug aus dem Netz der öffentlichen Versorgung) zusammen. Diese Aufwendungen sind für die hier untersuchten erdgekoppelten Wärmepumpenanlagen in Tabelle 5-5 dargestellt.

Abhängig von der Wärmequelle bewegen sich demnach die variablen Kosten zwischen rund 10 und 13 DM/GJ; sie werden maßgeblich durch die Energiekosten bestimmt. Die geringsten variablen Kosten weisen trotz höherer Energiekosten die erdreichgekoppelten Wärmepumpenanlagen auf. Die Grundwasserwärmepumpenanlagen zeigen aufgrund ihrer hohen Arbeitszahl geringe Energiekosten; jedoch sind die Instandhaltungskosten, die im wesentlichen aus der Wärmequellenanlage resultieren, deutlich höher als bei den erdreichgekoppelten Wärmepumpen.

Tabelle 5-4 Investitionen

	Wärmequelle Erdreich				Wärmequelle Grundwasser	
	Vertikaler Wärmetauscher		Horizontaler Wärmetauscher			
Leistung in kW_{th}	15	40	15	40	15	40
Wärmequelle in DM/kW_{th}	1 050	900	900	800	1 100	600
Wärmepumpe in DM/kW_{th}	1 000	700	1 000	700	800	500
Montage, Inbetriebn. in DM/kW_{th}	120	80	120	80	110	70
Summe in DM/kW_{th}	2 170	1 680	2 020	1 580	2 010	1 170

Wärmegestehungskosten. Die spezifischen Wärmegestehungskosten errechnen sich aus der Summe der variablen Kosten und den über die technische Lebensdauer abgezinsten Investitionen bezogen auf die bereitgestellte Nutzwärme. Unter den Wärmegestehungskosten werden dabei die Kosten verstanden, die für die Wärmebereitstellung (d. h. einschließlich aller kapital-, betriebs- und verbrauchsgebundenen Kosten) frei Verbraucher anfallen. Sie werden hier für die unterstellte technische Lebensdauer der erdgekoppelten Wärmepumpen (d. h. Abschreibungsdauer entspricht der technischen Lebensdauer) und einen Zinssatz von 4 % auf der Basis der in Tabelle 5-4 und 5-5 diskutierten Angaben ermittelt. Grundlage ist die VDI-Richtlinie 2 067 zur Berechnung der Kosten von Wärmeversorgungsanlagen /5-10/.

Tabelle 5-5 Betriebskosten und Wärmegestehungskosten

	Wärmequelle Erdreich				Wärmequelle Grundwasser	
	Vertikaler Wärmetauscher		Horizontaler Wärmetauscher			
Leistung in kW_{th}	15	40	15	40	15	40
Energiekosten[a] in DM/GJ	9,2	8,7	9,2	8,7	8,5	7,9
Instandhaltung in DM/GJ	1,8	1,4	1,8	1,4	3,7	2,1
Summe in DM/GJ	11,0	10,1	11,0	10,1	12,2	10,0
Wärmegestehungskosten						
in DM/GJ	31,1	24,9	29,8	23,8	41,0	26,2
in Pf/kWh	11,2	9,0	10,7	8,6	14,8	9,4

[a] Mischstrompreis von 11,5 Pf/kWh einschließlich 90 DM/a Grund-/Meß-/Rundsteuerpreis.

Erdgekoppelte Wärmepumpenanlagen weisen demnach je nach Leistungsklasse und Wärmequelle spezifische Wärmegestehungskosten zwischen etwa 24 und 41 DM/GJ auf. Für den betrachteten Leistungsbereich von 15 bis 40 kW erweisen sich – insbesondere für geringe Leistungen – Wärmepumpenanlagen mit Erdreichwärmetauschern als die günstigere Anlagenausführung. Bei einer installierten thermischen Leistung von 15 kW liegen die Wärmegestehungskosten bei rund

30 DM/GJ und bei 40 kW zwischen 24 und 25 DM/GJ. Grundwasserwärmepumpenanlagen weisen für eine Leistung von 15 kW spezifische Wärmegestehungskosten von rund 41 DM/GJ und für eine Leistung von 40 kW von ca. 26 DM/GJ auf (Tabelle 5-5).

Die wesentlichen Einflußgrößen auf die Wärmegestehungskosten von Wärmepumpenanlagen stellen der Zinssatz, die Abschreibungsdauer, die hier der unterstellten technischen Lebensdauer von 20 Jahren entspricht, die Investitionen, die Betriebskosten (ohne Energiekosten) und die Energiekosten dar. Den Einfluß dieser Parameter auf die spezifischen Wärmegestehungskosten zeigt Abb. 5-2. Dabei wurde von einer Wärmepumpenanlage mit vertikalen Erdreichwärmetauschern mit einer thermischen Leistung von 15 kW ausgegangen.

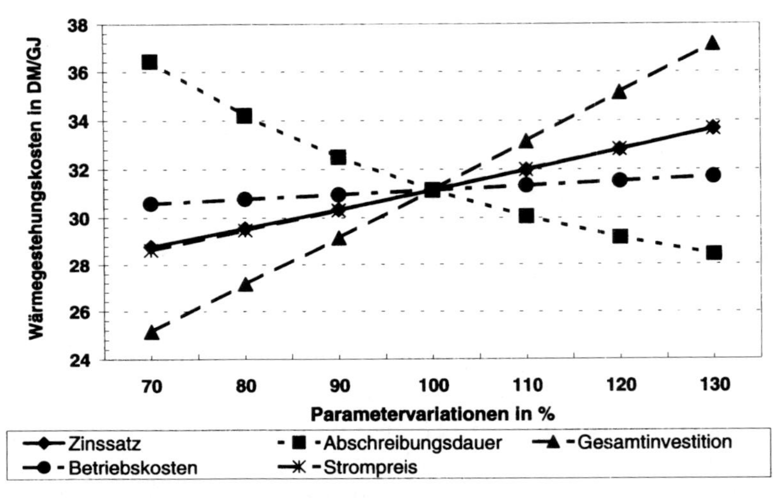

Abb. 5-2 Parametervariationen (Zinssatz 4 % = 100 %; Abschreibungsdauer 20 a = 100 %; Gesamtinvestitionen 32 550 DM = 100 %; sonst. Betriebskosten 11 DM/GJ = 100 %; Strompreis 11,5 Pf/kWh = 100 %)

Demnach haben die Abschreibungsdauer und die Gesamtinvestitionen den größten Einfluß auf die Wärmegestehungskosten. Während die Abschreibungsdauer eine finanzmathematische Größe darstellt, die vom Anlagenbetreiber entsprechend den betrieblichen Vorgaben festgelegt werden kann, sind die Investitionen nicht beeinflußbar (außer ggf. durch staatliche Zuschüsse wie z. B. das Marktanreizprogramm des BMWi). Geringeren Einfluß auf die Wärmegestehungskosten haben die Stromkosten und die sonstigen Betriebskosten, die die Wärmegestehungskosten in einem vergleichbaren Ausmaß beeinflussen, und der zugrunde gelegte Zinssatz.

5.1.3 Umweltaspekte

In den energiewirtschaftlichen Diskussionen spielen potentielle oder tatsächliche Umwelteffekte, die mit einer Möglichkeit zur Deckung der gegebenen Energienachfrage verbunden sind, eine große Rolle. Deshalb werden im folgenden ausgewählte Umweltaspekte diskutiert, die mit einer Energiebereitstellung aus oberflächennaher Erdwärme verbunden sind. Dabei dürfen aber nicht nur die direkt mit einer Energiebereitstellung aus Erdwärme verbundenen Umwelteffekte, beispielsweise infolge des Betriebs der Anlage, betrachtet werden; vielmehr müssen auch die Anlagenerrichtung und -entsorgung sowie die jeweils vorgelagerten Prozesse (u. a. Stahlherstellung, Strombereitstellung, Bereitstellung der fossilen Treib- und Brennstoffe) berücksichtigt werden. Bevor im folgenden derartige aus einer Gesamtlebenswegbetrachtung resultierende Größen ausgewiesen werden, wird kurz auf die Methodik zu ihrer Bestimmung eingegangen, da derartige Größen nur vor dem Hintergrund der Vorgehensweise ihrer Erarbeitung sinnvoll interpretierbar sind.

Zusätzlich werden aber auch die ausschließlich mit dem Anlagenbetrieb verbundenen Umwelteffekte, die die Umweltauswirkungen vor Ort bestimmen, diskutiert. Hier wird unterschieden zwischen den Umweltauswirkungen erdgekoppelter Wärmepumpenanlagen im Normalbetrieb (d. h. vor allem eine Temperaturänderung im Erdreich) sowie den Umweltfolgen infolge von Schadensfällen (z. B. Austritt von Wärmeträgermedien und Arbeitsmitteln, Schäden bei Bohr- und Installationsarbeiten).

Lebenswegbilanzen. Im folgenden werden die Bilanzen ausgewählter Umweltkenngrößen – ermittelt über den gesamtem Lebensweg – diskutiert. Zuvor wird kurz auf die Methodik solcher Ökobilanzen eingegangen und die untersuchten Anlagen definiert.

Methodik. Bilanzen ausgewählter Umweltkenngrößen (z. B. Freisetzungen an Klimagasen, Emissionen an Gasen mit versauernder Wirkung) im Verlauf des gesamten Lebensweges können sowohl mit der Prozeßkettenanalyse als auch mit der Input-Output-Analyse bestimmt werden. Es kann aber auch eine Hybridmethode zum Einsatz kommen, durch die diese beiden Verfahren sinnvoll kombiniert werden können.

Bei der Prozeßkettenanalyse wird ein beliebig komplexes System (z. B. Wärme aus oberflächennaher Erdwärme) in endlich viele, überschaubare Teilsysteme (Prozesse) zerlegt. Prozesse zeichnen sich durch Zustandsänderungen aus: Eingangsgrößen werden innerhalb eines Prozesses in Ausgangsgrößen umgewandelt. Im engeren Sinne werden unter derartigen Ein- und Ausgangsgrößen die Energie- und Stoffströme verstanden, die für jeden Prozeß bestimmt werden können. Prinzipiell ist mit der Prozeßkettenanalyse eine sehr hohe Genauigkeit erreichbar, die von der Verfügbarkeit der Daten, den Kenntnissen über Produkt und Prozesse sowie der Analysetiefe abhängt. Dementsprechend ist die Prozeßkettenanalyse sehr arbeitsaufwendig (u. a. /5-12, 5-13/).

Die Input-Output-Analyse erlaubt ebenfalls die einem Produkt (z. B. Wärme aus hydrothermaler Erdwärme) ursächlich anzulastenden Stoff- und Energieströme zu ermitteln. Grundlage ist eine Input-Output-Tabelle, in der die volkswirtschaftlichen Aktivitäten innerhalb eines bestimmten Zeitraumes (z. B. ein Jahr) in aggregierter Form zusammengestellt sind. Solche Tabellen unterscheiden dabei zwischen verschiedenen Produktionsbereichen, deren Produktionswerte in der Regel in monetären Einheiten angegeben werden. Mit der Input-Output-Analyse lassen sich nun aus diesen Verknüpfungen die Produktionswerte aller Produktionsbereiche für einen gewünschten Output ermitteln (z. B. Wärme aus oberflächennaher Erdwärme). Aus diesen kumulierten Produktionswerten können dann die gewünschten Stoff- und Energieströme ermittelt werden. Da Input-Output-Tabellen alle wirtschaftlichen Aktivitäten und damit Verflechtungen einer Volkswirtschaft enthalten, werden damit prinzipiell alle Vorgänge zur Herstellung eines bestimmten Produktes berücksichtigt. Dabei stellen aber die unterschiedenen Produktionsbereiche eine Mittelung über eine Vielzahl technischer Prozesse dar. Da hier jedoch einzelne konkrete Produkte betrachtet werden und die Input-Output-Analyse nur für sektortypische Produkte belastbare Werte liefern kann, dient sie nur zur Ergänzung der Prozeßkettenanalyse.

Um die Vorteile beider Verfahren im Rahmen eines Hybridansatzes auszunutzen, kommt im wesentlichen die Prozeßkettenanalyse aufgrund der damit erzielbaren deutlich höheren Genauigkeit zur Anwendung. Zusätzliche Aufwendungen, die aus methodischen Gründen oder aufgrund des zu hohen Arbeitsaufwandes damit nicht erfaßt werden können (z. B. Energieaufwand für die Beheizung des Büros des die Anlage planenden Ingenieurs), werden mit der Input-Output-Analyse erhoben. Dabei sollte der Anteil am Gesamtergebnis einer Bilanz, der mit Hilfe der Input-Output-Analyse bestimmt wird, klein sein im Vergleich zu dem Anteil, der auf der Basis der Prozeßkettenanalyse ermittelt wird /5-14/.

Die Ergebnisse derartiger Bilanzen können durch unterschiedliche Umweltkenngrößen zusammengefaßt werden. Nachfolgend werden die hier exemplarisch ausgewiesenen Größen definiert, die typische derzeit in der Energie- und Umweltpolitik diskutierte Umweltaspekte beschreiben.

- Der Energieaufwand an erschöpflichen Energieträgern (d. h. Erdöl, Erdgas, Steinkohlen, Braunkohlen, Uran) für die Deckung einer gegebenen Energienachfrage, bei der alle Energieströme von der Quelle bis zur Senke bilanziert werden, kann unter dem Aspekt „Verbrauch fossiler Energieträger" bezogen auf die bereitgestellte Nutzenergie zusammengefaßt werden.
- Eine Möglichkeit zur Energienachfragedeckung kann aus Sicht der damit zusammenhängenden Umwelteffekte auch durch die damit verbundenen Stofffreisetzungen im Verlauf des gesamten Lebensweges beschrieben werden. Von der Vielzahl möglicher Emissionen in Boden, Wasser und Luft werden hier nur einige wenige luftgetragene Stofffreisetzungen mit klimarelevanter, versauernder sowie human- und/oder ökotoxischer Wirkung betrachtet.
  - Klimawirksame Spurengasfreisetzungen, die zum anthropogen verursachten Treibhauseffekt beitragen können, lassen sich zusammenfassen entsprechend der Klimawirksamkeit der Einzelsubstanzen relativ zu einer Referenzsubstanz (CO_2). Hier wird diese gewichtete Summe aus Kohlenstoffdioxid (CO_2; 1 kg CO_2/kg CO_2), Methan (CH_4; 21 kg CO_2/kg CH_4) und Distickstoffoxid (N_2O; 310 kg CO_2/kg N_2O) in Form von CO_2-Äquivalenten angegeben /5-15/.
  - Gase mit Säurebildungspotential wirken versauernd auf Böden und Gewässer. Stofffreisetzungen mit derartigen Eigenschaften können – gewichtet mit ihrem jeweiligen Versauerungspotential – zu SO_2-Äquivalenten zusammengefaßt werden; hier werden Schwefeldioxid (SO_2; 1 kg SO_2/kg SO_2) als Referenzsubstanz, Stickstoffoxid (NO_x; 0,7 kg SO_2/kg NO_x), Ammoniak (NH_3; 1,88 kg SO_2/kg NH_3) und Chlorwasserstoff (HCl; 0,88 kg SO_2/kg HCl) betrachtet /5-15/.

- Viele Spurengase, die bei Energiewandlungsprozessen freigesetzt werden, wirken toxisch auf den Menschen und/oder die natürliche Umwelt. Exemplarisch dafür werden hier Schwefeldioxid (SO_2) und Stickstoffoxide (NO_x) betrachtet.

Untersuchte Anlagen. Bei den hier analysierten Anlagen handelt es sich um Anlagen zur Nutzung der oberflächennahen Erdwärme mit einer thermischen Leistung von 15 und 40 kW (vgl. Kapitel 5.1.2). Es kommt jeweils ein horizontaler bzw. vertikaler Wärmetauscher bzw. ein Grundwasserbrunnen zum Einsatz. Arbeitsmittel der elektrisch angetriebenen Kompressionswärmepumpen ist Propan (R290). Für die Wärmepumpenanlagen mit den Erdreichwärmetauschern wird eine Jahres-Arbeitszahl von 4,0 und bei den grundwassergekoppelten Anlagen von 4,5 bei einem monovalenten Betrieb unterstellt. Infolge der Berücksichtigung des Stromverbrauchs für die Steuerung der Anlage und das Umpumpen der Sole bzw. des Grundwassers ergeben sich effektive Jahresarbeitszahlen zwischen 3,80 und 3,85 bei den Anlagen mit Erdreichwärmetauschern und von 4,25 bei den grundwassergekoppelten Anlagen. Die Vollaststundenzahl liegt bei 2 000 h/a und die technische Lebensdauer bei 20 Jahren.

Bilanzergebnisse. Der über die technische Lebensdauer bilanzierte Verbrauch fossiler Energieträger für Herstellung, Nutzung und Entsorgung der betrachteten erdreichgekoppelten Wärmepumpenanlagen beträgt 1 770 GJ für die 15 kW und 4 670 GJ für die 40 kW Anlage. Gleichzeitig stellen diese Anlagen eine Nutzwärmemenge von 2 160 GJ (15 kW Anlage) bzw. 5 760 GJ (40 kW Anlage) bei einem Stromverbrauch von 158 bzw. 418 MWh bereit. Der gesamte spezifische Verbrauch an fossilen Energieträgern liegt bei rund 820 GJ/TJ (Tabelle 5-6). Damit stammen rund 82 % der durch eine solche Anlage bereitgestellten Nutzenergie letztlich aus fossiler Primärenergie. Bei den das Grundwassser nutzenden Wärmepumpenanlagen sind es aufgrund der höheren Jahresarbeitszahl nur rund 73 %. Von diesem Verbrauch an fossilen Energieträgern entfallen etwa 3 % auf den Bau und knapp 97 % auf den Betrieb der Anlage. Der Aufwand für die Anlagenentsorgung ist mit deutlich unter 1 % sehr gering.

Tabelle 5-6 Bilanzergebnisse

	Wärmequelle Erdreich				Wärmequelle Grundwasser	
	Vertikaler Wärmetauscher		Horizontaler Wärmetauscher			
Leistung in kW_{th}	15	40	15	40	15	40
Verbr. fossiler Energieträger in GJ/TJ	818	811	827	817	732	723
CO_2-Äquivalente in t/TJ	56	56	57	56	51	50
SO_2-Äquivalente in kg/TJ	79	77	82	79	70	67
Schwefeldioxid (SO_2) in kg/TJ	43	41	45	43	37	35
Stickstoffoxide (NO_x) in kg/TJ	48	47	50	48	43	42

Der Verbrauch fossiler Energieträger wird somit maßgeblich durch den Anlagenbetrieb und hier durch den Strombezug zum Betrieb der Kompressionswärmepumpe bestimmt. Folglich bestimmen die Struktur des Kraftwerksparks und damit die hier im wesentlichen eingesetzten Energieträger die Bilanzergebnisse maßgeblich. Bei einem Anlagenpark, der wesentlich durch eine Stromerzeugung aus Wasserkraft dominiert wird (z. B. Norwegen, Österreich), ergibt sich ein signifikant geringerer Verbrauch an fossilen Energieträgern als bei einem Kraftwerkspark, der durch einen hohen Anteil einer Stromerzeugung aus Stein- und Braunkohle charakterisiert ist (z. B. Deutschland). Dies gilt weitgehend unabhängig davon, ob eine Anlage die Wärmequelle Grundwasser oder Erdreich nutzt.

Tabelle 5-6 zeigt auch die Ergebnisse der Emissionsbilanzen. Demnach unterscheiden sich die spezifischen Stofffreisetzungen infolge einer Wärmebereitstellung mit den hier untersuchten Techniken kaum; beispielsweise liegen die Freisetzungen an CO_2-Äquivalenten je nach betrachteter Wärmequelle bzw. Technik zwischen 50 und 57 t/GJ. Ähnlich geringe Variationen ergeben sich auch bei den anderen untersuchten Stofffreisetzungen.

Grundsätzlich zeigt die Wärmepumpenanlage zur Nutzung des Grundwassers – aufgrund der höheren Arbeitszahlen – im Vergleich zu den Anlagen zur Nutzung der im Erdreich gespeicherten Wärme etwas geringere Stofffreisetzungen. Dabei werden auch bei den hier betrachteten Emissionen die Bilanzergebnisse wesentlich vom Anlagenbetrieb und damit dem Kraftwerkspark bestimmt. Die bei Anlagenerrichtung und insbesondere -entsorgung freigesetzten luftgetragenen Stoffe beeinflussen bei den hier untersuchten Emissionen die Ergebnisse kaum.

Umweltauswirkungen im Normalbetrieb. Umfassende Untersuchungen über die möglichen ökologischen Auswirkungen bei der Anwendung horizontaler Erdreichwärmetauscher und von Erdwärmesonden liegen bisher nicht vor. Jedoch sind auch bei bestehenden Anlagen noch keine wesentlichen offensichtlichen ökologischen Beeinträchtigungen aufgetreten.

Bei horizontalen Erdreichwärmetauschern dürfte der Wärmeentzug aus dem Erdreich kaum Auswirkungen auf die Umwelt haben. Die Verzögerungen in der jahreszeitlichen Temperaturentwicklung im genutzten Erdreich sind bei korrekter Auslegung der Kollektoren gering und werden in den Sommermonaten wieder kompensiert.

Bei vertikal verlegten Sonden ist demgegenüber der Einfluß der Sonneneinstrahlung nur auf einem geringen Teil der Wärmetauscherfläche wirksam; die tieferen Teile werden durch den Wärmetransport aus dem umliegenden Erdreich versorgt. Um langfristig Gleichgewichtszustände im Erdreich zu halten, muß neben der Entzugsleistung der Sonde auch die jährlich entzogene Wärmemenge beachtet werden, die bei Anlagen ohne Wärmeeintrag im Sommer (Raumkühlung) den natürlichen Wärmefluß aus tieferen Erdschichten nicht überschreiten darf. Da sich aber in der Regel in Tiefen ab etwa 10 m kaum Lebewesen und Pflanzenteile mehr befinden, sind hier ökologisch relevante Auswirkungen der Abkühlung meist nicht gegeben /5-17/.

Bei der Nutzung von Grundwasserwärme werden das Grundwasser und das angrenzende Erdreich abgekühlt. Bei der Wiedereinleitung des abgekühlten Grundwassers in den Schluckbrunnen entstehen deutliche Kältefahnen in Strömungsrichtung. Inwieweit hier ein Einfluß auf die Qualität des Grundwassers besteht, ist derzeit nicht geklärt. In Ballungsgebieten, in denen die Temperatur des Grundwassers bereits bis zu 4 K über den natürlichen Temperaturen des Untergrunds liegt, ist eine derartige Abkühlung eher wünschenswert /5-16/.

Umweltauswirkungen durch Störfälle. Unsachgemäß ausgeführte Bohrarbeiten, aber auch bei Störfällen austretende Kältemittel, Kompressoröle oder Frostschutzmittel können die natürliche Umwelt am Anlagenstandort belasten.

Bohrarbeiten sind grundsätzlich ein Eingriff in das ungestörte Erdreich. So kann es bei entsprechenden geologischen Voraussetzungen zu Verbindungen zwischen übereinander liegenden Aquiferen kommen, die fachgerecht wieder abgedichtet werden müssen. Außerdem muß darauf geachtet werden, daß durch Zusätze in der Bohrspülung das umgebende Grundwasser nicht belastet wird.

Die in Kompressionswärmepumpen als Arbeitsmittel z. T. heute noch eingesetzten Fluorchlorkohlenwasserstoffe (FCKW), teilhalogenierten Fluorchlorkohlenwasserstoffe (HFCKW) und teilhalogenierten Fluorkohlenwasserstoffe (HFKW) kommen, außer bei Direktverdampfungsanlagen, nicht im Untergrund zum Einsatz. Sie verhalten sich außerdem dem Boden und dem Grundwasser gegenüber weitgehend neutral, besitzen allerdings z. T. ein hohes stratosphärisches Ozonabbau- und Treibhauspotential. Der Einsatz neuer chlorfreier Kältemittel ohne Abbaupotential für stratosphärisches Ozon und mit allenfalls einem geringen Treibhauspotential ist mit deutlich geringeren potentiellen Auswirkungen auf die Umwelt und das Klima verbunden. Weitere Verbesserungen bringen „natürliche“ Kältemittel (z. B. R290, R1270).

Die in Verbindung mit diesen Kältemitteln eingesetzten synthetischen Esteröle sind in der Regel biologisch vollständig abbaubar und kaum wassergefährdend; dadurch kann insbesondere für Direktverdampfungsanlagen die mögliche Grundwassergefährdung minimiert werden.

Bei Wärmepumpen mit einem Zwischenkreislauf muß dem Wärmeträgermedium in der Regel ein Frostschutzmittel zugegeben werden, da die Wärmequellentemperaturen unter 0 °C absinken können und am Verdampfer noch niedrigere Temperaturen auftreten. In Europa wird hierfür vorwiegend Ethandiol (Monoethylenglykol) in Konzentrationen bis zu etwa 30 % eingesetzt. Während bei den in geringen Tiefen verlegten horizontalen Wärmetauschern im Falle des Austritts von Frostschutzmittel der aerobe mikrobielle Abbau dieses Stoffes durch natürlich vorhandene Organismen erfolgt, kann bei tieferen Erdwärmesonden eine Sanierung durch Zugabe von Sauerstoff, warmem Wasser und ggf. Impforganismen notwendig werden.

Insgesamt sind die von erdgekoppelten Wärmepumpen ausgehenden Risiken aber gering. Bei fachgerechter Auslegung, Ausführung und Wartung sowie der Wahl geeigneter Tauscher- und Wärmeträgermaterialien sind keine signifikanten negativen Umwelteinflüsse zu erwarten.

5.2 Nutzung der Energie des tiefen Untergrunds

Die aus dem tiefen Untergrund gewinnbare Erdwärme ist mit einer Viezahl unterschiedlicher Techniken bzw. Verfahren gewinnbar; hier werden entsprechend dem bisherigen Vorgehen die Möglichkeiten einer hydrothermalen Erdwärmenutzung, einer Nutzung mit tiefen Sonden und einer Nutz- bzw. Endenergiebereitstellung auf der Basis der HDR-Technologie (vgl. Kapitel 4) betrachtet.

Für diese Techniken bzw. Verfahren werden im folgenden die technischen Potentiale und deren Nutzung, die Kosten sowie ausgewählte Umwelteffekte diskutiert.

5.2.1 Potentiale und Nutzung

Das theoretische Potential umfaßt definitionsgemäß die insgesamt in der Erde vorhandene Wärme – und dies unabhängig davon, mit welcher Technik sie letztlich erschlossen wird (d. h. durch Anlagen zur Nutzung hydrothermaler Wärmevorkommen, durch tiefe Sonden, mit der HDR-Technik). Es beschreibt damit die gesamte Wärmeenergie, die sich in der Gesteinsmasse unter der Oberfläche der Bundesrepublik Deutschlands befindet.

Wird eine Tiefe von ca. 10 000 m als eine aus gegenwärtiger Sicht technisch-ökonomische Grenze einer Erdwärmenutzung unterstellt, berechnet sich ausgehend von dem mittleren geothermischen Gradienten und vereinfachten Annahmen über die Wärmekapazität des Tiefengesteins eine im tiefen Untergrund gespeicherte Energie von rund 1 200 000 EJ; dabei wird davon ausgegangen, daß dem Gestein die Wärme bis auf rund 20 °C entzogen werden könnte. Wird unterstellt, daß diese Energie im Verlauf von rund 1 000 Jahren erschlossen werden könnte, entspricht dies einem theoretischen Potential von rund 1 200 EJ/a.

Ausgehend davon werden nachfolgend für die verschiedenen untersuchten Techniken zur Wärmegewinnung aus dem tiefen Untergrund die jeweiligen technischen Potentiale (d. h. die technischen Erzeugungs- und technischen Nachfragepotentiale; zur Definition der Potentiale vgl. Kapitel 5.1.1) und deren gegenwärtige Nutzung dargestellt.

5.2.1.1 Hydrothermale Erdwärmenutzung

Für die Nutzung hydrothermaler Erdwärme ist die Existenz von Aquiferen mit hinreichend großer Wasserführung in nicht zu großen Tiefen entscheidend. Solche geeigneten Aquifere finden sich mit hoher Wahrscheinlichkeit in Deutschland im wesentlichen in den Sedimentstrukturen des Norddeutschen Beckens, des Oberrheingrabens und im Molassebecken (Abb. 5-3). Derartige geologische Bedingungen können aber auch in anderen Beckenstrukturen gegeben sein (d. h. Gebiete mit potentiellen Vorkommen). Die in diesen Gebiete gegebenen theoretischen und technischen Potentiale werden im folgenden dargestellt.

Theoretische Potentiale. Das theoretisches Potential hydrothermaler Erdwärme beschreibt die in den Aquiferen (Matrix und Thermalwasser) enthaltene Wärme. Es kann auf der Basis durchschnittlicher die Aquifereigenschaften kennzeichnender Größen berechnet werden /5-23/.

Demnach weist das Norddeutsche Becken mit insgesamt etwa 1 019 EJ das größte Potential auf. Es folgt das Molassebecken mit insgesamt etwa 279 EJ, der Oberrheingraben mit 215 EJ und schließlich die Gebiete mit potentiellen Vorkommen mit nur etwa 61 EJ. Zusammengenommen liegt damit das theoretische Potential der hydrothermalen Erdwärme bei rund 1 574 EJ. Mit einer unterstellten technischen Nutzungsdauer von 100 Jahren folgt daraus ein Energieaufkommen von knapp 16 EJ/a.

Technische Erzeugungspotentiale. Die in Gebieten mit hydrothermalen Vorkommen (Abb. 5-3) gegebenen technischen Erzeugungspotentiale werden im folgenden dargestellt.

- Norddeutsches Becken
  Das Norddeutsche Becken nimmt mit ca. 136 000 km^2 ein Viertel der deutschen Landesfläche und einen etwa viermal größeren Raum als das Molassebecken und der Oberrheingraben zusammen ein. Werden die aus dem Untergrund extrahierbaren Wärmemengen abgeschätzt, errechnet sich für dieses Becken ein technisches Erzeugungspotential von 328 EJ bzw. bei einer unterstellten 100 jährigen Nutzungsdauer von 3 280 PJ/a /5-20, 5-21, 5-22/.
- Molassebecken
  Aus den Aquiferen mit einer Temperatur von mindestens 30 °C und einer unterstellten Reinjektionstemperatur des Thermalwassers von 15 °C errechnet sich für die Schichten des oberen Jura (Malmkarst) eine technisch gewinnbare Wärmemenge von ca. 53,6 EJ /5-19/. Zusätzlich dazu könnten aus den Schichten des Tertiärs und der Kreide Wärmemengen von etwa 45,4 EJ gewonnen werden /5-20, 5-23/. Insgesamt ergibt sich daraus ein technisch gewinnbares Erzeugungspotential von etwa 99 EJ. Mit einer unterstellten technischen Nutzungsdauer von 100 Jahren folgt daraus ein Energieaufkommen von 990 PJ/a.

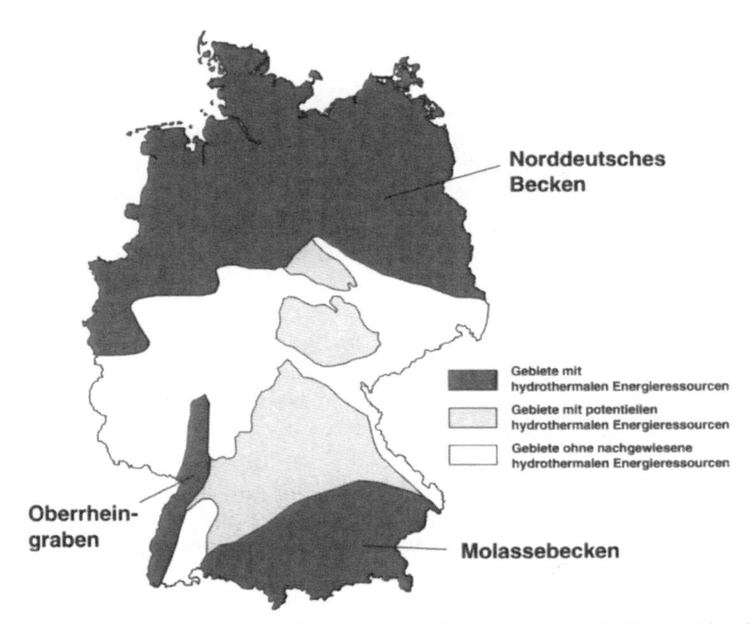

Abb. 5-3 Gebiete mit möglichen hydrothermalen Energievorräten in Deutschland /5-2/

- Oberrheingraben
  Im Oberrheingarben liegen die interessantesten Aquifere im Buntsandstein und im oberen Muschelkalk sowie im Südteil im Jura (Hauptrogenstein). Das technische Erzeugungspotential liegt hier bei etwa 67 EJ /5-20/ bzw. bei einer unterstellten 100 jährigen Nutzungsdauer bei rund 670 PJ/a.
- Gebiete mit potentiellen Vorkommen
  Weitere Vorkommen werden in der subherzynen Senke und in der süddeutschen Senke sowie im Thüringer Becken vermutet. Werden für diese geologischen Großräume auf der Basis der vorhandenen Informationen die technisch entziehbaren Wärmemengen konservativ abgeschätzt, errechnet sich ein technisches Erzeugungspotential von etwa 20 EJ bzw. 200 PJ/a bei einer unterstellten 100 jährigen Nutzungsdauer /5-23/.

Zusammengenommen ist damit in Deutschland ein technisches Erzeugungspotential an hydrothermaler Erdwärme von rund 514 EJ gegeben. Würde dieses Potential innerhalb von 100 Jahren genutzt, entspräche dies einer jährlich aus dem Untergrund bereitstellbaren Wärme von rund 5 140 PJ/a (Tabelle 5-7).

Tabelle 5-7 Technische Potentiale der Nutzung hydrothermaler Erdwärme bei einer unterstellten technischen Nutzungsdauer von 100 Jahren /5-23/

	Norddeutsches Becken	Molasse-becken	Oberrhein-graben	Potentielle Vorkommen	Summe
			in PJ/a		
Erzeugungspotential	3 280	990	670	200	5 140
Nachfragepotential					
Haush., Kleinverbr.	412	129	78	219	838
Industrie	217	29	41	50	337
Summe	629	158	119	269	1 175

Technische Nachfragepotentiale. Aufgrund der im Untergrund gegebenen Temperaturen kann in Deutschland hydrothermale Erdwärme nur bis etwa 100 °C und damit ausschließlich für die Bereitstellung von Niedertemperaturwärme genutzt werden (d. h. primär für die Bereitstellung von Nutzwärme für Haushalte und Kleinverbraucher). Darüber hinaus können auch Industriebetriebe, die einen entsprechenden Bedarf an Niedertemperaturwärme haben, versorgt werden (z. B. Niedertemperaturtrocknung).

Für Haushalte und Kleinverbraucher muß dabei die Nachfrage nach Niedertemperaturwärme, die durch hydrothermale Wärmevorkommen deckbar ist, auf Kreisebene bestimmt werden, um die räumliche Verteilung der nutzbaren Sedimentstrukturen adäquat zu berücksichtigen. Dabei werden hier nur solche Siedlungsgebiete betrachtet, die auch durch Nah- und Fernwärmenetze erschließbar erscheinen (d. h. Wohngebiete ab einer bestimmten Besiedlungsdichte). Die derart erhobene Niedertemperaturnachfrage liegt auf dem Gebiet des Norddeutschen Beckens bei 412 PJ/a, dem des Molassebeckens bei 129 PJ/a, im Oberrheingraben bei 78 PJ/a und in den Gebieten mit potentiellen Vorkommen bei 219 PJ/a /5-23/.

Zusätzlich kann mit der Wärme aus hydrothermalen Vorkommen ein Teil der Energienachfrage der Industrie gedeckt werden (vgl. /5-28/). Dazu muß zunächst in der notwendigen Disaggregierung die entsprechende Niedertemperaturwärmenachfrage abgeschätzt werden. Wird sie anschließend für Gebiete mit nachgewiesenen bzw. potentiellen hydrothermalen Vorkommen zusammengefaßt, errechnen sich etwa 217 PJ/a für das Norddeutsche Becken, rund 29 PJ/a für das Molassebecken, ca. 41 PJ/a für den Oberrheingraben und rund 50 PJ/a für die Gebiete mit potentiellen Vorkommen /5-23/.

Zusammengenommen ergibt sich daraus eine nachgefragte Wärmemenge auf einem Temperaturniveau unter 100 °C, das durch hydrothermale Erdwärmevorkommen deckbar ist, von ca. 1 175 PJ/a in Deutschland (Tabelle 5-7, Tabelle 5-9).

Nutzung. Hydrothermale Erdwärme wird außer in Deutschland noch in einer Reihe weiterer europäischer Länder genutzt. Die gegenwärtige Nutzung wird im folgenden analysiert.

Deutschland. Thermale Tiefenwässer werden in Deutschland seit langem auch energetisch genutzt (z. B. Beheizung von Mineralbädern). Ende 1996 waren geothermische Anlagen mit einer thermischen Leistung von rund 38 MW – einschließlich der mit fossilen Brennstoffen gefeuerten Spitzenlastanlagen – installiert. Die mit diesen Anlagen bereitgestellte thermische Energie am Anlagenausgang (Endenergie) lag maximal bei geschätzten 0,5 PJ/a.

Die großtechnische Nutzung der hydrothermalen Erdwärme für die Fernwärmeversorgung begann 1984 mit dem ersten geothermischen Heizwerk in Waren/Müritz (5 MW). Die modernste derartige Anlage ging im April 1995 in Neustadt-Glewe in Betrieb (Kapitel 4.2.3); dieses geothermische Heizwerk versorgt bei einer installierten thermischen Gesamtleistung von 12 MW (rund 6,5 MW aus Erdwärme) über 1 500 Haushalte und gewerbliche Kunden. Insgesamt werden in Deutschland gegenwärtig drei geothermische Heizwerke unter Nutzung hydrothermaler Ressourcen mit einer Gesamtleistung von 26 MW betrieben.

Einen Überblick über den gegenwärtigen Stand der Nutzung hydrothermaler Wärmevorkommen sowie in Vorbereitung befindlicher Projekte in Deutschland gibt Tabelle 5-8 /5-24/. Demnach befinden sich die derzeit vorhandenen bzw. geplanten geothermischen Heizzentralen im Norddeutschen Becken, in Südwestdeutschland und in Süddeutschland; insbesondere im Molassebecken sind dabei aufgrund der meist günstigen Lagerstättenbedingungen eine Vielzahl von Anlagen in Vorbereitung.

Momentan ist ein Trend zur kombinierten Nutzung hydrothermaler Wässer für die Energiegewinnung und für einen Einsatz in der Balneologie zu verzeichnen. Während in Norddeutschland aufgrund der hohen Salinität eine stoffliche Nutzung als Heilsole bzw. für Solebäder Nachfrage findet, ist im Bereich des Molassebekkens eine Verwendung der schwächer mineralisierten Wässer als Thermal-, Heil- bzw. Brauch- und Trinkwasser von Interesse.

Frankreich. In Chaude Aigues in Frankreich bestand im 14. Jhdt. die erste bekannte geothermische Wohngebäudeheizung der Welt /5-38/. Heute existieren im europäischen Teil Frankreichs geothermische Heizzentralen im Pariser Becken und in Aquitanien (Umgebung von Bordeaux). Diese Nutzung der hydrothermalen Erdwärme wurde als Reaktion auf die Ölpreiskrisen der siebziger Jahre vorangetrieben. Insgesamt versorgen heute etwa 70 Geothermieanlagen ca. 200 000 Haushalte mit jährlich über 5,52 PJ Heizwärme. Auch zur Raumklimatisierung, zur Fischzucht und zur Gewächshausheizung wird die Geothermie in Frankreich eingesetzt /5-39/.

Tabelle 5-8 Anlagen zur geothermischen Wärmegewinnung in Deutschland /5-24/

	Leistung in $MW_{geoth.}$	Temperatur in °C	Förderrate in l/s	Tiefe der Bohrung in m	Art der Nutzung
Nordostdeutschland					
Neubrandenburg	3,5	54	28	1 280	H
Neustadt-Glewe	6,5	98	33	2 250	B, H
Waren	1,6	62	17	1 566	H
Südwestdeutschland					
Bad Urach	1,00	58	10		B, H
Biberach	1,17	49	40		B, G
Buchau	1,13	48	30		B, H
Wiesbaden	1,76	69	13		B, H
Süddeutschland					
Altötting (V)	16	95		2 250	H, B
Bayreuth (V)	6	31	17	1 130	H, B, W
Birnbach	1,4	70	16	2 400	B, H
Erding	4,5	65	24	1 550	B, H, W
Krumbach (V)	6	55	83	2 550	B, H
Straubing (V)	12	38			B, H
Staffelstein	1,70	54			B, H

B – Bad, Brauchwasser; H – Heizung; G – Gewächshaus; W – Trinkwasser; V – in Vorbereitung.

Im Pariser Becken wird von ca. 40 Anlagen, die nach dem Doublettenprinzip ohne Wärmepumpen arbeiten, fast ausschließlich der Dogger-Kalksteinhorizont genutzt. Dieser liefert in einer Tiefe von ca. 1 600 bis 1 900 m Thermalwasser von etwa 55 bis 85 °C mit einem Salzgehalt von rund 35 g/l. Die ältesten Anlagen (Maison de la Radio, Paris und Melun l'Almont) sind seit 1961 bzw. 1969 in Betrieb. In Aquitanien laufen ca. 16 kleinere Einsondenanlagen, die in etwa die Kapazität der dort vorhandenen Süßwasserhorizonte auslasten.

Zur optimalen Wärmenutzung werden Netze mit bis zu vier Vorlauftemperaturen kaskadenförmig betrieben. Der Rücklauf von Gebäuden mit Radiatorenheizung wird in anderen Gebäuden noch zur Fußbodenheizung genutzt. In der Anlage in Chevilly, südlich des Stadtkerns von Paris, werden beispielsweise Fernwärmeleiter mit 109, 72, 49 sowie teilweise 35 °C betrieben. Eine aufwendige Regelung des Volumenstroms und der Vorlauftemperatur sorgt für den optimierten Betrieb der einzelnen Leiter.

Derzeit ist der Neubau geothermischer Heizsysteme in Frankreich wirtschaftlich uninteressant. Die vorhandene Netze werden jedoch, vor allem durch Anschluß von Neubauten, weiter ausgebaut.

Italien. Italien gilt durch die Nutzung der Thermalquellen in vorchristlicher Zeit und die Stromerzeugung aus Erdwärme zu Beginn des zwanzigsten Jahrhunderts als das Ursprungsland der Geothermienutzung. Heute wird neben den zur Stromerzeugung genutzten Trockendampfvorkommen in der Toscana /5-40/ auch Energie aus niedrigthermalen Wässern zur Nutzwärmebereitstellung eingesetzt.

Den größten Anteil an der direkten Nutzung der Erdwärme zur Wärmebereitstellung haben die z. T. schon seit der Römerzeit bestehenden Thermalbäder. Außerdem wird Erdwärme zur Beheizung von Wohnungen über entsprechende Fernwärmenetze, zum Heizen von Gewächshäusern, in der Fischzucht und für industrielle Anwendungen genutzt. Beispielsweise sind in den neunziger Jahren in Ferrara und in Vicenza zwei neue geothermisch beheizte Fernwärmenetze in Betrieb genommen worden /5-41/.

Österreich. In Österreich fanden in den achtziger und neunziger Jahren umfangreiche geothermische Aktivitäten vor allem im Steirischen Becken statt /5-42/. Eine wachsende Bedeutung hat insbesondere die balneologische Nutzung /5-43/.

Die gegenwärtig bedeutendste Anlage, eine Einsondenanlage in Altheim in Oberösterreich, versorgt ca. 750 Haushalte mit Fernwärme. Für diese ist die Installation eines geothermischen Kleinkraftwerks nach dem Prinzip des Organic Rankine Cycle (ORC-Prozeß) vorgesehen. Die derzeit artesisch erreichte Förderrate von maximal 35 l/s soll dazu durch den Einsatz einer Pumpe gesteigert werden; dadurch wird auch eine von 100 auf 106 °C erhöhte Thermalwassertemperatur erwartet /5-44/.

Island. Aufgrund der sehr günstigen geologischen Bedingungen deckt Island rund 44 % seines Energieverbrauchs mit geothermischer Energie /5-45/. Nahezu alle denkbaren Nutzungen wurden dabei verwirklicht; die realisierten Lösungen reichen von der industriellen Prozeßwärme über Freiluft-Thermalbäder bis hin zur Freiflächenheizung (Schneefreihalten von Straßen etc.). Trotz einer großen Anzahl hydrothermaler Ressourcen mit hoher Enthalpie wird die Erwärme überwiegend direkt genutzt. Beispielsweise wird in Nesjavellir in der Nähe von Reykjavik ein Wasser-Dampfgemisch von ca. 200 °C zur Speisung eines Fernwärmesystems mit einer thermischen Leistung von 150 MW genutzt.

In Island wird die gegebene Nachfrage nach Raumwärme zu rund 85 % mit Erdwärme gedeckt. Viele der momentan vorhandenen Fernwärmesysteme sind Einleiternetze, bei denen Trinkwasser (d. h. Grundwasser aus flachen Schichten) geothermisch erwärmt und über das Netz verteilt wird. Dieses Wasser wird für die unterschiedlichen Nutzungen einschließlich Gebäudeheizung und Brauchwasser verwendet. Ein solches Netz existiert z. B. in Reykjavik (Vorlauftemperatur 80 °C, Leistung ca. 650 MW). Ein Teil des Fernwärmewassers wird über einen Rücklauf zur Regelung der Vorlauftemperatur verwendet. Ein weiterer Teil dient der Freiflächenheizung. Das genutzte Wasser wird dann in den Atlantik geleitet.
In jüngerer Zeit werden auch ländliche Haushalte auf ähnliche Weise versorgt. Dies wird durch günstige Investitionen beim Einsatz von Einleiternetzen mit Kunststoffleitungen (Polypropylen oder Polybutylen) ermöglicht. Eine Reinjektion erfolgt bislang nur bei wenigen Anlagen. Sie wird aber wegen fortschreitender Spiegelabsenkungen in wachsendem Maße für notwendig gehalten.

5.2.1.2 Tiefe Sonden

Theoretische Potentiale. Wird unterstellt, daß eine Tiefe von ca. 10 000 m eine technisch-ökonomische Untergrenze einer Erdwärmenutzung mit tiefen Sonden darstellt, kann die im Untergrund gespeicherte Energie mit rund 1 200 000 EJ abgeschätzt werden. Bei einer Erschließung im Verlauf von rund 1 000 Jahren entspricht dies einem theoretischen Potential von rund 1 200 EJ/a.

Technische Erzeugungspotentiale. Bei der Abschätzung der technischen Potentiale wird unterstellt, daß der durch tiefe Sonden erschließbare Untergrund aufgrund der derzeit gegebenen technisch-ökonomischen Rand- und Rahmenbedingungen bei einer Tiefe von maximal 3 000 m liegt. Auch kann nicht die gesamte Fläche Deutschlands durch tiefe Sonden genutzt werden; Gebiete, die von potentiellen Verbrauchern weit entfernt liegen, sind beispielsweise aufgrund der langen Transportentfernungen für die gewinnbare niedrigthermale Wärme nicht sinnvoll nutzbar. Auch können in Gebieten mit sehr dichter Besiedlung wegen mangelnder Freiflächen und Zufahrtswege keine Bohrungen abgeteuft werden. Für eine Energiegewinnung kommen daher ausschließlich Gebiete mittlerer Besiedlungsdichte in Frage.

Die Gebäudeflächen und die ihnen unmittelbar zugeordneten Freiflächen nehmen etwa 5,8 % der Fläche Deutschlands ein. Dabei handelt es sich jedoch nur bei etwa 55 % um Gebiete mit mittlerer Besiedlungsdichte. Von der verbleibenden Fläche können die eigentlichen Gebäudeflächen sowie bestimmte anderweitig belegte Flächen (z. B. Scheunen) nicht genutzt werden; dadurch reduzieren sich die letztlich verfügbaren Flächen um weitere 30 %.

Außer auf Gebäude- und Freiflächen können tiefe Erdwärmesonden auch auf sogenannten Betriebsflächen abgeteuft werden; sie nehmen etwa 0,7 % der Fläche Deutschlands ein. Davon dürfte jedoch maximal nur die Hälfte für eine Nutzung durch tiefe Sonden verfügbar sein.

Damit wäre theoretisch eine technisch nutzbare Fläche von etwa 2,55 % der Fläche Deutschlands verfügbar. Diese Gebiete sind jedoch nur zu rund der Hälfte aufgrund von sich im Untergrund befindlichen Infrastrukturelementen (u. a. Versorgungsleitungen für Zu- und Abwasser, Gas, Strom, Kommunikation) sowie weiterer Hemmnisse (z. B. unzugängliche Gebiete für Bohrgeräte) nutzbar. Damit ist zusammengenommen letztlich eine Fläche von etwa $5 \cdot 10^9$ m^2 für das Abteufen tiefer Erdwärmesonden verfügbar.

Mit der derzeit vorhandenen Technik können dem Erdreich etwa 200 W/m durch tiefe Erdwärmesonden entzogen werden. Um eine gegenseitige Beeinflussung zweier Sonden zu vermeiden, muß zusätzlich ein Mindestabstand von etwa 100 m zwischen einzelnen Sonden eingehalten werden. Daraus errechnet sich ein technisches Erzeugungspotential für die Nutzung tiefer Erdwärmesonden von etwa 3 010 PJ/a (Tabelle 5-9).

Technische Nachfragepotentiale. Auch durch tiefe Erdwärmesonden kann nur Wärme mit Temperaturen unter 100 °C bereitgestellt werden. Hierfür kommt die Versorgung von Haushalten und Kleinverbrauchern mit Nutzwärme sowie von Industriebetrieben mit einer entsprechenden Niedertemperaturwärmenachfrage in Betracht.

Der Einsatz tiefer Erdwärmesonden bei Haushalten und Kleinverbrauchern setzt eine regionale Infrastruktur mit einer mittleren Siedlungsdichte und einer entsprechenden Wärmenachfrage voraus. Daraus errechnet sich für Deutschland ein technisches Nachfragepotential von rund 1 570 PJ/a. Die in der Industrie nachgefragte Raum- und Prozeßwärme im Niedertemperaturbereich liegt bei rund 491 PJ/a. Die gesamte nachgefragte Nutzwärme auf einem Temperaturniveau unter 100 °C, die durch tiefe Sonden auch gedeckt werden kann, beträgt damit 2 061 PJ/a (Tabelle 5-9).

Tabelle 5-9 Potentiale und deren Nutzung der verschiedenen Möglichkeiten zur Nutzbarmachung der Energie des tiefen Untergrunds

	Erzeugungs-potential	Nachfrage potential	Nutzung
Hydrothermale Erdwärmenutzung	5 140 PJ/a	1 175 PJ/a	0,5 PJ/a
Nutzung mit tiefen Sonden	3 010 PJ/a	2 061 PJ/a	0,006 PJ/a
Nutzung mit der HDR-Technik	10 000 PJ/a[a] 125 TWh/a[b]	821 PJ/a[a] 119 TWh/a[b] 742 PJ/a und 8,2 – 12,4 TWh/a[c]	

[a] ausschließliche Wärmebereitstellung; [b] ausschließliche Strombereitstellung; [c] gekoppelte Strom- und Wärmebereitstellung.

Nutzung. Tiefe Erdwärmesonden werden aufgrund der hohen Kosten, durch die eine Wärmebereitstellung mit dieser Technologie gekennzeichnet ist (vgl. Kapitel 5.2.2.2), derzeit in Deutschland kaum eingesetzt. Für die einzige vorhandene derartige Demonstrationsanlage in Prenzlau mit einer Tiefe von 2 800 m und einer thermischen Leistung im Geothermieteil zwischen 300 und 500 kW errechnet sich – wird von einer mittleren Erdwärmeleistung und von rund 4 000 Vollaststunden ausgegangen – eine bereitgestellte Energie aus Erdwärme von rund 5,8 TJ/a.

5.2.1.3 HDR-Technik

Theoretische Potentiale. Wird auch hier eine Tiefe von ca. 10 000 m als eine Untergrenze einer Erdwärmenutzung betrachtet, errechnet sich die im Untergrund gespeicherte Energie mit rund 1 200 000 EJ (d. h. bei einer Erschließung im Verlauf von rund 1 000 Jahren sind dies rund 1 200 EJ/a). Davon ist jedoch theoretisch nur der kleinere Teil zur Stromerzeugung nutzbar.

Technische Erzeugungspotentiale. Eine Nutzung der in großen Tiefen vorhandenen Energie mit Hilfe der HDR-Technik ist immer nur auf einem Teil der Fläche Deutschlands möglich. Hier wird unterstellt, daß in erster Näherung unter rund einem Drittel der deutschen Landesfläche infolge der hier gegebenen geologisch-tektonischen (u. a. Untergrundtemperatur, Sedimentüberdeckung, Klüftung, Spannungsfeld) und sonstigen Gegebenheiten (u. a. Ballungsräume, Naturschutzgebiete) eine Nutzung des tiefen Untergrunds denkbar wäre. Damit wird der Tatsache Rechnung getragen, daß in den nutzbaren Tiefen die geologischen Voraussetzungen für die Stimulation eines künstlichen Wärmeaustauschsystems nicht überall gegeben sind und/oder eine Aufweitung der vorhandenen Risse bzw. Rißsysteme nicht immer möglich ist.

Eine Nutzung der im Untergrund enthaltenen Wärme ist prinzipiell in jeder bohrtechnisch erschließbaren Tiefe möglich. Obwohl schon Tiefen von bis zu 8 000 m und teilweise mehr erfolgreich erbohrt wurden, dürfte gegenwärtig eine durch die technisch-ökonomischen Randbedingungen in Deutschland vorgegebene

Grenze für diese Art der Energiebereitstellung bei rund 7 000 m liegen. Andererseits sollte die Wärme auf einem möglichst hohen Temperaturniveau erschlossen werden, um möglichst hohe Wirkungsgrade bei der anschließenden Konversion in Nutz- bzw. Endenergie zu erzielen. Hier wird daher unter der Annahme eines mittleren Gradienten von 0,03 K/m nur der Tiefenbereich zwischen 3 000 m (ca. 90 °C, Wärmegewinnung) und 7 000 m (210 °C, Strom- und Wärmegewinnung) betrachtet. Damit wird nur ein (kleiner) Teil des gesamten verfügbaren Potentials untersucht und als aus gegenwärtiger Sicht technisch nutzbar betrachtet.

In diesem Tiefenabschnitt von 4 000 m könnte unter dem unterstellten Drittel der Gebietsfläche Deutschlands ein Gesteinsvolumen von ca. 476 000 km^3 für die Errichtung von HDR-Systemen erschlossen werden. Etwa die Hälfte enthält Wärme auf einem Temperaturniveau, das für eine Stromerzeugung mit ORC-Prozessen ausreicht (ab ca. 150 °C bzw. ab ca. 5 000 m).

Dieses Gesteinsvolumen muß durch entsprechende Rißsysteme erschlossen werden. Solche Risse können dabei nicht das gesamte Gesteinsvolumen auf einmal für einen Wärmeentzug zugänglich machen. Wärme kann immer nur aus einem Teil dieses grundsätzlich nutzbaren Gesteinsvolumens entzogen werden; hierdurch wird das momentan nutzbare Potential bei einer gleichzeitigen Streckung begrenzt. Zusätzlich dazu limitiert auch die schlechte Wärmeleitfähigkeit des Gesteins die Wärmegewinnung. Hier wird deshalb davon ausgegangen, daß theoretisch eine jährliche Abkühlung des gesamten Gesteinsvolumens von 476 000 km^3 um 0,01 K/a (d. h. einem Hundertstel Kelvin pro Jahr) erreichbar sein könnte. Dabei werden die natürliche Wärmeproduktion der kristallinen Gesteinsformationen und die vielerorts lokal auftretende Wärmezufuhr durch Grundwasserkonvektion nicht berücksichtigt.

Mit der mittleren spezifischen Wärmekapazität des Tiefengesteins und der durchschnittlichen Gesteinsdichte errechnet sich auf der Basis dieser Rahmenannahmen ein technisches Potential einer Wärmegewinnung aus dem tiefen Untergrund von rund 10 000 PJ/a (Tabelle 5-9).

Wird eine Stromerzeugung in Anlagen mit einen ORC-Prozeß unterstellt und von einem mittleren Temperaturniveau der gewinnbaren Wärme von rund 180 °C in dem zugrunde gelegten Tiefenabschnitt ausgegangen, dürfte nach dem gegenwärtigen Stand der Technik der mittlere Stromwirkungsgrad solcher HDR-Kraftwerke (installierte thermische Leistung rund 50 bis 250 MW) bei etwa 8 bis 10 % liegen. Daraus errechnet sich eine der gewinnbaren Wärme entsprechende Stromerzeugung von rund 125 TWh/a (Tabelle 5-9).

Technische Nachfragepotentiale. Auf der Basis der HDR-Technologie kann thermische und/oder elektrische Energie, ggf. in Wärme-Kraft-Kopplung, bereitgestellt werden. Deshalb müssen auch die Nachfragepotentiale entsprechend dieser unterschiedlichen Konversionstechnologien erhoben werden.

- Thermische Energie
  Die Nutzung der Wärme aus HDR-Systemen setzt eine regionale Infrastruktur mit einer genügend hohen Siedlungsdichte und einer entsprechend großen Wärmenachfrage voraus. Wird diese nachgefragte und durch Nah- und Fernwärmenetze deckbare Raum- und Prozeßwärme entsprechend der bisherigen Vorgehensweise ermittelt, ergibt sich im Bereich Haushalte und Kleinverbraucher für Deutschland ein Potential von etwa 578 PJ/a. Dazu addiert sich

noch die Raumwärmenachfrage und die Nachfrage nach Prozeßwärme im Temperaturbereich unter maximal 200 °C in der Industrie; sie liegt bei rund 243 PJ/a. Zusammengenommen sind dies etwa 821 PJ/a (Tabelle 5-9).

- Elektrische Energie
  Unter Berücksichtigung der Netzverluste errechnet sich eine dem technischen Erzeugungspotential entsprechende Stromerzeugung von ca. 119 TWh/a. Da HDR-Kraftwerke nachfrageorientiert gefahren werden können, sind keine weiteren Restriktionen gegeben (Tabelle 5-9).
- Thermische und elektrische Energie in Wärme-Kraft-Kopplung
  Wärme aus HDR-Systemen würden derzeit im Energiesystem Deutschland mit hoher Wahrscheinlichkeit primär in Wärme-Kraft-Kopplung genutzt werden. Zur Abschätzung der dabei bereitstellbaren Niedertemperaturwärme kann von einem Temperaturniveau der dem Untergrund entziehbaren Wärme von rund 180 °C ausgegangen und ein Stromwirkungsgrad zwischen 4 und 6 % bei einer Nutzwärmeauskopplung mit Temperaturen zwischen 90 und 100 °C unterstellt werden. Unter diesen Randbedingungen ist die Nutzung dieser Technik beschränkt – ähnlich wie bei der ausschließlichen Wärmebereitstellung – durch die deckbare Wärmenachfrage. Sie liegt im Bereich der Haushalte und Kleinverbraucher bei etwa 578 PJ/a. Dazu kommt noch die Raum- und Prozeßwärmenachfrage unter 100 °C in der Industrie von rund 164 PJ/a. Damit lassen sich durch in Wärme-Kraft-Kopplung bereitgestellte Wärme derzeit nur rund 742 PJ/a im Energiesystem Deutschland nutzen; die korrespondierende Stromerzeugung liegt bei etwa 8,2 bis 12,4 TWh/a (Tabelle 5-9).

Nutzung. Die HDR-Technik findet in Deutschland zur Zeit noch keine großtechnische Anwendung. Sie befindet sich noch im Forschungs- und Entwicklungsstadium.

5.2.2 Kosten

Bei den zur Nutzbarmachung der Energie des tiefen Untergrunds anfallenden Kosten wird ebenfalls zwischen fixen und variablen Aufwendungen für konkret zu definierende Anlagen unterschieden. Die Fixkosten setzen sich aus den Investitionen für die benötigten Anlagenkomponenten (einschließlich Gebäude, Grundstück usw.) und den Aufwendungen für die Montage zusammen. Die variablen Kosten resultieren aus dem notwendigen Energieeinsatz (z. B. Stromverbrauch für Pumpen, Wärmepumpen) und der Instandhaltung. Aus den fixen und den variablen Kosten errechnen sich die spezifischen Wärmegestehungskosten frei Anlage bzw. nach Berücksichtigung eines ggf. benötigten Nah- oder Fernwärmenetzes die Wärmekosten frei Verbraucher.

Im folgenden werden nur die Kosten einer Nutzwärmebereitstellung aus hydrothermalen Wärmevorkommen und aus der dem tiefen Untergrund mittels tiefer Sonden entziehbaren Wärme betrachtet. Die Kosten einer Energiebereitstellung mit der HDR-Technik werden aufgrund der noch nicht gegebenen großtechnischen Verfügbarkeit und der damit bisher nicht vorhandenen belastbaren Kostendaten nicht erhoben.

5.2.2.1 Hydrothermale Erdwärmenutzung

Untersuchte Anlagen. Die Systemtechnik von Geothermieanlagen ist erheblich von den jeweiligen Gegebenheiten vor Ort abhängig. Einflußgrößen wie Temperatur, Salinität und Förderraten der Tiefenwässer sowie die lokale Abnehmerstruktur führen zu deutlichen Unterschieden in der Auslegung der Heizzentralen. Auch muß die übertägige Systemtechnik so ausgelegt werden, daß einerseits die Wärmenachfrage jederzeit abgedeckt werden kann und andererseits eine Wärmeabgabe entsprechend der schwankenden Nachfrage möglich ist. Dies macht bei Wärmenachfragespitzen, die die installierte Leistung des Geothermieteils der Heizzentrale übersteigen, den Einsatz zusätzlicher Wärmesysteme (d. h. mit fossilen Brennstoffen gefeuerte Spitzenlastanlagen) notwendig. Diese Spitzenlastanlagen mit einem unterstellten Jahresnutzungsgrad von ca. 85 % sind meist so ausgelegt, daß sie im Falle eines Ausfalls des Geothermieteils der Heizzentrale die Versorgung der angeschlossenen Verbraucher sicherstellen können.

Die Investitionen für geothermische Heizzentralen, die hydrothermale Erdwärmevorkommen nutzen, sind damit abhängig von den geologischen Lagerstättenbedingungen (z. B. Thermalwassertemperatur) und von den abnehmerseitigen Gegebenheiten (z. B. Wärmenachfrage, Heiznetzstruktur). Deshalb werden im folgenden exemplarisch sechs Fallbeispiele mit jeweils definierten Randbedingungen untersucht (Tabelle 5-10). Dabei wird von einer technischen Lebensdauer der Anlagen von 30 Jahren ausgegangen.

Tabelle 5-10 Untersuchte Anlagenkonfigurationen

Fall	Lagerstätte	Energiewandlung	Deckungsanteil Geothermie in %	Wärmeabnehmer	Vollaststunden in h/a	Heiznetz (Vor-/ Rücklauf) in °C
1	95 °C 2 000 m	direkte Wärmeübertragung	99,6	Neubaugebiet	1 800	70/40
2			97,3	best. Bausub.	1 800	90/70
3			97,3	Prozeßwärme	3 000	90/30
4	55 °C 1 500 m	direkte Wämeübertragung, Wärmepumpe	91,4	Neubaugebiet	1 800	70/40
5			41,0	best. Bausub.	1 800	90/70
6			57,3	Prozeßwärme	3 000	90/30

Dazu werden günstige (95 °C Thermalwassertemperatur; Bohrtiefe 2 000 m) und ungünstige angebotsseitige Verhältnisse (55 °C Thermalwassertemperatur; Bohrtiefe 1 500 m) jeweils für die Versorgung von bestehender Bausubstanz und von einem Neubaugebiet mit gut wärmegedämmten Gebäuden betrachtet; dabei wird von Netzverlusten in Höhe von 15 % (bestehende Bausubstanz) bzw. 8 % (Neubaugebiet) ausgegangen. Zusätzlich wird die Versorgung von Industriebetrieben mit einer hohen Niedertemperaturwärmenachfrage mit guten und mit schlechten angebotsseitigen Verhältnissen untersucht; hier liegen die Nutzverluste nur bei rund 5 %. Die Verteilung der hydrothermalen Wärme und damit letztlich der Betrieb der hydrothermalen Heizzentrale wird diesen abnehmerseitigen Voraussetzungen durch Variation der Vor- und Rücklauftemperaturen angepaßt. Es wird von jeweils 10 MW thermischer Leistung pro Heizzentrale ausgegangen (einschließlich einer mit Erdgas gefeuerten Spitzenlastanlage).

Investitionen. Die Investitionen für geothermische Heizwerke resultieren im wesentlichen aus den Aufwendungen für die Bohrungen einschließlich der benötigten Installationen (Untertageteil), für den übertägigen Thermalwasserkreislauf, für die wärmetechnischen Ausrüstungen (Wärmetauscher, ggf. Wärmepumpe) sowie für die Spitzenlastanlage und die übrige technische Ausrüstung.

Den Hauptteil nehmen dabei die Aufwendungen für die Bohrungen ein; die Kosten für die Förder- und Reinjektionsbohrung liegen im Tiefenbereich von 1 500 bzw. 2 000 m bei etwa 7,8 bzw. 9,6 Mio. DM. Die Aufwendungen für die übrigen übertägigen Investitionen resultieren im wesentlichen aus den Gebäude- und Planungskosten sowie dem Thermalwassertransport, den Filtern und dem Slopsystem (vgl. Kapitel 4.2). Dazu kommen noch die Kosten für die Spitzenlastanlage, die Wärmetauscher, die Wärmepumpe (falls eine Temperaturanhebung aufgrund der angebots- (d. h. Thermalwassertemperatur) bzw. nachfrageseitigen Randbedingungen (d. h. geforderte Vorlauftemperatur) zwingend notwendig sein sollte; Fall 4 bis 6) sowie die Rohrleitungen, die Steuerung sowie die Stromversorgung (Tabelle 5-11). Zusammengenommen fallen demnach für die hier exemplarisch untersuchten Anlagen Investitionen einschließlich Wärmeverteilnetz zwischen rund 14 und etwas mehr als 18 Mio. DM an.

Tabelle 5-11 Investitionen

Fall	1	2	3	4	5	6
Wärmequelle in TDM	9 592	9 592	9 592	7 777	7 777	7 777
Wärmepumpe in TDM				379	379	379
Wärmetauscher in TDM	338	224	402	140	19	147
BHKW in TDM				557	557	557
Spitzenlastanlage in TDM	402	402	402	402	402	402
Transp., Filt., Slopsy. in TDM	1 087	957	1 160	862	724	870
Geb., Planung, Sonst. in TDM	3 459	3 422	3 479	3 263	3 225	3 265
Fernwärmenetz in TDM	2 500	3 610	700	2 500	3 610	700
Summe in TDM	17 378	18 207	15 735	15 880	16 693	14 097

Betriebskosten. Die bei der Gewinnung hydrothermaler Energie anfallenden jährlichen Kosten resultieren aus den Kosten u. a. für Instandhaltung, Hilfsenergie (Pumpstrom zur Umwälzung von Thermalwasser, Energieträgereinsatz in der Spitzenlastanlage) sowie Antriebsenergie für den u. U. notwendigen Einsatz von Wärmepumpen zur möglichst tiefen Auskühlung des Thermalwassers. Sie liegen nach Tabelle 5-12 je nach betrachteten Fallbeispiel zwischen rund 0,6 und maximal 1,4 Mio. DM/a.

Die Betriebskosten werden wesentlich beeinflußt von den Aufwendungen, die bei der eigentlichen geothermischen Heizzentrale anfallen, und den Kosten für die fossilen Energieträger (ca. 9,7 DM/GJ für leichtes Heizöl bzw. rund 11,1 DM/GJ für Erdgas und ein Grundpreis von 444 DM/a), die zur Abdeckung der Spitzenlast bzw. für den Betrieb der Wärmepumpe (Mischstrompreis von 11,5 Pf/kWh zzgl. 90 DM/a Grundpreis; er wird für alle hier zu untersuchenden Fälle als gleich unterstellt) und ggf. des Blockheizkraftwerks zwingend benötigt werden. Sie steigen deshalb bei entsprechend ungünstigen Lagerstättenbedingungen (d. h. geringen Temperaturen) der geförderten Thermalwässer deutlich an (Fall 4 bis 6).

Tabelle 5-12 Betriebskosten und Wärmegestehungskosten

Fall		1	2	3	4	5	6
Wartung, Instandh., Sonstiges							
geotherm. Anlage in TDM/a		426	422	440	420	416	431
Netz in TDM/a		15	21	5	15	21	5
Energiekosten in TDM/a		117	116	172	253	756	908
Summe in TDM/a		558	559	617	688	1 193	1 344
Wärmegestehungskosten							
frei Anlage	in DM/GJ	22,2	22,1	14,1	23,7	31,3	20,4
	in Pf/kWh	8,0	7,9	5,1	8,5	11,3	7,3
frei Verbr.	in DM/GJ	29,5	32,1	15,5	31,0	41,5	21,8
	in Pf/kWh	10,6	11,6	5,6	11,2	14,9	7,8

Wärmegestehungskosten. Nach VDI 2 067 /5-10/ können mit einem zugrunde gelegten Zinssatz von 4 % die ebenfalls in Tabelle 5-12 dargestellten Wärmegestehungskosten im Verlauf der unterstellten technischen Lebensdauer von rund 30 Jahren (d. h. Abschreibungsdauer entspricht der technischen Lebensdauer) berechnet werden.

Die Versorgung von Industriebetrieben (Fall 3 und 6) ist demnach aufgrund der hohen nachgefragten Wärmemenge und der kleinen Rücklauftemperatur mit den geringsten Wärmegestehungskosten verbunden. Alle anderen Fälle sind durch höhere bzw. deutlich höhere Kosten gekennzeichnet.

In allen untersuchten Fällen führen die höheren Kosten für die tieferen Bohrungen (und die damit erreichbaren höheren Thermalwassertemperaturen) zu geringeren Wärmegestehungskosten. Die geringen Unterschiede in den Wärmegestehungskosten der Fälle 1 und 2 (direkter Wärmetausch, Heiznetz mit 70/40 °C bzw. 90/70 °C) liegen darin begründet, daß durch die hohe Thermalwassertemperatur (95 °C) auch die höhere Temperaturnachfrage von 90 °C größtenteils im direkten Wärmetausch gedeckt werden kann.

In Tabelle 5-12 wird auch der Einfluß der Kosten für die Wärmeverteilung deutlich. Die Wärmegestehungskosten frei Verbraucher liegen bei Wohngebieten um rund 45 bis 77 % über den Kosten, wie sie frei geothermischer Heizzentrale gegeben sind.

Abb. 5-4 zeigt exemplarisch für Fall 2 (vgl. Tabelle 5-10) die Variation wesentlicher Einflußgrößen. Demnach haben die Investitionen den größten Einfluß auf die Wärmegestehungskosten frei Verbraucher. Eine 30 %-ige Kosteneinsparung würde hier zu einer Verringerung der Wärmegestehungskosten um etwa 7 DM/GJ führen. Die Betriebskosten und der Zinssatz könnten bei einer Verringerung um knapp ein Drittel eine Reduktion der Wärmegestehungskosten von etwa 2,5 DM/GJ ermöglichen. Durch eine Verlängerung der Abschreibungsdauer könnten die Wärmegestehungskosten um bis zu 2 DM/GJ gemindert werden.

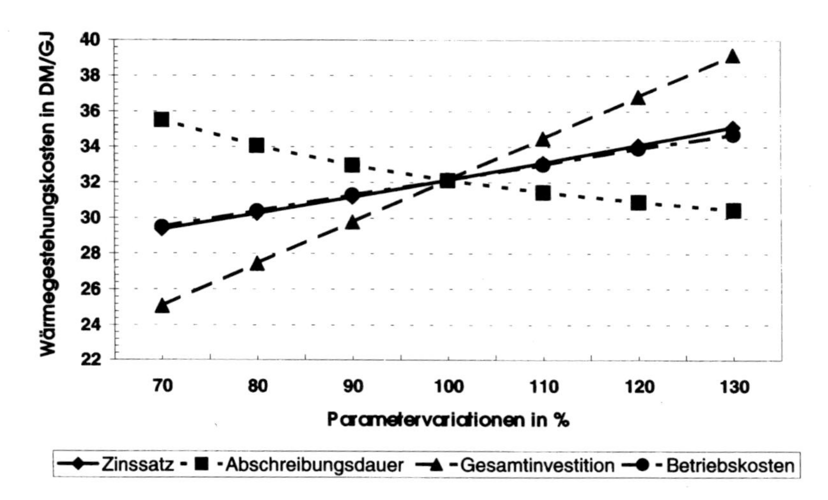

Abb. 5-4 Parametervariationen (Zinssatz 4 % = 100 %; Abschreibungsdauer 30 a = 100 %; Gesamtinvestitionen 18 207 TDM = 100 %; Betriebskosten 559 TDM/a = 100 %)

5.2.2.2 Tiefe Sonden

Untersuchte Anlagen. Die Systemtechnik einer Wärmegewinnung mit tiefen Sonden unterscheidet sich zwischen unterschiedlichen Standorten nicht grundsätzlich. Immer wird eine Bohrung einschließlich der entsprechenden Komplettierung, ein Wärmetauscher meist einschließlich einer Wärmepumpe und eine mit fossilen Brennstoffen gefeuerte Spitzenlastanlage benötigt. Je nach Abnehmerstruktur ist zusätzlich noch ein Wärmeverteilnetz notwendig.

Für eine derartige Systemkonfiguration wird im folgenden eine Kostenanalyse für eine 2 800 m tiefe Erdwärmesonde mit einer thermischen Gesamtleistung (d. h. einschließlich des mit fossilen Brennstoffen gefeuerten Spitzenlastkessels) von 3 MW durchgeführt; der Leistungsanteil, der aus der Nutzung der Erdwärme resultiert, liegt dabei in der Größenordnung von rund 500 kW. Dabei wird unterschieden zwischen der Versorgung eines Neubaugebietes (Heiznetztemperatur 70/35 °C, 8 % Netzverluste, 1 800 Vollaststunden) und eines Industriebetriebes mit einer Nachfrage nach niedrigthermaler Prozeßwärme (Heiznetztemperatur 90/30 °C, 5 % Netzverluste, 3 000 Vollaststunden). Zusätzlich wird jeweils eine neu abzuteufende Bohrung und die Nutzung einer bereits vorhandenen Alt- bzw. Fehlbohrung unterstellt (dabei ist jedoch zu beachten, daß in Deutschland derzeit für den Einbau tiefer Erdwärmesonden nur vergleichsweise sehr wenige Alt- bzw. Fehlbohrungen überhaupt verfügbar und nutzbar sein dürften). Die technische Lebensdauer einer derartigen Anlage liegt bei rund 30 Jahren.

Investitionen. Tabelle 5-13 zeigt die notwendigen Investition für die untersuchten Fallbeispiele. Die Kosten werden dabei – außer für die Erstellung der ggf. niederzubringenden Neubohrung – im wesentlichen auf die Aufwendungen für die Komplettierung der Bohrungen bestimmt (Untertageteil). Verglichen damit sind die Aufwendungen für Wärmetauscher, Wärmepumpe und Spitzenlastanlage deutlich geringer. Zusätzlich fallen hohe Kosten insbesondere auch für das Wärmeverteilnetz an, wenn es – wie im Falle der Versorgung eines Neubaugebietes – benötigt wird.

Tabelle 5-13 Investitionen

	Neubaugebiet		Industriebetrieb	
	Neu-bohrung	Alt-bohrung	Neu-bohrung	Altbohrung
Anteil Geothermie in %	71	71	31	31
Wärmequelle in TDM	3 600	2 500	3 600	2 500
Wärmepumpe in TDM	400	400	400	400
Wärmetauscher in TDM	18	18	18	18
Spitzenlastanlage in TDM	444	444	555	555
Gebäude, Sonst. in TDM	415	371	422	378
Fernwärmenetz in TDM	750	750	210	210
Sonstiges in TDM	157	157	119	119
Summe in TDM	5 784	4 640	5 324	4 180

Betriebskosten. Die Betriebskosten resultieren vorwiegend aus dem Einsatz von Hilfsenergie (Pumpstrom zur Umwälzung des Wärmeträgermediums, Einsatz fossiler Energieträger in der Spitzenlastanlage (ca. 9,7 DM/GJ für leichtes Heizöl bzw. rund 11,1 DM/GJ für Erdgas und ein Grundpreis von 444 DM/a)) sowie aus der Antriebsenergie für die Wärmepumpe (Mischstrompreis von 11,5 Pf/kWh zzgl. 90 DM/a Grundpreis). Dazu kommen noch Aufwendungen für Wartung, Instandhaltung und Sonstiges.

Diese jährlich anfallenden Kosten summieren sich bei der Versorgung des betrachteten Neubaugebietes auf rund 0,342 Mio. DM/a und bei den Energiebereitstellung des Industriebetriebs auf rund 0,689 Mio. DM/a; wegen der höheren Temperaturanforderungen des Industriebetriebes im Vergleich zu dem Neubaugebiet werden hier die Betriebskosten zu einem erheblichen Anteil durch die Kosten für die Zufeuerung mit fossilen Energieträgern bestimmt (Tabelle 5-14).

Wärmegestehungskosten. Nach VDI 2 067 /5-10/ errechnen sich – entsprechend der bisherigen Vorgehensweise – mit einem zugrunde gelegten Zinssatz von 4 % und einer Abschreibungsdauer, die der technischen Lebensdauer entspricht, die ebenfalls in Tabelle 5-14 dargestellten Wärmegestehungskosten.

Die Wärmegestehungskosten werden demnach sowohl von den Investitionskosten als auch von der Abnehmerstruktur und der damit zusammenhängenden Heiznetztemperatur wesentlich beeinflußt. Die Kosten für eine Bereitstellung von Niedertemperaturwärme für eine industrielle Nutzung sind aufgrund der vergleichsweise hohen Vollaststunden relativ gering. Im Unterschied dazu ist die Versorgung von Wohngebieten mit Wärme aus tiefen Erdwärmesonden nur mit relativ hohen Kosten möglich; dies gilt insbesondere dann, wenn eine Bohrung neu abgeteuft werden muß.

Die Tabelle verdeutlicht auch die Abhängigkeit der Wärmegestehungskosten von den abnehmerseitigen Gegebenheiten. Der hohe Fixkostenanteil begründet –

wie auch bei der Nutzung hydrothermaler Erdwärme – bei steigender Auslastung der Anlage deutlich sinkende spezifische Wärmekosten. Lediglich die Energiekosten für die Umwälzung des Wärmeträgermediums und den Betrieb der Wärmepumpen sind abhängig von der bereitgestellten Nutzenergie.

Tabelle 5-14 Betriebskosten und Wärmegestehungskosten

		Neubaugebiet		Industriebetrieb	
		Neu-bohrung	Alt-bohrung	Neu-bohrung	Alt-bohrung
Wartung, Instandh., Sonstiges					
tiefe Sonde in TDM/a		160	160	150	150
Netz in TDM/a		22	22	1	1
Energiekosten in TDM/a		160	160	538	538
Summe in TDM/a		342	342	689	689
Wärmegestehungskosten					
frei Anlage	in DM/GJ	31,9	30,1	18,4	18,3
	in Pf/kWh	11,5	10,8	6,6	6,6
frei Verbr.	in DM/GJ	37,1	35,2	18,7	18,6
	in Pf/kWh	13,4	12,7	6,7	6,7

Abb. 5-5 zeigt beispielhaft für die Versorgung eines Neubaugebietes eine Variation wesentlicher die Wärmebereitstellungkosten bestimmender Größen; dabei wird von einer neu abzuteufenden Bohrung ausgegangen. Demnach haben die Investitionen und die Betriebskosten – und hier der Strompreis bei der unterstellten, mit elektrischer Energie betriebenen Wärmepumpe – einen großen Einfluß auf die Wärmegestehungskosten. Aber auch die Abschreibungsdauer beeinflußt die Kosten für die bereitgestellte Wärme merklich. Einen geringeren Einfluß hat demgegenüber der Zinssatz.

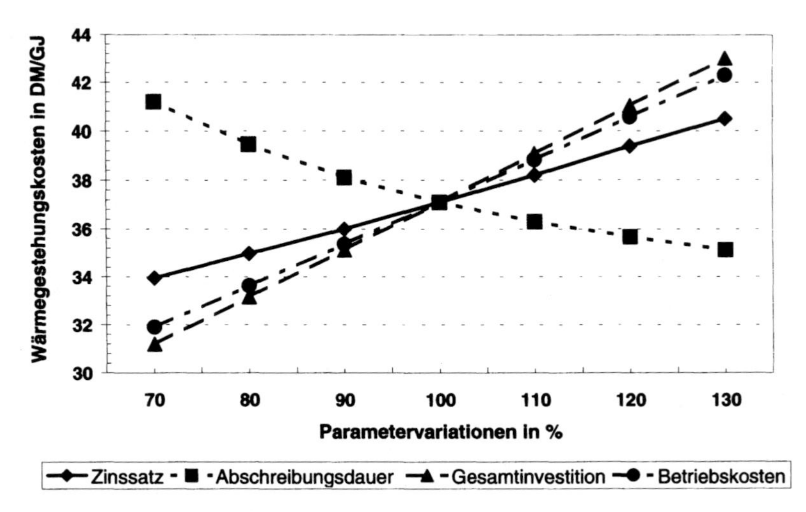

Abb. 5-5 Parametervariationen (Zinssatz 4 % = 100 %; Abschreibungsdauer 30 a = 100 %; Gesamtinvestitionen 5 784 TDM = 100 %; Betriebskosten 342 TDM/a = 100 %)

5.2.3 Umweltaspekte

Für die Möglichkeiten einer Energiegewinnung aus dem tiefen Untergrund werden nachfolgend ausgewählte Umweltaspekte diskutiert. Entsprechend der bisherigen Vorgehensweise werden auch dabei sämtliche vor- und nachgelagerte Prozesse mit einbezogen, da nicht nur die direkten Umwelteffekte beispielsweise infolge des Anlagenbetriebs bei der Abschätzung potentieller Umweltgefahren eine Rolle spielen, sondern auch die Anlagenerrichtung und -entsorgung sowie die jeweils dazu benötigten vorgelagerten Prozesse (u. a. Bereitstellung der elektrischen Energie für den Betrieb der Wärmepumpe). Eine derartige Lebenswegbetrachtung wird jedoch nur für solche Möglichkeiten einer Erdwärmenutzung realisiert, die schon weitgehend auf dem Markt verfügbar und von denen entsprechend belastbare Daten vorhanden sind. Solche „ganzheitlichen" Bilanzen ausgewählter Umweltkenngrößen werden deshalb nur für eine Wärmebereitstellung aus hydrothermalen Vorkommen und mit Hilfe tiefer Sonden erstellt; für die Möglichkeiten einer Nutzung der Erdwärme mit Hilfe der HDR-Technik werden – ähnlich wie bei der Analyse der Kosten – aufgrund der noch nicht gegebenen großtechnischen Verfügbarkeit keine Bilanzen unter Berücksichtigung der vorgelagerten Ketten erstellt. Zusätzlich werden für alle untersuchten Möglichkeiten zur Wärmebereitstellung aus der Energie des tiefen Untergrunds (d. h. auch für eine Wärme- und ggf. Strombereitstellung mit Hilfe der HDR-Technik) die mit einem Anlagenbetrieb verbundenen Umwelteffekte diskutiert, da sie für die Abschätzung der Umweltauswirkungen vor Ort maßgeblich sind.

5.2.3.1 Hydrothermale Erdwärmenutzung

Lebenswegbilanzen. Im folgenden werden die Bilanzen ausgewählter Umweltkenngrößen im Verlauf des gesamtem Lebensweges diskutiert. Die dabei zugrunde liegende Methodik orientiert sich an der zur Erstellung von Ökobilanzen (vgl. Kapitel 5.1.3). Zusätzlich werden die untersuchten Anlagen definiert.

Untersuchte Anlagen. Wie bei der Kostenanalyse (Kapitel 5.2.2.1) werden auch die Lebenswegbilanzen für verschiedene Anlagenkonfigurationen erstellt. Folglich wird eine Versorgung von Haushalten und Kleinverbrauchern (Heiznetztemperatur 70/40 °C, 1 800 Vollaststunden) sowie von Industriebetrieben (Heiznetztemperatur 90/30 °C, 3 000 Vollaststunden) unterstellt. Dazu werden Thermalwassertemperaturen von 55 und 95 °C genutzt, die aus 1 500 bzw. 2 000 m gewonnen werden. Die zur Nutzbarmachung dieser Energie definierten Anlagenkonfigurationen werden im folgenden kurz beschrieben.

- Heizzentrale ohne Wärmepumpe (Heizzentrale 1)
  Förder- und Injektionsbohrungen werden an das geothermische Heizwerk durch erdverlegte Rohrleitungen von insgesamt 1 500 m Länge angebunden. Die Wärmeauskopplung erfolgt über drei Titan-Plattenwärmeübertrager mit einer maximalen thermischen Leistung von jeweils 3 300 kW und einer Grädigkeit von 2 K. Die Wärme wird über einen Zwischenkreislauf mit hydraulischer Weiche an das Fernwärmenetz übertragen. Alle mit Thermalwasser beauf-

schlagten Rohrleitungen und Behälter bestehen aus Stahl mit einer Innenbeschichtung aus Hartgummi. Bei Bedarf wird die in der Spitzenlastanlage (d. h. eine mit fossilen Brennstoffen gefeuerte Kesselanlage, die gleichzeitig als Backup-System dient) erzeugte Wärme über eine zweite hydraulische Weiche in das Netz eingespeist. Dazu sind zwei Gaskessel mit jeweils 5 MW Leistung verfügbar.

- Heizzentrale mit Wärmepumpe (Heizzentrale 2)
  Bei dieser Anlagenkonfiguration wird dem Thermalwasser zunächst im direkten Wärmetausch Wärme entzogen (Grädigkeit 2 K). Danach wird mit Hilfe zweier Elektrowärmepumpen mit einer Heizleistung von jeweils etwa 1 250 kW und einer Leistungszahl von 4,0 das Geothermiewasser abgekühlt und die geforderte verbrauchsseitige Temperatur bereitgestellt. Die elektrische Antriebsenergie für diese Aggregate und der Hilfsbetriebe (z. B. Licht) wird von zwei erdgasbetriebenen Blockheizkraftwerken (BHKW) mit je 630 kW thermischer und 480 kW elektrischer Leistung erzeugt. Die BHKW haben einen thermischen Wirkungsgrad von 0,50 und einen elektrischen Wirkungsgrad von 0,38. Die in Kuppelproduktion gewonnene Wärme steht auf einem Temperaturniveau von 90 °C zur Verfügung und wird ebenfalls dem Verteilnetz zugeführt. Die Spitzenlast wird mit Hilfe von Erdgas befeuerten Kesseln bereitgestellt. Alle anderen Randbedingungen entsprechen im wesentlichen denen der Heizzentrale 1.

Die von den beiden Heizzentralen jeweils bereitgestellte Wärme wird anschließend in einem entsprechenden Fernwärmenetz aus erdverlegten Kunstoffmediumrohren zu den Verbrauchern transportiert. Es wird in den Bilanzen berücksichtigt.

Bilanzergebnisse. Tabelle 5-15 zeigt exemplarisch die zuvor definierten ökologischen Kenngrößen bezogen auf die während der gesamten Lebensdauer zur Verfügung gestellte Wärmemenge.

Tabelle 5-15 Bilanzergebnisse (vgl. /5-46/)

	Heizzentrale 1[a]		Heizzentrale 2[b]	
	Haushalte & Kleinverbr.	Industrie	Haushalte & Kleinverbr.	Industrie
Verbr. fossiler Energieträger in GJ/TJ	38,2	58,5	299,0	870,0
CO_2-Äquivalente in t/TJ	3,7	4,3	15,7	52,9
SO_2-Äquivalente in kg/TJ	14,0	19,5	33,3	52,3
Schwefeldioxid (SO_2) in kg/TJ	6,3	9,0	14,0	19,5
Stickstoffoxide (NO_x) in kg/TJ	10,7	15,0	27,1	46,6

[a] 10 MW einschließlich Spitzenlast (Erdgas), [b] 10 MW einschließlich Spitzenlast (Erdgas), Wärmepumpe und BHKW.

In Abhängigkeit des Anteils an Erdwärme an der gesamten bereitgestellten End- bzw. Nutzenergie kann die Nutzung hydrothermaler Erdwärme zur Deckung der Niedertemperaturwärmenachfrage durch sehr unterschiedliche ökologische Kenngrößen gekennzeichnet sein. So ist die hydrothermale Erdwärmenutzung bei der Nutzung ausreichend heißer Thermalwässer (Heizzentrale 1) durch einen vergleichsweise geringen Beitrag zum anthropogenen Treibhauseffekt gekennzeichnet. Die Nutzung nicht ausreichend temperierter Wässer (Heizzentrale 2) führt im Vergleich dazu zu einer Erhöhung der Freisetzungen an CO_2-Äquivalenten um etwa das 4 bis 12-fache.

Eine höhere Wärmenachfrage z. B. durch die Versorgung industrieller Nachfrager wird im Fall der Heizzentrale 1 durch eine weitere Ausnutzung der Thermalwasserwärme und bei der Heizzentrale 2 durch eine verstärkte Zufeuerung von Erdgas gedeckt; im letzteren Fall führt dies zu einer Erhöhung sämtlicher Emissionen. Deshalb zeigt die Heizzentrale 1 entsprechend geringere Emissionen.

Bei der hydrothermalen Erdwärmenutzung sind demnach die Möglichkeiten der Umweltentlastung vor allem abhängig von

- den geologischen und geotechnischen Randbedingungen (Thermalwassertemperatur usw.),
- der Größe und Nachfragecharakteristik des Abnehmersystems,
- den Temperaturparametern des Abnehmersystems und
- der Gestaltung der Erzeugeranlage (u. a. Art der Spitzenwärmeversorgung, direkter Wärmeübergang oder Wärmepumpeneinsatz).

Umweltauswirkungen im Normalbetrieb. Die potentiellen Umweltauswirkungen einer hydrothermalen Heizzentrale vor Ort im Normalbetrieb entsprechen grundsätzlich weitgehend denen eines mit fossilen Energieträgern gefeuerten Heizwerks. Jedoch werden im Unterschied dazu – in Abhängigkeit des Anteils der Erdwärme an der ins Verteilungsnetz eingespeisten Endenergie – deutlicher weniger luftgetragene Emissionen freigesetzt.

Die mit Hilfe eines geothermischen Heizwerks einsparbaren direkten Emissionen (d. h. luftgetragene Spurengasfreisetzungen am Anlagenstandort) können exemplarisch für ein fiktives Anlagenbeispiel mit einer Sondendoublette mit einem Thermalwassermengenstrom von 125 m^3/h bei einer Temperatur von 95 °C am Wärmeübertrager quantifiziert werden. Dabei wird eine installierte thermische Leistung der Anlage von 10 MW unterstellt. Der Anteil der Geothermie, die die Grundlast abdeckt, liegt bei 6,7 MW. Rund 85 % der im Jahresmittel bereitgestellten thermischen Energie stammt aus Erdwärme (Grundlast) und der verbleibende Rest aus fossilen Energieträgern (Spitzenlast). Das Gesamtsystem ist so ausgelegt, daß das Thermalwasser in einem geschlossenen Kreislauf zirkuliert und somit ein Kontakt mit der Umwelt weitestgehend ausgeschlossen ist. Für diese Anlage liegen bei einer Spitzenlastbereitstellung aus leichtem Heizöl bzw. Erdgas an der Anlage die Emissionen an Kohlenstoffdioxid (CO_2) bei 666 bzw. 504 t/a, an Schwefeldioxid (SO_2) bei 585 bzw. 4,5 kg/a und von Stickstoffoxiden (NO_x) bei 225 bzw. 207 kg/a (zum Vergleich wäre eine mit leichtem Heizöl bzw. Erdgas betriebene Anlage zur Bereitstellung der gleichen Wärmemenge am Anlagenstandort mit Freisetzungen an CO_2 von 4 440 bzw. 3 360 t/a, an SO_2 von 3 900 bzw. 30 kg/a und an NO_x von 1 500 bzw. 1 380 t/a verbunden).

Aufgrund des angestrebten Bilanzausgleichs im Doublettenbetrieb sind geomechanisch bedingte Auswirkungen auf die Oberfläche meist vernachlässigbar gering. Eine Beeinflussung der Erdoberfläche, die sich beispielsweise in einer Schädigung der Gebäudeinfrastruktur bemerkbar machen könnte, ist damit nicht zu erwarten.

Für das Abteufen der Bohrung werden die aus der Erdöl- und Erdgasexploration bzw. -exploitation sowie der Wassergewinnung bekannten Verfahren eingesetzt. Die auftretende Beeinflussung der Umwelt durch Geräteeinsatz, Spülungszwischenlagerung, Flächenbelegung usw. ist kurz und lokal begrenzt. Nach dem

Abteufen und der Komplettierung der Bohrung wird auf dem Gelände um den Sondenkopf, auf dem die Bohranlage errichtet wurde, der ursprüngliche Zustand wieder hergestellt. Auswirkungen auf die natürliche Umwelt sind damit kaum gegeben.

Zusammengenommen sind die Umweltauswirkungen im Normalbetrieb gering und liegen deutlich unter denen bzw. im Bereich der mit fossilen Energieträgern befeuerter Anlagen (u. a. in Bezug auf Beeinflussung des Landschaftsbildes, Flächenverbrauch).

Umweltauswirkungen durch Störfälle. Im Störfall kann es ggf. zu einem Austreten der heißen Tiefenwässer an der Erdoberfläche kommen. Wegen der hohen Salinität dieser Wässer kann dies bei einer Einleitung in Oberflächengewässer zu einer Schädigung der dortigen Flora und Fauna führen. Aufgrund der in existierenden Anlagen realisierten hohen Sicherheitsstandards ist dies jedoch weitgehend auszuschließen.

Störungsbedingte Umweltauswirkungen sind folglich – wie grundsätzlich bei jeder anderen technischen Anlage auch – zwar durchaus möglich; sie sind jedoch bei hydrothermalen Heizzentralen immer lokaler Natur und ohne bisher erkennbare globale Auswirkungen. Außerdem sind sie nur durch ein geringes Risikopotential für die in der Nähe einer derartigen Anlage wohnenden Menschen gekennzeichnet.

5.2.3.2 Tiefe Sonden

Lebenswegbilanzen. Im folgenden werden die Bilanzen über den gesamten Lebensweg diskutiert (zur Methodik vgl. Kapitel 5.1.3).

Untersuchte Anlagen. Die Lebenswegbilanzen werden exemplarisch für die in Kapitel 5.2.2.2 beschriebene Anlage ermittelt. Demnach wird eine 2 800 m tiefe Erdwärmesonde mit einer thermischen Gesamtleistung von 3 MW (d. h. einschließlich des mit fossilen Brennstoffen gefeuerten Spitzenlastkessels) betrachtet. Es wird auch hier unterschieden zwischen der Versorgung eines Neubaugebietes (Heiznetztemperatur 70/40 °C, 1 800 Vollaststunden) und von Industriebetrieben mit Niedertemperaturwärmenachfrage (Heiznetztemperatur 90/30 °C, 3 000 Vollaststunden). Das notwendige Fernwärmenetz wird berücksichtigt. Die unterstellten technischen Parameter der tiefen Erdwärmesonde orientieren sich an der Anlage in Prenzlau (vgl. Kapitel 4.3.3).

Bilanzergebnisse. Tabelle 5-16 zeigt exemplarisch die zuvor definierten ökologischen Kennzahlen, die auf die während der gesamten Lebensdauer zur Verfügung gestellte Wärmemenge bezogen wurden.

Die Versorgung des Industriebetriebes führt demnach – im Vergleich zu der des Neubaugebietes – aufgrund des höheren Anteils einer Zufeuerung an fossilen Energieträgern an der bereitgestellten End- bzw. Nutzenergie zu höheren spezifischen Emissionen. Aufgrund der bei diesem Fall unterstellten geringeren Rücklauftemperatur des Fernwärmenetzes kann jedoch im Unterschied zu der Versorgung des Neubaugebietes eine größere Wärmemenge im direkten Wärmetausch (zwischen Sonde und Heiznetzrücklaufwasser) übertragen werden. Dies bedingt das insgesamt nur relativ geringfügig höhere Emissionsniveau, durch das die Versorgung des Industriebetriebes im Vergleich zu der des Neubaugebietes gekennzeichnet ist.

Tabelle 5-16 Bilanzergebnisse

	Neubaugebiet	Industriebetrieb
Verbr. fossiler Energieträger in GJ/TJ	744,2	759,8
CO_2-Äquivalente in t/TJ	49,7	48,6
SO_2-Äquivalente in kg/TJ	117,4	90,0
Schwefeldioxid (SO_2) in kg/TJ	54,8	41,8
Stickstoffoxide (NO_x) in kg/TJ	87,5	67,6

Grundsätzlich werden die Emissionen von den geologischen und geotechnischen Randbedingungen (Temperaturgradient usw.), der Größe und Nachfragecharakteristik des Abnehmersystems und der Gestaltung der Erzeugeranlage (u. a. Art der Spitzenwärmeversorgung) beeinflußt.

Umweltauswirkungen im Normalbetrieb. Die Umwelteffekte einer tiefen Erdwärmesonde, die vor Ort auftreten, sind mit denen jeder anderen Anlage zur Wärmebereitstellung vergleichbar. Da jedoch Erdwärme, die praktisch emissionsfrei ist, genutzt wird und damit fossile Energieträger ersetzt werden, reduzieren sich die luftgetragenen Stofffreisetzungen entsprechend dem jeweils genutzten Erdwärmeanteil. Bei der Quantifizierung dieser Effekte muß jedoch zusätzlich der Energieaufwand für die Umwälzung des Wärmeträgermediums und für den Antrieb der Wärmepumpe berücksichtigt werden.

Beispielsweise liegt für eine übliche Konfiguration einer tiefen Sonde der mittlere Primärenergieeinsatz (d. h. Erdgas für den Antrieb der Wärmepumpe, Strom aus dem Kraftwerkspark der öffentlichen Versorgung) bei etwa 0,65 PJ Primärenergie pro PJ Nutzwärme. Der Primärenergie-Wirkungsgrad einer solchen Anlage liegt damit bei rund 150 % im Vergleich zu rund 87 % bei einem mit leichtem Heizöl gefeuerten Kessel und etwa 98 % bei einem Gas-Brennwertkessel. Entsprechend reduzieren sich auch die damit verbundenen Spurengasfreisetzungen an der Anlage (d. h. ohne Berücksichtigung der jeweils vorgelagerten Ketten).

Eine Wärme-Kraft-Kopplung kann aber mit noch geringeren Emissionen verbunden sein. Deshalb sollten tiefe Sonden nur dort eingesetzt werden, wo die Wärme-Kraft-Kopplung wirtschaftlich und/oder technisch nicht sinnvoll einsetzbar ist.

Zusammengenommen sind damit Auswirkungen einer Nutzenergiebereitstellung mit Hilfe tiefer Sonden auf den Menschen und die natürliche Umwelt im Normalbetrieb gering; sie liegen im Regelfall unter denen bzw. im Bereich von mit fossilen Energieträgern befeuerten Anlagen (u. a. in Bezug auf Beeinflussung des Landschaftsbildes, Flächenverbrauch).

Umweltauswirkungen durch Störfälle. Umweltauswirkungen durch Störfälle, die durch den Geothermieteil der Anlage verursacht werden, sind bisher nicht bekannt geworden.

5.2.3.3 HDR-Technik

Umweltauswirkungen im Normalbetrieb. Am Anlagenstandort kann es bei der Zirkulation des Wärmeträgermediums durch ein HDR-Wärmeaustauschersystem in einigen Kilometern Tiefe zu geringen Lösungen von im Untergrund enthaltenen Salzen und Mineralien kommen. Schwermetall- und Schwefelverbindungen kommen demgegenüber außerhalb von Vulkangebieten nicht bzw. nur in kaum nachweisbaren Konzentrationen vor. Nachteile für die Umwelt entstehen auch bei gelegentlich auftretenden geringen Lösungsinhalten nicht; das mit derartigen Stoffen angereicherte Wasser wird, da das Wärmeträgermedium in einem geschlossenen Kreislauf geführt wird, anschließend erneut in den Untergrund verpreßt /5-25/.

Bei der Auskühlung des Untergrundes treten Änderungen des mechanischen Spannungsfeldes auf; dies kann zu lokalen Entspannungen und damit grundsätzlich zu einer Mikroseismizität führen; bei den Versuchen in Soultz-sous-Forêts (Kapitel 4.4.3) wurde Mikroseismizität bisher jedoch nur bei den Stimulationen und damit bei der Erzeugung des Wärmetauschers und nicht bei der Zirkulation beobachtet. In seismisch labilen Zonen könnten durch diese Mikroseismizität kleine Erdbeben vor dem Zeitpunkt des natürlichen Ereignisses angestoßen werden. Dies ist in der Praxis jedoch sehr unwahrscheinlich, da solche Lokationen entweder durch ihre Vorgeschichte bei einer Standortuntersuchung bzw. spätestens bei den in situ durchgeführten Spannungsmessungen auffallen würden. Bei der Stimulation des Untergrunds wurden daher bisher auch lediglich kleinste akustische Signale registriert, wie sie beim Aufbrechen der Gesteine aufgrund der Stimulation auftreten /5-25/.

Bei einer Erzeugung elektrischer Energie ist wegen der relativ niedrigen Temperaturen von 150 bis 250 °C der Wirkungsgrad im Vergleich zu konventionellen Wärmekraftwerken gering. Daraus resultieren hohe Abwärmemengen, die ggf. die Umwelt belasten können. Ist jedoch in der Nähe des Kraftwerks eine entsprechende Nachfrage nach Niedertemperaturwärme gegeben, ist eine Nutzung im Rahmen einer Wärme-Kraft-Kopplung denkbar.

Die Fördereinrichtungen, die sich über das Gebiet erstrecken, unter dem die Energie dem tiefen Untergrund entzogen wird, sind außerdem durch einen von den Lagerstätten- und Produktionsbedingungen abhängigen – im Regelfall jedoch geringen – Landverbrauch charakterisiert. Durch die Rohrleitungen für den Transport des Wärmeträgermediums zum Kraftwerk kommt es zu einem weiteren Flächenverbrauch und – bei einer übertägigen Installation – zu einer visuellen Beeinträchtigung der Landschaft. Zusätzlich werden für die Errichtung von Kühltürmen und Kraftwerksanlagen Flächen benötigt. Diese Flächeninanspruchnahme unterscheidet sich aber nicht grundsätzlich von der, wie sie auch durch mit fossilen Energieträgern gefeuerte Kraftwerke gegeben ist.

Zusammengenommen sind die zu erwartenden Umweltauswirkungen vor Ort im Normalbetrieb jedoch gering. Es sind aus gegenwärtiger Sicht keine signifikanten negativen Auswirkungen auf den Menschen und die natürliche Umwelt zu erwarten.

Umweltauswirkungen durch Störfälle. Bei der Förderung des Wärmeträgermediums (d. h. des heißen Wasser bzw. des Heißdampfes) kann es – aufgrund des Salz- und Mineralstoffgehalts – bei einem störungsbedingten Austritt an der Erdoberfläche zu geringen Umweltbelastungen kommen; die damit verbundenen Umwelteffekte sind aber wesentlich geringer als die aus den Vulkangebieten der Erde bekannten Belastungen. Auch kann es bei der Nutzung des heißen Wärmeträgermediums im Kraftwerk ggf. bei einer Druckentlastung (u. a. infolge einer Störung (z. B. Leck) am Oberflächenleitungssystem) zur Freisetzung sehr geringer Mengen gelöster Gase kommen; dies ist jedoch durch entsprechende Sicherheitsvorkehrungen vermeidbar /5-25/. Damit sind störungsbedingte Umweltauswirkungen – wie bei jeder anderen technischen Anlage auch – zwar durchaus möglich; sie sind jedoch immer nur lokaler Natur und ohne bisher erkennbare globale Auswirkungen. Außerdem sind sie dem derzeitigen Kenntnisstand zufolge vergleichsweise gering.

5.3 Erdwärme im Kontext anderer Energieträger

Erdwärme ist nur eine Möglichkeit, die Nachfrage nach Wärme und ggf. Strom in Deutschland zu decken. Deshalb werden im folgenden kurz auch andere Möglichkeiten einer Wärme- und ggf. Strombereitstellung bezüglich der vorhandenen Potentiale und deren gegenwärtiger Nutzung, der Kosten sowie ausgewählter Umwelteffekte diskutiert.

5.3.1 Potentiale und Nutzung

Ziel der folgenden Ausführungen ist eine Darstellung der Energiepotentiale aller in Deutschland sinnvollerweise nutzbaren regenerativen Energien zur Wärme- und Stromerzeugung. Damit kann einerseits aufgezeigt werden, welche Möglichkeiten im Energiesystem Deutschland durch die Nutzung regenerativer Energien de facto gegeben sind. Andererseits werden dadurch auch die vorhandenen Grenzen deutlich. Dabei wird auf die fossilen Energieträger nicht eingegangen, da sie definitionsgemäß nicht durch theoretische oder technische Potentiale, sondern durch Reserven und Ressourcen gekennzeichnet sind.

Von der Sonne werden auf die Gebietsfläche Deutschlands im langjährigen Mittel rund 670 EJ/a eingestrahlt (Solarstrahlung). In der Atmosphäre wird diese Energie teilweise in andere Energieströme umgewandelt.

- Die Energie der bewegten Luftmassen (Windenergie) liegt bei rund 47 bis 76 EJ/a.
- Aus dem globalen Wasserkreislaufs resultiert ein Energiepotential in den Flüssen Deutschlands von rund 0,38 EJ/a (Wasserkraft).
- Die untersten 200 m Lufthülle über Deutschland, die durch die Sonneneinstrahlung jahreszeitlich unterschiedlich erwärmt wird, könnten täglich um 1 bis 2 K abgekühlt und dadurch 33 bis 66 EJ/a der Atmosphäre entzogen werden (Umgebungswärme).
- Sonnenenergie wird auch über den Prozeß der Photosynthese in organische Stoffe umgewandelt; mit der theoretisch maximalen Biomasseproduktivität von rund 50 bis 60 t/(ha a) /5-26/ ergibt sich daraus ein Energieaufkommen von 31 bis 38 EJ/a (biogene Festbrennstoffe).

Zusätzlich dazu ist unterhalb der Erdoberfläche Wärme (Erdwärme) – bezogen auf die Gebietsfläche der Bundesrepublik Deutschland – von etwa 1 200 000 EJ gespeichert (d. h. 1 200 EJ/a bei einer unterstellten Nutzungsdauer von 1 000 Jahren). Merklich geringer ist das theoretische Potential der oberflächennahen Erdwärme; es liegt bei rund 130 EJ/a (oberflächennahe Erdwärme).

Ausgehend von diesem regenerativen Energieangebot wird im folgenden dargestellt, welche theoretischen und technischen Potentiale einer Wärmeerzeugung und Strombereitstellung gegeben sind. Auch wird deren gegenwärtige Nutzung diskutiert.

5.3.1.1 Bereitstellung thermischer Energie

Eine Wärmebereitstellung aus erneuerbaren Energien in Deutschland ist aus Solarstrahlung, Umgebungswärme, Erdwärme und Biomasse möglich.

Theoretische Potentiale. Aus dem regenerativen Energieangebot kann das daraus resultierende theoretische Potential einer Wärmebereitstellung abgeschätzt werden (zur Definition vgl. Kapitel 5.1.1). Wird unterstellt, daß die aus der Solarstrahlung, aus der Umgebungswärme, aus der oberflächennahen Erdwärme, aus der Erdwärme des tiefen Untergrunds und aus biogenen Festbrennstoffe resultierende Wärme im theoretischen Maximalfall vollständig verfügbar wäre, ergibt sich ein theoretisches Wärmeerzeugungspotential in der in Tabelle 5-17 dargestellten Größenordnung.

Technische Erzeugungspotentiale. Aus dem theoretischen Potential kann unter Berücksichtigung technischer Restriktionen das entsprechende Erzeugungspotential (zur Definition vgl. Kapitel 5.1.1) in Deutschland abgeschätzt werden (Tabelle 5-17).

- Mit den solartechnisch nutzbaren Dachflächen und den erzielbaren spezifischen Energieerträgen marktüblicher solarthermischer Systeme ergibt sich eine bereitstellbare Wärmemenge – je nach Kollektortechnologie – zwischen 608 und 920 PJ/a. Zusätzlich dazu wären auf solartechnisch nutzbaren Freiflächen weitere 2 660 bis 4 025 PJ/a bereitstellbar /5-2/.
- Mit monovalenten luftgekoppelten Wärmepumpenanlagen, die die über rund 20 % der Fläche Deutschlands vorhandene Umgebungsluft bis in rund 80 m Höhe nutzen und diese um 1 K rund 250 mal pro Jahr abkühlen, könnten etwa 1 800 PJ/a der Luft entzogen werden.
- Das nutzbare Aufkommen an biogenen Festbrennstoffen aus Rückständen und Nebenprodukten sowie aus Energiepflanzen (max. 4 Mio. ha) liegt bei ca. 1 300 PJ/a /5-31/. Mit mittleren Wirkungsgraden für die Wärmebereitstellung in kleineren Einzelanlagen bzw. in größeren Heizwerken ergibt sich daraus eine technisch bereitstellbare Wärme zwischen 1 040 und 1 170 PJ/a.
- Die aus dem oberflächennahen Erdreich und dem Grundwasser mit Hilfe von Wärmepumpen extrahierbare Niedertemperaturwärme liegt bei rund 940 PJ/a.

Tabelle 5-17 Potentiale und Nutzung regenerativer Energien zur Wärmebereitstellung (u. a. /5-2/)

	Theoretische Potentiale in EJ/a	Technische Erzeugungspotentiale[i]	Technische Nachfragepotentiale[o] in PJ/a	Nutzung[o]
Solarstrahlung[a]	ca. 670	608 – 920[g] 2 660 - 4 025[h]	136[l] 560[m] 718[n]	ca. 2,4
Umgebungswärme[b]	33 - 66	ca. 1 800	ca. 1 755	ca. 6
Biomasse	31 - 38	1 040 - 1 170	940 - 1 110	ca. 167
Erdwärme				
oberflächennah[c]	ca. 130	ca. 940	ca. 1 253	4 - 6
hydrothermal[d]	ca. 16[k]	ca. 5 140[k]	ca. 1 175	ca. 0,5
tiefe Sonden	ca. 1 200[f]	ca. 3 010	ca. 2 061	ca. 0,006
HDR-Technik[e]	ca. 1 200[f]	ca. 10 000	ca. 821 ca. 742[p]	

[a] Solarthermische Wärmebereitstellung; [b] Energie der Umgebungsluft mit Wärmepumpen; [c] Energie oberflächennaher Erdschichten mit Wärmepumpen; [d] Energie tiefer wasserführender Schichten ggf. mit Wärmepumpen; [e] Hot-Dry-Rock-Technik; [f] unterstellte Nutzungsdauer 1 000 Jahre; [g] Systeme auf Dachflächen; [h] Systeme auf Freiflächen; [i] dem regenerativen Energieträger entziehbare Nutzenergie; [k] unterstellte Nutzungsdauer 100 Jahre; [l] dezentrale Systeme zur Warmwasserbereitstellung; [m] zentrale Systeme zur Warmwasser-, Prozeß- und Raumwärmebereitstellung; [n] Nahwärmesysteme zur Warmwasser-, Prozeß- und Raumwärmebereitstellung; [o] Nutzwärme; [p] in Anlagen mit Wärme-Kraft-Kopplung unter zusätzlicher Bereitstellung von 8,2 bis 12,4 TWh/a an elektrischer Energie.

- Die aus Gebieten mit nachgewiesenen und potentiellen hydrothermalen Erdwärmevorkommen gewinnbare Niedertemperaturwärme liegt insgesamt bei rund 514 EJ (d. h. ca. 5 140 PJ/a im Verlauf von rund 100 Jahren).
- Die mit Hilfe tiefer Sonden dem Untergrund entziehbare Wärme liegt bei rund 3 010 PJ/a.
- Zusätzlich dazu kann dem tiefen Untergrund mit Hilfe der HDR-Technik Wärme in der Größenordnung von rund 10 000 PJ/a entzogen werden.

Zusammengenommen liegt das technische Erzeugungspotential einer Wärmeerzeugung aus Solar-, Umgebungs- und Erdwärme sowie Biomasse zwischen 25 200 und 27 000 PJ/a. Dieses Erzeugungspotential übersteigt die Nachfrage im Niedertemperaturwärmebereich in Deutschland um mehr als den Faktor 5.

Technische Nachfragepotentiale. Aus dem Erzeugungspotential errechnet sich unter Berücksichtigung der jeweiligen nachfrageseitigen Restriktionen das im folgenden diskutierte technische Nachfragepotential (Tabelle 5-17).

- Für dezentrale solarthermische Systeme zur Deckung der Warmwasser- und Prozeßwärmenachfrage errechnet sich eine deckbare Niedertemperaturwärmenachfrage von rund 136 PJ/a. Werden dagegen zentrale Systeme zur Raumwärme-, Warmwasser- und Prozeßwärmebereitstellung unterstellt, ergibt sich eine deckbare Niedertemperaturwärme von rund 560 PJ/a. Bei zentralen

Nahwärmesystemen zur Deckung von Raum- und Prozeßwärme sowie Warmwasser einschließlich einer saisonalen Speicherung erhöht sich dieses Potential auf etwa 718 PJ/a /5-2/.

- Mit der aus der Umgebungsluft mit Hilfe von Wärmepumpen entziehbaren Wärme kann ein Nutzenergienachfrage gedeckt werden, die unter den gegebenen nachfrageseitigen Restriktionen bei rund 1 755 PJ/a liegt /5-27/.
- Aus der aus dem technisch verfügbaren Aufkommen an biogenen Festbrennstoffen aus Rückständen und Nebenprodukten sowie aus Energiepflanzen (Anbaufläche max. 4 Mio. ha) gewinnbaren Wärme, die nachfrageorientiert bereitgestellt werden kann, errechnet sich – unter Berücksichtigung entsprechender Verteilungsverluste in Höhe von 5 bis 10 % bei neuen und optimierten Nahwärmenetzen – ein Nutzwärmeaufkommen von 940 bis 1 110 PJ/a.
- Die aus dem oberflächennahen Erdreich und dem Grundwasser gewinnbare und zur Deckung der gegebenen Wärmenachfrage einsetzbare Niedertemperaturwärme liegt bei rund 1 253 PJ/a.
- Mit der aus hydrothermalen Erdwärmevorkommen gewinnbaren Wärme könnten mit entsprechenden Nah- und Fernwärmenetzen knapp 1 175 PJ/a der insgesamt nachgefragten Niedertemperaturwärme gedeckt werden.
- Der Beitrag zur Deckung der gegebenen Wärmenachfrage, der mit Hilfe der durch tiefe Sonden nutzbaren Erdwärme geleistet werden könnte, liegt bei rund 2 061 PJ/a.
- Mit der aus dem tiefen Untergrund mit Hilfe der HDR-Technik gewinnbaren Wärme könnten knapp 821 PJ/a bereitgestellt werden (Nutzwärmenachfrage unter 200 °C). Wird die gewinnbare Wärme in Anlagen mit Wärme-Kraft-Kopplung eingesetzt, könnten nur rund 742 PJ/a der anfallenden Niedertemperaturwärme genutzt werden, da diese Wärme dann auf einem Temperaturniveau unter 100 °C anfällt; zusätzlich wären zwischen 8,2 und 12,4 TWh/a an elektrischer Energie bereitstellbar.

Die ausgewiesenen Potentiale bedienen weitgehend den gleichen Wärmemarkt. Sie dürfen daher nicht aufaddiert werden, da die gegebene Wärmenachfrage nur einmal gedeckt werden kann. Auch kann durch die Solarthermie, die Umgebungswärme, die oberflächennahe, hydrothermale und mit tiefen Sonden gewinnbare Erdwärme sowie eine Wärme- bzw. Wärme- und Strombereitstellung aus dem tiefen Untergrund fast ausschließlich nur die Nachfrage nach Niedertemperaturwärme gedeckt werden; diese liegt bei den Haushalten und Kleinverbrauchern bei rund 3 940 PJ/a und bei der Industrie bei ca. 651 PJ/a /5-1/. Nur mit biogenen Festbrennstoffen lassen sich höhere Temperaturen erreichen, die primär von der Industrie mit etwa 1 063 PJ/a nachgefragt werden (vgl. /5-1, 5-27/). Wird unterstellt, daß aufgrund gegebener Restriktionen (z. B. aufgrund von Platzmangel im Innenstadtbereich) nur rund drei Viertel der insgesamt nachgefragten Niedertemperaturwärme durch einen Mix aus allen hier betrachteten regenerativen Energien zur Niedertemperaturwärmebereitstellung und aufgrund der begrenzten Potentiale nur rund ein Drittel der Hochtemperaturwärme durch biogene Festbrennstoffe möglicherweise gedeckt werden könnten, errechnet sich ein in Deutschland maximal deckbares Nachfragepotential von rund 3 310 PJ/a.

Nutzung. Die in Deutschland gegebenen Möglichkeiten einer Wärmebereitstellung aus regenerativen Energien werden derzeit wie folgt genutzt (Tabelle 5-17) /5–29/.

- Ende 1997 waren etwas mehr als 2 Mio. m^2 Solarkollektoren unterschiedlichster Technik installiert /5-30/. Daraus errechnet sich eine nutzbar abgegebene Wärme von über 2,4 PJ/a. Hauptsächliche Anwendungsgebiete sind die solare Brauchwassererwärmung im Haushaltssektor und die solare Schwimmbadbeheizung.
- 1996 wurden etwa 50 000 Wärmepumpen mit einer elektrischen Anschlußleistung von insgesamt ca. 330 MW hauptsächlich in Wohngebäuden betrieben (nur Heizwasser). Ungefähr 30 bis 45 % davon nutzen die Wärmequelle Erdreich und Grundwasser. Beim verbleibenden Rest handelt es sich um luftgekoppelte Wärmepumpen und Anlagen, die andere Wärmequellen nutzen. Die insgesamt bereitgestellte Nutzenergie liegt bei geschätzten 10 bis 12 PJ/a.
- Aus dem abschätzbaren Bestand an Kleinst- und Kleinanlagen und dem teilweise erfaßten Brennholzverkauf errechnet sich ein Brennholzeinsatz von rund 85 PJ/a. Zusätzlich werden geschätzte 55 PJ/a an Waldrestholz in Kleinst- und Kleinanlagen verfeuert. Daneben dürfte das nicht stofflich nutzbare Industrierestholz von rund 40 PJ/a weitgehend zur Deckung der Wärmenachfrage der holzbe- und -verarbeitenden Industrie verwertet werden. Dazu kommt noch ein Teil des anfallenden Altholzes von rund 12 PJ/a. Straßenbegleitgrün und Stroh werden demgegenüber kaum und Energiepflanzen aufgrund der hohen Kosten bisher so gut wie nicht energetisch genutzt. Zusammengenommen werden damit knapp 200 PJ/a an festen Bioenergieträgern primär zur Wärmeerzeugung genutzt (Tabelle 5-18); dies entspricht bei Wirkungsgraden von 80 bis 90 % einer bereitstellbaren Nutzwärme von 167 PJ/a.

Tabelle 5-18 Biomassenutzung in Deutschland nach Anlagengrößen /5-31/

	Kleinstanlagen	Kleinanlagen	Großanlagen	Summe
		in PJ/a		
Brennholz	39,0	46,0		85,0
Waldrestholz	25,0	30,0		55,0
Industrierestholz		18,3	21,7	40,0
Altholz (ohne Altpapier)	1,0	2,6	8,4	12,0
Sonst. holzartige Biomasse	0,5	0,5	0,2	1,2
Stroh	0,3	2,5		2,8
Summe	65,8	99,9	30,3	196,0

- Derzeit sind drei geothermische Heizzentralen zur Nutzung hydrothermaler Ressourcen mit einer Gesamtleistung von 26 MW in Betrieb. Zusammen mit den Anlagen vornehmlich aus dem Bäderbereich waren 1996 Erdwärme nutzende Anlagen mit rund 38 MW thermischer Leistung – einschließlich der fossil gefeuerten Spitzenlastanlagen – installiert. Die mit diesen Anlagen bereitgestellte thermische Energie am Anlagenausgang (Nutzenergie) lag bei geschätzten 0,5 PJ/a.
- Tiefe Erdwärmesonden werden derzeit kaum genutzt. Für die einzige derartige Demonstrationanlage in Prenzlau errechnet sich eine bereitgestellte Energie aus Erdwärme von rund 5,8 TJ/a.
- Erdwärme mit der HDR-Technologie wird derzeit noch nicht genutzt.

5.3.1.2 Bereitstellung elektrischer Energie

Eine Stromerzeugung aus regenerativen Energien unter den in Deutschland gegeben Randbedingungen ist aus Wasserkraft, Windenergie, Solarstrahlung und ggf. Erdwärme möglich (Tabelle 5-19).

Theoretische Potentiale. Aus dem theoretischen Energieangebot kann auf der Grundlage physikalisch maximaler Umwandlungswirkungsgrade ein theoretisches Stromerzeugungspotential abgeschätzt werden. Bei der direkten Solarstrahlungsnutzung über die Photovoltaik liegt es bei rund 52 PWh/a und bei der Windenergie bei 8 bis 12 PWh/a bzw. bei der Wasserkraft bei ca. 0,11 PWh/a. Biogene Festbrennstoffe tragen mit 8 bis 11 PWh/a und die Erdwärme mit ca. 330 PWh/a bei (Tabelle 5-19).

Technische Erzeugungspotentiale. Aus dem theoretischen Potential kann unter Berücksichtigung der technischen Restriktionen das technische Stromerzeugungspotential in Deutschland abgeschätzt werden (u. a. /5-2/).

- Das technische Erzeugungspotential aus Laufwasserkraft liegt bei knapp 25 TWh/a. Bei unterstellten 3 000 bis 5 000 Vollaststunden entspricht dies einer zu installierenden Leistung von rund 5 bis etwas mehr als 8 GW.
- Wird ein Anlagenmix aus marktgängigen Windkraftkonvertern unterstellt, errechnet sich für die windtechnische Stromerzeugung ein Potential zwischen 104 und 128 TWh/a auf dem Festland; dies entspricht einer zu installierenden Leistung zwischen 58 und 88 GW. Wird zusätzlich eine Offshore-Aufstellung im flachen Wasser in Küstennähe unterstellt, wären bis zu einer mittleren Wassertiefe von rund 40 m und einer Entfernung vom Festland von maximal 30 km weitere etwa 237 TWh/a bereitstellbar (47 bis 79 GW) /5-32/.
- Auf solartechnisch nutzbaren Dach- bzw. Freiflächen ist ein photovoltaisches Erzeugungspotential zwischen 40 und 120 bzw. zwischen 180 und 530 TWh/a gegeben; die dafür zu installierenden Leistungen liegen zwischen 259 und 643 GW.
- Das technisch nutzbare Aufkommen an biogenen Festbrennstoffen aus Rückständen und Abfällen sowie aus Energiepflanzen (max. 4 Mio. ha) liegt bei rund 1 300 PJ/a. Mit einem Umwandlungswirkungsgrad zur Stromerzeugung in kleineren Anlagen von 25 bis 30 % errechnet sich daraus ein potentielles Stromaufkommen zwischen 90 und knapp 110 TWh/a; dies entspricht einer in Mittellastanlagen zu installierenden Leistung von 15 bis 27 GW. Wird demgegenüber eine Zufeuerung in vorhandenen modernen Kohlekraftwerken mit einem Wirkungsgrad von rund 40 % unterstellt, liegt die mögliche Stromerzeugung bei rund 144 TWh/a.
- Aus der im tiefen Untergrund gespeicherten Wärme wären mit der HDR-Technik (einschließlich ORC-Prozeß) rund 125 TWh/a bei zu installierenden elektrischen Leistungen zwischen 21 und 31 GW bereitstellbar. Bei einer Stromerzeugung in Wärme-Kraft-Kopplung könnten aufgrund nachfrageseitiger Restriktionen bei der Nutzung der Wärme in Nah- und Fernwärmenetzen nur rund 8,2 bis 12,4 TWh/a an elektrischer Energie bereitgestellt werden (1,4 bis 3,1 GW); die zusätzlich auskoppelbare und im Energiesystem nutzbare Wärme liegt dann bei rund 742 PJ/a.

Zusammengenommen liegt das technische Erzeugungspotential einer Stromerzeugung aus Wasserkraft, Windenergie, Solarstrahlung, Biomasse und Geothermie (mit HDR-Technik) zwischen rund 800 und knapp 1 300 TWh/a, wenn ausschließlich technische Aspekte berücksichtigt und nachfrageseitige Restriktionen sowie sonstige Beschränkungen (z. B. nicht verfügbare Produktionskapazitäten, Konkurrenz um die nicht unbegrenzt verfügbare Landfläche) außer acht gelassen werden. Dieses Erzeugungspotential übersteigt die Bruttostromerzeugung in Deutschland um mehr als das Doppelte.

Technische Nachfragepotentiale. Aus dem technischen Erzeugungspotential kann unter Berücksichtigung nachfrageseitiger Restriktionen und unterstellten Netzverlusten von rund 5 % das technische Nachfragepotential in Deutschland abgeschätzt werden.

- Aus den im Vergleich zum gesamten Stromaufkommen geringen Erzeugungspotentialen errechnet sich bei der Wasserkraft aufgrund des vergleichsweise stetigen Energieangebots ein technisches Nachfragepotential von ca. 23,5 TWh/a.
- Das durch starke stochastische Einflüsse gekennzeichnete technische Potential einer Windstromerzeugung kann nur teilweise zur Deckung der Stromnachfrage beitragen, da es u. a. nur sehr eingeschränkt nachfrageorientiert genutzt werden und zur Spannungs- und Frequenzhaltung im Netz kaum beitragen kann. Wird deshalb vereinfacht unterstellt, daß
  - eine Überschußstromerzeugung aufgrund ungenügend vorhandener Speicherkapazitäten im Netz der öffentlichen Versorgung weitgehend vermieden werden soll (sie kann ab einer Durchdringung von rund 10 % verstärkt auftreten /5-33/) und daß
  - zusätzlich ein gewisser Anteil der nachgefragten elektrischen Energie zur Gewährleistung der gewohnten Versorgungssicherheit durch konventionelle Wärmekraftwerke und damit aus dem Kraftwerkspark der öffentlichen Versorgung bereitgestellt werden soll,

  errechnet sich ein entsprechendes Nachfragepotential von 30 bis 35 TWh/a.
- Ähnlich dem windtechnischen Stromerzeugungspotential ist auch das Erzeugungspotential aus photovoltaischen Systemen aufgrund der Charakteristik des Strahlungsangebots erheblichen – teilweise zur verbrauchsbedingten Nachfrage gegenläufigen – Variationen unterworfen. Mit ähnlichen vereinfachten Annahmen wie bei der Abschätzung des windtechnischen Nachfragepotentials errechnet sich ein Nachfragepotential der photovoltaischen Stromerzeugung von 35 bis 40 TWh/a.
- Da biogene Festbrennstoffe als Energieträger speicherbar (z. B. Holz) sind und nicht als Energiestrom (z. B. Wind) vorliegen, kann die daraus gewinnbare elektrische Energie nachfrageorientiert ins Netz eingespeist werden. Daraus errechnet sich ein Potential zwischen 85 und 137 TWh/a.
- Auch die aus der im tiefen Untergrund gespeicherten Wärme mögliche Stromerzeugung erfolgt nachfrageorientiert; das korrespondierende Nachfragepotential liegt bei rund 119 TWh/a bei einer ausschließlichen Stromerzeugung und bei 7,8 bis 11,8 TWh/a bei einer Wärme-Kraft-Kopplung unter zusätzlicher Auskopplung von rund 742 PJ/a Wärme.

Tabelle 5-19 Potentiale und Nutzung regenerativer Energien zur Stromerzeugung (u. a. /5-2/)

	Theoretische Potentiale in PWh/a	Technische Erzeugungspotentiale	Technische Nachfragepotentiale	Nutzung
		in TWh/a (in GW)		
Wasserkraft	ca. 0,11	ca. 25 (5 - 8)	ca. 23,5	19,9 (3,0)
Windenergie	8 - 12	104 - 128 (58 - 88)[d] ca. 237 (47 - 79)[e]	30 - 35	4,5 (2,4)[h]
Solarstrahlung[a]	ca. 52	40 - 120 (49 - 125)[f] 180 - 530 (210 - 518)[g]	35 - 40	0,03 (0,037)
Biomasse	8 - 11	90 - 144 (15 - 27)[l] ca. 144[m]	85 - 137	0,12 (0,08)[i]
Erdwärme[b]	ca. 330[c]	ca. 125 (21 - 31) 8,2 - 12,4 (1,4 - 3,1)[k]	ca. 119 7,8 - 11,8[k]	

[a] Photovoltaische Stromerzeugung; [b] Stromerzeugung aus HDR-Anlagen mit ORC-Prozessen; [c] unterstellte Nutzungsdauer 1 000 Jahre; [d] Onshore-Aufstellung; [e] Offshore-Aufstellung; [f] Systeme auf Dachflächen; [g] Systeme auf Freiflächen; [h] Stand 30.6.98; [i] ohne ausschließlich industriell genutzte Anlagen und nur Einspeisung ins Netz der öffentlichen Versorgung (d. h. tatsächliche Erzeugung de facto deutlich höher); [k] bei einer zusätzlichen Bereitstellung von Wärme in Anlagen mit Wärme-Kraft-Kopplung von rund 742 PJ/a; [l] ausschließlich mit biogenen Festbrennstoffen befeuerte Anlagen; [m] Zufeuerung in Kohlekraftwerken.

Aufgrund der angebotsorientierten Stromerzeugung insbesondere aus Windkraft und Solarstrahlung können die Nachfragepotentiale nicht ohne weiteres aufaddiert werden. Wird deshalb vereinfachend unterstellt, daß aufgrund der Angebotsunterschiede zwischen einer windtechnischen und photovoltaischen Stromerzeugung und des damit möglichen Ausgleichs im günstigsten Fall 40 bis 50 TWh/a im Netz genutzt werden können, errechnet sich ein technisches Nachfragepotential zwischen 267 und 330 TWh/a.

Nutzung. Mit Ausnahme der Erdwärme werden die verschiedenen Möglichkeiten zur Stromerzeugung aus regenerativen Energien in Deutschland bereits – wenn auch sehr unterschiedlich – genutzt.

- Die Stromerzeugung aus erneuerbarer Wasserkraft (d. h. Lauf- und Speicherwasserkraft ohne Erzeugung aus gepumptem Wasser in Pumpspeicherkraftwerken) lag 1995 bei rund 18,4 TWh/a (d. h. einschließlich Industrie) /5-36/. Zusätzlich dazu werden in einer Vielzahl kleiner und kleinster privater Laufwasserkraftanlagen weitere 1 bis maximal 2 TWh/a an elektrischer Energie erzeugt. Der entsprechende Mittelwert der Gesamterzeugung aus regenerativer Wasserkraft liegt damit bei derzeit knapp 20 TWh/a.
- Der gesamte potentielle Jahresenergieertrag der am 30. Juni 1998 installierten Windkraftanlagen liegt bei rund 4,5 TWh/a. Dies entspricht mit etwa 5 630 installierten Anlagen einer elektrischen Leistung von ca. 2 390 MW /5-35/.
- Die Ende 1997 in netzgekoppelten Photovoltaikgeneratoren installierte Leistung lag zusammengenommen bei etwas mehr als 35 MW. Mit einer mittleren Vollaststundenzahl von 800 bis 960 h/a resultiert daraus eine insgesamt erzeug-

bare elektrische Energie von rund 28 bis knapp 34 GWh/a. Zusätzlich waren in nicht netzgekoppelten Anlagen (d. h. photovoltaisch versorgte Notrufsäulen, Parkscheinautomaten, Berghütten) im Jahr 1995 – bei steigender Tendenz – rund 1,7 MW an photovoltaischer Leistung installiert; dies entspricht einer potentiellen Stromerzeugung von 1,4 bis 1,6 GWh/a /5-34, 5-37/.

- Biomassefeuerungen mit einer thermischen Leistung im Bereich von über 1 MW, in denen auch oder ausschließlich elektrische Energie bereitgestellt wird, sind insbesondere in Betrieben der holzbe- und -verarbeitenden Industrie vorhanden. Jedoch dient nur ein (kleiner) Teil dieser geschätzten 900 bis 1 200 derzeit betriebenen Anlagen primär und/oder ausschließlich zur Stromerzeugung. Statistisch erfaßt sind derzeit nur 61 Anlagen mit einer installierten elektrischen Leistung von rund 81 MW, die 1996 ca. 118 GWh in das Netz der öffentlichen Versorgung eingespeist haben; aufgrund des Eigenverbrauchs an elektrischer Energie in den Betrieben, in denen diese Anlagen betrieben werden, lag die tatsächlich realisierte Stromerzeugung de facto deutlich höher /5-37/.

5.3.2 Kosten

Neben den Potentialen werden die Möglichkeiten einer Energiebereitstellung aus regenerativen Energien im Energiesystem Deutschland wesentlich durch die Energiebereitstellungskosten bestimmt. Dies gilt für die Kosten zur Deckung der End- bzw. Nutzenergie, durch die eine Option zur Nutzung regenerativer Energien im Vergleich zu einer anderen Möglichkeit zur Energiebereitstellung aus erneuerbaren Energien gekennzeichnet ist (z. B. Wärmebereitstellung aus oberflächennaher Erdwärme im Vergleich zu der aus solarthermischen Anlagen). Dies gilt aber auch im Vergleich zu den Kosten, die für eine End- bzw. Nutzenergiebereitstellung aus den derzeit primär eingesetzten fossilen Energieträgern aufzuwenden sind (d. h. leichtes Heizöl, Erdgas).

Deshalb werden im folgenden für ausgewählte Versorgungsaufgaben die Wärmegestehungskosten unterschiedlicher Möglichkeiten zur Wärmebereitstellung aus regenerativen Energien und den jeweils substituierbaren fossilen Energieträgern verglichen. Dabei wird unterschieden zwischen einer Wärmebereitstellung in

- Anlagen zur Nutzung der oberflächennahen Erdwärme,
- Heizzentralen zur Nutzung hydrothermaler Erdwärmevorkommen,
- Anlagen auf der Basis tiefer Sonden,
- solarthermischen Anlagen unterschiedlicher Konfiguration,
- mit biogenen Festbrennstoffen gefeuerten Anlagen und
- mit leichtem Heizöl oder Erdgas betriebenen Feuerungsanlagen.

Analog der bisherigen Vorgehensweise beschränkt sich diese Betrachtung ausschließlich auf die Möglichkeiten einer Wärmebereitstellung. Die Kosten einer Strombereitstellung werden nicht untersucht, da die dafür notwendige Technologie (d. h. HDR-Technik) noch nicht großtechnisch verfügbar ist und deshalb bisher noch keine belastbaren Aussagen über die entsprechenden Energiebereitstellungskosten möglich sind.

Bevor im folgenden die Wärmegestehungskosten der aufgeführten Optionen näher diskutiert werden, erfolgt eine Gegenüberstellung der wesentlichen Randbedingungen, durch die eine Deckung der Wärmenachfrage mit diesen unterschiedlichen Möglichkeiten gekennzeichnet ist. Anschließend werden bestimmte Versorgungsfälle definiert, für die die ökonomischen Analysen durchgeführt werden.

Randbedingungen /5-18/. Eine Wärmebereitstellung auf Basis der fossilen Energieträger Öl und Erdgas ist technisch ausgereift, weist hohe Verfügbarkeiten auf und ist hinsichtlich des erreichbaren Temperaturniveaus nicht auf Niedertemperaturanwendungen beschränkt. Eine Wärmebereitstellung beispielsweise aus Solarstrahlung und Erdwärme sowie ggf. Biomasse unterscheidet sich davon grundsätzlich. Tabelle 5-20 zeigt deshalb für eine Bereitstellung von Niedertemperaturwärme auf der Basis fossiler und regenerativer Energieträger typische Werte für zeitliche und räumliche Verfügbarkeiten, Temperaturniveau und installierbare thermische Leistungen.

Tabelle 5-20 Typische Merkmale (Näherungsangaben)

	Zeitliche Verfügbark.	Räumliche Verfügbark.	Erreichb. Temperatureniveau	Typische thermische Leistungen
Fossile Energieträger	unbeschränkt	unbeschränkt	hoch	beliebig
Solarstrahlung	beschränkt	beschränkt	niedrig	< 10 kW ... 1 MW
Feste Bioenergieträger	unbeschränkt	hoch	hoch	< 10 kW ... 30 MW
Oberflächennahe Erdwärme	hoch	hoch	niedrig	< 10 kW ... 100 kW
Hydrothermale Erdwärme	hoch	beschränkt	mittel	3 MW ... 10 MW
Erdwärme mit tiefen Sonden	hoch	hoch	niedrig	100 kW ... 5 MW

Mit fossilen Brennstoffen betriebene Anlagen weisen aufgrund der in Deutschland gegebenen Versorgungssicherheit und der weiten Verbreitung sowohl der Energieträger als auch der Feuerungsanlagen eine (nahezu) unbeschränkte zeitliche und räumliche Verfügbarkeit auf. Demgegenüber ist die eingestrahlte Solarenergie aufgrund des zeitlich und räumlich fluktuierenden Strahlungsangebots deutlich eingeschränkter verfügbar. Biomasse zeigt – da als gespeicherte Sonnenenergie lager- und transportierbar – nahezu die gleichen Eigenschaften wie fossile Energieträger; sie ist damit fast unbeschränkt räumlich und zeitlich verfügbar. Bei der Erdwärme bestehen, falls die Anlagen zur Nutzbarmachung dieses Energieangebots richtig dimensioniert sind, ebenfalls keine zeitlichen Restriktionen. Während oberflächennahe Erdwärme und mit Sonden aus dem tiefen Untergrund gewinnbare Wärme mit wenigen Ausnahmen (z. B. Grundwasserschutzgebiete) nahezu überall genutzt werden kann, läßt sich hydrothermale Erdwärme nur in bestimmten Gebieten (u. a. Oberrheingraben, Molassebecken, Norddeutsches Becken) nutzen; sie ist damit – im Unterschied zu den beiden anderen Möglichkeiten zur Nutzbarmachung der Erdwärme – räumlich begrenzt verfügbar.

Die Nutzungsmöglichkeiten des regenerativen Energieangebots zur Wärmebereitstellung im Energiesystem werden durch das angebotsseitig vorgegebene Temperaturniveau bestimmt. Während beispielsweise infolge der hohen Verbrennungstemperaturen fossiler oder biogener Brennstoffe Wärme (nahezu) beliebiger Temperatur bereitgestellt werden kann, bestehen hier bei der Nutzung von Solarstrahlung und Erdwärme deutliche Beschränkungen. Mit der Sonnenenergie sind Temperaturen mit den üblichen Anlagen und unter den meteorologischen Bedingungen Deutschlands bis zu etwa 100 °C realisierbar. Bei der Nutzung oberflächennaher bzw. hydrothermaler Erdwärme sowie der mit tiefen Sonden gewinnbaren Energie kann – trotz der zusätzlichen Nutzung einer Wärmepumpe – üblicherweise ein Temperaturniveau von 60 bzw. maximal 100 °C am Anlagenausgang kaum überschritten werden.

Die Möglichkeiten einer Wärmebereitstellung aus fossilen und regenerativen Energien unterscheiden sich auch in den Größenordnungen der jeweils installierbaren thermischen Leistungen. Wärmeerzeuger auf der Basis fossiler Energieträger sind zwischen wenigen kW und rund 1 000 MW thermischer Leistung und mehr marktgängig; sie können damit (nahezu) jede geforderte thermische Leistung bereitstellen. In Anlagen zur solarthermischen Wärmeerzeugung werden üblicherweise thermische Leistungen zwischen unter 10 kW bis maximal wenigen MW installiert. Bei mit fester Biomasse gefeuerten Anlagen liegt infolge der mit zunehmender Leistung steigenden Brennstoffnachfrage und den dadurch bedingten logistischen Problemen eine realistische obere Grenze der sinnvollerweise installierbaren thermischen Leistungen bei etwa 30 MW. Anlagen zur Nutzung von oberflächennaher Erdwärme weisen typische thermische Leistungen zwischen 10 und rund 100 kW auf; nur in Ausnahmefällen werden Anlagen mit höheren Leistungen gebaut. Bei Anlagen zur Nutzung hydrothermaler Erdwärme handelt es sich meist um relativ große Anlagen mit einer Leistung des Geothermieteils von 3 bis 10 MW. Anlagen zur Nutzung der Energie des tiefen Untergrunds mit Hilfe von tiefen Sonden haben üblicherweise installierte thermische Leistungen im Erdwärmeteil zwischen 100 kW und maximal 5 MW. Zusammengenommen können damit nicht alle Optionen zur Nutzung regenerativer Energien jede möglicherweise durch die jeweiligen Randbedingungen vor Ort geforderten thermischen Leistungen bereitstellen. Für konkrete Anwendungsfälle (d. h. Versorgungsaufgaben) sind deshalb im Regelfall nur bestimmte Lösungen möglich bzw. sinnvoll. Umgekehrt bestehen damit aber – aus technischer Sicht – für jeden im Niedertemperaturwärmemarkt benötigten Leistungsbereich zu einer Wärmeerzeugung aus fossilen Energieträgern technisch verfügbare Alternativen auf der Basis einer Nutzung regenerativer Energien.

Rahmenannahmen. Um eine Gegenüberstellung der Kosten einer Nutzwärmebereitstellung aus fossiler und regenerativer Primärenergie zu ermöglichen, werden im folgenden bei jeweils identischen Rahmenannahmen drei typische Versorgungsfälle definiert, die das für eine Wärmeerzeugung aus regenerativen Energien übliche Leistungsspektrum abdecken.

Im unteren Leistungsbereich wird von der Versorgung eines Mehrfamilienhauses mit Heizwärme und Brauchwasser ausgegangen (Fall „Mehrfamilienhaus“); die maximale Wärmeleistung liegt bei 40 kW. Für den mittleren Bereich wird ein durch ein Nahwärmenetz erschlossenes Wohngebiet betrachtet (Fall „Kleine Nahwärme“); die maximale Wärmelast liegt hier bei 3 000 kW. Im oberen Leistungsbereich wird ein Wärmenetz mit einer maximalen Leistung von 10 000 kW unterstellt (Fall „Große Nahwärme").

Biomasse und hydrothermale Erdwärmevorkommen können grundsätzlich auch in Anlagen mit noch höheren Leistungen genutzt werden; aufgrund der erheblichen Standortabhängigkeit der Kosten für das dafür notwendige Fernwärmenetz und der sehr geringen Möglichkeiten, zusätzliche derartige Wärmeverteilnetze in Deutschland zu realisieren, werden solche Möglichkeiten hier aber nicht betrachtet.

Die mittleren Vollaststunden der Wärmenachfrage werden bei dem Fall „Mehrfamilienhaus", „Kleine Nahwärme" bzw. „Große Nahwärme" mit 1 800 h/a angenommen. Bei dem Fall „Mehrfamilienhaus" wird der Heizungsraum und bei den Nahwärmesystemen der Neubau eines entsprechenden Gebäudes monetär bewertet. Um die verschiedenen Fälle vergleichen zu können, werden bei den beiden Nahwärmesystemen auch das Wärmeverteilungsnetz und die Hausübergabestationen berücksichtigt; d. h. die Systemgrenze ist die Einspeisestelle in die Hausverteilung. Dabei werden Netzverluste von rund 15 % berücksichtigt; dies ist eine bei der Versorgung von vorhandener Bausubstanz übliche Größenordnung.

Bei der Berechnung der spezifischen Wärmebereitstellungskosten der verschiedenen betrachteten Energiebereitstellungsoptionen erfolgt entsprechend der bisherigen Vorgehensweise nach VDI 2 067 /5-10/. Der Zinssatz liegt bei 4 % und die Abschreibungsdauer entspricht der technischen Lebensdauer der jeweiligen Anlagenkomponenten.

Die Wärmegestehungskosten der untersuchten Anlagen sind stets von den individuell unterschiedlichen Rahmenbedingungen vor Ort abhängig; verallgemeinerbare Aussagen sind daher nur sehr eingeschränkt möglich. Im folgenden können deshalb nur Anhaltswerte möglicher mittlerer Kosten auf der Basis durchschnittlicher Randbedingungen angegeben werden, die im konkreten Einzelfall auch deutlich andere Werte annehmen können.

Solarthermische Wärmebereitstellung. Ein aktives solarthermisches Wärmebereitstellungssystem besteht im wesentlichen aus Kollektor, Speicher und sonstigen Systemkomponenten (u. a. Rohrleitungen, Meß- und Regeleinrichtungen). Weiterhin wird ein Wärmeerzeuger auf der Basis fossiler Energieträger zur Sicherstellung der Wärmeversorgung insbesondere im Winter benötigt.

Für den Fall „Mehrfamilienhaus" wird ein solarer Deckungsgrad für die bereitgestellte Raumwärme von 30 % und eine Kollektorfläche von 70 m^2 und für den Fall „Kleine Nahwärme" ein Deckungsgrad bezogen auf die Raumwärme von 47 % bei einer Solarkollektorfläche von 5 600 m^2 unterstellt (Tabelle 5-21); die verbleibende Energienachfrage wird durch die Nutzung fossiler Energieträger gedeckt. Zusätzlich stellen die Anlagen noch ein Teil des nachgefragten Warmwassers (ca. 70 %) bereit. Der Fall „Große Nahwärme" wird nicht betrachtet, da Anlagen zur solaren Wärmebereitstellung in der Regel nicht mit Leistungen in dieser Größenordnung ausgeführt werden.

Die beim Fall „Kleine Nahwärme" deutlich höheren solaren Deckungsgrade im Vergleich zum „Mehrfamilienhaus" resultieren aus der unterschiedlichen Speicherauslegung. Während bei der „Kleinen Nahwärme" ein als Erdbeckenspeicher ausgeführter saisonaler Speicher mit einem spezifischen Volumen von – bezogen auf die installierte Kollektorfläche – ca. 2,15 m^3/m^2 unterstellt wird, kommt beim Fall „Mehrfamilienhaus" ein Tages-Stahltankspeicher mit einem Volumen von, ebenfalls bezogen auf die installierte Kollektorfläche, 0,07 m^3/m^2 zum Einsatz.

Tabelle 5-21 Kosten einer Wärmegewinnung aus solarthermischen Anlagen

	„Mehrfamilienhaus"	„Kleine Nahwärme"
Art	Heizungsanlage mit solarer Unterstützung	Heizwerk mit solarer Unterstützung
Brennstoff Heizkessel	Erdgas	leichtes Heizöl
Leistung Heizkessel in kW_{th}	40	2 300
Nutzungsgrad Heizkessel in %	94	85[a]
Solarer Deckungsgrad in %	30	47
Kollektorfläche in m^2	70	5 600
Investitionskosten		
Heizkessel in DM/kW [b]	613	275
Solaranlage in DM/m^2 [b]	1 080	680
Speicher in DM/m^3	1 600	200
Netz in DM/kW [b]		820
Betriebskosten in DM/GJ	6,2	12,6
Energiekosten in DM/GJ	10,7[c]	6,1[d]
Wärmegestehungskosten[e]		
in DM/GJ	42,0	55,9
in Pf/kWh	15,1	20,1

[a] Verluste bei der Wärmeverteilung von 5% enthalten; [b] einschl. Montage, Inbetriebnahme, Regelung; [c] Preis für Erdgas: 13,3 DM/GJ und 200 DM/a Grundpreis; [d] Preis für leichtes Heizöl: 11,2 DM/GJ; [e] nur bezogen auf die bereitgestellte Raumwärme.

Die Aufwendungen für die heute auf dem Markt erhältlichen Kollektoren streuen in einem weiten Bereich. Für die hier unterstellten selektiv beschichteten Flachkollektoren kann von etwa 400 bis 600 DM/m^2 ausgegangen werden. Demgegenüber sind einfache Absorbermatten, wie sie z. B. für die Schwimmbadwassererwärmung eingesetzt werden können, deutlich günstiger; Vakuumröhrenkollektoren, mehrfach abgedeckte Flachkollektoren oder mit transparenter Wärmedämmung verbesserte Kollektoren weisen im Vergleich dazu meist höhere Investitionen auf. Die technische Lebensdauer derartiger Anlagen liegt bei rund 20 Jahren.

Die Investitionen für die Kesselanlagen zur Deckung der Spitzenlast entsprechen im wesentlichen den bei der Kostenanalyse einer Wärmebereitstellung mit fossilen Brennstoffen dargestellten Größenordnungen. Die mittleren auf die gesamte bereitgestellte Wärme bezogenen Brennstoffkosten im regenerativ-fossilen Wärmebereitstellungssystem liegen aufgrund der kostenlos verfügbaren Solarstrahlung entsprechend niedriger als bei einer ausschließlich auf der Basis fossiler Energieträgern realisierten Wärmeerzeugung (Tabelle 5-21).

Insgesamt ergeben sich bei dem System mit solarer Wärmeerzeugung und der dabei notwendigen Zufeuerung mit fossilen Energieträgern Wärmegestehungskosten von rund 42 DM/GJ im Fall „Mehrfamilienhaus" und ca. 56 DM/GJ im Fall „Kleine Nahwärme" (Tabelle 5-21). Die deutlich höheren Kosten bei der Nahwärmeversorgung liegen in den vergleichsweise hohen Aufwendungen einerseits für das Verteilnetz und andererseits für den unterstellten Speicher sowie den durch die saisonale Speicherung bedingten höheren Verlusten begründet.

Die solarthermischen Wärmegestehungskosten werden wesentlich von der Abschreibungsdauer und den Gesamtinvestitionen beeinflußt. Demgegenüber ist der

Einfluß von Brennstoff- und Betriebskosten auf die Wärmegestehungskosten gering.

Wärmebereitstellung aus Biomasse. Bei biogenen Festbrennstoffen, die für einen Einsatz in Feuerungsanlagen zur Wärmeerzeugung geeignet sind, handelt es sich um Rückstände wie Wald- und Industrierestholz oder Stroh sowie um Energiepflanzen wie Getreideganzpflanzen, schnellwachsende Gräser und im Kurzumtrieb bewirtschaftete Pappeln oder Weiden. Entsprechend variieren auch die Energieträgerkosten. Beispielsweise liegen sie derzeit bei Waldrestholz zwischen 5 und 18 DM/GJ bzw. bei Stroh zwischen 4 und 11 DM/GJ. Hierbei wird unterstellt, daß derartige Rückstände quasi kostenneutral anfallen (d. h. die Produktionskosten werden dem jeweiligen Hauptprodukt (z. B. Stammholz beim Waldrestholz, Korn beim Stroh) angelastet); deshalb ist nur der Aufwand für deren Verfügbarmachung als Energieträger frei Anlage zu monetatisieren. Dies ist bei Energiepflanzen grundsätzlich anders; hier muß auch der Anbau kostenmäßig bewertet werden. Daraus resultieren höhere Kosten, die bei biogenen Festbrennstoffen aus Getreideganzpflanzen zwischen 10 und 21 DM/GJ, aus Chinaschilf bei 8 bis 16 DM/GJ und aus Pappel- oder Weidenplantagen zwischen 7 und 17 DM/GJ liegen können.

Die spezifischen Aufwendungen für biomassegefeuerte Verbrennungsanlagen zeigen eine deutliche Abhängigkeit von der Leistung und von der Technik. Kleine, manuell beschickte scheitholzgefeuerte Anlagen weisen sehr geringe spezifische Investitionen auf. Bedingt durch die automatische Zuführung des Brennstofs zeigen Anlagen mit einer vollautomatischen Hackschnitzelfeuerung deutlich höhere spezifische Investitionen. Ab einer Leistung von 100 kW bei Halmgütern bzw. 1 000 kW bei Holz unterliegen mit biogenen Festbrennstoffen gefeuerte Anlagen der TA-Luft; dadurch wird der Einbau kostenintensiver Emissionsminderungsmaßnahmen notwendig. Die technische Lebensdauer derartiger Feuerungsanlagen liegt bei rund 15 Jahren.

Bei den Betriebskosten für die im Fall „Mehrfamilienhaus" unterstellte automatisch beschickte biomassegefeuerte Anlage wird der z. T. erhebliche Bedienungsaufwand (Lohnansatz ca. 10 DM/h) für die Feuerungsanlage nicht berücksichtigt; es wird vielmehr angenommen, daß dies vom potentiellen Anlagenbetreiber als Eigenleistungsanteil erbracht wird. Würde dieser Aufwand u. a. für die Brennstoffbeschickung und Ascheentsorgung mit den üblichen Personalkosten betrachtet, ergäben sich deutlich höhere Wärmegestehungskosten; die im Fall „Kleine Nahwärme" und „Große Nahwärme" höheren Betriebskosten werden maßgeblich durch diesen Bedienungsaufwand verursacht. Zusätzlich werden bei den Nahwärmenetzen Netzverluste in Höhe von 15 % unterstellt.

Tabelle 5-22 Kosten einer Wärmegewinnung aus biogenen Festbrennstoffen

	„Mehrfamilienhaus"	„Kleine Nahwärme"[a]	„Große Nahwärme"[a]
Art	Heizungsanlage	Heizwerk	
Brennstoff Heizkessel	Hackschnitzel	Hackschnitzel (GL) Heizöl (SL)	
Leistung BK in kW	40	1 000	3 000
Leistung SK in kW		2 000	7 000
Nutzungsgrad BK in %	80	84	84
Nutzungsgrad SK in %		85	85
Deckungsgrad Biomasse in %	100	80	80
Investitionskosten			
Maschinentechnik in DM/kW	828	330	413
Bautechnik in DM/kW	228	180	225
Elektrotechnik in DM/kW		30	38
Netz in DM/kW		361	361
Sonstiges in DM/kW	95	60	75
Betriebskosten in DM/GJ	5,1	13,1	10,0
Energiekosten in DM/GJ	11,3[b]	12,8[c]	12,8[c]
Wärmegestehungskosten			
in DM/GJ	28,8	36,4	35,1
in Pf/kWh	10,4	13,1	12,6

GL Grundlast; SL Spitzenlast; BK Biomassekessel; SK Spitzenlastkessel. [a] Verluste bei der Wärmeverteilung in Höhe von 15 % enthalten; [b] Hackschnitzelpreis von 9 DM/GJ; [c] Preis für Hackschnitzel 9 DM/GJ, Preis für leichtes Heizöl 9,7 DM/GJ.

Aus den in Tabelle 5-21 dargestellten Kostenkomponenten und den Kosten für die biogenen Festbrennstoffe sowie die zusätzlich benötigten fossilen Brennstoffe ergeben sich spezifische Wärmegestehungskosten von rund 29 DM/GJ für das „Mehrfamilienhaus", ca. 36 DM/GJ für den Fall „Kleine Nahwärme" und etwa 35 DM/GJ für den Fall „Große Nahwärme".

Dabei beeinflussen die Gesamtinvestitionen und die Brennstoffkosten die Wärmegestehungskosten aus biogenen Festbrennstoffen deutlich mehr als die Betriebskosten.

Nutzung oberflächennaher Erdwärme. Wärme aus dem oberflächennahen Erdschichten kann dem Erdreich entzogen oder dem Grundwasser entnommen werden (Kapitel 3.1). Die jeweils entzogene Wärme wird mit einer Wärmepumpe auf ein nutzbares Temperaturniveau gebracht (Kapitel 3.2). Da solche Anlagen typischerweise zur Raumwärmebereitstellung in Ein- bis Mehrfamilienhäusern mit thermischen Leistungen von 10 bis 100 kW eingesetzt werden, wird hier nur der Fall „Mehrfamilienhaus" betrachtet. Die technische Lebensdauer einer derartigen Anlage liegt bei rund 15 Jahren.

Tabelle 5-23 zeigt die Kosten für Anlagen zur Nutzung oberflächennaher Erdwärme. Je nach Wärmequelle bewegen sich die Aufwendungen zur Erschließung der Wärmequelle zwischen 600 und 900 DM/kW; die zusätzlichen Aufwendungen für die Wärmepumpe und die sonstige Heizungstechnik liegen zwischen rund 570 und etwa 780 DM/kW. Für die Instandhaltung der Anlagen sind 1,4 bis 2,1 DM/GJ und für den Strombezug zum Wärmepumpenantrieb zwischen 7,9 und 8,7 DM/GJ aufzubringen. Daraus resultieren Wärmegestehungskosten von 24 bis 26 DM/GJ.

Tabelle 5-23 Kosten einer Wärmegewinnung aus oberflächennaher Erdwärme (Versorgungsfall „Mehrfamilienhaus")

Art	Vertikale Wärmetauscher	Horizontale Wärmetauscher	Grundwasser
Thermische Leistung in kW	40	40	40
Leistungszahl der Wärmepumpe	4,0	4,0	4,5
Investitionskosten			
Wärmequelle in DM/kW	900	800	600
Wärmepumpe in DM/kW	700	700	500
Sonstiges in DM/kW	80	80	70
Betriebskosten in DM/GJ	1,4	1,4	2,1
Energiekosten[a] in DM/GJ	8,7	8,7	7,9
Wärmegestehungskosten			
in DM/GJ	24,9	23,8	26,2
in Pf/kWh	9,0	8,6	9,4

[a] Mischstrompreis von 11,5 Pf/kWh einschl. 90 DM/a Grund-/Meß-/Rundsteuerpreis.

Die Wärmegestehungskosten werden wesentlich durch die Gesamtinvestitionen und die Abschreibungsdauer beeinflußt; Strompreis und Betriebskosten haben demgegenüber eine eher untergeordnete Bedeutung.

Nutzung hydrothermaler Erdwärme. Das im tieferen Untergrund vorhandene Thermalwasser kann an die Erdoberfläche gefördert und hier seine Wärme an einen potentiellen Verbraucher abgeben. Anschließend wird es im Regelfall über eine zweite Bohrung wieder in den Förderhorizont verpreßt (vgl. Kapitel 4.2).

Die Systemtechnik von Anlagen zur Nutzung hydrothermaler Wärmevorkommen ist erheblich von den jeweiligen Gegebenheiten vor Ort abhängig. Einflußgrößen wie Temperatur, Salinität und Förderraten der Tiefenwässer sowie die lokale Abnehmerstruktur führen zu deutlichen Unterschieden in der Auslegung der Heizzentralen. Tabelle 5-24 zeigt deshalb ein aus eher günstigen bzw. ungünstigen Lagerstättenbedingungen (d. h. hohe bzw. geringe Temperatur und Ergiebigkeit) resultierendes Kostenspektrum für jeweils eine 10 MW-Anlage. Bei geringer Ergiebigkeit und niedriger Temperatur ist zusätzlich der Einsatz einer Wärmepumpe und ggf. eines Blockheizkraftwerks notwendig (vgl. Kapitel 5.2.2.1). Die technische Lebensdauer einer derartigen Anlage liegt bei rund 30 Jahren. Es wird von den bisher unterstellten Energieträgerpreisen (u. a. 9,7 DM/GJ für leichtes Heizöl) ausgegangen.

Die Investitionen für geothermische Heizwerke resultieren im wesentlichen aus den Aufwendungen für die Bohrungen, die Komplettierung (Untertageteil) und die Kosten für die eigentliche geothermische Heizzentrale. Insgesamt ergeben sich daraus Wärmegestehungskosten von rund 32 DM/GJ für die Anlage mit günstigeren Lagerstättenbedingungen und zwischen 41 und 42 DM/GJ bei ungünstigeren Lagerstättenbedingungen (Tabelle 5-24).

Diese Wärmegestehungskosten werden im wesentlichen durch die Anlageninvestitionen und die Abschreibungsdauer beeinflußt; Betriebskosten und Brennstoffkosten haben demgegenüber nur einen geringeren Einfluß auf die Wärmegestehungskosten.

Tabelle 5-24 Kosten einer Wärmegewinnung aus hydrothermaler Erdwärme (Versorgungsfall „Große Nahwärme")

Art	Geothermieheizwerk mit günstigen Lagerstätten-bedingungen	Geothermieheizwerk mit ungünstigen Lagerstätten-bedingungen
Brennstoff Spitzenkessel	leichtes Heizöl	leichtes Heizöl
Leistung Geothermie (GL) in kW	8 200	2 200
Leistung Heizkessel (SL) in kW	10 000	10 000
Nutzungsgrad Heizkessel in %	85	85
Geoth. Deckungsgrad in %	97	41
Investitionskosten		
Geothermieanlage in DM/kW	1 078	945
Spitzenlastanlage in DM/kW	40	40
Netz in DM/kW	361	361
Sonstiges in DM/kW	342	323
Betriebskosten in DM/GJ	6,8	6,7
Energiekosten in DM/GJ	1,8	11,7
Wärmegestehungskosten		
in DM/GJ	32,1	41,5
in Pf/kWh	11,6	14,9

GL Grundlast; SL Spitzenlast.

Erdwärmenutzung mit tiefen Sonden. Eine Nutzbarmachung der Energie des tiefen Untergrunds ist auch mit Hilfe tiefer Sonden möglich (vgl. Kapitel 4.3). Hier wird eine 2 800 m tiefe Erdwärmesonde mit einer thermischen Gesamtleistung (d. h. einschließlich des mit fossilen Brennstoffen gefeuerten Spitzenlastkessels) von 3 MW untersucht („Kleine Nahwärme") (vgl. Kapitel 5.2.2.2). Dabei wird die Nutzung einer neu abzuteufenden Bohrung und die einer vorhandenen Altbohrung unterstellt. Die Preise für die zusätzlich benötigten Energieträger entsprechen dem bisher unterstellten Energieträgerpreisniveau. Die technische Lebensdauer einer derartigen Anlage liegt bei rund 30 Jahren.

Die Investitionen für Anlagen zur Nutzung der Erdwärme mit Hilfe tiefer Sonden resultieren im wesentlichen aus den Aufwendungen für die Bohrungen und die Wärmeverteilung. Insgesamt ergeben sich daraus Wärmegestehungskosten von rund 37 DM/GJ, wenn eine neue Bohrung zu erstellen ist, und von ca. 35 DM/GJ, wenn eine vorhandene Altbohrung genutzt werden kann (Tabelle 5-25).

Die Investitionen und die Betriebskosten – und damit der Strompreis bei der hier unterstellten, mit elektrischer Energie betriebenen Wärmepumpe – beeinflussen die Wärmegestehungskosten erheblich. Aber auch die Abschreibungsdauer hat einen merklichen Einfluß auf die Wärmegestehungskosten. Demgegenüber werden sie vom Zinssatz kaum beeinflußt.

Tabelle 5-25 Kosten einer Wärmegewinnung aus tiefen Sonden (Versorgungsfall „Kleine Nahwärme")

Art	Neue Bohrung	Altbohrung
Brennstoff Spitzenkessel	leichtes Heizöl	leichtes Heizöl
Leistung Geothermie (GL) in kW	500	500
Leistung Heizkessel (SL) in kW	3 000	3 000
Nutzungsgrad Heizkessel in %	85	85
Geoth. Deckungsgrad in %	71	71
Investitionskosten		
Geothermieanlage in DM/kW	1 340	973
Spitzenlastanlage in DM/kW	148	148
Netz in DM/kW	1 307	1 307
Sonstiges in DM/kW	228	214
Betriebskosten in DM/GJ	9,4	9,4
Energiekosten in DM/GJ	8,2	8,2
Wärmegestehungskosten		
in DM/GJ	37,1	35,2
in Pf/kWh	13,4	12,7

GL Grundlast; SL Spitzenlast.

Wärmebereitstellung aus fossilen Energieträgern. Für die Wärmeerzeugung mit fossilen Energieträgern werden hier mit leichtem Heizöl und mit Erdgas gefeuerte Kesselanlagen betrachtet. Beim Fall „Mehrfamilienhaus" kommt dabei die Niedertemperatur-Technik (d. h. Brennwertkessel) zum Einsatz. Bei dem in die Nahwärmenetze speisenden Heizwerken wird jeweils eine Zweikesselanlage unterstellt und Netzverluste in Höhe von 15 % berücksichtigt; die Grundlasterzeugung erfolgt hier in einem Gaskessel und die Spitzenlastdeckung durch einen Ölkessel.

Die Investitions- und Betriebskosten zeigen eine deutliche Degression mit zunehmender Leistung. Mit den unterstellten Brennstoffkosten (Tabelle 5-26) ergeben sich Wärmegestehungskosten für den Fall „Mehrfamilienhaus" zwischen 24 und knapp 25 DM/GJ, im Fall „Kleine Nahwärme" von rund 27 bis knapp 29 DM/GJ und für den Fall „Große Nahwärme" zwischen rund 24 und 26 DM/GJ.

Die Wärmegestehungskosten werden wesentlich durch die Brennstoffkosten beeinflußt. Demgegenüber ist der Einfluß von Gesamtinvestition, Abschreibungsdauer, Zinssatz und Betriebskosten gering.

Vergleich. Die Wärmegestehungskosten der untersuchten Möglichkeiten einer Bereitstellung von Niedertemperaturwärme können direkt miteinander verglichen werden, da sie auf der Basis gleicher Rahmenannahmen und identischer Vorgaben ermittelt wurden. Tabelle 5-27 zeigt die Ergebnisse für die betrachteten Optionen einer Wärmebereitstellung und die unterschiedenen Versorgungsfälle.

Im Fall „Mehrfamilienhaus" können für die Wärmebereitstellung außer mit fossilen Brennstoffen gefeuerten Kesselanlagen Systeme zur thermischen Nutzung der Sonnenenergie, zur Nutzung der oberflächennahen Erdwärme und zur Nutzung biogener Festbrennstoffe eingesetzt werden. Eine Nutzung hydrothermaler Erdwärmevorkommen oder der Einsatz tiefer Sonden zur Geothermienutzung zur ausschließlichen Versorgung eines einzelnen Mehrfamilienhauses ist aus technischer Sicht und aufgrund zu hoher Kosten nicht sinnvoll.

Tabelle 5-26 Kosten einer Wärmegewinnung aus fossilen Energieträgern

	„Mehrfamilienhaus"		„Kleine Nahwärme"		„Große Nahwärme"	
Art	Heizungsanlage		Heizwerk		Heizwerk	
Brennstoff	leichtes Heizöl	Erdgas	leichtes Heizöl	Erdgas	leichtes Heizöl	Erdgas
Leistung in kW	40	40	3 000	3 000	10 000	10 000
Nutzungsgrad in %	89	94	89	94	89	94
Investitionskosten						
Feuerung in DM/kW	675	613	275	300	275	300
Netz in DM/kW			361	361	361	361
Betriebskosten in DM/GJ	4,6	14,3	7,6	7,7	4,7	4,7
Energiekosten in DM/GJ	12,6[a]	14,4[b]	12,8[c]	13,9[d]	12,8[c]	13,9[d]
Wärmegestehungskosten						
in DM/GJ	24,0	24,9	27,2	28,6	24,2	25,7
in Pf/kWh	8,7	9,0	9,7	10,3	8,7	9,3

[a] Heizölpreis von 11,2 DM/GJ; [b] Gaspreis 13,3 DM/GJ und 200 DM/a Grundpreis; [c] Heizölpreis 9,7 DM/GJ; [d] Gaspreis 11,1 DM/GJ und 444 DM/a Grundpreis

Die Wärmegestehungskosten einer Bereitstellung von Niedertemperaturwärme im Fall „Mehrfamilienhaus" mit gas- oder ölgefeuerten Kesseln und mit Hilfe erdgekoppelter Wärmepumpen liegen in einer ähnlichen Größenordnung. Nur wenig teurer ist die Wärme, die in mit Biomasse befeuerten Anlagen bereitgestellt wird. Dies gilt jedoch nur dann, wenn – wie hier unterstellt – der potentielle Betreiber einen bestimmten nicht monetär zu bewertenden Eigenleistungsanteil zum Betrieb der Feuerungsanlage und zur Entsorgung der Asche erbringt. Müssen jedoch diese zum Betrieb einer mit biogenen Festbrennstoffen gefeuerten Anlage notwendigen Dienstleistungen monetarisiert werden, ergeben sich merklich höhere Wärmegestehungskosten. Verglichen damit weisen die Möglichkeiten einer solarthermischen Wärmebereitstellung deutlich höhere Kosten auf.

Für den Fall „Kleine Nahwärme" kann Wärme sinnvoll durch mit fossilen Brennstoffen gefeuerte Kessel, durch eine Biomassefeuerung und durch eine solarthermische Anlage sowie durch eine Erdwärmenutzung mit Hilfe tiefer Sonden bereitgestellt werden. Hierbei zeigt eine ausschließliche Wärmebereitstellung mit fossilen Energieträgern die geringsten Wärmegestehungskosten; eine Nutzung biogener Festbrennstoffe ist, ähnlich wie eine geothermische Wärmeerzeugung mit Hilfe tiefer Sonden, deutlich teurer. Im Vergleich dazu zeigt eine solarthermische Wärmebereitstellung noch höhere Wärmegestehungskosten u. a. infolge der unterstellten saisonalen Speicherung.

Der Versorgungsfall „Große Nahwärme" kann außer durch die Optionen zur Nutzung fossiler Energieträger nur durch biogene Festbrennstoffe und durch die Nutzung hydrothermaler Wärmevorkommen sinnvoll gedeckt werden. Dabei ist auch hier die Wärmebereitstellung aus fossilen Energieträgern die kostengünstigste Option. Die Biomasseverbrennung und die hydrothermale Erdwärmenutzung sind mit entsprechend höheren Kosten verbunden; dabei ist von diesen beiden Möglichkeiten die Nutzung organischer Festbrennstoffe tendenziell die günstigere Option.

Tabelle 5-27 Kostenvergleich

	„Mehrfamilienhaus"	„Kleine Nahwärme"	„Große Nahwärme"
		in DM/GJ	
Solarth. Wärmebereitstellung	42,0	55,9	
Wärmebereitst. aus Biomasse	28,8	36,4	35,1
Nutzung oberfl. Erdwärme	23,8 – 26,2		
Nutzung hydroth. Erdwärme			32,1 – 41,5
Erdwärmenut. mit tiefen Sonden		35,2 – 37,1	
Wärmeb. aus fos. Energieträgern	24,0 – 24,9	27,2 – 28,6	24,2 – 25,7

Bei den Optionen zur Nutzung regenerativer Energien bestimmen – mit Ausnahme der Nutzung von Biomasse – durchgängig die Gesamtinvestitionen und die Abschreibungsdauer die Höhe der Wärmegestehungskosten maßgeblich, während der Einfluß der Brennstoff- und Betriebskosten eher von untergeordneter Bedeutung ist. Die Gestehungskosten einer Wärmebereitstellung aus fossilen Energieträgern hingegen zeigen eine hohe Sensitivität gegenüber den Aufwendungen für den fossilen Brennstoff und einen geringeren Einfluß der Anlageninvestitionen und der Betriebskosten.

Bei einem Quervergleich wird deutlich, daß eine Wärmebereitstellung auf der Basis fossiler Energieträger von allen untersuchten Möglichkeiten unter den hier unterstellten Rahmenannahmen die jeweils günstigsten Optionen darstellen. Verglichen damit sind die Möglichkeiten einer Wärmebereitstellung aus regenerativen Energien geringfügig bis deutlich teurer. Relativ kostengünstig sind sie nur einsetzbar in Kleinanlagen (hier insbesondere die Nutzung der oberflächennahen Erdwärme und ggf. der Biomasse). Vielversprechend kann auch eine Nutzung von Biomasse bzw. von hydrothermaler Erdwärme in Großanlagen dann sein, wenn die Biobrennstoffe kostengünstig verfügbar sind bzw. optimale Lagerstättenbedingungen vorliegen und eine Mehrfachnutzung der Thermalwässer möglich ist (z. B. Schwimmbad).

5.3.3 Umwelteffekte

In den letzten Jahren haben die mit der End- bzw. Nutzenergiebereitstellung verbundenen Umwelteffekte in den öffentlichen Diskussionen erheblich an Bedeutung zugenommen. Heute wird kaum eine energietechnische oder gar energiepolitische Entscheidung ohne Berücksichtigung der mit der Energiebereitstellung verbundenen Umwelteffekte getroffen. Deshalb werden im folgenden ausgewählte Umweltkenngrößen – jeweils unter Berücksichtigung vor- und nachgelagerter Prozesse – für die bisher untersuchten Möglichkeiten einer Wärmebereitstellung (vgl. Kapitel 5.3.2) diskutiert.

Rahmenannahmen. Im unteren Leistungsbereich wird von der Versorgung eines Mehrfamilienhauses mit Heizwärme und Brauchwasser ausgegangen (thermische Leistung ca. 40 kW; Versorgungsfall „Mehrfamilienhaus"). Für den mittleren Bereich wird ein durch ein Nahwärmenetz erschlossenes Wohngebiet betrachtet (thermische Leistung ca. 3 000 kW; Versorgungsfall „Kleine Nahwärme"). Im oberen Leistungsbereich wird ein Wärmenetz mit einer thermischen Leistung von 10 000 kW unterstellt (Versorgungsfall „Große Nahwärme"; vgl. Kapitel 5.3.2).

Solarthermische Wärmebereitstellung. Ein aktives solarthermisches Wärmebereitstellungssystem besteht im wesentlichen aus Kollektor, Speicher und sonstigen Systemkomponenten. Auch wird ein mit fossilen Brennstoffen betriebener Wärmeerzeuger benötigt. Solche Systeme können im Versorgungsfall „Mehrfamilienhaus" und „Kleine Nahwärme" eingesetzt werden (vgl. Kapitel 5.3.2).

Tabelle 5-28 zeigt für derartige Systeme die bisher betrachteten Umweltkenngrößen, die auf der Basis einer Lebenswegbetrachtung ermittelt wurden. Demnach werden beispielsweise für die Deckung der bei dem Versorgungsfall „Mehrfamilienhaus" zugrunde gelegten solarthermischen Systems rund 61 t/TJ an CO_2-Äquivalenten, ca. 61 kg/TJ an SO_2-Äquivalenten, etwa 34 kg/TJ an Schwefeldioxid (SO_2) und rund 38 kg/TJ an Stickstoffoxiden (NO_x) freigesetzt. Bei dem System „Kleine Nahwärme" sind die jeweiligen Werte etwas höher. Dies liegt darin begründet, daß bei diesem System die Nutzung von leichtem Heizöl anstatt von Erdgas – wie bei dem Versorgungsfall „Mehrfamilienhaus" – unterstellt wurde, das bei der Verbrennung bei den hier betrachteten Emissionen durch etwas höhere Freisetzungen im Vergleich zu Erdgas gekennzeichnet ist.

Tabelle 5-28 Bilanzergebnisse einer solarthermischen Wärmebereitstellung

	„Mehrfamilienhaus"	„Kleine Nahwärme"
Verbr. fossiler Energieträger in GJ/TJ	992	1 007
CO_2-Äquivalente in t/TJ	61	74
SO_2-Äquivalente in kg/TJ	61	185
Schwefeldioxid (SO_2) in kg/TJ	34	111
Stickstoffoxide (NO_x) in kg/TJ	38	105

Wärmebereitstellung aus Biomasse. Biogene Festbrennstoffe können in automatischen Feuerungsanlagen zur Wärmebereitstellung eingesetzt werden. Dies ist in nahezu allen benötigten thermischen Leistungen möglich (d. h. Versorgungsfälle „Mehrfamilienhaus", „Kleine Nahwärme", „Große Nahwärme"; vgl. Kapitel 5.3.2).

Unter den zugrunde gelegten Randbedingungen (Kapitel 5.3.2) errechnen sich für diese Versorgungsfälle die in Tabelle 5-29 dargestellten ökologischen Kenngrößen, die ebenfalls auf der Basis einer Lebenszyklusanalyse ermittelt wurden.

Durch eine Wärmebereitstellung aus Biomasse werden beispielsweise für die Deckung der bei dem Versorgungsfall „Mehrfamilienhaus" zugrunde gelegten mit Hackschnitzeln gefeuerten Anlage rund 5 t/TJ an CO_2-Äquivalenten, ca. 96 kg/TJ an SO_2-Äquivalenten, etwa 27 kg/TJ an Schwefeldioxid (SO_2) und rund 88 kg/TJ an Stickstoffoxiden (NO_x) freigesetzt. Dabei ist zu beachten, daß das bei der Verbrennung der Biomasse freigesetzte Kohlenstoffdioxid (CO_2) nicht zusätzlich klimawirksam ist, da es – ein nachhaltiger Biomasseanbau unterstellt – zuvor beim Pflanzenwachstum der Atmosphäre entzogen wurde (vgl. /5-13/).

Tabelle 5-29 Bilanzergebnisse einer Wärmebereitstellung aus biogenen Festbrennstoffen

	„Mehrfamilienhaus"	„Kleine Nahwärme"	„Große Nahwärme"
Verbr. fossiler Energieträger in GJ/TJ	54	405	422
CO_2-Äquivalente in t/TJ	5	29	30
SO_2-Äquivalente in kg/TJ	96	186	158
Schwefeldioxid (SO_2) in kg/TJ	27	49	49
Stickstoffoxide (NO_x) in kg/TJ	88	186	150

Bei dem Versorgungsfall „Kleine Nahwärme" und „Große Nahwärme" sind – im Vergleich zu dem Versorgungsfall „Mehrfamilienhaus" – die Emissionen hauptsächlich aufgrund der unterstellten Zufeuerung fossiler Energieträger zur Deckung der Spitzenlast und zu einem sehr geringen Ausmaß aufgrund der aufwendigeren Verfahrenstechnik einerseits und des notwendigen Verteilnetzes andererseits etwas höher. Dies gilt für praktisch alle hier untersuchten Stofffreisetzungen.

Nutzung oberflächennaher Erdwärme. Wärme aus dem oberflächennahen Erdreich kann dem Grundwasser oder dem Erdreich mit Hilfe von Wärmepumpen entzogen werden (Kapitel 3.1 und 3.2). Tabelle 5-30 zeigt für Systeme, die für den Versorgungsfall „Mehrfamilienhaus" eingesetzt werden (vgl. Kapitel 5.3.2), die entsprechenden Lebenswegbilanzen der hier betrachteten ökologischen Kenngrößen.

Tabelle 5-30 Bilanzergebnisse einer Wärmebereitstellung aus oberflächennaher Erdwärme (Versorgungsfall „Mehrfamilienhaus")

	Vertikale Wärmetauscher	Horizontale Wärmetauscher	Grundwasser
Verbr. fossiler Energieträger in GJ/TJ	811	817	723
CO_2-Äquivalente in t/TJ	56	56	50
SO_2-Äquivalente in kg/TJ	77	79	67
Schwefeldioxid (SO_2) in kg/TJ	41	43	35
Stickstoffoxide (NO_x) in kg/TJ	47	48	42

Demnach zeigt eine Wärmebereitstellung aus oberflächennaher Erdwärme für den Versorgungsfall „Mehrfamilienhaus" Stofffreisetzungen zwischen 50 und 56 t/TJ an CO_2-Äquivalente, zwischen 67 und 79 kg/TJ an SO_2-Äquivalenten, rund 35 bis 43 kg/TJ an Schwefeldioxid (SO_2) und zwischen 42 und 48 kg/TJ an Stickstoffoxiden (NO_x; vgl. Kapitel 5.1.3)

Nutzung hydrothermaler Erdwärme. Das im tieferen Untergrund vorhandene Thermalwasser kann an die Erdoberfläche gefördert und hier seine Wärme an einen potentiellen Verbraucher abgeben (vgl. Kapitel 4.2). Tabelle 5-31 zeigt für den

Versorgungsfall „Große Nahwärme" die entsprechenden Bilanzen der betrachteten ökologischen Kenngrößen.

Tabelle 5-31 Bilanzergebnisse einer Wärmebereitstellung aus hydrothermaler Erdwärme (Versorgungsfall „Große Nahwärme")

	Günstige Lagerstättenbedingungen	Ungünstige Lagerstättenbedingungen
Verbr. fossiler Energieträger in GJ/TJ	38	299
CO_2-Äquivalente in t/TJ	4	16
SO_2-Äquivalente in kg/TJ	14	33
Schwefeldioxid (SO_2) in kg/TJ	6	14
Stickstoffoxide (NO_x) in kg/TJ	11	27

Die ökologischen Kenngrößen einer Wärmebereitstellung aus hydrothermaler Erdwärme werden – da die Bilanzergebnisse durch den Anlagenbetrieb dominiert werden und Anlagenerrichtung sowie -entsorgung sie kaum beeinflussen – wesentlich durch den Anteil an der gesamten bereitgestellten Wärme bestimmt, der aus den jeweils zugefeuerten fossilen Energieträgern resultiert (vgl. Kapitel 5.3.2). Deshalb ist die Anlage mit den ungünstigeren Lagerstättenbedingungen durch deutlich höhere Werte aller hier betrachteten Umweltkenngrößen gekennzeichnet (Kapitel 5.2.3).

Erdwärmenutzung mit tiefen Sonden. Eine Nutzbarmachung der Energie des tiefen Untergrunds ist auch mit Hilfe tiefer Sonden möglich (vgl. Kapitel 4.3). Für die hier exemplarisch untersuchte tiefe Sonde, die typischerweise im Versorgungsfall „Kleine Nahwärme" eingesetzt werden würde, errechnen sich die in Tabelle 5-32 dargestellten ökologischen Kenngrößen.

Tabelle 5-32 Bilanzergebnisse einer Wärmebereitstellung aus tiefen Sonden (Versorgungsfall „Kleine Nahwärme")

Verbr. fossiler Energieträger in GJ/TJ	744
CO_2-Äquivalente in t/TJ	50
SO_2-Äquivalente in kg/TJ	117
Schwefeldioxid (SO_2) in kg/TJ	55
Stickstoffoxide (NO_x) in kg/TJ	88

Eine Wärmebereitstellung mit Hilfe von Systemen, die Erdwärme mit tiefen Sonden verfügbar machen, zeigt demnach Stofffreisetzungen von rund 50 t/TJ an CO_2-Äquivalenten, von ca. 117 kg/TJ an SO_2-Äquivalenten, von etwa 55 kg/TJ an Schwefeldioxid (SO_2) und von ca. 88 kg/TJ an Stickstoffoxiden (NO_x) (vgl. Kapitel 5.1.3).

Wärmebereitstellung aus fossilen Energieträgern. Für die Wärmebereitstellung aus fossilen Energieträgern werden hier mit leichtem Heizöl und mit Erdgas gefeuerte Kesselanlagen betrachtet (Kapitel 5.3.2). Dies gilt für alle untersuchten Versorgungsfälle. Tabelle 5-33 zeigt die entsprechenden Bilanzen der betrachteten ökologischen Kenngrößen.

Tabelle 5-33 Bilanzergebnisse einer Wärmebereitstellung aus fossilen Energieträgern

	„Mehrfamilienhaus"		„Kleine Nahwärme"		„Große Nahwärme"	
	Heizöl	Erdgas	Heizöl	Erdgas	Heizöl	Erdgas
Verbr. fossiler Energieträger in GJ/TJ	1 503	1 355	1 711	1 530	1 712	1 548
CO_2-Äquivalente in t/TJ	106	82	122	90	122	90
SO_2-Äquivalente in kg/TJ	223	72	284	99	285	100
Schwefeldioxid (SO_2) in kg/TJ	149	37	166	53	166	54
Stickstoffoxide (NO_x) in kg/TJ	105	50	168	64	169	65

Die hier betrachteten Umweltkenngrößen sind bei einer Wärmebereitstellung aus dem fossilen Energieträger Erdgas im Vergleich zum leichten Heizöl immer durch geringere Werte gekennzeichnet. Beispielsweise liegen sie bei dem Versorgungsfall „Kleine Nahwärme" beim leichten Heizöl bzw. beim Erdgas bei rund 122 bzw. 90 t/TJ an CO_2-Äquivalenten, bei ca. 284 bzw. 99 kg/TJ an SO_2-Äquivalenten, bei etwa 166 bzw. 53 kg/TJ an Schwefeldioxid (SO_2) und bei ca. 168 bzw. 64 kg/TJ an Stickstoffoxiden (NO_x).

Vergleich. Die ökologischen Kenngrößen der unterschiedlichen Möglichkeiten zur Niedertemperaturwärmebereitstellung für die unterschiedlichen Versorgungsfälle können direkt miteinander verglichen werden, da sie auf der Basis gleicher Rahmenannahmen und identischer Vorgaben ermittelt wurden. Tabelle 5-34 zeigt die jeweiligen Ergebnisse.

Für die Wärmebereitstellung im Fall „Mehrfamilienhaus" können außer mit fossilen Brennstoffen gefeuerten Kesselanlagen Systeme zur thermischen Nutzung der Sonnenenergie, zur Nutzung der oberflächennahen Erdwärme und zur Nutzung biogener Festbrennstoffe eingesetzt werden; eine Nutzung hydrothermaler Erdwärmevorkommen oder der Einsatz tiefer Sonden ist hier aus technischen Gründen nicht sinnvoll.

Bei einem Vergleich für den Fall „Mehrfamilienhaus" zeigt sich, daß für alle untersuchten ökologischen Kenngrößen eine Wärmebereitstellung aus regenerativen Energien im Vergleich der aus fossilen Energieträgern durch im Mittel geringere Werte gekennzeichnet ist. Jedoch gibt es Unterschiede. So ist eine Wärmebereitstellung aus Biomasse bei einigen Stofffreisetzungen (z. B. CO_2-Äquivalente, Schwefeldioxid (SO_2)) durch im Durchschnitt geringere Stofffreisetzungen als Wärme aus oberflächennaher Erdwärme oder aus einer solarthermischen Wärmegewinnung gekennzeichnet. Dies liegt bei den solarthermischen Systemen an der benötigten Deckung der nachgefragten Wärme durch fossile Energieträger im Winter (d. h. fossiles Backup-System) und bei der Nutzung der oberflächennahen Erdwärme an den Emissionen, die bei der Bereitstellung der elektrischen Energie im konventionellen Kraftwerkspark freigesetzt werden, die für den Betrieb der Wärmepumpe benötigt wird. Zusammengenommen kann jedoch die Nutzung dieser regenerativen Energieträger merklich zu einer umweltfreundlicheren Energieversorgung beitragen – insbesondere wenn unterstellt wird, daß sich die Anlagentechnik zukünftig verbessert und damit der Anteil der benötigten fossilen Energieträger an der bereitgestellten Wärme zunehmend reduziert werden kann bzw. die Feuerungsanlagentechnik zur Nutzung biogener Festbrennstoffe hinsichtlich geringerer Emissionen weiter optimiert wird.

Tabelle 5-34 Vergleich der Bilanzergebnisse einer Wärmegewinnung

	Verbrauch fossiler ET in GJ/TJ	CO_2-Äquival. in t/TJ	SO_2-Äquival. in kg/TJ	Schwefeldioxid in kg/TJ	Stickstoffoxide in kg/TJ
„Mehrfamilienhaus"					
Solarth. Wärmebereitst.	992	61	61	34	38
Wärmeb. aus Biomasse	54	5	96	27	88
Nutzung oberfl. Erdw.	723 – 817	50 – 56	67 – 79	35 – 43	42 – 48
Wärmeb. aus fossilen ET	1 355 – 1 503	82 – 106	72 – 223	37 – 149	50 – 105
„Kleine Nahwärme"					
Solarth. Wärmebereitst.	1 007	74	185	111	105
Wärmeb. aus Biomasse	405	29	186	49	186
Wärmeb. mit tief. Sonden	744	50	117	55	88
Wärmeb. aus fossilen ET	1 530 – 1 711	90 – 122	99 – 284	53 – 166	64 – 168
„Große Nahwärme"					
Wärmeb. aus Biomasse	422	30	158	49	150
Nutzung hydroth. Erdw.	38 – 299	4 – 16	14 – 33	6 – 14	11 – 27
Wärmeb. aus fossilen ET	1 548 – 1 712	90 – 122	100 – 285	54 – 166	65 – 169

ET Energieträger.

Für den Fall „Kleine Nahwärme" kann Wärme durch mit fossilen Brennstoffen gefeuerte Kessel, durch eine Biomassefeuerung und durch eine solarthermische Anlage sowie durch eine Erdwärmenutzung mit Hilfe tiefer Sonden bereitgestellt werden. Bei einem Vergleich der ökologischen Kenngrößen zeigt sich auch hier, daß eine Wärmebereitstellung mit den untersuchten regenerativen Energien zur Deckung einer gegebenen Wärmenachfrage unter den unterstellten Bedingungen im Vergleich zu der aus fossilen Energieträgern in den meisten Fällen mit durchschnittlich geringeren Stofffreisetzungen verbunden ist. Dabei werden auch hier die Bilanzen maßgeblich durch die zusätzlich zu der Sonnenenergie, der Erdwärme oder der Biomasse noch benötigten fossilen Energieträger bestimmt, die zur Erfüllung der jeweils gegebenen Randbedingungen aufgrund der jeweiligen Systemtechnik notwendigerweise einzusetzen sind. Dies gilt – da die Bilanzen auch hier im wesentlichen durch den Anlagenbetrieb bestimmt werden und Anlagenerrichtung bzw. –entsorgung die Bilanzergebnisse nur unwesentlich beeinflussen – insbesondere für solche Fälle, bei denen in einem signifikanten Ausmaß fossile Energieträger genutzt werden wie z. B. für eine solarthermische Wärmebereitstellung und eine mit Hilfe tiefer Sonden. Es gilt jedoch nur eingeschränkt für eine Wärmebereitstellung aus biogenen Festbrennstoffen, da auch deren Verbrennung durch Emissionen gekennzeichnet ist, die aufgrund der vorhandenen und noch hinsichtlich einer emissionsärmeren Verbrennung verbesserungsfähigen Anlagentechnik derzeit ggf. über denen einer Nutzung fossiler Energieträger liegen können. Für die hier betrachteten Umweltkenngrößen zeigen die untersuchten Optionen zur Nutzung regenerativer Energien im Durchschnitt jedoch meist geringere Umweltauswirkungen im Vergleich zu denen der Möglichkeiten einer Nutzung fossiler Energieträger.

Der Versorgungsfall „Große Nahwärme" kann neben den Optionen zur Nutzung fossiler Energieträger nur durch Biomasse oder durch die Nutzung hydrothermaler Wärmevorkommen sinnvoll gedeckt werden. Werden die entsprechenden ökologischen Kenngrößen einander gegenübergestellt, zeigen auch hier die Möglichkeiten zur Nutzung regenerativer Energien meist geringere Stofffreisetzungen. Aufgrund der bereits diskutierten Zusammenhänge ist dies jedoch nur eingeschränkt für die Nutzung der Biomasse der Fall; beispielsweise liegen die Emissionen an Stickstoffoxiden (NO_x) bei der Verbrennung von Biomasse höher als z. B. bei der Verbrennung von Erdgas. Auch werden die Bilanzen zur Wärmebereitstellung aus hydrothermaler Erdwärme – ähnlich wie die zur Nutzung tiefer Sonden – wesentlich durch die jeweils realisierte Zufeuerung an fossilen Energieträgern bestimmt. In den meisten Fällen können aber diese Möglichkeiten zur Nutzung regenerativer Energien – im Vergleich zu der fossiler Energieträger –deutlich zu einer Reduktion der untersuchten Stofffreisetzungen beitragen.

Zusammengenommen sind damit alle Möglichkeiten zur Niedertemperaturwärmebereitstellung aus regenerativen Energien im Vergleich zu den Möglichkeiten einer Nutzung fossiler Energieträger durch – in den meisten Fällen – deutlich geringere ökologischen Emissionen im Verlauf des gesamten Lebensweges gekennzeichnet. Damit können diese Optionen bei der Substitution fossiler Energieträger signifikant zu einer zukünftig umweltfreundlicheren und klimaverträglicheren Energieversorgung in Deutschland und Europa beitragen. Dies gilt insbesondere für die Möglichkeiten zur Erdwärmenutzung.

5.4 Ausblick

Ziel der Ausführungen ist es, die geologischen und technischen Grundlagen und Zusammenhänge einer Nutzung von Erdwärme in Deutschland umfassend darzustellen. Dabei wird eingegangen auf die Möglichkeiten einer Nutzung der oberflächennahen Erwärme und der Optionen zur Nutzbarmachung der im tiefen Untergrund gespeicherten Energie. Zusätzlich werden Basisinformationen und wesentliche Abhängigkeiten vermittelt, die eine energiewirtschaftliche Analyse und Bewertung der Möglichkeiten und Grenzen dieser Optionen zur Niedertemperaturwärmebereitstellung und ggf. zur Stromerzeugung im Kontext des Energiesystems von Deutschland ermöglichen.

Die Darstellung der unterschiedlichen und teilweise sehr verschiedenartigen Techniken zur Nutzbarmachung der im Untergrund gespeicherten Energie haben u. a. gezeigt, daß

- die Möglichkeiten einer Nutzung der oberflächennahen Erdwärme technisch weitgehend ausgereift sind,
- die im tiefen Untergrund gespeicherte hydrothermale Wärme mit der heute vorhandenen Technik im Regelfall problemlos und sicher verfügbar gemacht werden kann,

- tiefe Sonden zur Nutzbarmachung der in der Erde gespeicherten Energie ohne grundsätzliche Schwierigkeiten eingesetzt werden können,
- eine Wärme- und insbesondere Stromerzeugung mit Hilfe der Hot-Dry-Rock(HDR)-Technik sich bisher noch im Forschungs- und Demonstrationsstadium befindet, jedoch zu erwarten ist, daß die noch gegebenen technischen Probleme in der nächsten Zeit gelöst werden können.

Damit steht aus technischer Sicht einer weitergehenden Nutzung der Erdwärme zur Deckung der in Deutschland gegebenen Niedertemperaturwärmenachfrage nichts entgegen.

Die trotzdem bisher vergleichsweise geringe Nutzung der Erdwärme im Energiesystem von Deutschland muß damit andere Gründe haben. Deshalb werden zusätzlich ausgewählte energiewirtschaftliche Aspekte der unterschiedlichen Optionen zur Niedertemperaturwärmebereitstellung aus Erdwärme im Vergleich zu anderen Möglichkeiten einer Wärmebereitstellung aus regenerativen Energien und insbesondere fossilen Energieträgern analysiert.

Die Ergebnisse zur Nutzung der oberflächennahen Erdwärme können wie folgt zusammengefaßt werden.

- Die technischen Potentiale auf der Angebots- und Nachfrageseite sind vergleichsweise groß; bei einer weitergehenden Nutzung sind damit bezüglich der vorhandenen Potentiale keine Einschränkungen zu erwarten.
- Die im oberflächennahen Erdreich vorhandene Wärme wird aufgrund der relativ geringen Kosten im Vergleich zu Anlagen zur Nutzung anderer regenerativer Energien bereits – bei deutlich steigendem Trend – vergleichsweise weitgehend genutzt. Im Vergleich zu der Nutzung fossiler Energieträger und damit im Kontext der Dimensionen des Energiesystems von Deutschland liegt die gegenwärtige Erdreichwärmenutzung jedoch noch auf einem sehr geringen Niveau.
- Eine Nutz- bzw. Endenergiebereitstellung aus oberflächennaher Erdwärme ist durch vergleichsweise geringe Freisetzungen an klimawirksamen Gasen und an versauernd sowie human- und ökotoxisch wirkenden Stoffen gekennzeichnet. Diese Möglichkeit kann damit durchaus beachtlich zur Erreichung der gesetzlich verankerten Umweltschutzziele beitragen. Die mit der Wärmebereitstellung verbundenen Stofffreisetzungen werden dabei aufgrund der bei solchen Systemen überwiegend eingesetzten Elektrowärmepumpen signifikant durch die Emissionen des Kraftwerksparks bestimmt; für Deutschland ergibt sich dabei – im Vergleich zu einer Öl- oder Gasheizung – eine merkliche Reduktion der Stofffreisetzungen.

Die aufgezeigten Zusammenhänge bezüglich der Möglichkeiten einer Nutzung hydrothermaler Erdwärmevorkommen lassen sich wie folgt zusammenfassen.

- Die Möglichkeiten einer Nutzung der Energie aus hydrothermalen Vorkommen sind durch hohe technische Potentiale gekennzeichnet. Aufgrund der innerhalb Deutschlands nur begrenzten Verfügbarkeit hydrothermaler Wärmevorkommen können diese Potentiale jedoch nicht auf der gesamten Gebietsfläche der Bundesrepublik Deutschland zur Deckung der Energienachfrage beitragen. Zusätzlich beschränkt sich eine mögliche Nutzung aufgrund der Notwendigkeit eines entsprechenden Wärmeverteilnetzes auf Gegenden mit einer hohen flächenspezifischen Wärmenachfrage.

- Wegen dieser Notwendigkeit eines Netzes zur Verteilung der Wärme aus Anlagen zur Nutzbarmachung hydrothermaler Erdwärmevorkommen und der damit verbundenen hohen Kosten trägt diese Option bisher kaum zur Deckung der Energienachfrage in Deutschland bei. Günstiger können die ökonomischen Randbedingungen dann sein, wenn außer der energetischen eine stoffliche Nutzung des warmen oder heißen Tiefenwassers z. B. in Thermalbädern realisierbar ist; unter solchen Bedingungen ist dann ggf. ein wirtschaftlicher Betrieb einer geothermischen Heizzentrale zur Nutzung hydrothermaler Erdwärmevorkommen auch ohne staatliche Förderung möglich.
- Diese Möglichkeit der Wärmebereitstellung ist im Vergleich zu einer Wärmebereitstellung aus fossilen Energieträgern durch vergleichweise geringe Stofffreisetzungen gekennzeichnet. Die Emissionen an klimawirksamen und/oder versauernd bzw. human- und ökotoxisch wirkenden Spurengasen im Verlauf des gesamten Lebensweges werden dabei im wesentlichen während des Anlagenbetriebs freigesetzt; sie werden damit durch den Anteil an der bereitgestellten Wärme frei Anlagenausgang bestimmt, der aus fossilen Energieträgern resultiert, da in solchen geothermischen Heizzentralen u. a. aus ökonomischen Gründen zur Abdeckung der Spitzenlast immer mit fossilen Energieträgern gefeuerte Anlagen integriert werden.

Die diskutierten Möglichkeiten einer Wärmebereitstellung mit tiefen Sonden können wie folgt zusammengefaßt werden.

- Diese Option zur Wärmebereitstellung weist hohe technische Potentiale auf, die zudem innerhalb der gesamten Bundesrepublik Deutschland erschließbar wären. Sie beschränken sich aber auf Gebiete mit einer flächenspezifisch vergleichsweise hohen Wärmenachfrage, da dieses Potential ausschließlich durch Nahwärmenetze erschließbar ist.
- Aufgrund der vergleichsweise geringen Energieausbeute und der daraus resultierenden sehr hohen Kosten und wegen der Notwendigkeit eines entsprechenden Wärmeverteilnetzes kommen Anlagen, die Erdwärme mit tiefen Sonden nutzen, zur Deckung der Energienachfrage in Deutschland bisher so gut wie nicht zum Einsatz. Daran dürfte sich auch in Zukunft wenig ändern, da eine kostengünstigere Energienachfragedeckung mit tiefen Sonden nur durch die kostenneutrale Verwendung bereits vorhandener Bohrungen möglich wäre, die sich aber meist nicht in der Nähe von geeigneten Verbrauchern befinden und zusätzlich innerhalb Deutschlands kaum verfügbar sind.
- Wärme aus tiefen Sonden zeigt im Vergleich zu der aus fossilen Energieträgern relativ geringe Umwelteffekte. Sie werden – ähnlich wie bei den Möglichkeiten einer Nutzung der oberflächennahen Erdwärme und der hydrothermaler Wärmevorkommen – primär durch den Einsatz der zusätzlich notwendigen fossilen Energieträger bestimmt. Die Veränderung der Emissionen einer Wärmebereitstellung aus tiefen Sonden im Vergleich zu denen einer Wärmeerzeugung aus fossilen Energieträgern wird damit durch die für die Spitzenlastbereitstellung eingesetzten fossilen Energieträger einerseits und die für den Betrieb der Wärmepumpe benötigte Energie (d. h. die Umwelteffekte des dazu benötigten Kraftwerksparks) andererseits bestimmt.

Die Möglichkeiten einer Wärme- und/oder Strombereitstellung aus tiefen Schichten mit Hilfe der Hot Dry Rock(HDR) Technologie lassen sich folgendermaßen zusammenfassen.

- Selbst bei der hier durchgeführten konservativen Abschätzung ist die Wärme- und/oder Strombereitstellung mit der HDR-Technik durch hohe und damit energiewirtschaftlich relevante Potentiale gekennzeichnet. Dies gilt insbesondere für eine ausschließliche Stromerzeugung, da die Potentiale einer Wärmebereitstellung infolge nachfrageseitiger Restriktionen begrenzt sind.
- Wegen der mit der HDR-Technik möglichen Stromerzeugung (ggf. in Wärme-Kraft-Kopplung) erscheint diese Option einer Energiebereitstellung aus Erdwärme vergleichsweise vielversprechend. Aufgrund der bisher noch nicht vollständig gelösten geo- und systemtechnischen Probleme und der Tatsache, daß sich diese Technik noch im Forschungs- und Entwicklungsstadium befindet, sind bisher keine belastbaren Aussagen zu den damit verbunden Kosten möglich. Geht man von vorliegenden Kostenschätzungen aus, sind jedoch – verglichen mit anderen Möglichkeiten zur Wärme- und Strombereitstellung aus regenerativen Energien – vergleichsweise geringe Energiebereitstellungskosten zu erwarten.
- Wärme kann mit der HDR-Technik praktisch emissionsfrei auf einem relativ hohen Temperaturniveau verfügbar gemacht werden. Deshalb ist zu erwarten, daß eine Zufeuerung von fossilen Energieträgern kaum notwendig sein wird. Folglich dürften auch die mit einer Energiebereitstellung verbundenen Umwelteffekte vergleichsweise gering sein.

Zusammengenommen sind damit die Möglichkeiten einer Energiebereitstellung auf der Basis von Erdwärme aus technischer und energiewirtschaftlicher Sicht vielversprechend. Zusätzlich können sie einen signifikanten Beitrag zur Lösung der energiebedingten Umweltprobleme und damit zur Erreichung der globalen Klimaschutzziele und damit der Bemühungen zum Schutz des Menschen und der natürlichen Umwelt leisten. Trotz des teilweise noch unattraktiven ökonomischen Umfeldes – insbesondere aufgrund der z. T. noch hohen Wärmegestehungskosten im Vergleich zu denen einer Nutzung fossiler Energieträger – ist vor dem Hintergrund der laufenden Markteinführungsanstrengungen zu erwarten, daß Erdwärme zukünftig deutlich mehr zur Deckung der gegebenen Energienachfrage in Deutschland und Europa – insbesondere im Niedertemperaturwärmebereich – beitragen wird.

Literatur

Literatur zu Kapitel 1

/1-1/ BMWi (Hrsg.): EnergieDaten '97/'98; Bundesministerium für Wirtschaft (BMWi), Bonn, 1998

/1-2/ VDI-GET (Hrsg.): Jahrbuch 1998; VDI, Düsseldorf, 1998

/1-3/ Kaltschmitt, M.; A. Wiese (Hrsg.): Erneuerbare Energien – Systemtechnik, Wirtschaftlichkeit, Umweltaspekte; Springer, Berlin, Heidelberg, 2. Auflage, 1997

/1-4/ Voß, A.: Scriptum zur Vorlesung „Energiesysteme I"; Institut für Energiewirtschaft und Rationelle Energieanwendung (IER), Universität Stuttgart, WS 97/98

/1-5/ Kippenhahn, R.: Der Stern, von dem wir leben; Deutsche Verlags-Anstalt, Stuttgart, 1990

/1-6/ Duffie, J. A.; W. A. Beckmann: Solar Engineering of Thermal Processes; Wiley-Interscience, New York, USA, 1980

/1-7/ Rummel, F.; O. Kappelmeyer (Hrsg.): Erdwärme – Energieträger der Zukunft; C. F. Müller, Karlsruhe, 98 S., 1993

/1-8/ Schäfer, H.; L. Rouvel: Nutzung regenerativer Energien; Schriftenreihe IfE, Heft 1, Resch, München, 1992

/1-9/ VDI-GET (Hrsg.): Potentiale regenerativer Energieträger in der Bundesrepublik Deutschland; VDI, Düsseldorf, 1991

/1-10/ Kleemann, M.; M. Meliß: Regenerative Energiequellen; Springer, Berlin, Heidelberg, 2. Auflage, 1993

/1-11/ Sanner, B.: Kurzer Abriß der Geschichte der Erdwärmeforschung von der Antike bis zum Beginn des 20. Jahrhunderts; Giessener Geologische Schriften 56, S. 255-277, Lenz-Verlag, Gießen, 1996

/1-12/ Wang, J.-Y.: Historical Aspects of Geothermal Energy in China; IGA, World Geothermal Conference, Florence, Proceedings, Vol. 1, S. 389–394, Italien, ISBN 0-473-03123-X, 1995

/1-13/ Hein, H.: Die Ausnützung der Erdwärme; Kosmos 21, Stuttgart, 1924

/1-14/ Lämmel, R.: Ausnutzung der Erdwärme; Kosmos 22, Stuttgart, 1925

/1-15/ Günther, H.: In hundert Jahren, die künftige Energieversorgung der Welt; in: Erdwärme, Franck´sche Verlagsbhdlg., Stuttgart, 1931

/1-16/ Barbier, E.; G. Frye; E. Iglesias; G. Palamasson (Hrsg.): IGA, World Geothermal Conference, Florence, Proceedings, Italien, ISBN 0-473-03123-X, 1995

Literatur zu Kapitel 2

/2-1/ Bolt, B. A.: Earthquakes and Geological Discovery; Freeman and Company, New York, 229 S., 1993

/2-2/ Press; R. Siever: Understanding Earth; Freeman and Company, New York, 593 S., 1994

/2-3/ Strohbach, K.: Unser Planet Erde – Ursprung und Dynamik; Gebrüder Bornträger, Berlin – Stuttgart, 253 S., 1991

/2-4/ Frisch, W.; J. Loeschke: Plattentektonik; Wissenschaftliche Buchgesellschaft, Darmstadt, 190 S., 1990

/2-5/ Dewey, J. F.: Plattentektonik; in: Ozeane und Kontinente, Spektrum der Wissenschaft, Heidelberg, S. 26-39, 1987

/2-6/ Holmes, A.: The Machinery of Continental Drift – The Search for a Mechanism; in: Holmes, A.: Principles of Physical Geology; Nelson, London, S. 505-509, 1944

/2-7/ Hess, H. H.: Drowned ancient islands of the Pacific basin; Amer. J. Sci, 244, S. 772-791, 1946

/2-8/ Vine, F. J.; D. H. Matthews: Magnetic anomalies over oceanic ridges; Nature, 199, S. 947-949, 1963

/2-9/ Wilson, J. T.: A new class of faults and their bearing on continental drift; Nature, 207, S. 343-347, 1965

/2-10/ Rummel, F.; O. Kappelmeyer (Hrsg.): Erdwärme – Energieträger der Zukunft; C. F. Müller, Karlsruhe, 98 S., 1993

/2-11/ Baria, R.; J. Garnish; J. Baumgärtner; A. Gèrard: Recent developments in the European research programme at Soultz-sous-Forêts (France); IGA, World Geothermal Conference, Florence, Proceedings, Italien, ISBN 0-473-03123-X, 1995

/2-12/ Fricke, S.; P. Schlosser: Problem der Ermittlung von Gesteinstemperaturen durch Bohrlochmessungen in übertiefen Bohrlöchern der DDR; Z. angew. Geol., 26, S. 619–623, 1980

/2-13/ Capetti, G.; R. Celati; U. Cigni; P. Squarci; G. Stefani; I. Taffi: Development of deep exploration in the geothermal areas of Tuscany; Italy Int. Symp. Geoth. Energy, Geoth. Resour. Council, Hawaii, S. 303-309, 1985

/2-14/ Clauser, C.; E. Huenges: Thermal conductivity of rocks and minerals; in: Ahrens, T. (Hrsg.): AGU Handbook of Physical Constant; Section 3.9, Am. Geophys. Union, Washington, S. 105-126, 1995

/2-15/ Schön, J. H.: Petrophysical Properties of Rocks; Handbook of Geophysical Exploration Seismic Exploration, Volume 18, S. 1-583, 1996

/2-16/ Springer, M.: Die regionale Oberflächenwärmeflußdichte-Verteilung in den zentralen Anden und daraus abgeleitete Temperaturmodelle der Lithosphäre; Scientific Technical Report STR97/05, GeoForschungs-Zentrum Potsdam, 128 S., 1997

/2-17/ Hurtig, E.; V. Cermak; R. Haenel; V. Zui (Hrsg.): Geothermal Atlas of Europe; Potsdam, 1991/1992, Hermann Haack Verlagsgesellschaft/ Geographisch-kartographische Anstalt Gotha, 1991

/2-18/ Clauser, C.; J.-C. Mareshal: Ground Temperature History in Central Europe from Borehole Temperature Data; Geophys. J. Int., 121(3), S. 805-817, 1995

2-19/ Matthess, G.: Die Beschaffenheit des Grundwassers; Lehrbuch der Hydrogeologie, Bd. 2, 498 S., Gebrüder Bornträger, Berlin, Stuttgart, 1990

/2-20/ Kappelmeyer, O.: Geothermik; in: Bentz, A.: Lehrbuch der angewandten Geologie; 1: S. 863-889, Stuttgart, Enke, 1961

/2-21/ Liebscher, H. J.; F. Schwille: Meterological and geological conditions in the Federal Republic of Germany; Nation Report on Hydrological Research (1975-1982), Koblenz DFG, S. 1-10, 1983

/2-22/ Sanner, B.; L. Rybach: Oberflächennahe Geothermie - Nutzung einer allgegenwärtigen Ressource; Geowissenschaften 15, Heft 7, 1997, S. 225-230, Ernst & Sohn, 1997

/2-23/ Chapman, D. S.; L. Rybach: Heat flow anomalies and their interpretation; J. Geodynamics, 4, S. 3-37, 1985

/2-24/ Schubert, A.: Tiefengrundwasseruntersuchungen im Molassebecken westlich von Linz; Diss. TU Berlin, 127 S., 1996

/2-25/ Stober, I.: Hydraulische Besonderheiten tiefer Grundwässer; in: DVWK (Hrsg.): Tiefe Grundwässer - Vorkommen und Bedeutung; DVWK Fortbildung 43. Seminar, Saulgau, 1994

/2-26/ Dickson, M. H.; M. Fanelli: Utilization of Geothermal Ressources; in: Dickson, M. H.; M. Fanelli (Hrsg.): Geothermal Energy; John Wiley & Sons Ltd., New York, S. 20-27, 1995

/2-27/ Füchtbauer, H. (Hrsg.): Sedimente und Sedimentgesteine; 4. Aufl. Stuttgart, E. Schweizerbart, 1988, 1141 S., 1988

/2-28/ Schön, M.; W. Rockel: Nutzung niedrigthermaler Tiefenwässer – Geologische Grundlagen; in: Bußmann, W.; F. Kabus; P. Seibt (Hrsg.): Geothermie - Wärme aus der Erde; Karlsruhe, C. F. Müller, S. 20-50, 1991

/2-29/ Hoth, P.; A. Seibt; T. Kellner; E. Huenges (Hrsg.): Geowissenschaftliche Bewertungsgrundlagen zur Nutzung hydrogeothermaler Ressourcen in Norddeutschland; Scientific Technical Report 97/15, GeoForschungs-Zentrum Potsdam, 149 S., 1997

/2-30/ Rockel, W.; H. Schneider: Die Möglichkeiten der Nutzung geothermischer Energie in Nordostdeutschland und der Bearbeitungsstand geplanter Vorhaben; in: Schulz; Werner; Ruhland; Bußmann (Hrsg.): Geothermische Energie – Forschung und Anwendung in Deutschland; Karlsruhe, C. F. Müller, 1992, S. 87-98, 1992

/2-31/ Huenges, E.; B. Engeser; J. Erzinger; W. Kessels; J. Kück: The Permeable Crust: Geohydraulic Properties Down to 9100 m Depth; J. Geophys. Res., v. 102, no. B8, S. 18, 255-18, 265, 1997

/2-32/ Frisch, H.; R. Schulz; J. Werner: Hydrogeothermische Energiebilanz und Grundwasserhaushalt des Malmkarstes im Süddeutschen Molassebecken; in: Schulz; Werner; Ruhland; Bußmann (Hrsg.): Geothermische Energie - Forschung und Anwendung in Deutschland; Karlsruhe, C. F. Müller, S. 99-118, 1992

/2-33/ Haenel, R.; E. Staroste (Hrsg.): Atlas of Geothermal Resources in the European Community; Austria and Switzerland; Hannover, Thomas Schaefer, 1988

/2-34/ Schulz, R.; G. Beutler; H.-G. Röhling; K.-H. Werner; W. Rockel; U. Becker; F. Kabus; T. Kellner; G. Lenz; H. Schneider: Regionale Untersuchungen von geothermischen Reserven und Ressourcen in Nordwestdeutschland; Niedersächsisches Landesamt für Bodenforschung, Bericht 111758, Hannover, 161 S., 1994

/2-35/ Diener, I.; G. Katzung; P. Kühn u. a.: Geothermie – Atlas der DDR; Berlin, Zentrales Geologisches Institut, Berlin, 18 S., 27 Anlagen, 1984

/2-36/ Schellschmidt, R.; C. Clauser: The Thermal Regime of the Upper Rhine Graben and the Anomaly at Soultz-sous-Forêts; Z. angew. Geol., Berlin, 42, 2, S. 40-44, 1996

/2-37/ Cautru, J. P.; P. Maget: France – National geothermal resource assessment; in: Haenel, R.; E. Staroste (Hrsg.): Atlas of Geothermal Resources in the European Community, Austria and Switzerland; Hannover, Thomas Schaefer, 1988

/2-38/ Müller, E. P.; G. Papendieck: Zur Verteilung, Genese und Dynamik von Tiefenwässern unter besonderer Berücksichtigung des Zechsteins; Z. geol. Wiss., 3, 2, S. 167-196, 1975

/2-39/ Pekdeger, A.; L. Thomas: Genese von Tiefenwässern verschiedener geologischer Einheiten unter besonderer Berücksichtigung der Erdölbegleitwässer; in: DGMK Frühjahrstagung, Celle, 1993, S. 73-85. 1993

/2-40/ Seibt, A.; F. Kabus; T. Kellner: Der Thermalwasserkreislauf bei der Erdwärmenutzung; Die Geowissenschaften, Sonderheft Geothermie, 8, 15. Jahrg., S. 253-258, 1997

/2-41/ Jung, R.; J. Baumgärtner; O. Kappelmeyer; F. Rummel; H. Tenzer: HDR-Technologie – geothermische Energiegewinnung der Zukunft; Die Geowissenschaften, Sonderheft Geothermie, 8, 15. Jahrg., S. 259-263, 1997

Literatur zu Kapitel 3

/3-1/ VDI 4640: Thermische Nutzung des Untergrunds; Blatt 1 und 2, Entwurf, Beuth, Berlin, Februar 1998

/3-2/ Fehr, A.: Risikodeckung des Bundes für Geothermie-Bohrungen; Geothermie CH 1/91, S. 2, Biel, 1991

/3-3/ Gutermuth, P.-G.: Das Marktanreizprogramm des Bundesministeriums für Wirtschaft zugunsten erneuerbarer Energien 1995-1998 und seine

Bedeutung für die oberflächennahe Geothermie; Tagungsband 5. Geotherm. Fachtagung Straubing 1998, S. 60-71, 1998

/3-4/ Sanner, B.: Erdgekoppelte Wärmepumpen, Geschichte, Systeme, Auslegung, Installation; IZW-Bericht 2/92, 328 S., FIZ, Karlsruhe, 1992

/3-5/ Kaltschmitt, M.; R. Lux; B. Sanner: Oberflächennahe Erdwärmenutzung; in: Kaltschmitt, M.; A. Wiese (Hrsg.): Erneuerbare Energien; 2. Aufl., S. 345-370, Springer, Berlin, Heidelberg, 1997

/3-6/ Gerbert, H.: Vergleich verschiedener Erdkollektor-Systeme; IZW-Bericht 3/91, S. 75-86, FIZ, Karlsruhe, 1991

/3-7/ Messner, O. H. C.; F. De Winter: Umweltschutzgerechte Wärmepumpenkollektoren hohen Wirkungsgrades; IZW-Bericht 1/94, S. 179-190, FIZ, Karlsruhe, 1994

/3-8/ Smith, M. D.: Performance Test Result of Slinky Heat Exchangers; Proc. 2. Int. Conf. Heat Pumps in Cold Climates, Moncton NB, S. 123-133, Caneta Research Inc., Mississauga, 1993

/3-9/ Svec, O. J.; G. Di Rezze; R. Mancini: Erdgekoppelte Wärmepumpe mit horizontalen Spiral-Wärmetauscher zur Versorgung eines Elementarschulgebäudes; IZW-Bericht 1/94, S. 191-204, FIZ, Karlsruhe, 1994

/3-10/ Engvall, L.: Energilagring i lera, Ny metod för installation av värmeväxlarrör; 17 S., SCBR R92 1986, Stockholm, 1986

/3-11/ Van den Berg, A. P.: Ein neues, sehr wirtschaftliches Verfahren und eine neue Konfiguration zum Einbringen von untiefen, vertikalen Erdwärmesonden; IZW-Bericht 2/97, S. 147-151, FIZ, Karlsruhe, 1997

/3-12/ Sanner, B.; K. Knoblich: Umwelteinfluß erdgekoppelter Wärmepumpen; IZW-Bericht 3/91, S. 113-124, FIZ, Karlsruhe, 1991

/3-13/ Guse, J.: Planung, Installation und Betrieb von Erdwärmesonden für Wärmepumpen; VDI-Tagung „Regenerative Energieanlagen erfolgreich planen und betreiben '98", Potsdam, Deutschland, Juni 1998, VDI, Düsseldorf, 1998

/3-14/ Nordell, B.; K. Fjällström; L. Öderyd: Water driven down-the-hole well drilling equipment for hard rock; J. Underground Thermal Storage and Utilization, Vol. 1, www.geo-journal.stockton.edu, Stockton College, USA, 1998

/3-15/ Kapp, H.; C. Kapp: Energiepfähle: Stand der Technik und bisherige Erfahrungen; Mitt. Schweiz. Ges. Boden- und Felsmechanik 127, S. 5-7, 1993

/3-16/ Hadorn, J.-C.: Problématique des pieux „échangeur"; Mitt. Schweiz. Ges. Boden- und Felsmechanik, 127, S. 17-18, 1993

/3-17/ Katzenbach, R.; K. Knoblich; E. Mands; A. Rückert; B. Sanner: Energiepfähle - Verbindung von Geotechnik und Geothermie; IZW-Bericht 2/97, S. 91-98, FIZ, Karlsruhe, 1997

/3-18/ Morino, K; T. Oka: Experimental and numerical study of ground source heat pump using a steel pipe pile as heat exchanger with the soil; Proc. MEGASTOCK ´97, Vol. 1, S. 109-114, Sapporo, 1997

/3-19/ Preg, R.: Heizen und Kühlen mit erdberührten Betonbauteilen; Tagungsband Prakt. Anw. der Geothermie, Öko-Zentrum NRW, S. 51-58, GtV, Geeste, 1997

/3-20/ Lindblom, U.: Utilization of Underground for Solar and Waste Heat Storage; in: Bergman, M.: Subsurface Space; Proc. of Rockstore ´80, Stockholm, Vol. 2, S. 509-514, Pergamon Press, Oxford, 1980

/3-21/ Sanner, B.: Energiepfähle; Geothermische Energie 12/95, S. 5-7, Neubrandenburg, 1995

/3-22/ Schärli, U.: Energiepfahlanlage Photocolor, Kreuzlingen; Mitt. Schweiz. Ges. Boden- und Felsmechanik 127, S. 9-12, 1993

/3-23/ Scheuss, U.: Energiepfahlanlage Pago AG, Grabs (CH); Tagungsband 4. Geotherm. Fachtagung, Konstanz, S. 291-297, GtV, Neubrandenburg, 1996

/3-24/ Halozan, H.; K. Holzapfel: Heizen mit Wärmepumpen; TÜV Rheinland, Köln, 1987

/3-25/ Günther-Pomhoff, C.; G. Pfitzner: Wärmepumpen; Forschungsbericht der Forschungsstelle für Energiewirtschaft, München, 1995

/3-26/ GHPC: Galt House East Hotel; Casestudy aus der Homepage des Geothermal Heat Pump Consortiums, www.geoexchange.org, Washington, 1996

/3-27/ Sachs, H. M.: On Standing Column Well Geoexchange Systems; J. Underground Thermal Storage and Utilization, Vol. 1, www.geo-journal.stockton.edu, Stockton College, USA, 1998

/3-28/ WEA: Grundlagen für die Nutzung von Wärme aus Boden und Grundwasser im Kanton Bern; 169 S., Schlußbericht, Thermoprogramm Erdwärmesonden, Burgdorf, Wasser- und Energiewirtschaftsamt des Kantons Bern (Hrsg.), 1996

/3-29/ Rottluff, F.: Grubenwasser als Wärmequelle für den Betrieb von Wärmepumpen am Beispiel des Nord-West-Feldes der Zinnerz GmbH; IZW-Bericht 1/94, S. 255-264, FIZ, Karlsruhe, 1994

/3-30/ Müller, B.; W. Nestler: Wärmepumpen-Heizanlage für die übertägigen Gebäude des Besucherbergwerkes in Ehrenfriedersdorf mit Wärmequelle Grubenwasser; IZW-Bericht 2/97, S. 85-89, FIZ, Karlsruhe, 1997

/3-31/ Sanner, B.: Verwendung aufgelassener Kohlegruben zur Nutzung geothermischer Energie in Springhill, Kanada; Geothermische Energie 6/93, S. 3-5, Neubrandenburg, 1993

/3-32/ Rybach, L.: Das geothermische Wärmepotential der NEAT-Tunnels; Mitt. Schweiz. Ges. Boden- und Felsmechanik, 127, S. 19, 1993

/3-33/ Nanzer, K.: Warmwassernutzung aus dem Furkatunnel; Tagungsband 4. Geotherm. Fachtagung, Konstanz, S. 341-347, GtV, Neubrandenburg, 1996

/3-34/ Epinatjeff, P.; J. Beck; T. Jungbluth; A. Scheuble: Zuluftkonditionierung landwirtschaftlicher Stallanlagen mit Erdreichwärmetauscher; Tagungsband 11., Int. Sonnenforum, S. 587-590, DGS, München, 1998

/3-35/ Körner, F.: Luft/Wasser-Wärmepumpe mit Erdvorwärmung der Luft; IZW-Bericht 1/94, S. 205-206, FIZ, Karlsruhe, 1994

/3-36/ Asmuth, P.; G. Schiller: Kombination einer Luft-Wasser-Wärmepumpe mit einer Lüftungsanlage und einem Erdreichregister; IZW-Bericht 2/97, S. 115-120, FIZ, Karlsruhe, 1997

/3-37/ Biro, O.; H. Halozan; K. Preis; W. Renhart; K. Richter: Numerische Simulation der Erdwärmenutzung mittels Betonkollektoren; 180 S., Schriftenr. d. Energieforschungsgemeinschaft im VEÖ, Wien, 1997

/3-38/ Huber, A.; C. Müller; O. Berchtold; H. J. Eggenberger: Luftvorwärmung von Wärmepumpen in Erdregistern; 110 S., Schlußbericht im Forschungsprogramm UAW des BEW, Bern, 1996

/3-39/ Wollscheid, G.; F. Späte: Erdreichwärmetauscher im Solar-Campus Jülich; Tagungsband 11., Int. Sonnenforum, S. 591-598, DGS, München, 1998

/3-40/ Pomhoff, C. u. a.: Technik und Einsatzmöglichkeiten für Wärmepumpen (Untersuchung für Bayern); Bayerisches Staatsministerium für Wirtschaft und Verkehr, München, 1993

/3-41/ Eriksson, A.; S. Johansson: Experience from the aquifer thermal energy storage at SAS Frösundavik office, Sweden; Proc. THERMASTOCK 91, S. 2.2.1-2.2.7, NOVEM, Utrecht, 1991

/3-42/ Hackensellner, T.; G. Dünnwald: Wärmepumpen; Teil VIII der Reihe Regenerative Energien, VDI, Düsseldorf, 1996

/3-43/ Åbyhammar, T.: Akviferbaserat energisystem, Utvärdering SAS huvudkontor Solna; 113 S., SCBR R14:1991, Stockholm; 1991

/3-44/ Kirn, H.: Grundlagen der Wärmepumpentechnik; C. F. Müller, Karlsruhe, 6. Auflage, 1983

/3-45/ Günther-Pomhoff, C.; G. Pfitzner: Wärmepumpen; Forschungszentrum Jülich GmbH, Jülich, 1994

/3-46/ VDI-Gesellschaft Energietechnik (Hrsg.): Wärmepumpe; Verein Deutscher Ingenieure, Düsseldorf, 1998

/3-47/ Verordnung zum Verbot von bestimmten die Ozonschicht abbauenden Halogenkohlenwasserstoffen (FCKW-Halon-Verbotsordnung); BMU, Bonn, 1991

/3-48/ Muir, E. B.: Trends and Advances in Working Fluids; Proc. 5. IEA Heat Pump Conference Toronto, S. 183-190, NRC, Ottawa

/3-49/ Kapp, C.: Saisonale Energiespeicherung im Untergrund; IZW-Berichte 1/94, S. 309-318, IZW, Karlsruhe, 1994

/3-50/ Kübler, R.: Erdgekoppelte Wärmepumpe mit Solaranlage zur Beheizung der Seniorenwohnanlage in Stuttgart-Rohr; IZW-Berichte 2/97, S. 163-165, IZW, Karlsruhe, 1997

/3-51/ Kabus, F.; O. Kruse: Die Wärmepumpe im Schulungszentrum „Blumberger Mühle“ und ihr gekoppelter Betrieb mit einer Solarkollektor-Anlage; IZW-Berichte 2/97, S. 159-162, IZW, Karlsruhe, 1997

/3-52/ Knoblich, K.; B. Sanner; M. Klugescheid: Energetische, hydrologische und geologische Untersuchungen zum Entzug von Wärme aus dem Erdreich; Giessener Geologische Schriften 49, 192 S., Gießen, 1993

/3-53/ Sanner, B.; K. Knoblich: Saisonale Kältespeicherung im Erdreich als Teil fortschrittlicher Gebäudeklimasysteme, VDI-Bericht Nr. 1029, S. 453-467, Düsseldorf, 1993

/3-54/ Sanner, B.; M. Klugescheid; K. Knoblich; T. Gonka: Saisonale Kältespeicherung im Erdreich; Giessener Geologische Schriften 59, 181 S., Gießen, 1996

/3-55/ Sanner, B.: Ground Coupled Heat Pump Systems, R&D and practical experiences in FRG; Proc. 3. IEA Heat Pump Conf. Tokyo 1990, S. 401-409, Pergamon Press, Oxford, 1990

/3-56/ GHPC: Convenience Stores; Casestudies aus der Homepage des Geothermal Heat Pump Consortiums, www.geoexchange.org, Washington, 1996-98

/3-57/ Sun, Y.; H. Ju: Aquifer Energy Storage Applications in China; STES-Newsletter VIII/4, S. 2-3, Berkeley, 1986

/3-58/ Sun, Y.; Q. Li; J. Wu: The experiment of storing cold and warm water in aquifer in Shanghai, P.R. China, and its effect; Proc. THERMASTOCK 91, S. 1.1.1-1.1.7, NOVEM, Utrecht, 1991

/3-59/ Brun, G.: La régularisation de l'énergie solaire par stockage thermique dans le sol; Revue Générale de Thermique 44, 1964

/3-60/ Meyer, C. F.; D. K. Todd: Are Heat-Storage Wells the Answer?; Electrical World, Aug. 15, 1973, S. 42-45, New York, 1973

/3-61/ Dalenbäck, J.-O. (Hrsg..): Central Solar Heating plants with seasonal storage;, status report, 105 S., SCBR D14:1990, Stockholm, 1990

/3-62/ Saugy, B.; J. J. Miserez; B. Matthey: Stockage saisonnier de chaleur dans l'aquifère, stockage pilote d'energie par ouvrage souterrain (SPEOS), Résultats de 5 ans de fonctionnement, Proc. JIGASTOCK 88, S. 325-336, AFME, Paris, 1988

/3-63/ Hadorn, J. C. (Hrsg.): Wegleitung zur saisonalen Wärmespeicherung; Schweizerischer Ingenieur- und Architektenverein, SIA Dokument D 028 d, Zürich, 1989

/3-64/ Bakema, G.; A. Snijders; B. Nordell (Hrsg.): Underground Thermal Energy Storage; State of the Art 1994, 83 S., IEA ECES Annex 8, IF Technology, Arnhem, 1995

/3-65/ Sanner, B.; B. Nordell: Underground Thermal Energy Storage - an International Overview; Newsletter IEA Heat Pump Center 16/2, S. 10-14, Sittard, 1998

/3-66/ Nordell, B.: A borehole heat store in rock at the University of Luleå; 56 S., SCBR D12:1990, Stockholm, 1990

/3-67/ Morofsky, E.: Seasonal cold storage building and process applications: a standard design option?; Proc. MEGASTOCK 97, S. 1009-1016, Sapporo, 1997

/3-68/ Hopkirk, R. J.; K. Hess; W. J. Eugster: Erdwärmesonden-Speicher zur Straßenheizung bei Därligen, Schweiz, IZW-Bericht 1/94, S. 297-307, FIZ, Karlsruhe, 1994

/3-69/ Sanner, B.; K. Knoblich: Geochemical and Geotechnical Aspects of high temperature thermal energy storage in soil; Z. Angew. Geowiss. 9, S. 93-108, Giessen, 1990

/3-70/ Ruck, W.; M. Adinolfi; W. Weber: Chemical and environmental aspects of heat storage in the subsurface; Z. Angew. Geowiss. 9, S. 119-129, Giessen, 1990

/3-71/ Hellström, G.; S. Gehlin,: Direct cooling of telephone switching stations using a borehole heat exchanger; Proc. MEGASTOCK 97, S. 235-240, Sapporo, 1997

/3-72/ Eugster, W. J.; L. Rybach: Langzeitverhalten von Erdwärmesonden – Messungen und Modellrechungen am Beispiel einer Anlage in Elgg (ZH), Schweiz; IZW-Bericht 2/97, S. 65-69, Karlsruhe, 1997

/3-73/ Eugster, W. J.: Erdwärmesonden - Funktionsweise und Wechselwirkung mit dem geologischen Untergrund; Dissertation Nr. 9524, ETH, Zürich, 1991

/3-74/ Gilby, D. J.; R. J. Hopkirk,: McTrad-2D, a multiple coordinate computer code for calculation of transport by diffusion in two dimensions; Nagra Technische Berichte NTB 85-37, Baden, 1985

/3-75/ Rybach, L.; W. J. Eugster: Reliable long-term performance of BHE systems and market penetration - the Swiss success story; J. Underground Thermal Storage and Utilization, Vol. 1, www.geo-journal.stockton.edu, Stockton College, USA, 1988

/3-76/ Stadler, T.; R. J. Hopkirk; K. Hess: Auswirkungen von Klima, Bodentyp, Standorthöhe auf die Dimensionierung von Erdwärmesonden in der Schweiz; Schlußbericht ET-FOER(93)033, BEW, Bern, 1995

/3-77/ Eskilson, P.; J. Claesson: Simulation Model for thermally interacting heat extraction boreholes; Numerical Heat Transfer, 13, S. 149-165, 1988

/3-78/ Hellström, G.: PC-Modelle zur Erdsondenauslegung; IZW Bericht 3/91, S. 229-238, FIZ, Karlsruhe, 1991

/3-79/ Hellström, G.; B. Sanner: PC-Programm zur Auslegung von Erdwärmesonden; IZW-Bericht 1/94, S. 341-350, FIZ, Karlsruhe, 1994

/3-80/ Sanner, B.; G. Hellström: „Earth Energy Designer", eine Software zur Berechnung von Erdwärmesondenanlagen; Tagungsband 4. Geotherm. Fachtagung Konstanz, S. 326-333, GtV, Neubrandenburg, 1996

/3-81/ Hellström, G.; B. Sanner; M. Klugescheid; T. Gonka; S. Mårtensson: Experiences with the borehole heat exchanger software EED; Proc. MEGASTOCK 97, p. 247-252, Sapporo, 1997

/3-82/ Brehm, D.: Entwicklung, Validierung und Anwendung eines dreidimensionalen, strömungsgekoppelten finite Differenzen Wärmetransportmodells; Giessener Geologische Schriften 43, 120 S., Giessen, 1989

/3-83/ Sanner B.; M. Klugescheid; K. Knoblich: Numerical Modelling of Conductive and Convective Heat Transport in the Ground for UTES, with example; Proc. Eurotherm Seminar 49, S. 137-146, Eindhoven, 1996

/3-84/ Klugescheid, M.: Thermohydraulische Berechnungen zur energetischen Nutzung des oberflächennahen Untergrunds am Beispiel zweier Standorte in Lomma (Südschweden) und Berlin; Giessener Geologische Schriften 60, 169 S., Giessen, 1997

/3-85/ Grundlagen zur Nutzung der untiefen Erdwärme für Heizsysteme; 142 S., SIA Dokument D 0136, Zürich, 1996

/3-86/ Sanner, B.: Standards and Regulations for GSHPs in Central Europe; Newsletter IEA Heat Pump Center 13/4, S. 27-30, Sittard, 1995

/3-87/ Abbas, M. A.; B. Sanner: Wie kann Geophysik bei der Erkundung/ Planung oberflächennaher Geothermie helfen?; Tagungsband 5. Geotherm. Fachtagung Straubing, S. 513 – 522, GtV, Neubrandenburg, 1998

/3-88/ Eklöf, C.; S. Gehlin: TED - a mobile equipment for thermal response test; 62 S., Master´s thesis 1996:198E, Luleå University of Technology, Luleå, 1996

/3-89/ WEA: Übersichtskarte des Kantons Bern, Wärme aus Wasser und Boden; Karte 1:100.000, Wasser- und Energiewirtschaftsamt des Kantons Bern, 1996

/3-90/ Babey, J.: Le réglementation en matière de protection des eaux dans le canton du Jura; Tagungsdokumentation 6. Fachtagung SVG Delémont, Vortrag 2, Biel, 1995

/3-91/ BWMUV: Leitfaden zur Nutzung von Erdwärme mit Erdwärmesonden; Min. Umwelt und Verkehr Baden-Württemberg, Stuttgart, 1998

/3-92/ Dosch, K.; J. Jasper; M. Rohm: Potentiale der oberflächennahen Geothermie im Raum Düren; Tagungsband 5. Fachkongreß renergie 98, Öko-Zentrum NRW Hamm, S. 163-170, IWR, Münster, 1998

/3-93/ Boldt, G.; H. Weller: Bundesberggesetz, Kommentar; de Gruyter, Berlin, 1984

/3-94/ Nast, K.: Erdwärme - Rechtsgrundlagen der Erkundung und Gewinnung; Tagungsband 4. Geotherm. Fachtagung Konstanz, S. 436-444, GtV, Neubrandenburg, 1996

/3-95/ Sanner, B.; K. Knoblich; G. Euler: Nutzung oberflächennaher Geothermie in Kochel a. S., Geologie und Anlagenplanung; Z. Angew. Geowiss. 11, S. 97-106, Gießen

/3-96/ Sanner, B.; T. Gonka: Oberflächennahe Erdwärmenutzung im Laborgebäude UEG, Wetzlar; Oberhess. Naturw. Zeitschr., Bd. 58, S. 115-126, Gießen, 1996

/3-97/ Küffner, G.: Das Erdreich unter dem Kellerboden wird zum Kältespeicher; Frankfurter Allgemeine Zeitung, Nr. 109/13.5.97, S. T 5, Frankfurt, 1997

/3-98/ Kapp, C.; N. von der Hude: Einsatz von Energiepfählen am Beispiel des MAIN TOWER in Frankfurt am Main; IZW-Bericht 2/97, S. 101-106, FIZ, Karlsruhe, 1997

/3-99/ Energiepfähle für den Neubau der Landesbank Hessen-Thüringen, Frankfurt am Main; 4 S., Faltblatt Bilfinger + Berger Bau AG, Mannheim, 1997

/3-100/ Åbyhammar, T.; A. Eriksson; S. Johansson: Akviferbaserat energisystem, Projektering, byggande och idrifttagning SAS huvudkontor Solna; 167 S., SCBR R13:1991, Stockholm, 1991

Literatur zu Kapitel 4

/4-1/ Armstead, H. C. H.: Geothermal Energy; London, 1983

/4-2/ Beswick, A. J.; G. Baron; J. D. Garnisch: Drilling for hot dry rock reservoirs; Geothermics, Vol. 16, USA, 1987

/4-3/ Bottai, A.; U. Cigni: Completion techniques in deep geothermal drilling; Geothermics, Vol. 14, USA, 1985

/4-4/ Hoth, P.; A. Seibt; T. Kellner; E. Huenges (Hrsg.): Geowissenschaftliche Bewertungsgrundlagen zur Nutzung hydrogeothermaler Ressourcen in Norddeutschland; Scientific Technical Report 97/15, GeoForschungs-Zentrum Potsdam, 149 S, 1997

/4-5/ Burr, B. H.; J. J. Jarding: The metal seal - state of the art rock bit technology for geothermal drilling applications; Geothermal Resources Council TRANSACTIONS, Vol. 14, Davis, USA, 1990

/4-6/ Schmitt, A. u. a.: Neuartige Verlegetechnik von Kunststoffmantelrohren; AGFW Verbundprojekt Wärmeverteilung, Teil B 1.2, Frankfurt, 1996

/4-7/ Culivicchi, G.; C. G. Palmerini; V. Scolari: Behaviour of materials in geothermal environments; Geothermics, Vol. 14, USA, 1985

/4-8/ Förster, S.: Bohrtechnischer Aufschluß thermalwasserführender Schichten und Herrichtung des Bohrlochs für die Förderung; Geothermie, Wärme aus der Erde, C. F. Müller, Karlsruhe, 1992

/4-9/ Förster, S.; H. Horn; M. Rinke: Die Spezifik des bohrtechnischen Aufschlusses und der Installation von tiefen Geothermiesonden zur Gewährleistung hoher Durchsatzraten und langer Lebensdauer; Geothermische Energie, Forschung und Anwendung in Deutschland, Karlsruhe, 1992

/4-10/ Hille, M.: Hochtemperaturbeständige wasserbasische Bohrspülungen; Höchst AG, Frankfurt

/4-11/ Karasawa, H.; S. Misawa: Development of new PDC bits for drilling of geothermal wells - Part 1: Laboratory testing; Journal of Energy Resources Technology, Vol. 114, 1992

/4-12/ Koons, B. E.; D. L. Free; A. F. Frederick: New design guidelines for geothermal cement slurries; Geothermal Resources Council TRANSACTIONS, Vol. 17, Davis, USA, 1993

/4-13/ Pantermuehl, R.; P. Scott: Geothermal drilling fluids; Geothermal Resources Council TRANSACTIONS, Vol. 13, Davis, USA, 1989

/4-14/ Pye, D. S.; D. Holligan; C. J. Cron; W. W. Love: The use of Beta-C Titanium for downhole production casing in geothermal wells; Geothermics, Vol. 18, USA, 1989

/4-15/ Rowley, J.C.: Enhanced geothermal drilling by technical improvement; Geothermal Resources council BULLETIN, Vol. 16, Davis, USA, 1987

/4-16/ Saito, S. u. a.: Frontier Geothermal Drilling Operations Succeed at 500 °C Bottomhole Static Temperature; SPE Paper 37 625, SPE/IADC Drilling Conference, Amsterdam, 1997

/4-17/ Wolke, R. M.; R. A. Jardiolin; R. L. Suter; S. Moriyama; Y. Sueyoshi; Y. Kihara: Aerated drilling fluids can lower drilling costs and minimize formation damage; Geothermal Resources Council TRANSACTIONS, Vol. 14, Davis, USA, 1990

/4-18/ Dötsch, C.; J. Taschenberger; I. Schönberg: Leitfaden Nahwärme; Fraunhofer IRB, Stuttgart, 1998

/4-19/ Recknagel; Sprenger; Schramek: Taschenbuch für Heizung + Klima Technik; R. Oldenburg, 1995

/4-20/ DIN EN 255: Europäische Norm, Teil 1, Anschlußfertige Wärmepumpen mit elektrisch angetriebenen Verdichtern zum Heizen und Kühlen; Brüssel, Belgien, 1988

/4-21/ Hakansson, K.: Handbuch der Fernwärmepraxis; Vulkan, 3. Auflage, Essen, 1981

/4-22/ Seibt, A.; P. Hoth: Untersuchungen im Thermalwasserkreislauf; in: Hoth, P.; A. Seibt; T. Kellner; E. Huenges (Hrsg.): Geowissenschaftlichen Bewertungsgrundlagen zur Nutzung hydrothermaler Ressourcen in Norddeutschland; Scientific Technical Report 97/15, GeoForschungs-Zentrum Potsdam, 1997

/4-23/ Seibt, A.; F. Kabus; T. Kellner: Der Thermalwasserkreislauf bei der Erdwärmenutzung; in: Geowissenschaften 8, 15. Jahrgang, August 1997, Berlin, 1997

/4-24/ Bachmann, I.; F. Kabus; P. Seibt: Hydrothermale Erdwärmenutzung; in: Kaltschmitt, M.; A. Wiese (Hrsg.): Erneuerbare Energien – Systemtechnik, Wirtschaftlichkeit, Umweltaspekte; Springer, Berlin, Heidelberg, 2. Auflage, 1997

/4-25/ Informationsblatt Gemeinde Riehen; Wärmeverbund mit Geothermienutzung; Riehen, Schweiz, 1994

/4-26/ Informationsblatt der Firma Gruneko AG; Anlage- und Funktionsbeschreibung Heizzentrale Riehen; Münchensteinerstrasse 43 CH-4002 Basel, 1994

/4-27/ Bußmann, W. u. a.: Geothermische Energie; Mitteilungsblatt der Geothermischen Vereinigung e. V., Nr. 11, 1995

/4-28/ Rockel, W.; R. Werner: Die geologischen Bedingungen für die Thermalwassergewinnung und Verpressung; in: Geothermische Energie; Mitteilungsblatt der Geothermischen Vereinigung e. V., Nr. 11, 1995

/4-29/ Erdwärme - Wärme aus der Erde; Informationsblatt der Neustadt-Glewe GmbH, Juli, 1996

/4-30/ Persönliche Mitteilung Dr. Menzel; Erdwärme Neustadt-Glewe GmbH, D-19004 Schwerin; Februar, 1997

/4-31/ Kluge, P.: Untersuchungen zur Nutzung von geothermischen Systemen für die Gebäudeheizung und Warmwasserbereitung; Diplomarbeit der Fachhochschule für Wirtschaft und Technik, Berlin, 1995

/4-32/ Schallenberg, K.: Vergleich des energiekonzeptionellen Aufbaus von drei geothermischen Heizzentralen, in: Huenges, E; K. Erbas; K. Schallenberg (Hrsg.): Hydrothermale Anlagen: Systemvergleich und Emissionsbilanz;; Scientific Technical Report 96/08, GeoForschungsZentrum Potsdam, S. 11-18, 1996

/4-33/ Kabus, F.: Monographien geothermischer Heizzentralen; in: Bußmann, W.; F. Kabus; P. Seibt (Hrsg.): Geothermie, Wärme aus der Erde; C. F. Müller, Karlsruhe, 1991

/4-34/ Bußmann, W.: Riehen - Geothermie im Wärmeverbund; Mitteilungsblatt der Geothermischen Vereinigung e. V., Nr. 9, 1994

/4-35/ Hopkirk, R. J.: Tiefe Erdwärmesonden; in: Sanner, B.: Bericht zur Informationstagung der schweizerischen Vereinigung für Geothermie; Geothermische Energie, Nr. 4/93, 1993

/4-36/ Brandt, W.; F. Kabus: Planung, Errichtung und Betrieb von Anlagen zur Nutzung geothermischer Energie-Beispiele aus Norddeutschland; VDI Bericht 1236, VDI, Düsseldorf, 1996

/4-37/ Meyer, P. u. a.: Möglichkeiten der Nutzung des geothermischen Potentials an ausgewählten Standorten im Bundesland Sachsen-Anhalt; GTN Geothermie Neubrandenburg GmbH, Neubrandenburg, 1993

/4-38/ Poppei, J.: Tiefe Erdwärmesonden; in: Geothermische Energie-Nutzung, Erfahrung, Perspektive; Geothermische Fachtagung in Schwerin, Oktober, 1994

/4-39/ Die 2800 m von Prenzlau oder die tiefste Erdwärmesonde der Welt; Geothermische Energie, Mitteilungsblatt der Geothermischen Vereinigung e. V.; Nr. 16, 1996

/4-40/ Geothermie - Energie der Zukunft; Tagungsband der 4. Geothermischen Fachtagung Konstanz; Geeste 1997; Herausgeber: Geothermische Vereinigung/Schweizerische Vereinigung für Geothermie, 1997

/4-41/ Smith, M. C.: The Furnace in the Basement; Part I, The Early Days of the Hot Dry Rock Geothermal Energy Programme, 1970 - 1973, Los Alamos National Laboratory publication, LA-12809, part I, UC-1240, issued: Sept., 1995

/4-42/ Baumgärtner, J. u. a.: Nutzung heißer trockener Gesteinsschichten; in: Kaltschmitt, M.; A. Wiese (Hrsg.): Erneuerbare Energien – Systemtechnik, Wirtschaftlichkeit, Umweltaspekte; Springer, Berlin, Heidelberg, 2. Auflage, 1997

/4-43/ Rummel, F.; O. Kappelmeyer (Hrsg.): Erdwärme – Energieträger der Zukunft; C. F. Müller, Karlsruhe, 98 S., 1993

/4-44/ Economides, M. J.; K. G. Nolte: Reservoir Stimulation; a Dowell Schlumberger Publication TSL-2612/ICN-015200000, Schlumberger Educational Services, 1987

/4-45/ Parker, R. H.: Hot Dry Rock Geothermal Energy, Phase 2B; Final Report of the Camborne School of Mines Project, vol. 1; 2, Pergamon Press, 1392 S., ISBN 0-08-037929-X, 1989

/4-46/ Baumgärtner, J.; P. L. Moore; A. Gèrard: Drilling of Hot and Fractured Granite at Soultz-sous-Forêts (France); IGA, World Geothermal Congress, Florence, Proceedings, vol. 4, S. 2657-2663, Italien, ISBN 0-473-03123-X, 1995

/4-47/ Wicklund, A. P.; R. S. Andrews; R. J. Johnson: Drilling Summary; Cajon Pass Scientific Drilling Project: Phase I, Geophysical Research Letters, vol. 15, no. 9, S. 937-940, 1988

/4-48/ Rummel, F.: Stresses in the Upper Continental Crust a Review; Proceedings of the International Symposium on Rock Stress and Rock Stress Measurements, Stockholm, S. 177-186, CENTEK Publishers, 1986

/4-49/ Montreal Protocol 1991 Asssessment: Report of the Refrigeration; Air Conditioning and Heat Pumps Technical Options Committee, United Nation Environment Programme, 1991

/4-50/ Kalina, A.; H. Leibowitz; L. Lazzeri; F. Diotti: Recent Development in the Application of KALINA Cycle for Geothermal Plants; IGA, World Geothermal Congress, Florence, Proceedings, vol. 4, S. 2093-2096, Italien, ISBN 0-473-03123-X, 1995

/4-51/ Smith, I.; N. Stosic; C. Aldis: Trilateral Flash Cycle System, a High Efficient Power Plant for Liquid Resources; IGA, World Geothermal Congress, Florence, Proceedings, vol. 3, S. 2109-2114, Italien, ISBN 0-473-03123-X, 1995

/4-52/ Sato, Y.; K. Ishibashi; T. Takada; T. Yamaguchi: Status of the Japanese HDR project at Hijiori; IGA, World Geothermal Congress, Florence, Proceedings, vol. 4, S. 2677-2678, Italien, ISBN 0-473-03123-X, 1995

/4-53/ Kitano, K.: Present Status and Tasks of the Ogachi HDR Project; Proceedings of the NEDO International Geothermal Symposium, S. 363–372, 1997

/4-54/ Klee, G.; F. Rummel: Hydrofrac Stress Data for the European HDR Research Test Site Soultz-sous-Forêts;, Int. J. Rock Mech. Min. Sci; Geomech. Abstr., Bd. 30, Nr. 7, S. 973-976, 1993

/4-55/ Bresee, J. C. (Hrsg.): Geothermal Energy in Europe; The Soultz Hot Dry Rock Project, Gordon and Breach Science Publishers, Switzerland, 309 S., ISBN 2-88124-523-4, 1992

/4-56/ Baria, R.; J. Garnish; J. Baumgärtner; A. Gèrard; R. Jung: Recent Developments in the European HDR Research Programme at Soultz-sous-Forêts (France); IGA, World Geothermal Congress, Florence, Proceedings, vol. 4, S. 2631-2637, Italien, ISBN 0-473-03123-X, 1995

/4-57/ Jung, R.; J. Willis-Richard; J. Nicholls; A. Bertozzi; B. Heinemann: Evaluation of Hydraulic Tests at Soultz-sous-Forêts; European HDR

Site, IGA, World Geothermal Congress, Florence, Proceedings, vol. 4, S. 2671-2676, Italien, ISBN 0-473-03123-X, 1995,

/4-58/ Aquilina, L.; H. Pauwels; A. Genter; C. Fouillac: Water-Rock Interaction Processes in the Triassic Sandstone and the Granitic Basement of the Rhine-Graben: Geochemical Investigation of a Geothermal Reservoir; Geochimica et Cosmochimica Acta, vol. 61, S. 4281-4295, University, Stanford, California, SGP-TR-151, S. 267-274, 1997

/4-59/ Baumgärtner, J.; A. Gèrard; R. Baria; R. Jung; T. Tran-Viet; T. Gandy; L. Aquilina; J. Garnish: Circulating the HDR Reservoir at Soultz-sous-Forêts: Maintaining Production and Injection Flow in Complete Balance, Initial Results of 1997 Experiment; Proceedings 23rd Workshop on Geothermal Reservoir Engineering, Stanford University, Stanford, CA, 1998

/4-60/ Aquilina, L.; P. Rose; L. Vaute; M. Brach; S. Gentier; R. Jeannot; E. Jacquot; P. Audigane; T. Tran-Viet; R. Jung; J. Baumgärtner; R. Baria; A. Gèrard: A Tracer Test at the Soultz-sous-Forêts Hot Dry Rock Geothermal Site; Proceedings 23rd Workshop on Geothermal Reservoir Engineering, Stanford University, Stanford, CA, 1998

/4-61/ Arnold, W.: Flachbohrtechnik; Deutscher Verlag für Grundstoffindustrie, Leipzig, Stuttgart, 1993

/4-62/ Kayser, M.: Energetische Nutzung hydrothermaler Erdwärmevorkommen in Deutschland – Eine energiewirtschaftliche Analyse; Dissertation, TU Berlin, Februar, 1999

/4-63/ Kaltschmitt, M.; A. Wiese (Hrsg.): Erneuerbare Energien – Systemtechnik, Wirtschaftlichkeit, Umweltaspekte; Springer, Berlin, Heidelberg, 2. Auflage, 1997

Literatur zu Kapitel 5

/5-1/ VDI-GET (Hrsg.): Jahrbuch 1998; VDI, Düsseldorf, 1998

/5-2/ Kaltschmitt, M.; A. Wiese (Hrsg.): Erneuerbare Energien – Systemtechnik, Wirtschaftlichkeit, Umweltaspekte; Springer, Berlin, Heidelberg, 2. Auflage, 1997

/5-3/ VDEW (Hrsg.): Ergebnisse der Erhebung über elektrische Wärmepumpen-Heizungsanlagen 1996; VDEW, Frankfurt, 1997

/5-4/ Frehn, B.: Erdgekoppelte Wärmepumpen auf dem Versorgungsgebiet der RWE; 3. Symposium Erdgekoppelte Wärmepumpen, Schloß Rauschisholzhausen, Tagungsband, November, 1997

/5-5/ Rybach, L.; W. J. Eugster: Reliable long-term performance of BHE systems and market penetration - the Swiss success story. 2nd Geothermal Conference, Richard Stockton College, Pomona NJ, USA, Proceedings, 1998

/5-6/ Sanner, B.; C. Boissavy; W. J. Eugster; H. Van Eck; W. Ritter: Stand der Nutzung oberflächennaher Geothermie in Mitteleuropa; 5. Geotherm. Fachtagung Straubing, GtV, Tagungsband Neubrandenburg, 1998

/5-7/ Faninger, G.: Die Wärmepumpentechnik in Österreich, Marktsituation und Betriebserfahrungen, energetische und ökologische Bewertung; IZW-Bericht 2/97, S. 13-27, FIZ, Karlsruhe, 1997

/5-8/ Snijders, A. L.; R. G. A. Wennekes: Vertikale bodemwarmtewisselaars voor warmtepompen; Verwarming; Ventilatie 11/97, S. 843-850, 2/98, S. 153-160, 1997/98

/5-9/ Andersson, O.: Heat pump supported ATES applications in Sweden; IEA Heat Pump Centre Newsletter 16/2, S. 19-20, Sittard, 1998

/5-10/ VDI-Norm 2 067, Blatt 1: Berechnung der Kosten von Wärmeversorgungsanlagen; VDI, Düsseldorf, 1983

/5-11/ Gutermuth, P.-G.: Das Marktanreizprogramm des Bundesministeriums für Wirtschaft zugunsten erneuerbarer Energien 1995 bis 98 und seine Bedeutung für die oberflächennahe Geothermie; 5. Geotherm. Fachtagung Straubing 1998, Tagungsband, S. 60–71, GtV, Neubrandenburg, 1998

/5-12/ Eyerer, P. (Hrsg.): Ganzheitliche Bilanzierung - Werkzeug zum Planen und Wirtschaften in Kreisläufen; Springer, Berlin, Heidelberg, 1996

/5-13/ Kaltschmitt, M.; G. A. Reinhardt (Hrsg.): Nachwachsende Energieträger - Grundlagen, Verfahren, ökologische Bilanzierung; Vieweg, Braunschweig/Wiesbaden, 1997

/5-14/ Marheineke, T.; J. Stekeler: Ein Hybrid-Ansatz zur ganzheitlichen Bilanzierung - Möglichkeiten und Grenzen am Beispiel einer konkreten Transportaufgabe im Verkehr; VDI/VW-Gemeinschaftstagung „Ganzheitliche Betrachtungen im Automobilbau“, Wolfsburg, November 1996, VDI, Düsseldorf, 1996

/5-15/ Houghton, J. T. u. a.: Climate Change 1995 - The Science of Climate Change; Contribution of WGI to the Second Assessment Report of the Intergovernmental Panel on Climate Change (IPCC), 1996

/5-16/ Sanner, B.: Erdgekoppelte Wärmepumpen, Geschichte, Systeme, Auslegung, Installation; IZW-Bericht 2/92, 328 S., FIZ, Karlsruhe, 1992

/5-17/ Sanner, B.; K. Knoblich: Umwelteinfluß erdgekoppelter Wärmepumpen; IZW-Bericht 3/91, S. 113-124, FIZ, Karlsruhe, 1991

/5-18/ Lux, R.; M. Kaltschmitt: Regenerative Energien zur Bereitstellung von Niedertemperaturwärme - Vergleichende energiewirtschaftliche Analyse; Erdöl Erdgas Kohle 114, 1, S. 31-37, 1998

/5-19/ Frisch, H. u. a.: Hydrogeothermische Energiebilanz und Grundwasserhaushalt des Malmkarstes im süddeutschen Molassebecken; in: Schulz, H. u. a.: Geothermische Energie; C. F. Müller, Karlsruhe, 1992

/5-20/ Haenel, R.; E. Staroste (Hrsg.): Atlas of Geothermal Resources in the European Community, Austria and Switzerland; Thomas Schäfer, Hannover, 1988

/5-21/ Schulz, R. u. a.: Geothermie Nordwestdeutschland; Niedersächsisches Landesamt für Bodenforschung, Hannover, 1995

/5-22/ Kayser, M.; P. Hoth, M. Kaltschmitt: Potentiale und Kosten der geothermischen Energiegewinnung in Deutschland, 5. Geoth. Fachtagung, Straubing, Tagungsband, 1998

/5-23/ Kayser, M.: Energetische Nutzung hydrothermaler Erdwärmevorkommen in Deutschland – Eine energiewirtschaftliche Analyse; Dissertation, TU Berlin, Februar 1999

/5-24/ Huenges, E. u. a.: Hydrogeothermale Nutzungsanlagen: bohrtechnischer Aufschluß, Ausbau und Betrieb; VDI-Tagung „Regenerative Energieanlagen erfolgreich planen und betreiben '98", Potsdam, Juni 1998; VDI, Düsseldorf, 1998

/5-25/ Baumgärtner, J. u. a.: Nutzung heißer trockener Gesteinsschichten; in: Kaltschmitt, M.; A. Wiese (Hrsg.): Erneuerbare Energien – Systemtechnik, Wirtschaftlichkeit, Umweltaspekte; Springer, Berlin, Heidelberg, 2. Auflage, 1997

/5-26/ Hall, D. O. u. a.: Biomass for Energy; in: Johansson, T. B. u. a.: Renewable Energy - Sources for Fuels and Electricity; Island Press, Washington, 1993

/5-27/ Lux, R.; M. Kaltschmitt: Außenluft- und erdreichgekoppelte Wärmepumpen - Systemtechnische und energiewirtschaftliche Analyse; Zeitschrift für Energiewirtschaft 21, 1, S. 69–77, 1997

/5-28/ Hofer, R.: Technologiestützte Analyse der Potentiale industrieller Kraft-Wärme-Kopplung; Dissertation, Technische Universität München, 1994

/5-29/ Kaltschmitt, M.; D. Hartmann: Regenerative Energien in Deutschland - Ein Markt mit Zukunft; VDI-Tagung „Regenerative Energieanlagen erfolgreich planen und betreiben '98", Potsdam, Juni 1998; VDI, Düsseldorf, 1998

/5-30/ DFS (Hrsg.): Statistik der in Deutschland installierten Kollektorflächen; Deutscher Fachverbund Solarenergie (DFS), Freiburg, 1998

/5-31/ Kaltschmitt, M.: Biogene Festbrennstoffe: Was können sie zur Treibhausgasminderung leisten; Arbeitsgruppe Luftreinhaltung der Universität Stuttgart (ALS), Jahresbericht 1996/1997, Stuttgart, 1997

/5-32/ Matthies, H. G.; A. D. Garrad: Study of offshore wind energy in the EC; Natürliche Energie, Brekendorf, 1994

/5-33/ Kaltschmitt, M.; M. Fischedick: Wind- und Solarstrom im Kraftwerksverbund - Möglichkeiten und Grenzen; C. F. Müller, Heidelberg, 1995

/5-34/ IEA (Hrsg.): Photovoltaic power systems in selected IEA member countries; Report IEA PVPS Ex.Co./TI, Paris, 1997

/5-35/ Rehfeldt, K.: Windenergienutzung in der Bundesrepublik Deutschland - Stand 30. 6. 1998; DEWI Magazin 7, 11, S. 10-25, 1998

/5-36/ VDEW (Hrsg.): Statistik über die Nutzung der Wasserkraft; Vereinigung Deutscher Elektrizitätswerke (VDEW), Frankfurt, 1997

/5-37/ Wagner, E.: Nutzung der Photovoltaik durch die Elektrizitätswirtschaft, Stand 1996; Elektrizitätswirtschaft 96, 24, S. 1410-1420, 1997

/5-38/ Barbier, E.: Nature and Technology of Geothermal Energy: a Review; Renewable and Sustainable Energy Reviews 1(1/2), S. 1-69, 1997

/5-39/ Demange, J. u. a.: The use of Low-Enthalpy Geohermal Energy in France; IGA, World Geothermal Congress, Florence, Proceedings, Italien, ISBN 0-473-03123-X, 1995

/5-40/ Barbier, E.; P. Allegrini: The Geothermoelectric Generation in Italy: Planning Strategies, Experience Gained During the Operation and Cost Analysis; Tagung „Regenerative Energien: Betriebserfahrungen und Wirtschaftlichkeitsanalysen der Anlagen in Europa", München 1993; VDI, Düsseldorf, 1993

/5-41/ Allegrini, G. u. a.: Geothermal Development in Italy: Country Update Report; IGA, World Geothermal Congress, Florence, Proceedings, Italien, ISBN 0-473-03123-X, 1995

/5-42/ Goldbrunner, J.: 1985-1995 - 10 Jahre Geothermiebohrungen in Österreich; 4. Geoth. Fachtagung, Konstanz; Geothermische Vereinigung, Schweizerische Vereinigung für Geothermie, Forum für Zukunftsenergien, 1996

/5-43/ Freeston, D. H.: Direct uses of Geothermal Energy 1995; IGA, World Geothermal Congress, Florence, Proceedings, Italien, ISBN 0-473-03123-X, 1995

/5-44/ Pernecker, G.: Geothermieanlage Altheim. Stromerzeugung mittels Organic-Rankine-Cycle Turbogenerator; 4. Geoth. Fachtagung, Konstanz, Geothermische Vereinigung, Schweizerische Vereinigung für Geothermie, Forum für Zukunftsenergien, 1996

/5-45/ Ragnarsson, Á.: Iceland Country Update; IGA, World Geothermal Congress, Florence, Proceedings, Italien, ISBN 0-473-03123-X, 1995

/5-46/ Kayser, M.; M. Kaltschmitt: Energie und Emissionsbilanzen der Geothermieanlagen Neustadt-Glewe und Riehen; in: Huenges, E.; K. Schallenberg; H. Menzel; K. Erbas; (Hrsg.): Geothermisches Heizwerk Neustadt-Glewe: Zustands- und Stoffparamter, Prozeßmodellierungen, Betriebserfahrungen und Emissionsbilanzen; Scientific Technical Report 99/04, GeoForschungsZentrum Potsdam, 1999

Anhang

Energieeinheiten

Vorsätze und Vorsatzzeichen

Atto	a	10^{-18}	Trillionstel
Femto	f	10^{-15}	Billiardstel
Piko	p	10^{-12}	Billionstel
Nano	n	10^{-9}	Milliardstel
Mikro	μ	10^{-6}	Millionstel
Milli	m	10^{-3}	Tausendstel
Zenti	c	10^{-2}	Hunderstel
Dezi	d	10^{-1}	Zehntel
Deka	da	10^{1}	Zehn
Hekto	h	10^{2}	Hundert
Kilo	k	10^{3}	Tausend
Mega	M	10^{6}	Million
Giga	G	10^{9}	Milliarde
Tera	T	10^{12}	Billion
Peta	P	10^{15}	Billiarde
Exa	E	10^{18}	Trillion

Umrechnungsfaktoren

	kJ	kWh	kg SKE	kg RÖE	m^3 Erdgas
1 Kilojoule (kJ)		0,000278	0,000034	0,000024	0,000032
1 Kilowattstunde (kWh)	3 600		0,123	0,086	0,113
1 kg Steinkohleneinheit (SKE)	29 308	8,14		0,7	0,923
1 kg Rohöleinheit (RÖE)	41 868	11,63	1,486		1,319
1 m^3 Erdgas	31 736	8,816	1,083	0,758	

Die Zahlenangaben beziehen sich grundsätzlich auf den Heizwert (H_u).

Sachverzeichnis

S

T